周期表

原子番号
元素記号
元素名
原子量

1 H
水素
1.008

ここに示した原子量は，IUPAC で承認された最新の資料をもとに，日本化学会原子量専門委員会で有効数字 4 桁にまとめて作成したものである。ただし，元素の原子量が確定できないものは－で示した。
原子番号100～118の元素の詳しい性質はわかっていない。

2族の元素は遷移元素に含める
場合と含めない場合がある。

10	11	12	13	14	15	16	17	18	族／周期
								2 He ヘリウム 4.003	1
			5 B ホウ素 10.81	6 C 炭素 12.01	7 N 窒素 14.01	8 O 酸素 16.00	9 F フッ素 19.00	10 Ne ネオン 20.18	2
			13 Al アルミニウム 26.98	14 Si ケイ素 28.09	15 P リン 30.97	16 S 硫黄 32.07	17 Cl 塩素 35.45	18 Ar アルゴン 39.95	3
28 Ni ニッケル 58.69	29 Cu 銅 63.55	30 Zn 亜鉛 65.38	31 Ga ガリウム 69.72	32 Ge ゲルマニウム 72.63	33 As ヒ素 74.92	34 Se セレン 78.97	35 Br 臭素 79.90	36 Kr クリプトン 83.80	4
46 Pd パラジウム 106.4	47 Ag 銀 107.9	48 Cd カドミウム 112.4	49 In インジウム 114.8	50 Sn スズ 118.7	51 Sb アンチモン 121.8	52 Te テルル 127.6	53 I ヨウ素 126.9	54 Xe キセノン 131.3	5
78 Pt 白金 195.1	79 Au 金 197.0	80 Hg 水銀 200.6	81 Tl タリウム 204.4	82 Pb 鉛 207.2	83 Bi ビスマス 209.0	84 Po ポロニウム －	85 At アスタチン －	86 Rn ラドン －	6
110 Ds ームスタチウム －	111 Rg レントゲニウム －	112 Cn コペルニシウム －	113 Nh ニホニウム －	114 Fl フレロビウム －	115 Mc モスコビウム －	116 Lv リバモリウム －	117 Ts テネシン －	118 Og オガネソン	7

63 Eu ウロピウム 152.0	64 Gd ガドリニウム 157.3	65 Tb テルビウム 158.9	66 Dy ジスプロシウム 162.5	67 Ho ホルミウム 164.9	68 Er エルビウム 167.3	69 ツ 168.9	ッテルビウム 173.0	71 Lu ルテチウム 175.0
95 Am メリシウム －	96 Cm キュリウム －	97 Bk バークリウム －	98 Cf カリホルニウム －	99 Es アインスタイニウム －	100 Fm フェルミウム －	101 Md メンデレビウム －	102 No ノーベリウム －	103 Lr ローレンシウム －

改訂版

宇宙一わかりやすい 高校化学 理論化学

船登惟希

Gakken

はじめに

～化学って自分でもできそう！ と思ってもらうために～

本書を手に取っていただき，ありがとうございます。

◆ 化学は得意ですか？

いきなりですが，化学が得意だという自信はありますか？
実際にどんな現象が起きているのかを，きちんと説明できる自信がありますか？
「難しくて，よくわからない」
「正解はしたけど，苦手意識は残っている」
これが，化学，特に理論化学に対する多くの人の感想だと思います。
私が指導してきた生徒や，高校時代の友人の多くも，同じように思い，
そして，大きく点数を落としていました。

◆ 本書のコンセプト

本書は多くの人が苦手とする高校の理論化学の分野を扱っています。
どうして多くの人が理論化学を苦手とし，点数を大きく落としてしまうのでしょう？
原因は明白です。それは２つあります。

- 理論化学は「イメージ」しにくいから。
- 理論化学は解法の手順，つまり「解法のステップ」をきちんと教えてもらわないから。

それを踏まえて本書には，次のような特長をもたせました。

- 左ページに文字の解説，右ページにイメージ図やグラフを載せることでイメージしやすい。
- 身近なたとえを使うことで，ミクロなレベルで起きている現象をイメージすることができる。
- 「解法のステップ」を豊富に紹介することで，典型的な問題の解法手順がわかる。
- 別冊の「確認問題」を解くことで，勉強したことが確認できる。

◆ もっと化学を得意にしたい人にも役立つ！

本書は，「イメージ」と「解法のステップ」を特長としているので，
ひと通り化学を勉強したけれどなんとなく理解しきれていない人が読むと
「あ，そういうことか！」と納得できるはずです。
理論化学が得意で点数を伸ばしたい人，応用問題が解けるようになりたい人にも
とても有用な参考書となっています。

それでは，ハカセやクマと一緒に，理論化学について勉強していきましょう！

本書の特長と使いかた

■ 左が説明，右が図解の使いやすい見開き構成

本書は左ページがたとえ話を多用したわかりやすい解説，右ページがイラストを使った図解となっており，初学者の人も読みやすく勉強しやすい構成になっています。

左ページを読んでから右ページの図解に目を通すもよし，まず右ページをながめてから左ページの解説を読むもよし，ご自身の勉強しやすいように自由にお使いください。

■ 別冊の問題集と章末のチェックで実力がつく！

本冊はところどころに別冊の確認問題への誘導がついています。そこまで読んで得た知識を，実際に自分で使えるかどうかを試してみましょう。確認問題の中には難しい問題も入っています。最初は解けなかったとしても，時間をおいて再度挑戦し，すべての問題を解ける力をつけるようにしてください。

章末の「ハカセの宇宙一キビしいチェック」は，その章に学んだ大事なことのチェック事項です。よくわからないところがあれば，該当箇所を読み直してみましょう。

■ 化学受験生に必要なエッセンスが満載の本格派

本書にはユルいキャラクターが描かれており，一見したところ，あまり本格的な参考書には見えないかもしれません。

しかし，受験化学において重要な要素はしっかりとまとめてあり，他の参考書では教えてくれないような目からウロコの考えかたや解法も掲載されています。

侮るなかれ，本格派の理論化学の参考書なのです。

■ 楽しんで化学を勉強してください

上記の通り，実は本格派である理論化学の参考書をなぜこんな体裁にしたのかというと，読者のみなさんに楽しんで勉強をしてもらいたいからです。「勉強はつらく面倒なもの」というのは，たしかにそうなのですが，「少しでも勉強の苦労を軽減させ，みなさんに楽しんでもらえるように」という著者と編集部の想いで本書は作られました。

みなさんがハカセとクマの掛け合いを楽しみながら，化学の力をつけていけることを願っております。

ここは宇宙のとある星…
この星に住むハカセは
宇宙に存在するあらゆる知識を整理し
わかりやすく解説することを
研究テーマとしていた
ハカセはさまざまな星に出掛けては
その星の人々が「ニガテ」な学問を
解説書にまとめていた……
ハカセのまとめた解説書は
「宇宙一わかりやすい」と
全宇宙で有名だった
さて，今回はどの星の
「ニガテ」を整理
しようかのぉ……
ケスイダ星 宇宙音響学
キスヤ星 未確認生態学
地球 理論化学
ターソ星 超ナ・ルーア理論
ニガテ
ふむふむ……
地球では「理論化学」が
「ニガテ」なんじゃな
地球か……
一度行ってみた
かったんじゃ

プルルルル
ケスイダ星 宇宙音響学
キスヤ星 未確認生態学
地球 理論化学
CALL
はい
ハカセじゃ
宇宙出版の
タントウです
ピ
次回作は決まりましたか？
読者から『次はいつ出るか？』
という問い合わせで
いっぱいなんですよ
現在
構想中ですので…
次回作は
ですね…
はい
はい
ちょうど今
地球の「理論化学」を
テーマにしようと
決めたところじゃ
……ところで
例の件は
用意して
くれたかね？
助手の件ですよね
一応用意しましたが……
こちらも人手不足なもので
ハハハ…
誰でもかまわんよ
わしはすぐにでも
出発したいのじゃが……
わかりました
ではそちらへ
向かわせます
30 分後
お！
来たか
ピンポーン

どうもクマです
ドーン!
ク…クマー？
お……おぬし
勉強は
できるのかね？
勉強はキライです！
昼寝とドーナツが
大好きです
人手不足だからと
いってクマを
寄こしおって
タントウめ…
今から地球に
「理論化学」を
勉強しに行くぞぃ
おぬしは助手じゃ！
ちゃんと勉強するんだぞ！
え～勉強
イヤだなぁ
ドーナツ
くれる？
ちゃんと
わかりやすく
解説するから
大丈夫じゃ
おぬしを化学の
できるクマ
『カガックマ』
にしてやるわい！
『カガックマ』か……
なんか
カッコ
いいな
それでは地球へ
出発じゃ！
こうしてハカセとクマは
地球へと旅立っていった
頑張れば
ドーナツも
食わせてやるぞ
ほんと!?
よーし
頑張るぞ！

もくじ

ほれクマよ そろそろ地球に 着くぞい
もう食べられません むにゃむにゃ
食べるコトか 寝るコトしか 興味がない ようじゃな…
まったく

Chapter

1

物質の成り立ちと構成

Chapter 1 物質の成り立ちと構成

はじめに

「世の中にあるものをすべて分類せよ！」
こんなことをいわれたら，あなたならどうやって分類しますか？
硬いもの？　冷たいもの？　食べられるもの……？
いやいや，もっと厳格な分けかたがあります。
「原子・分子で分ける。」
これこそ，このChapterで学ぶことです。

すべての物質が，原子から成り立っていることは知っていると思います。
原子が結合したり，寄り集まったりして物質を構成することで
世の中のすべてのものができているのです。
ではどうやって物質を分類するか，どうやってそれらを分けるか？
分類したものたちは，どんな性質をもっているのか？

こんなことがわかるだけで，世の中がちょっと違って見えてくるはずです。

この章で勉強すること

身の回りにある物質を原子レベルで分類していきます。
どのように物質を分類するのか，その分類方法や手順などを理解していきます。

宇宙一
わかりやすい
ハカセの
Introduction
質問
紙
水
空気
すべての物質は原子や
分子から成り立って
いるんだね
どうやって
分類する？
その原子や分子の
性質をこのChapterで
学んでいくんじゃ
どんな原子や分子から
できているかを考える！
解説
いろんな分類の
しかたがあるね
全体像
分類法
物質
純物質
混合物
単体
化合物
同素体
その他
これらの用語は
あとでくわしく説明
するぞい
Let's
study!!

1-1 純物質と混合物とは？

ココをおさえよう！

純物質…O_2やH_2O, NaClなど, **化学式１つで表せるもの**のこと。
混合物…**純物質がいくつか混ざってできたもの。**

身の回りにある物質は，大きく**純物質**と**混合物**に分けられます。
純物質というのは，**化学式１つで表せるもの**です。
例として，水H_2Oや塩化ナトリウムNaCl，窒素N_2やアルゴンArなどがあります。
一方，混合物というのは，**純物質がいくつか混ざってできたもの**で，
化学式を複数使わないと表せません。
例として，海水や空気があります。
海水は大雑把にいえば水H_2Oと塩化ナトリウムNaClなどが混ざったもの，
空気は窒素N_2と酸素O_2と二酸化炭素CO_2とアルゴンArなどが混ざったものです。

どうして純物質と混合物を区別するかというと，
純物質にはそれぞれ決まった性質があって，
化学はそれを調べていく学問だからです。
純物質がいくつか混ざっている混合物は，
純物質の割合によって性質が変わってきますので，
学問の対象にはなりにくいのです。

純物質と混合物のあいだには，
融点や沸点が一定か，一定でないかという大きな違いがあります。
（固体の物質が，液体に変化する温度を**融点**，
液体の物質が，気体に変化する温度を**沸点**といいます。）
純物質は融点や沸点が一定で，混合物は一定ではありません。
融点や沸点は，先ほどいった「純物質の決まった性質」の１つで，
純物質ごとに決まっているものなのです。
例えば，純物質である水の沸点は100℃と決まっていますが，
水と食塩の混合物である食塩水は，
混合の割合によって沸点が異なるのです。

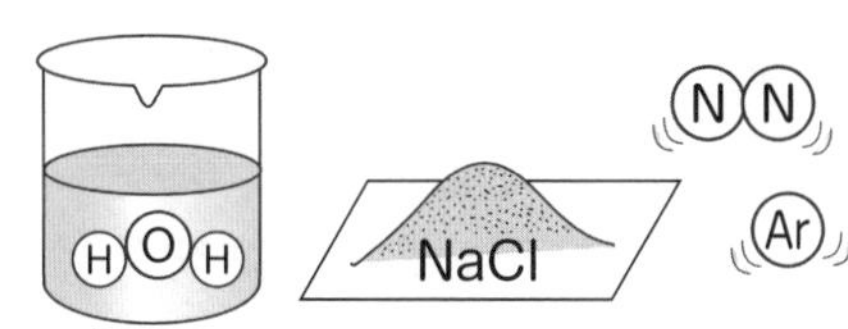

物質

化学式1つで表せる

純物質(H_2O, NaCl, N_2, Arなど)

→決まった性質をもつ(融点・沸点が一定など)。

化学では
こっちを勉強するぞ

純物質がいくつか混ざってできている

混合物
- **海水…H_2O, NaClなどが混ざったもの**
- **空気…N_2, O_2, CO_2, Arなどが混ざったもの**

→純物質に分けることができる。

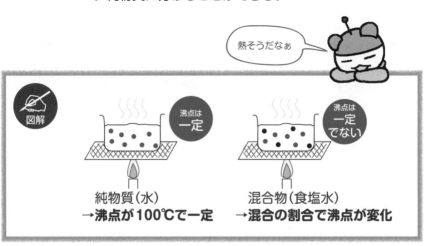

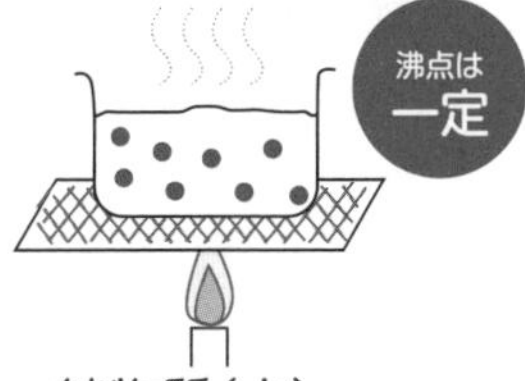

純物質(水)
→沸点が100℃で一定

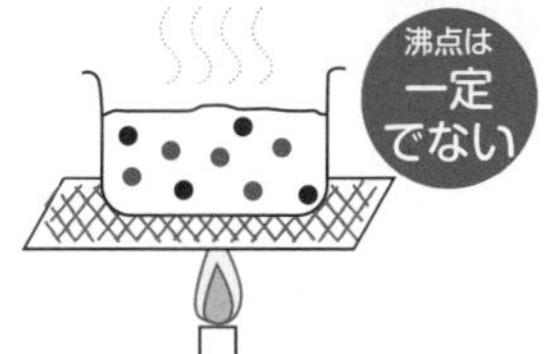

混合物(食塩水)
→混合の割合で沸点が変化

1-2 混合物を純物質に分けてみよう！

ココをおさえよう！

図と一緒に整理して覚えよう。

- **ろ過**…… ろ紙で液体と固体を分ける。
- **蒸留**…… 液体を熱して気体にし，再び冷やして液体に。
- **分留**…… 液体どうしの沸点の差を利用。
- **再結晶**… 液体を冷やして固体を析出。
- **昇華法**… 固体を熱して気体にし，再び冷やして固体に。

混合物は純物質に分けて考えなくてはいけない，ということはわかりました。
では，その分離方法について勉強していきましょう。

●ろ過

「液体と固体(※液体に溶けていない固体)の混合物を分離したい」
そんなときに用いる方法が，ろ過です。
ろ過で使用するろ紙には無数の穴が空いていますが，その大きさが絶妙，つまり，液体は通しますが固体は通さないくらいの大きさなのです。
ですから，ろ紙に液体と固体の混合物を注ぐことで，ろ紙を通過できる液体と，通過できない固体に分けることができるのです。

例えば，液体中の沈殿物や，液体に落ちてしまったガラスの破片などを取り除くときに利用されます。
昆布でだしをとったとき，昆布とだし汁をざるで分けるイメージですね。

ろ過は，液体と「そこに溶けていない」固体を分離する方法です。
では，液体と「そこに溶けている」固体を分離するにはどうしたらよいのでしょうか？
次ページで見てみましょう。

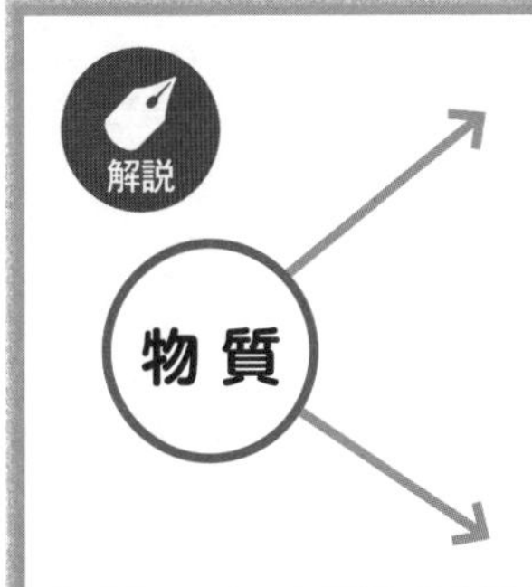

純物質

混合物

分ける……
- ろ過
- 蒸留
- 分留
- 再結晶
- 昇華法

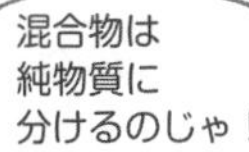

ろ過

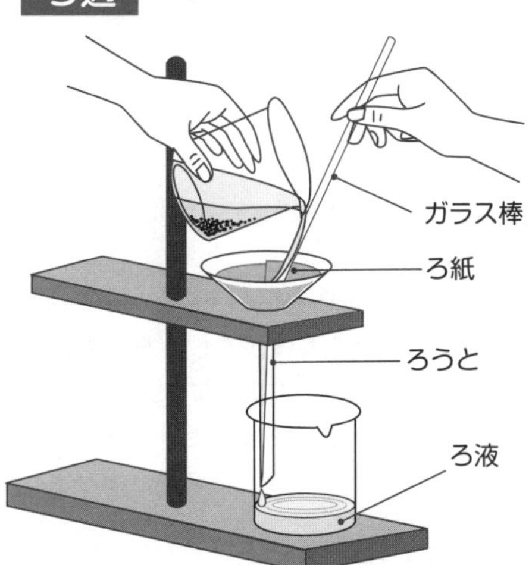

液体と
液体中に溶けて
いない固体を
分ける方法じゃ

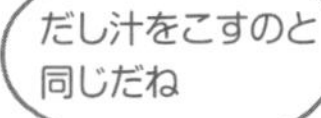

● **蒸留**

「液体と固体(※液体に溶けている不揮発性の固体)の混合物を分離したい」
そんなときに用いる方法が，蒸留です。

液体に溶けている固体は，ろ過してもろ紙を通過してしまうので，分離することができません。
ただし，液体を温めると液体だけが蒸発して気体になります。この気体を冷やすことで，液体を得ることができるのです。

常温で固体の物質は一般に，とても沸点が高いため，ある程度高い温度まで上げても気体になることはありません。例えば，食塩水を水と食塩（＝NaCl）に分離するときに用いる方法も蒸留ですが，NaClの沸点は約1400℃なので，食塩水を1400℃という高温になるまで温めなければ，食塩が蒸発することはないのです。

● **分留**

「液体Aと液体Bの混合物を分離したい」
そんなときに用いる方法が，分留です。液体Aと液体Bの沸点の違いを利用します。

例えば，水とエタノールとメタノールという，3つの液体が混じった溶液からそれぞれを分離したい場合，それぞれの沸点は，水が100℃，エタノールが約78℃，メタノールが約65℃なので，まずは65℃付近まで温度を上げます。
すると，メタノールだけが沸騰して蒸発し，気体となります(エタノールと水は沸騰しません)。
この気体を冷やすと液体のメタノールを得ることができます。
メタノールがすべて蒸発したら，次はエタノールの沸点である78℃付近まで温度を上げるとエタノールが得られます。
分留はこのように，徐々に温度を上げていくことで，沸点の低い物質から順に取り出す方法なのです。

蒸留と分留は同じ装置を使うため違いがよくわからない，という人も多いようです。
蒸留と分留は，どちらも「沸点の違いを利用して分離する」という点では同じです。
蒸留とは，沸点が低い物質(＝液体)と沸点が高い物質(＝固体)を分離する方法なので，ざっくり言えば，比較的温度調整がラクな操作です。
一方，分留は，沸点が低い物質どうし（＝沸点の違う液体Aと液体B）を分離する方法です。蒸留と違い，液体どうしは沸点が近い場合もあるため，微妙な温度調整をする必要があります。

1

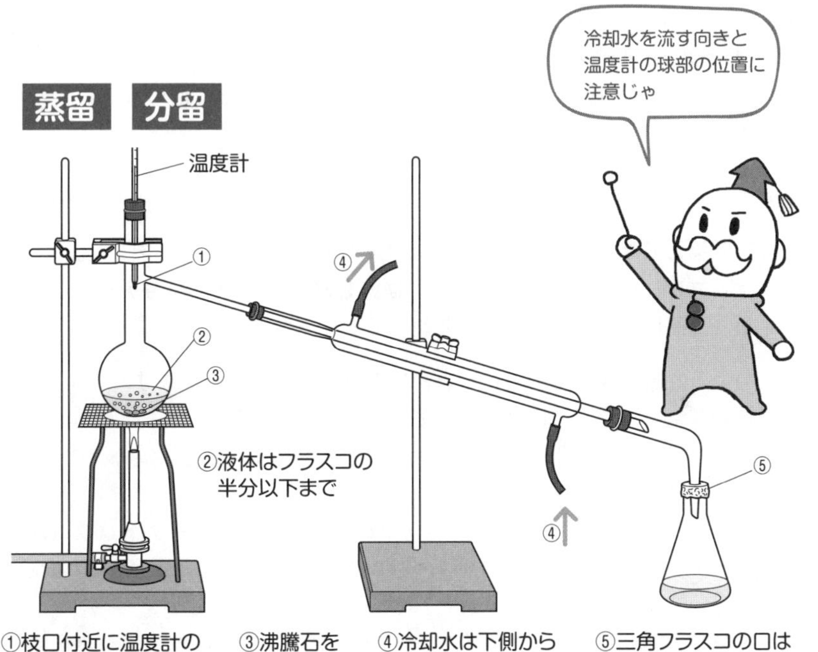
冷却水を流す向きと
温度計の球部の位置に
注意じゃ
蒸留
分留
温度計
①
②
③
④
⑤
②液体はフラスコの
半分以下まで
①枝口付近に温度計の
球部がくるように
③沸騰石を
入れる
④冷却水は下側から
上側へ流す
⑤三角フラスコの口は
密栓しない

蒸留と分留の違い

- 蒸留は液体と固体の沸点の違いを利用し，
  液体を蒸発させた後に冷却して分離。
- 分留は液体と液体の沸点の違いを利用し，
  沸点の低い液体を蒸発させた後に冷却して分離。

液体どうしを分ける
分留のほうが温度調整が
難しいんだって

●再結晶

「固体Aと固体Bの混合物を分離したい」
そんなときに用いる方法が，再結晶です。固体Aと固体Bの溶解度の違いを利用します。

一定量の水（溶媒）に溶かすことのできる溶質の最大質量を溶解度（p.110）といいます。

これまで勉強してきた蒸留と分留では，沸点の違いを利用していました。
固体Aと固体Bの分離をする場合でも，物質を熱して沸点を利用することはできますが，高熱にしないといけないためとても効率が悪いです。

ではどのような方法をとるかというと，次の２ステップで行います。
① 混合物を水に溶かし，固体がすべて溶けるまで温める
② 水を徐々に冷やし，水に溶けにくい物質から固体にさせる
この方法を再結晶といいます。
例えば「この白い粉末には，硝酸ナトリウムと，不純物の塩化ナトリウムが含まれている。ここから純粋な硝酸ナトリウムを取り出しなさい」と言われたら，再結晶を行います。
硝酸ナトリウムは低温で水に溶けにくく，塩化ナトリウムは低温でも水に溶けるため，徐々に冷やしていくと，先に硝酸ナトリウムの結晶が出てきます。
一方，塩化ナトリウムは水に溶けたままです。こうして，純粋な硝酸ナトリウムが取り出せるのです。
このように再結晶は，固体の溶解度と温度の関係を利用しています。

他に「濃縮」や「共通イオン効果」による再結晶法もあります。

●昇華法

「固体Aと固体B（※昇華性のある固体）の混合物を分離したい」
そんなときに用いる方法が，昇華法です。
昇華性とは，固体から液体を経由せず直接気体になる性質のことで，ヨウ素が代表例です。固体の不純物が混じったヨウ素から，純粋なヨウ素を得たいとき，その混合物を加熱するとヨウ素だけが気体になります。
得られた気体を冷やすと，純粋なヨウ素が得られるのです。

右ページに一覧表でまとめてみました。取り出したい物質と不純物が与えられたとき，それをどうやって分離したらよいか答えられるようにチェックしましょう。

再結晶

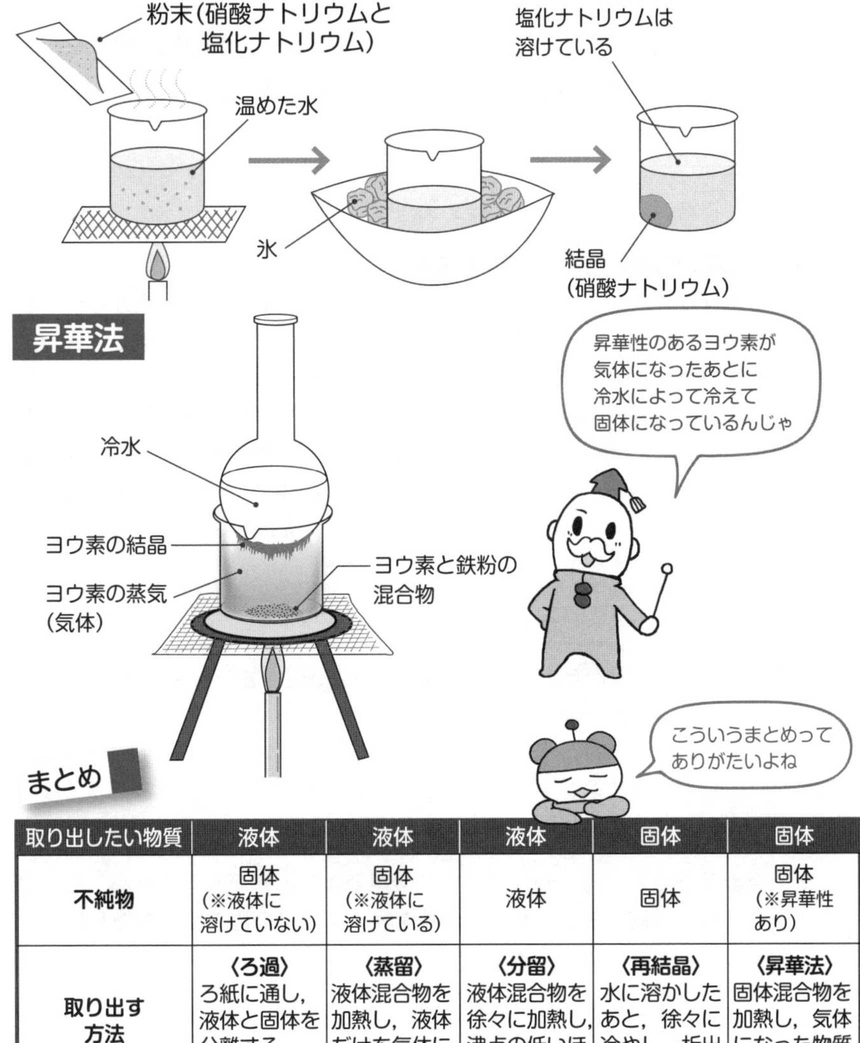

まとめ

取り出したい物質	液体	液体	液体	固体	固体
不純物	固体 (※液体に溶けていない)	固体 (※液体に溶けている)	液体	固体	固体 (※昇華性あり)
取り出す方法	**〈ろ過〉** ろ紙に通し，液体と固体を分離する	**〈蒸留〉** 液体混合物を加熱し，液体だけを気体にして取り出す	**〈分留〉** 液体混合物を徐々に加熱し，沸点の低いほうの物質を気体にして取り出す	**〈再結晶〉** 水に溶かしたあと，徐々に冷やし，析出した物質を取り出す	**〈昇華法〉** 固体混合物を加熱し，気体になった物質を冷やして固体を得る

ここまでやったら
別冊 p. 1 へ

1-3 状態変化

ココをおさえよう！

物質は熱を加えると，「固体→液体→気体」と状態変化する。「固体と液体」「液体と気体」といったように2つの状態が共存している状態では，温度は変化しない。

ここからは純物質の話をしていきましょう。

・物質には三態があり，変化する（状態変化）

まず知っておかなければいけないのは，ほとんどの純物質は温度が上がるにつれて「固体→液体→気体」と変化するということです。この3つの状態を**物質の三態**といい，物質が三態間を変化することを**状態変化**といいます。

状態変化のうち「固体→液体」の変化を**融解**，その逆の「液体→固体」の変化を**凝固**といい，「液体→気体」の変化を**蒸発**，その逆の「気体→液体」の変化を**凝縮**といいます。また，液体の状態を経由せずに直接「固体→気体」となる変化は**昇華**(p.22)といいましたね。その逆の「気体→固体」の変化を**凝華**といいます。

同じ物質では，固体よりも液体，液体よりも気体のほうが保有しているエネルギーが大きいので，状態変化には熱の出入りが不可欠なのです。

・分子間力に対し，熱運動がどれだけ激しいかによって，三態が決まる

物質の三態は，**分子間力**と**熱運動**によって決まります。

分子間力とは，粒子(分子)どうしが互いに引き合おうとする力のことです。一方，熱運動とは，粒子が熱エネルギーを得ることによってガチャガチャとせわしなく動くことをいい，温度が上がるにつれて激しくなります。

よって，温度が低いと，分子間力のほうが熱運動より影響が大きいため，互いに集まります。**粒子は規則正しく並び，位置を変えずにその場で振動したり回転したりしています**。この状態が**固体**です。

温度を少しずつ上げていくと（＝与える熱エネルギーを大きくしていくと），**分子間力を受けながらも自由に動けるようになります**。この状態が**液体**です。

さらに温度を上げると，**分子間力を振り切って，自由に飛び回るほどの熱運動をする**ようになります。この状態が**気体**です。

物質の状態変化 … 物質は温度によって，固体・液体・気体の3つの状態をとる。

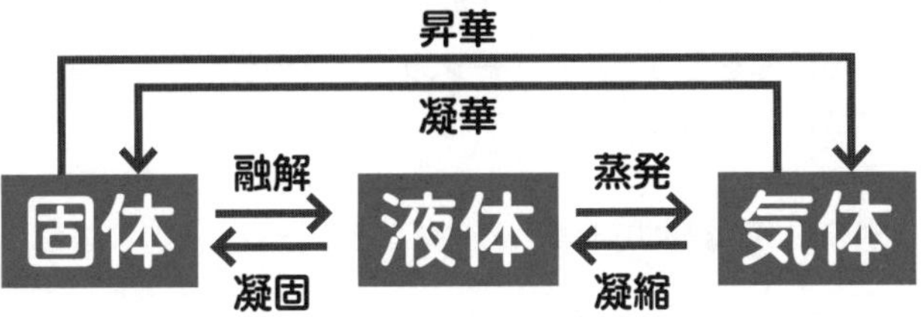

物質の三態の決まりかた … 構成する粒子（分子）の間にはたらく分子間力と，粒子の熱運動の激しさで決まる。

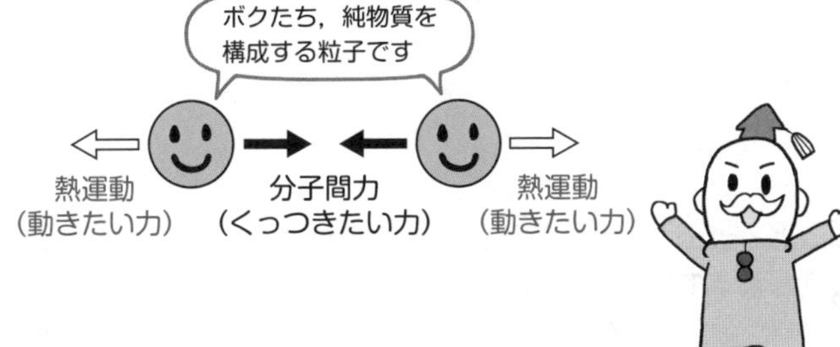

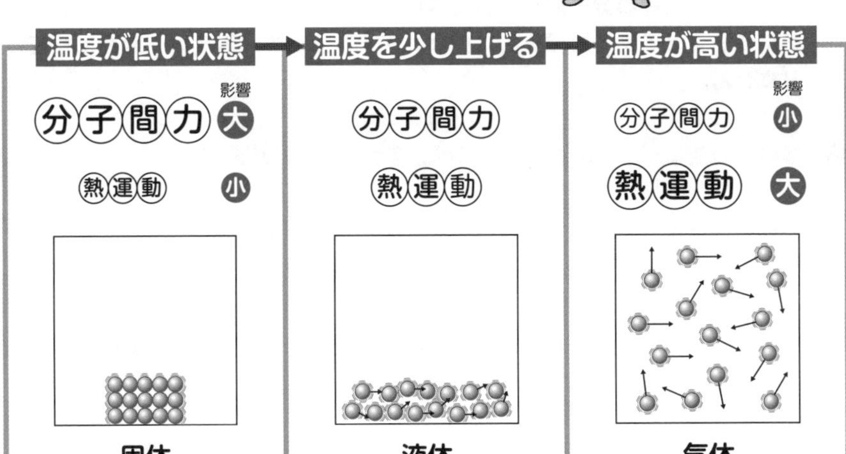

・実際に物質を温めて，物質の状態と温度の関係を観察する

物質の三態は，温度によって変わることがわかりました。
では実際に氷を温め，温度と状態の関係を観察してみましょう。
横軸に加熱時間，縦軸に水の温度をとると，右ページのグラフのようになります。
❶〜❺のそれぞれの状態について説明していきますね。

❶ 氷を温めていくと，氷の温度は徐々に上がっていきます。

❷ 氷が融け始めると，氷と水が混じった状態になります。
この固体が溶け始めた温度が**融点**です。
固体と液体が混じった状態では，加えられた熱エネルギーは，固体の分子間の結合をゆるめて動けるようにし，液体に変化させるために優先的に使われます。よって，温度は一定のまま変わりません。

❸ 固体が融けてすべてが液体になると，温度はどんどん上がっていきます。
やかんに水を入れてお湯をわかすイメージです。

❹ ある温度になると，一部が沸騰して気体になり始めます。
このときの温度が**沸点**です（水の場合は100℃）。
沸点になると液体と気体が混じった状態になるのですが，**加えられた熱エネルギーは，液体の分子間の結合を振り切って自由に飛び回れるようにし，気体に変化させるために優先的に使われます。よって，温度は一定のまま変わりません。**

❺ すべての液体が気体になると，再び温度が上昇し始めます。

一般に❷の状態よりも❹の状態のほうが，加熱時間が長くなります。それは，分子間の結合を振り切るのに必要な熱エネルギーのほうが大きいためです。

右ページのグラフはよく問題に出るので，❶〜❺がどのような状態なのか，答えられるようにしておきましょう。

1

実際に物質を温めて，物質の状態と温度の関係を観察する

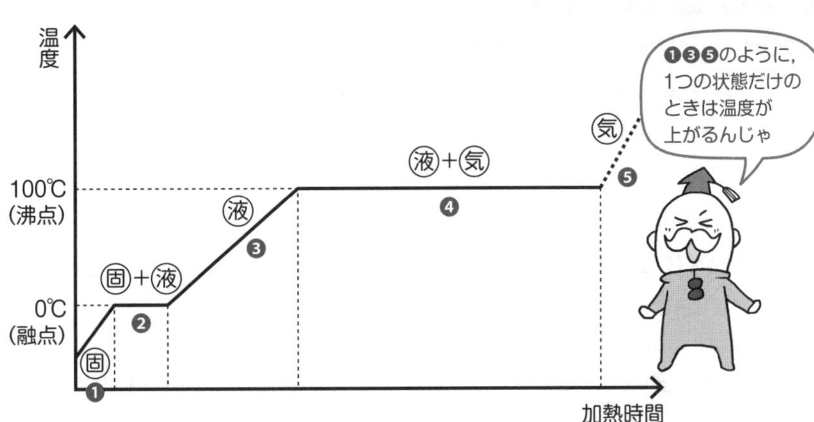

❶❸❺のように，
1つの状態だけの

上がるんじゃ

ポイント

❶(固体のみ)，❸(液体のみ)，❺(気体のみ)の場合
加えた熱エネルギーが増えるにつれ，温度が上がる。

❷(固体と液体)，❹(液体と気体)の場合
熱エネルギーは状態変化に優先的に使われるため，
温度は一定のまま上がらない。

氷を水にするために，
熱エネルギーが優先的に
使われるので，0℃のまま
氷
水
熱エネルギー
氷よ～
溶けろ～
頑張れ～
氷がなくならんことには
温度が上がらんのじゃ

ここまでやったら
別冊 P. 2へ

1-4 純物質を分類してみよう！

ココをおさえよう！

純物質は次の２つに分類できる。

- **単体**…純物質のうち**１種類の元素からなる**もの。
  ArやH_2，O_2，O_3など。
  （そのうち，O_2とO_3など，同じ元素からできているが，
  その性質が違うものを同素体という）
- **化合物**…純物質のうち**２種類以上の元素からなる**もの。
  NaClやH_2Oなど。

元素とは，化学式の中に出てくる記号のこと。周期表に載っているものですね。
純物質を構成している元素の種類が，１種類のときは**単体**，
２種類以上のときは**化合物**といいます。

単体の中でも，酸素O_2とオゾンO_3のように，**同じ元素からできているけど**
その性質が違ったり，結合のしかたが違っている単体を，互いに**同素体**と呼びます。

酸素OにおけるO_2，O_3以外にも，このような同素体が存在します。

- 硫黄S（単斜硫黄，斜方硫黄，ゴム状硫黄）
- 炭素C（黒鉛，ダイヤモンド，フラーレン）
- リンP（黄リン，赤リン）

黒鉛とダイヤモンドが同じ炭素からできているなんて，不思議ですね。

同素体として有名な硫黄S，炭素C，酸素O，リンPを
まとめてSCOP（スコップ）と覚えましょう。

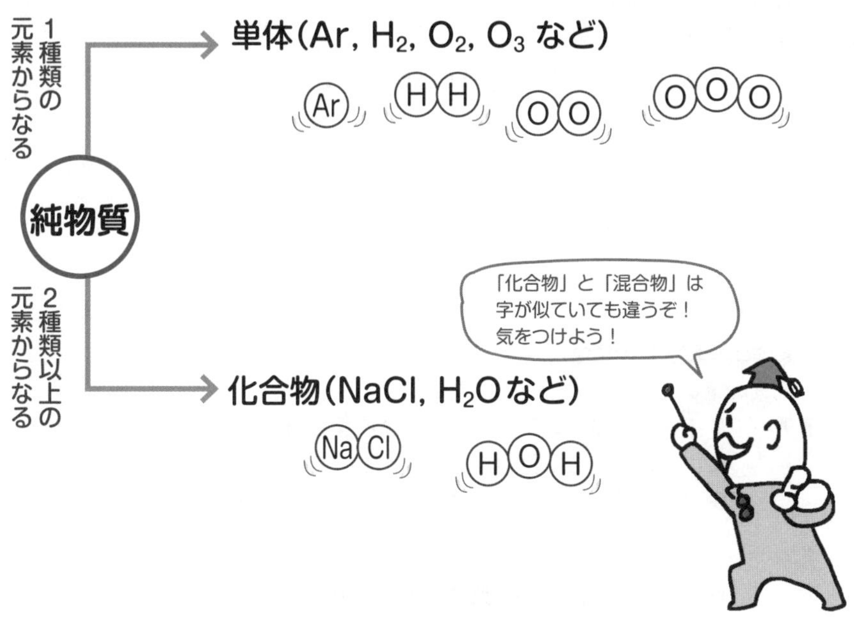

同素体 …同じ元素からなる単体どうしのこと。

- 硫黄S（単斜硫黄，斜方硫黄，ゴム状硫黄）
- 炭素C（黒鉛，ダイヤモンド，フラーレン）
- 酸素O（酸素，オゾン）
- リンP（黄リン，赤リン）

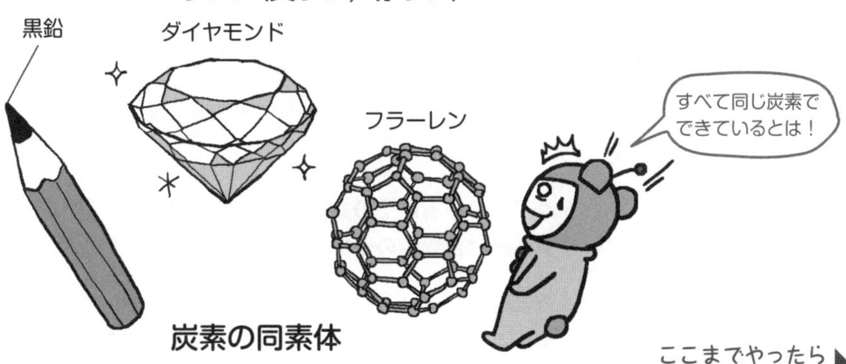

炭素の同素体

ここまでやったら
別冊 P. 3 へ

1-5　単体と元素の違い

ココをおさえよう！

- 原子と元素の違いは「陽子の数が同じものをまとめるかどうか」
- 単体と元素の違いは「他の原子と結合しているかどうか」

Chapter1を終える前に，用語の整理をしておきましょう。
それは「原子と元素の違い」と「単体と元素の違い」について，です。

①「原子」と「元素」の違い

原子と元素の違いというのは，とても簡単です。

- **原子**……原子は「陽子」「電子」「中性子」からなる物質のことで，存在がわかっているだけで250種類以上あります。原子を構成する「陽子の数（＝電子の数）」と「中性子の数」が違うものは，別の原子と考えます。

- **元素**……250種類以上の原子を「陽子の数（＝電子の数）」で分類し，**陽子の数（＝電子の数）が同じ原子は同一の元素**と考えます。
例えば「陽子の数が６で中性子の数が６」の原子と「陽子の数が６で中性子の数が７」の原子は，同じ「炭素」という元素です。

同じ元素で中性子の数が異なるものを同位体（p.36）といいます。

②「単体」と「元素」の使い分け

次の下線部は，単体と元素のどちらを意味しているでしょう？

『骨にはカルシウムが含まれている』

このような問題が出たときは，下線部以外にも注目することが大事です。そして，以下のように考えましょう。

- **単体**を意味する……下線部が**その物質そのもので存在する状態**。
- **元素**を意味する……下線部が**化合物中の一部になっている状態**。

骨というのは，カルシウムを含む化合物からなります。よって，カルシウムは別の元素とも結合しているため，ここでは「元素」の意味で使われています。
ややこしい場合は，「単体である」と仮定して，おかしかったら「元素」，問題なければ「単体」と考えるのもよいと思います。別冊で練習してみましょう。

①「原子」と「元素」の違い

原子 … **「陽子」「電子」「中性子」からなる物質のこと**

「陽子の数(＝電子の数)」と「中性子の数」の組み合わせを区別すると，250 種類以上ある。

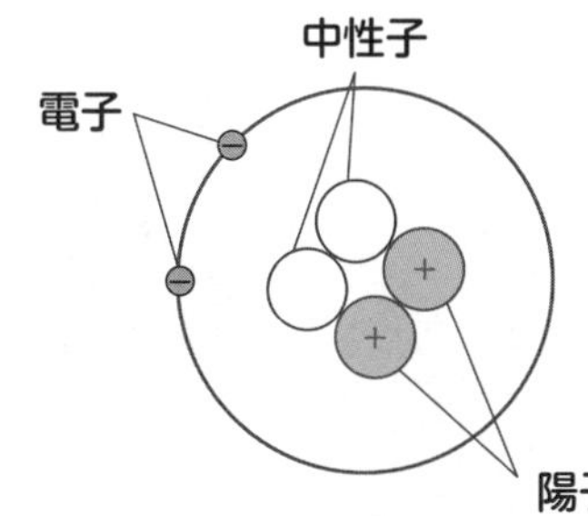

原子については
p.36でもう一度
くわしくやるぞい

元素 … **原子の種類を「陽子の数（＝電子の数)」で分類したもの**

「陽子の数(＝電子の数)」が同じなら同一の元素と考える。

②「単体」と「元素」の使い分け

Q 次の「カルシウム」という言葉は，単体と元素のどちらを意味しているでしょう？
『骨にはカルシウムが含まれている』

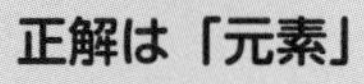

単体を意味する
…その物質そのもので存在する状態。

元素を意味する
…化合物中の一部になっている状態。

骨の主成分は
リン酸カルシウム，
化合物なので
「元素」じゃ

物質の単体の状態について，
知っておくことも大事になるね
資料集をもっていたら
見てみよう！

ここまでやったら 別冊 p.5へ

ハカセの
宇宙一キビしい
チェック!!

理解できたものに，☑チェックをつけよう。

- □ 物質は純物質と混合物のどちらかに分類できる。
- □ 純物質は化学式１つで表すことができる物質である。
- □ 混合物は純物質が混合してできたものである。
- □ 純物質は融点・沸点が一定だが，混合物は一定ではない。
- □ ろ過，蒸留，分留，再結晶，昇華法の違いがわかる。
- □ 蒸留や分留の実験をするときの注意点を４つ挙げることができる。
- □ 物質の状態変化を，分子間力と熱運動で説明できる。
- □ 物質の状態と温度の関係を，グラフを用いて説明できる。
- □ 純物質を単体と化合物に分類することができる。
- □ 同素体とは何か，説明することができる。
- □ 代表的な同素体を４組挙げることができる。
- □ 原子と元素の違いを説明できる。
- □ 単体と元素の違いを説明できる。

地球って
いいところだね！

ちょっと
重力がキツイがな

Chapter

2

原子の構成とイオン化

Chapter 2 原子の構成とイオン化

はじめに

Chapter 1では，物質の分類と混合物を分離する方法について学びました。

ここでは，身の回りのすべての物質のもととなっている，
原子についてお話ししましょう。
「原子はどんな構造をしているの？」
「原子はどうして種類ごとに違う性質をもっているの？」
「原子はどうしてイオンになるの？」

この疑問に，答えていきましょう。

この章で勉強すること

原子の構造について学んだあと，電子の数や配置のされかたを学び，
原子がイオンになるしくみを学んでいきます。

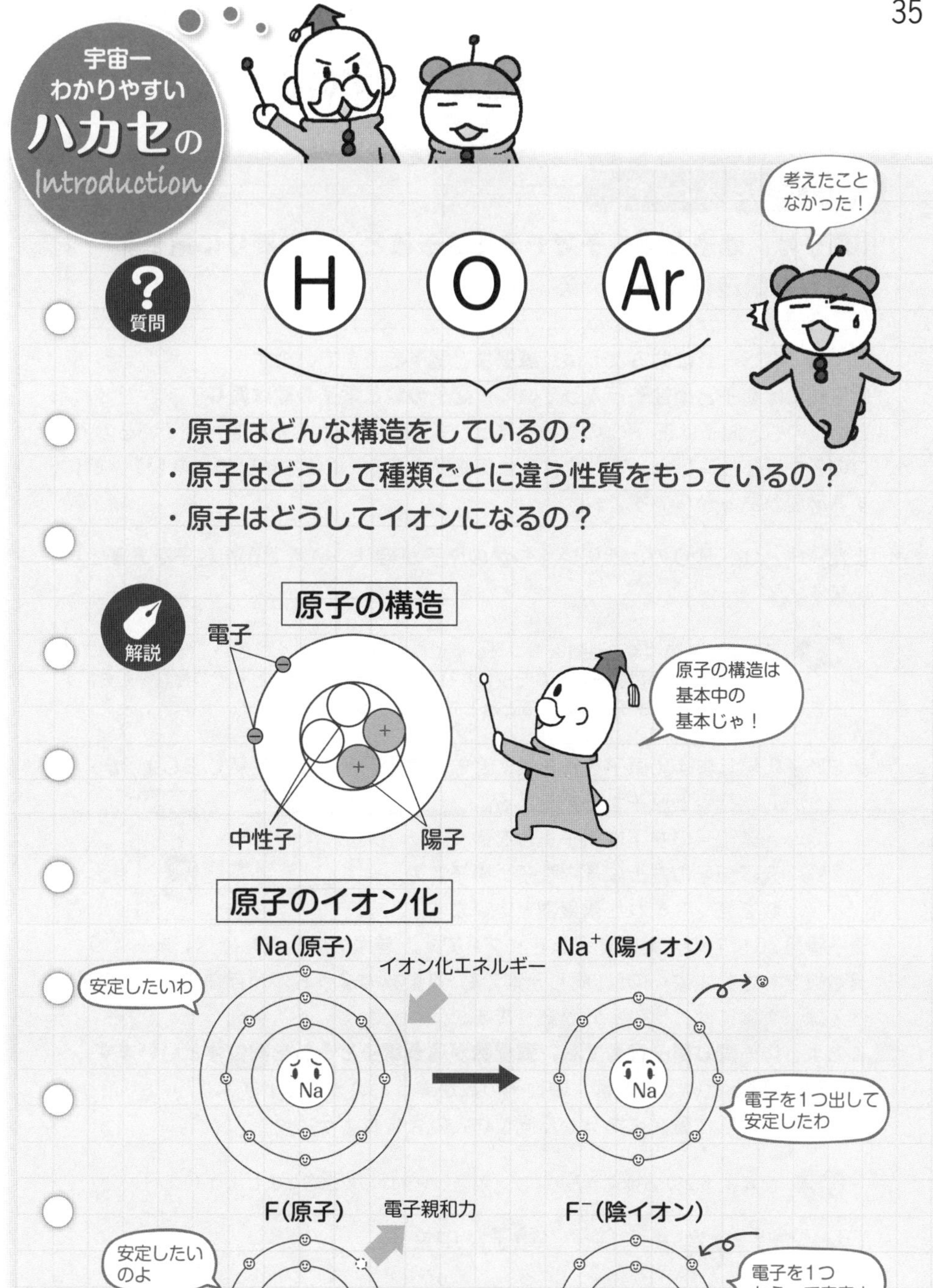
宇宙一
わかりやすい
ハカセの
Introduction
考えたこと
なかった！
H
O
Ar
質問
・原子はどんな構造をしているの？
・原子はどうして種類ごとに違う性質をもっているの？
・原子はどうしてイオンになるの？
解説
原子の構造
電子
中性子
陽子
原子の構造は
基本中の
基本じゃ！
原子のイオン化
Na(原子)
Na⁺(陽イオン)
イオン化エネルギー
安定したいわ
Na
Na
電子を1つ出して
安定したわ
F(原子)
電子親和力
F⁻(陰イオン)
安定したい
のよ
F
F
電子を1つ
もらって安定よ
Let's
study!!

2-1　原子はどんな構造になっているの？

ココをおさえよう！

原子は，**陽子と中性子でできた原子核と，その周りに電子をもった構造**になっている。

原子は，右ページにあるように，**原子核**と**電子**でできています。
原子核には**陽子**と**中性子**が入っていて，**陽子の数と電子の数は同じ**です。
というのも，陽子は正（＋）の電荷を帯び，電子は負（－）の電荷を帯びているので，この2つが打ち消し合って，全体として電荷を0の（電気を帯びていない）状態にする必要があるからです。

また，H_2，O_2，H_2Oのようにいくつかの原子が結びついてできた粒子を**分子**といいます。

分子とはその物質の性質をもつ最小単位のものと思ってください。例えばコップに入った水は最小にするとH_2O分子になります。H_2O分子は水としての性質をもちますが，H原子とO原子に分かれると水としての性質はなくなります。

話を原子に戻します。原子を書き表すときには，以下の点に注意しましょう。

① 元素記号と原子番号を覚える。
② 元素記号の左下に原子番号を書く。
③ 元素記号の左上に「中性子＋陽子」の数を書く。これを**質量数**といいます。

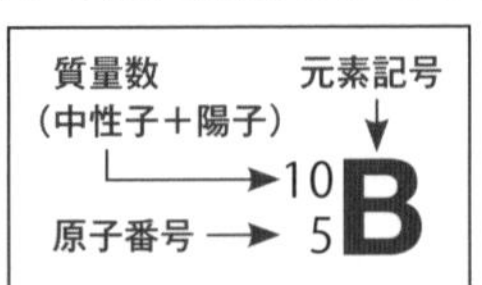

原子番号20までの元素は覚えなきゃダメです。巻頭の周期表を確認しましょう。
質量数をわざわざ書くのは，同じ元素でも，質量数の違うものが存在するからです。
例えば，炭素には，$^{12}_{6}C$や$^{13}_{6}C$があります。
このように，**同じ原子番号でも，質量数が違う原子どうしを同位体といいます。**
（質量数が違うということは，中性子の数が違うということですよ）
周期表の「同じ位置」にあるから同位体と覚えましょう。

補足　同素体（p.28）とは違うものです。混同しやすいので注意しましょう！

Point・・・陽子，電子，中性子

◎ 陽子の数 ＝ 電子の数 ＝ 原子番号
◎ 陽子の数 ＋ 中性子の数 ＝ 質量数
◎ 同位体は，原子番号が同じで，質量数が異なる原子。

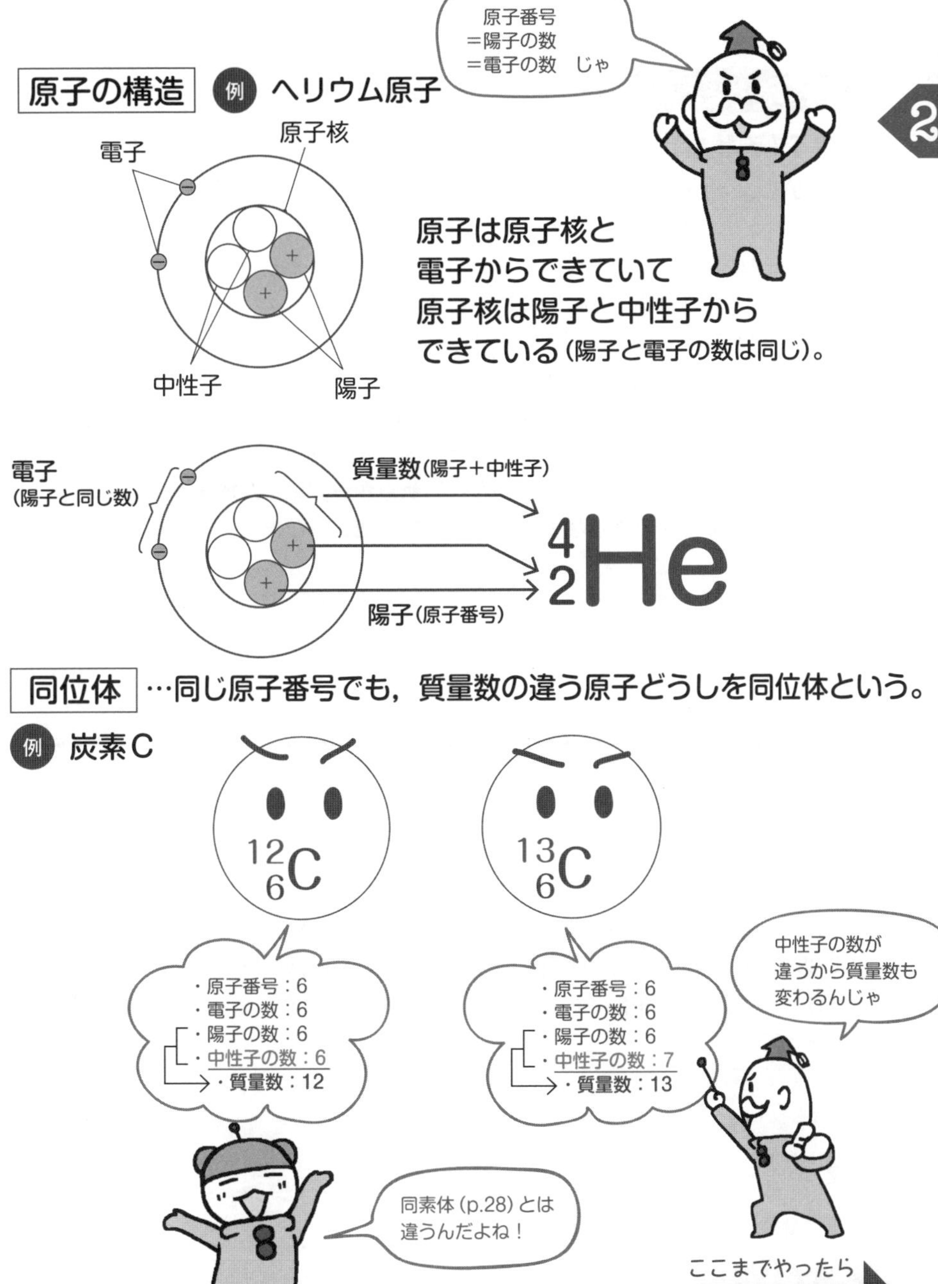

原子番号
＝陽子の数
＝電子の数　じゃ
原子の構造
例　ヘリウム原子
原子核
電子
中性子
陽子
原子は原子核と
電子からできていて
原子核は陽子と中性子から
できている（陽子と電子の数は同じ）。
電子
（陽子と同じ数）
質量数（陽子＋中性子）
陽子（原子番号）
$^{4}_{2}He$
同位体 …同じ原子番号でも，質量数の違う原子どうしを同位体という。
例　炭素C
$^{12}_{6}C$
$^{13}_{6}C$
・原子番号：6
・電子の数：6
・陽子の数：6
・中性子の数：6
・質量数：12
・原子番号：6
・電子の数：6
・陽子の数：6
・中性子の数：7
・質量数：13
中性子の数が
違うから質量数も
変わるんじゃ
同素体（p.28）とは
違うんだよね！
ここまでやったら
別冊 P. 6 へ

2-2 電子の配列のしかた

ココをおさえよう！

電子（子ども）は原子核（お母さん）の近くに集まろうとする。
しかし，近くにいられる数（人数）は決まっている。

次は，原子に含まれている電子についてお話ししましょう。
原則として，**電子は原子核の近くにいようとします。**
まさに，子ども（電子）がお母さん（原子核）の近くにいようとするみたいですね。
子どもはお母さんが大好きですから。
しかし，原子核（お母さん）の近くにいられる電子（子ども）の数には限りがあります。
ですから，**原子核にいちばん近い軌道から電子が埋まっていき，それ以降はそれより外側の軌道でお母さんにいちばん近い軌道から，電子が埋まっていきます。**※
軌道とは電子の存在できる場所のことで，**電子殻**（でんしかく）と呼びます。

電子殻には，原子核（お母さん）に近いところからK殻（かく），L殻，M殻，N殻，……
という名前がついていて，それぞれ定員が2個，8個，18個，32個，……
となっています。

電子殻に入れる電子の数は，内側から $2n^2$（n＝1，2，3，……）と表すことができます。

例えば，窒素Nの原子番号は7なので，電子（子ども）の数も7個です。
この7個の電子（子ども）たちは，競い合って原子核（お母さん）の近くに行こうとします。
最初に電子が2個，原子核にいちばん近いK殻に入ったら，それ以上K殻には入れないので，残りの電子殻でいちばん原子核に近いL殻に，残り5個の電子が入ります。
同様に考えると，原子内での電子の配列は次のようになります。これを**電子配置**といいます。

元素		H	He	Li	Be	B	C	N	O	F	Ne	Na	Mg	Al	Si	P	S	Cl	Ar
原子番号		1	2	3	4	5	6	7	8	9	10	11	12	13	14	15	16	17	18
電子の数	K殻	1	2	2	2	2	2	2	2	2	2	2	2	2	2	2	2	2	2
	L殻			1	2	3	4	5	6	7	8	8	8	8	8	8	8	8	8
	M殻											1	2	3	4	5	6	7	8

※　原子番号19のK，20のCaには，M殻に9，10個めの電子が入らずにN殻に電子が入る。

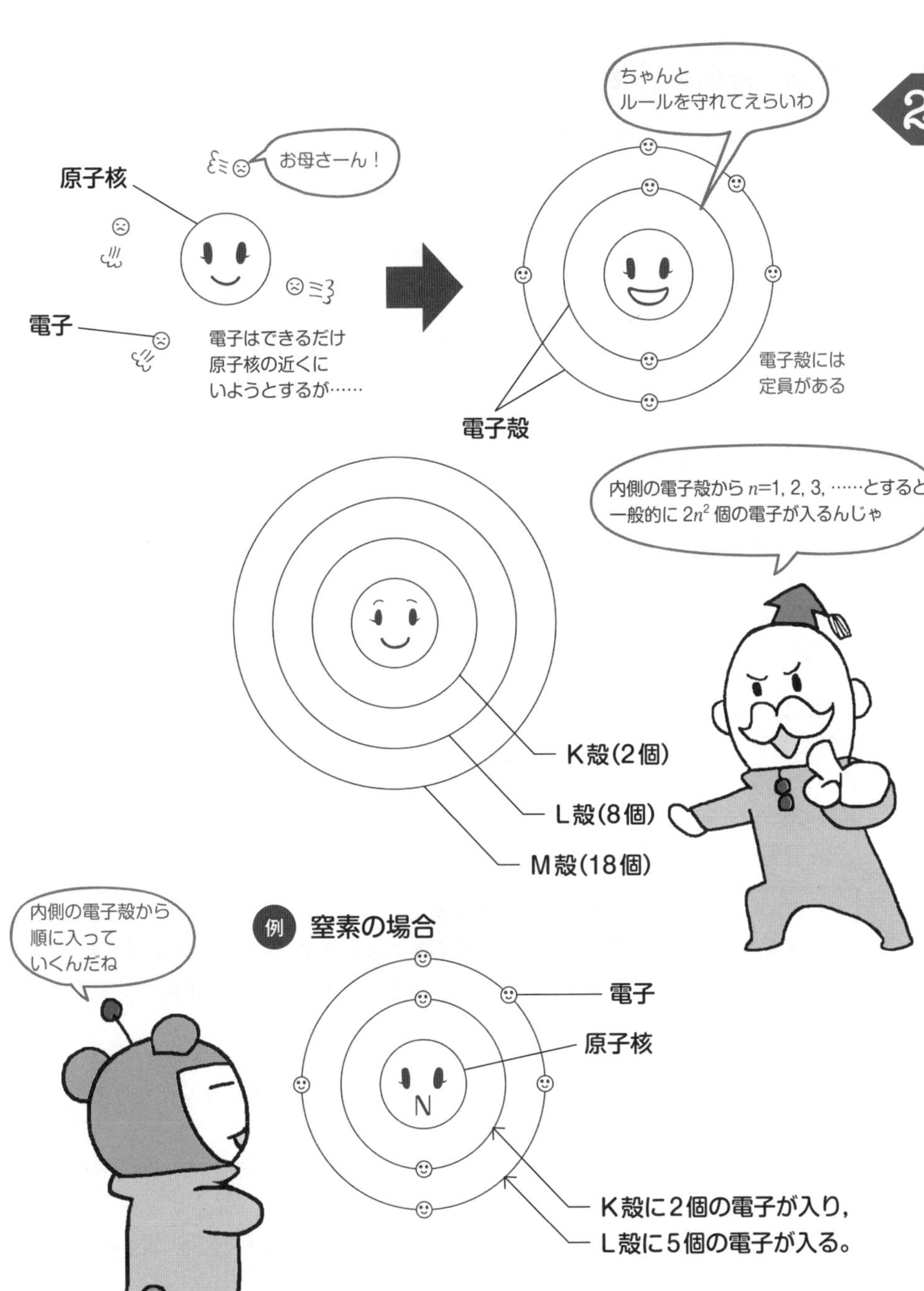
お母さーん！
原子核
電子
電子はできるだけ
原子核の近くに
いようとするが……
ちゃんと
ルールを守れてえらいわ
電子殻には
定員がある
電子殻
内側の電子殻から n=1, 2, 3, ……とすると
一般的に $2n^2$ 個の電子が入るんじゃ
K殻(2個)
L殻(8個)
M殻(18個)
内側の電子殻から
順に入って
いくんだね
例 窒素の場合
電子
原子核
N
K殻に2個の電子が入り，
L殻に5個の電子が入る。

2-3 イオンとは？

ココをおさえよう！

最外殻電子数が8個（K殻の場合は2個）のとき，原子は安定する。

こんな仲良し原子親子ですが，お母さん（原子核）には1つだけ悩みごとがあります。実は，いちばん外側の子ども（電子）の数が8個になったほうが安定するのです。

いちばん外側の電子殻に入っている電子の数を**最外殻電子数**（さいがいかくでんしすう）といいます。
また，**価電子数**（かでんしすう）という用語もあります。
価電子というのは最外殻にある電子とほぼ同じ意味ですが，
貴ガスの場合だけ，最外殻電子数は2または8ですが，価電子数は0とカウントします。

話を原子親子に戻して，電子の配置について説明していきましょう。
まずは周期表の右はじ，18族の原子である**貴ガス**（**希ガス**）についてです。
貴ガスは最外殻電子数が8で安定なので（ヘリウムHeだけは最外殻電子数が2で安定），**単原子分子**（1つの原子で安定して分子のようにふるまう原子）として存在できます。
なので，ヘリウムHe，ネオンNe，アルゴンArは，1つの原子で安定して存在します。

一方，貴ガス以外の原子は，電子を放出したり，受け取ったりすることで貴ガスと同じ電子配置になり，安定しようとします。
貴ガスは理想の家族なので，**貴ガスの電子配置をマネしようとする**のです。
電子の放出・受け取りにより，原子（や原子の集まり）が電荷をもったものを**イオン**といい，正の電荷をもつイオンを**陽イオン**，負の電荷をもつイオンを**陰イオン**といいます。

- Li，Na，Kなど（**最外殻電子数が1の原子**）
  →**電子を1個手放して，貴ガスの電子配置になります。**マイナスの電荷をもった電子が1個抜けるので，Li^+，Na^+，K^+などの**1価の陽イオン**になります。
- F，Cl，Brなど（**最外殻電子数が7の原子**）
  →**電子を1個受け入れて，貴ガスの電子配置になります。**マイナスの電荷をもった電子を1個受け取るので，F^-，Cl^-，Br^-などの**1価の陰イオン**になります。

同様にBe，Mg，Caなどの最外殻電子数が2の原子は，電子を2個放出し，Be^{2+}，Mg^{2+}，Ca^{2+}などの2価の陽イオンとなりますし，
O，Sなどの最外殻電子数が6の原子は，電子を2個受け取り，O^{2-}，S^{2-}などの2価の陰イオンになります。

2

最外殻電子数 … いちばん外側の電子殻に入っている電子の数。

価電子数 … 基本的に最外殻電子数と同じだが，貴ガスの価電子数は0とする。

貴ガス … 最外殻電子数が8（ヘリウムHeだけ2）となる，安定な原子。単原子分子として存在。

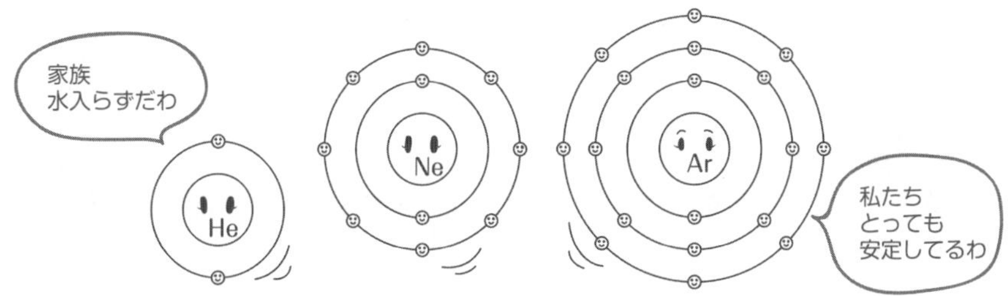

貴ガス（18族）の家族たち

一方，貴ガス以外の原子は，貴ガスと同じ電子配置になろうとする。

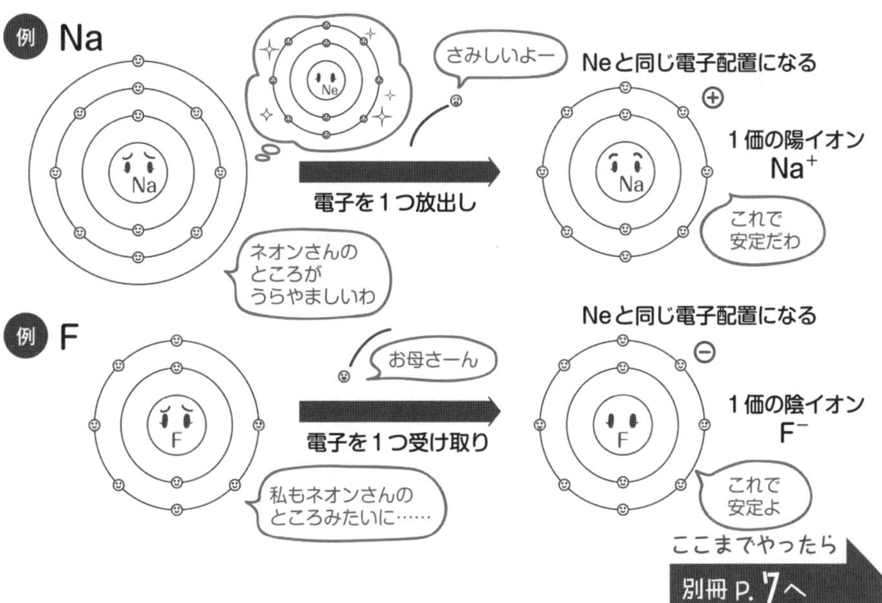

ここまでやったら 別冊 P. 7へ

2-4 周期表，原子半径とイオン半径

ココをおさえよう！

**最外殻が大きいほど原子半径は大きい。
最外殻が同じ場合は，陽子の数が多いほど電子を原子核に引きつける力が強くなるので，原子半径は小さくなる。**

周期表を縦に見た列を**族**といい，1族〜18族まであります。
周期表を横に見た行を**周期**といい，第1周期〜第7周期まであります。全部覚える必要はありませんが，第3周期ぐらいまでは覚えておくとよいでしょう。

・原子半径について

同じ族，つまり**周期表を縦に見ていくと，周期表の下のほうの元素ほど原子半径が大きくなります**。
これは，原子番号が大きいほど，原子核からより遠い電子殻が最外殻となるからです。最外殻がK殻 → L殻 → M殻…と外側へ広がるほど，原子半径も大きくなるというのは，イメージしやすいですね。

同じ周期，つまり**周期表を横に見ていくと，右のほうの元素ほど原子半径が小さくなります**（18族の貴ガスを除く）。
同じ周期の場合，最外殻は同じなのに，なぜ原子の半径が異なるのでしょうか？
その理由は，原子番号が大きいほど，原子核にある陽子の数が増えるため，原子核が電子を引きつける力が強まるからです。

18族の貴ガスを除く理由は，貴ガスだけ基準の異なる方法でしか半径を測定できないためです。気にしないでください。

・イオン半径について

イオンは貴ガス(18族)と同じ電子配置になりたがるのでした。
Neと同じ電子配置のO^{2-}，F^{-}，Na^{+}，Mg^{2+}の4つのイオンのイオン半径の大きさはどのようになるでしょうか？
これも，原子核が電子を引きつける力を考えれば簡単です。
どれも電子配置が同じということは，最外殻は同じです。
原子核にある陽子の数が多いほうが，電子を引きつける力が強くなって半径は小さくなるので，イオン半径は$Mg^{2+} < Na^{+} < F^{-} < O^{2-}$となります。

原子半径と周期表の関係

原子半径は …

- 同じ族(縦)で見ると，下に行くほど大きくなる。
- 同じ周期(横)で見ると，右に行くほど小さくなる。

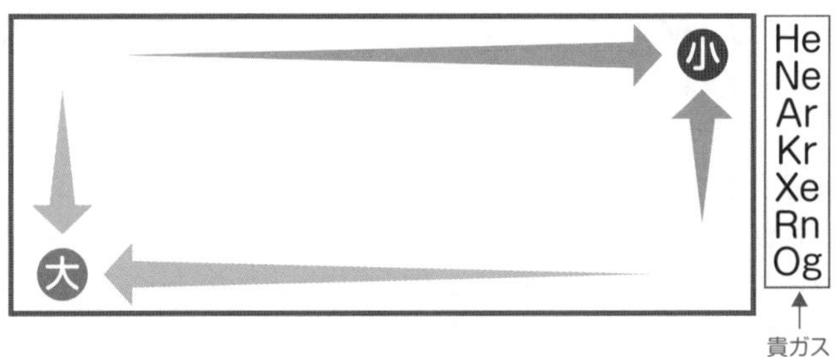

例 Li と F の場合(第 2 周期)

イオン半径

イオン半径は …

- 同じ電子配置のイオンどうしでは，陽子の数が多いほうが半径が小さくなる。

例 Ne と同じ電子配置のイオン(最外殻が同じ)

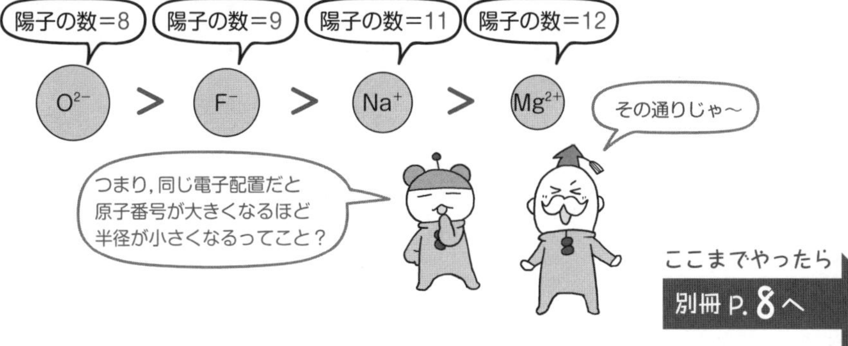

ここまでやったら
別冊 P. 8 へ

2-5 イオン化エネルギー，電子親和力

ココをおさえよう！

イオン化エネルギーと電子親和力の意味を忘れないためには
① Eを打ち込むとe^-が飛び出す，というイメージを頭に入れる。
② 主人公は原子(M, X)なのでMもしくはXを左辺に書く。
③ エネルギーEは右辺に書く。

原子は貴ガスの電子配置をマネして，陽イオンになりたがったり，陰イオンになりたがったりする性質があるとp.40でお話ししましたね。
原子の，陽イオンになりにくさを表したものを**イオン化エネルギー**，
陰イオンになりやすさを表したものを**電子親和力**といいます。

イオン化エネルギーと電子親和力について，まとめると…

- イオン化エネルギーとは，原子を**1価の陽イオン**にする際に**吸収**されるエネルギーのこと。
- $\mathbf{M = M^+ + e^- -} E$　(M：原子，e^-：電子，E：イオン化エネルギー)と表される。
- イオン化エネルギーが**大きい**ということは，1価の陽イオンに**なりにくい**ことを意味する。

- 電子親和力とは，原子を**1価の陰イオン**にする際に**放出**されるエネルギーのこと。
- $\mathbf{X + e^- = X^- +} E$　(X：原子，e^-：電子，E：電子親和力)と表される。
- 電子親和力が**大きい**ということは，1価の陰イオンに**なりやすい**ことを意味する。

しかし，これを丸暗記しようとすると混乱してしまいますよね。

丸暗記せずにイオン化エネルギー，電子親和力の意味や定義を思い出すことができるようになることが目標です。

2

ざっくりいうと…

・陽イオンになりにくさを表したもの ＝ イオン化エネルギー
・陰イオンになりやすさを表したもの ＝ 電子親和力

厳密には…

・イオン化エネルギーとは，原子を１価の陽イオンにする際に吸収されるエネルギーのこと。
$M = M^{+} + e^{-} - E$ と表される。
イオン化エネルギーが大きいということは，１価の陽イオンになりにくいことを意味する。
・電子親和力とは，原子を１価の陰イオンにする際に放出されるエネルギーのこと。
$X + e^{-} = X^{-} + E$ と表される。電子親和力が大きいということは，１価の陰イオンになりやすいことを意味する。

吸収？　放出？
なりやすい？
なりにくい？
あ，あれ…？
?

どっちがどっちか
全然わからないよぉ～

大丈夫じゃ！
「イオン化エネルギー」「電子親和力」
という用語から
導き出せるように説明するぞぃ

・イオン化エネルギー

イオン化エネルギーとは，原子を1価の陽イオンにするのに必要なエネルギーのことです。

厳密には原子を1価の陽イオンにするのに必要なエネルギーを第一イオン化エネルギーといい，2価の陽イオン，3価の陽イオンにするのに必要なエネルギーを第二イオン化エネルギー，第三イオン化エネルギーといいます。受験では第一イオン化エネルギーについてしか出題されないと考えてよいでしょう。単に「イオン化エネルギー」と出てきたときは，第一イオン化エネルギーのことだと思ってください。

「原子Mにイオン化エネルギーEを加えるとM^+になる」ということなので，これを，そのまま式に直しましょう。

$$M + E = M^+ + e^-$$

原子MがエネルギーEを吸収してM^+とe^-になっています。
このように「**Eを打ち込むとe^-が飛び出てくる**」ことを頭に入れておいてください。

慣習的にエネルギーEは右辺に書くので，次のように直します。

$$M = M^+ + e^- - E$$

イオン化エネルギーの大小については，次のようにとらえてください。

イオン化エネルギーが小さい＝原子を1価の陽イオンにするために必要なエネルギーが少なくて済む＝**陽イオンの状態が安定する（陽イオンになりたい）**

イオン化エネルギーが大きい＝原子を1価の陽イオンにするためには大きなエネルギーが必要＝**原子の状態のままが安定している（陽イオンになりたくない）**
ということになります。

・(第一)イオン化エネルギー＝原子を1価の陽イオンにするのに必要なエネルギー
＝MにEを加えると，M^+になる

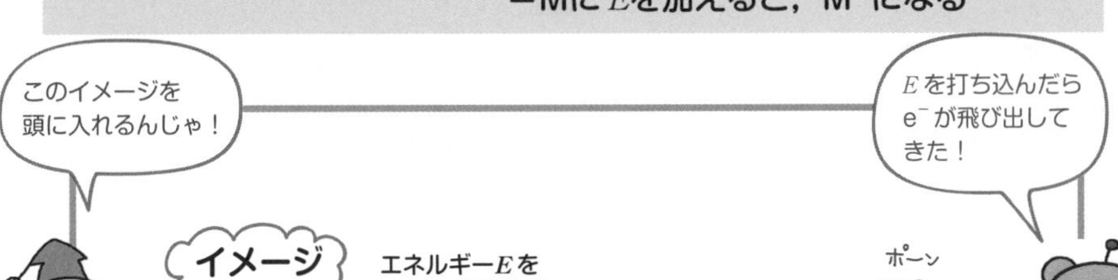

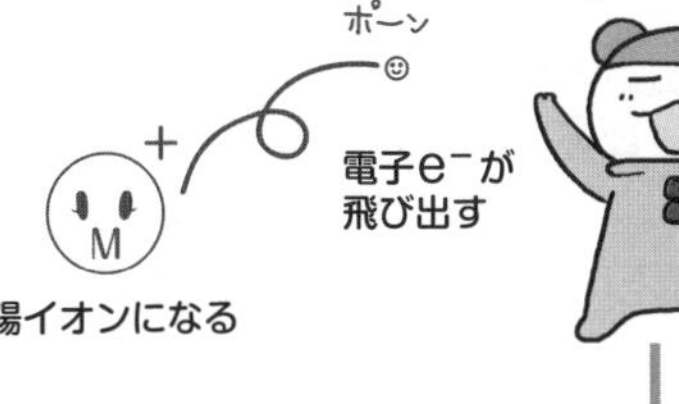

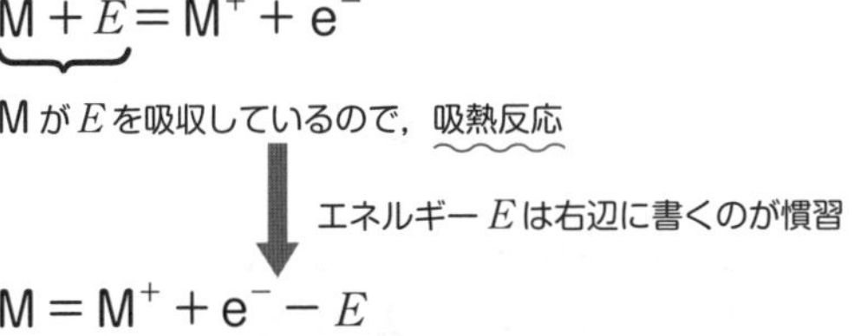

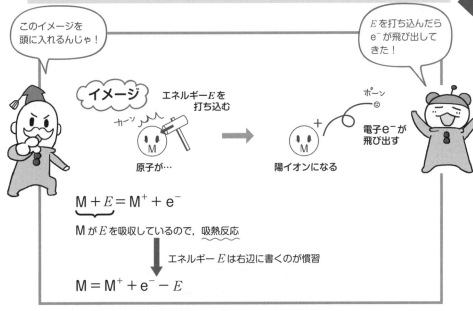

$$M + E = M^+ + e^-$$

MがEを吸収しているので，吸熱反応

エネルギーEは右辺に書くのが慣習

$$M = M^+ + e^- - E$$

・イオン化エネルギーの大小が意味していること

イオン化エネルギーが小＝原子を1価の陽イオンにするのに必要なエネルギーが小さくて済む
＝1価の陽イオンの状態が安定する

イオン化エネルギーが大＝原子を1価の陽イオンにするためには大きなエネルギーが必要
＝原子の状態のままが安定している

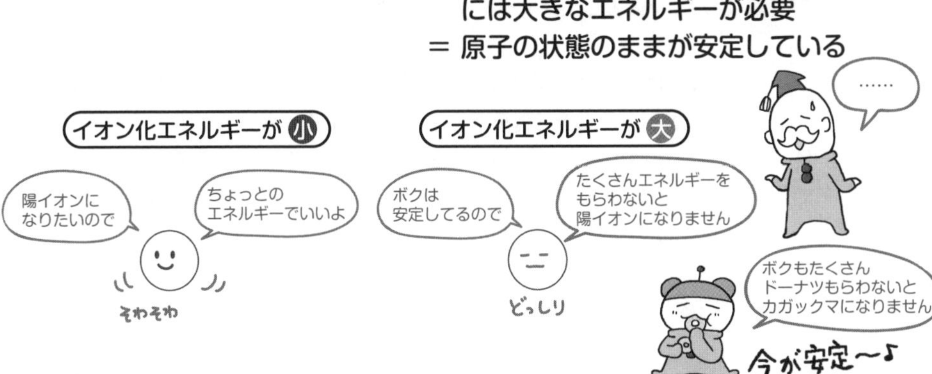

では，ここで問題です。HeやArなどの貴ガスは，イオン化エネルギーが小さいでしょうか，大きいでしょうか？

貴ガスは原子の状態のままで安定なので，1価の陽イオンにするには大きなエネルギーが必要です。つまり，イオン化エネルギーは大きいということです。

一方，NaやKのようなアルカリ金属は，1つの最外殻電子を放出して，理想の電子配置になりたいのでしたね（p.40）。
アルカリ金属は，1価の陽イオンになりたいとムズムズしています。
よって，1価の陽イオンにするために加えるエネルギーは小さくて済みます。

・イオン化エネルギーと原子番号の関係

主要な元素のイオン化エネルギーをグラフにすると，右ページのようになります。横軸は原子番号です。このグラフのポイントは2つです。

ポイント①　**同じ周期では，原子番号が増える（右にいく）につれ，イオン化エネルギーが大きくなる（電子を取り去りにくくなる）。**

最外殻は同じですが，原子番号が増えると陽子の数が増えるので，原子核が電子を引っ張る力が大きくなります。原子半径のところでも説明しましたね（p.42）。
ということは，電子を1つ取り去るのに必要なエネルギーが大きくなるということです。
よって，**同一周期において原子番号が増えると，イオン化エネルギーが大きくなります。**
お母さんの思いが大きいほうが，周りの子どもたちを引きつける力が強くなり，子どもと引き離すために必要なエネルギーが大きくなるのですね。

ポイント②　**同じ族では，原子番号が増える（下にいく）につれ，イオン化エネルギーが小さくなる（電子を取り去りやすくなる）。**

同じ族では，原子番号が増えると最外殻が原子核から遠くなっていますね。
最外殻が遠いと原子核が電子を引っ張る力は小さくなる（陽子の数も増えますが，電子が原子核から遠くなる影響のほうが大きい）ので，電子1個を取り去って陽イオンにするのに必要なエネルギーが少なくて済むようになります。
つまり，イオン化エネルギーが小さくなるのです。

He や Ar などの貴ガスはイオン化エネルギーが小さい？　大きい？

貴ガスは原子の状態のままで安定なので，
1 価の陽イオンにするには大きなエネルギーが必要。
つまり，イオン化エネルギーは大きい。

イオン化エネルギーと原子番号の関係

ギザギザの山は
右にいくほど低くなるぞい
山の頂点は貴ガスじゃ

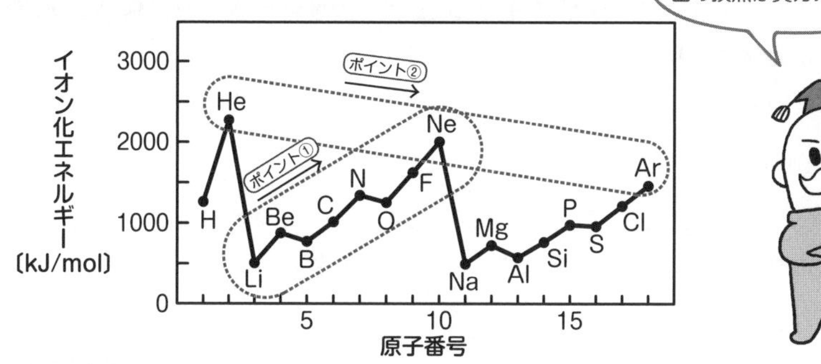

ポイント① 同周期では，原子番号が大 ⟶ イオン化エネルギー 

例 第 2 周期の場合

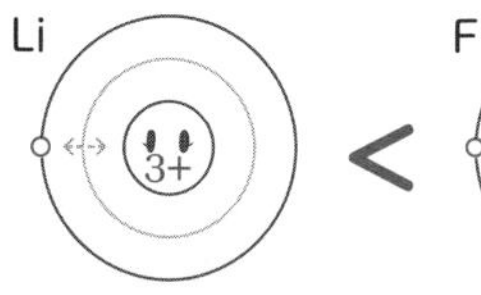

<

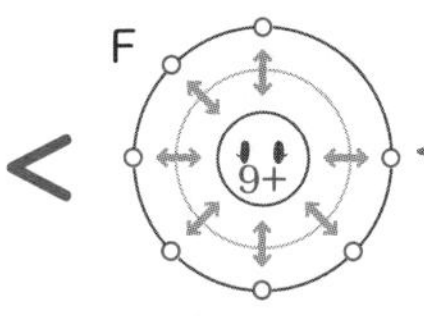

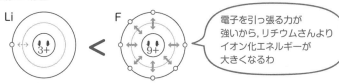

電子を引っ張る力が
強いから，リチウムさんより
イオン化エネルギーが
大きくなるわ

最外殻が同じなら，陽子の数が多いほうが電子を引っ張る力が強い

ポイント② 同族では，原子番号が大 ⟶ イオン化エネルギー 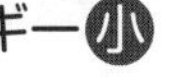

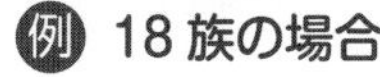

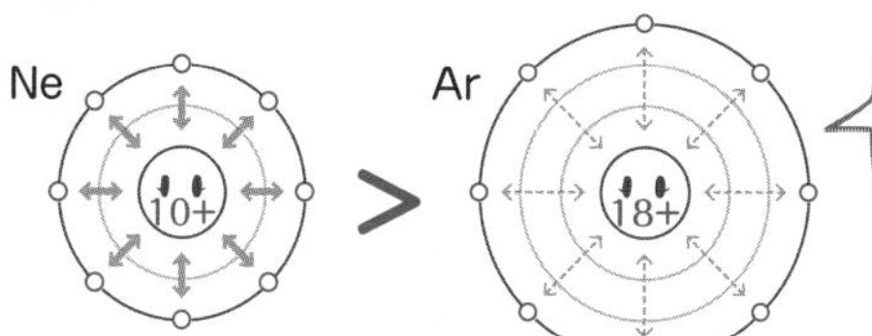

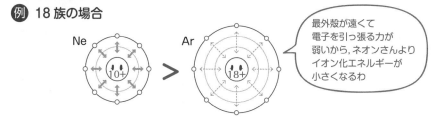

最外殻が遠くて
電子を引っ張る力が
弱いから，ネオンさんより
イオン化エネルギーが
小さくなるわ

同じ族なら，最外殻が原子核から近いほうが電子を引っ張る力が強い

・電子親和力

イオン化エネルギーと電子親和力は別ものと考えるのではなく，似たものだと考えると，式を丸暗記しなくて済みます。

イオン化エネルギーでは「エネルギーEを打ち込むと，e^-が飛び出てくる」と考えましたね。これを引き続き使います。
電子親和力は「**1価の陰イオンX^-にエネルギーEを打ち込むと，電子e^-が飛び出してもとの原子Xに戻る**」とイメージします。
すると，次の式が書けるはずです。

$$X^- + E = X + e^-$$

主人公であるXを左辺に移項し，慣習的にエネルギーEを右辺にする（つまり左辺と右辺を入れ替える）と，次の式を導くことができます。

$$X + e^- = X^- + E$$

原子Xがe^-とくっついてX^-になり，エネルギーEが放出されていますね。
だから，電子親和力の定義は「原子が電子を受け取る際に放出するエネルギー」なのです。

・電子親和力の大小が意味していること

電子親和力のもとの式（$X^- + E = X + e^-$）を覚えていると，電子親和力の大小が意味していることもわかります。

電子親和力が小さい＝陰イオンを原子にするために必要なエネルギーが少なくて済む＝**原子の状態が安定する（陰イオンでいたくない，原子になりたい）**
18族（貴ガス）のような安定した原子の場合，電子親和力が小さいのです。

電子親和力が大きい＝陰イオンを原子にするためには大きなエネルギーが必要＝**陰イオンの状態が安定する（陰イオンでいたい，原子になりたくない）**
FやClは電子を1つ受け取って陰イオンとなり，理想の電子配置になりたいのでした。だからFやClは電子親和力が大きいということです。

以上から，電子親和力を表したグラフは右ページのように，FやClで大きく，貴ガスで小さくなるようなグラフになるのです。

電子親和力 … イオン化エネルギーと似たものだと考える。

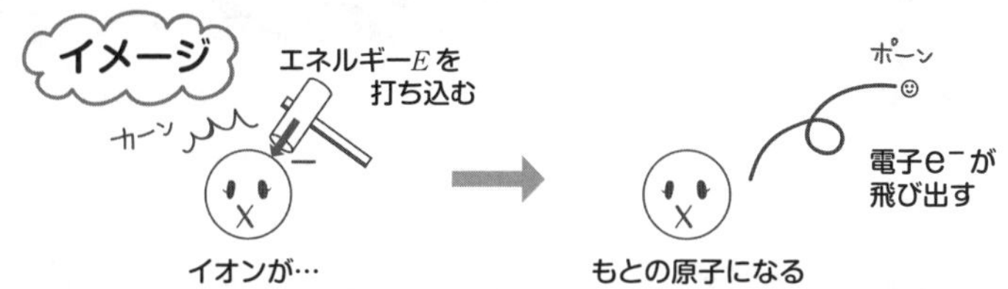
イメージ
エネルギーEを
打ち込む
カーン
ポーン
電子e^-が
飛び出す
イオンが…
もとの原子になる

イオン化エネルギー	電子親和力
$M + E = M^+ + e^-$	$X^- + E = X + e^-$

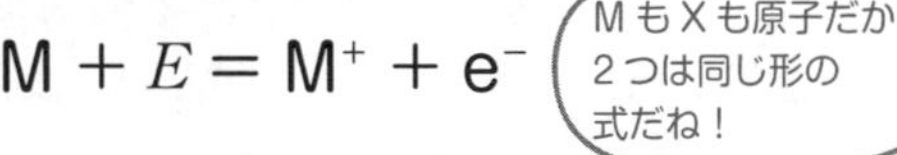
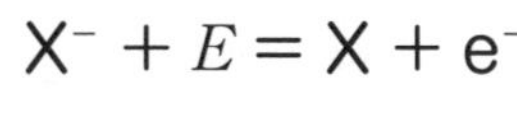

この式は，まさに電子親和力の定義「原子が電子を受け取る際に放出するエネルギー」を表しておるぞ！

MもXも原子だから
2つは同じ形の
式だね！

Xを左辺に　Eを右辺にすると…

$$X + e^- = X^- + E$$

・電子親和力の大小が意味していること

電子親和力が 小 ＝陰イオンを原子にするのに必要なエネルギーが小さくて済む
＝原子の状態が安定する（貴ガスなど）

電子親和力が 大 ＝陰イオンを原子にするためには大きなエネルギーが必要
＝陰イオンの状態が安定する（FやClなど）

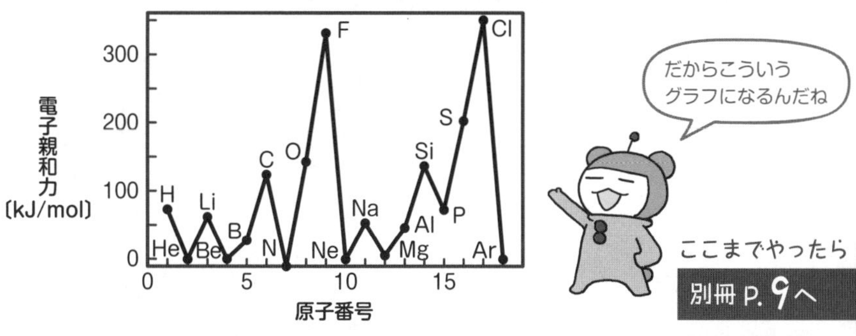
電子親和力〔kJ/mol〕
300
200
100
0
0
5
10
15
原子番号
H
He
Li
Be
B
C
N
O
F
Ne
Na
Mg
Al
Si
P
S
Cl
Ar
だからこういう
グラフになるんだね
ここまでやったら
別冊 P. 9へ

ハカセの
宇宙一キビしい
チェック!!

理解できたものに，☑チェックをつけよう。

- [ ] 原子は，中心に原子核，周りに電子がある。
- [ ] 原子核は陽子と中性子からできている。
- [ ] 原子番号＝陽子の数＝電子の数
- [ ] 質量数＝陽子の数＋中性子の数
- [ ] 同位体は，原子番号が同じで，質量数が互いに異なる原子のこと。
- [ ] 電子殻は内側からK殻，L殻，M殻といい，内側から電子が埋まる。
- [ ] 各電子殻には，入ることのできる電子の数が決まっている。
- [ ] 最外殻電子数と価電子数の違いがわかる。
- [ ] 安定な電子配置は貴ガスの電子配置である。
- [ ] 「エネルギー E を打ち込むと電子 e^- が飛び出てくる」というイメージができている。
- [ ] LiやNaやKは陽イオンになりやすいので，イオン化エネルギーは小さい。
- [ ] FやClは陰イオンになりやすいので，電子親和力は大きい。

地球の重力にも
慣れてきたわぃ

Chapter

3

化学結合

化学結合

はじめに

Chapter 2では原子のイオン化に電子が深く関わっていることを学習しました。
Chapter 3では，原子間のいろいろな結合や分子間の結びつきについて勉強していきます。今回も電子が大活躍しますよ。

お母さん(原子核)と子ども(電子)のたとえを使って，
現象をわかりやすく説明していきます。
世の中にいろいろな性格の人がいるように，お母さん(原子核)も人それぞれです。
困っている人を助ける心やさしいお母さん(原子核)や，
自分勝手でわがままな性格のお母さん(原子核)もいます。

こういったお母さん(原子核)の性格は元素ごとに決まっていて，
それを知ることで，共同体(分子)の人間関係(性質)がわかるようになります。

また，子ども(電子)を自由電子にし，放任主義の子育てをする金属では，
その結晶がどのような構造になっているのか，について学習していきます。
身の回りの物質について，どんどん知識を深めていきましょう。

この章で勉強すること

まずはイオン結合と共有結合について学び，そして電子式や構造式の書きかたなど，基本的なことができるようにします。
次に，配位結合や分子の極性について，たとえ話を用いて説明したあと，
水素結合や分子結晶，金属結合についても解説します。

宇宙一
わかりやすい
ハカセの
Introduction

いろいろな化学結合

イオン結合

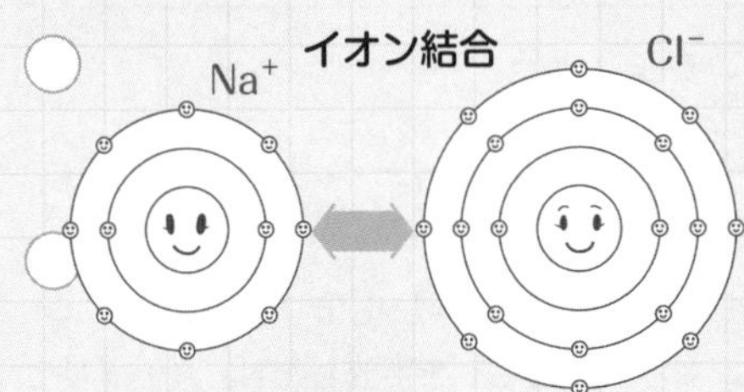
Na^+
Cl^-

陽イオンと陰イオンが
静電気的な引力で結合

配位結合

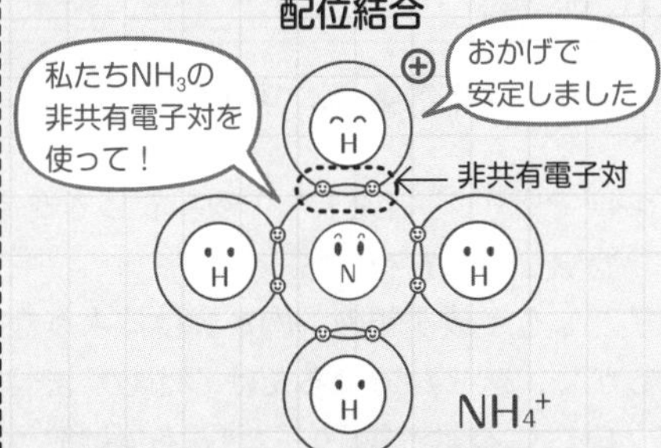
私たちNH_3の
非共有電子対を
使って！
おかげで
安定しました
非共有電子対
H
N
H
H
H
NH_4^+

非共有電子対のある分子やイオンに
不安定なイオンがくっつく結合

共有結合

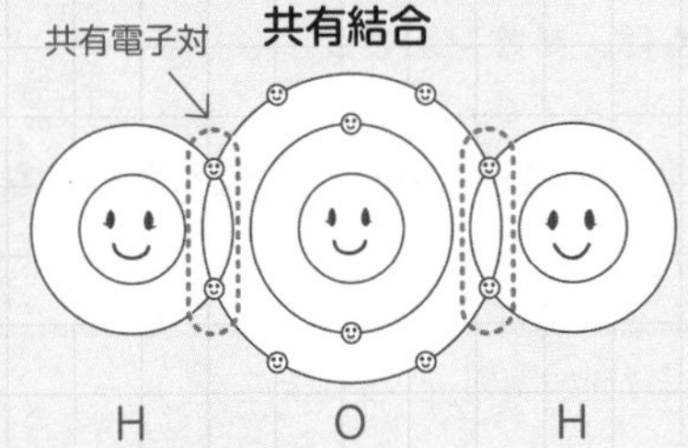
共有電子対
H
O
H

最外殻にある電子を共有して
安定する

金属結合

原子の最外殻が重なっており各原子の
電子が金属内を自由に動き回る

分子の極性

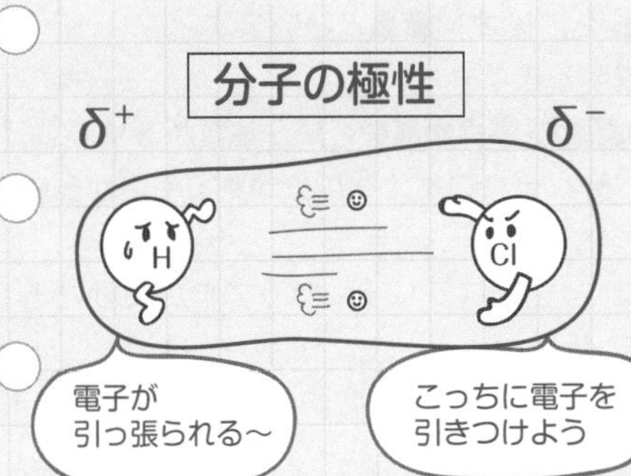
δ^+
δ^-
H
Cl
電子が
引っ張られる～
こっちに電子を
引きつけよう

こっちでは
電子の引っ張り合いが
始まったようじゃ

ミクロの世界って
興味深いなぁ

Let's
study!!

3-1 イオン結合

ココをおさえよう！

電子の受け渡しによって，イオン結合はできている。

ここからは化学結合について，お話ししていきましょう。

p.41で電子（子ども）を1個手放して安定したいナトリウム原子（ナトリウム家族）が登場しましたね。
子どもを手放す親の，胸が裂けるような悲しみを思うと，涙が止まりません。
しかし，悲しんでいるだけではありません。電子（子ども）を手放したNa^{+}（ナトリウムイオン）は，電子（子ども）を受け取ったCl^{-}（塩化物イオン）との間に，**静電気（的な引）力（クーロン力）を介したイオン結合を形成する**のです。
子どもを手放したくない親が，子どもと少しでも近づいていたいかのようですね。

金属元素と非金属元素からなる化合物の多くは，イオン結合からなります。
（金属元素，非金属元素については，巻頭の周期表でなんとなく見ておきましょう）
イオンどうしで化合物を形成するときは，化学式全体でイオンの価数が0になるように組成比を考えなくてはなりません。
例えばNa^{+}とCl^{-}という1価のイオンどうしであれば$NaCl$となりますが，Ca^{2+}とCl^{-}では化学式全体のイオンの価数を0にするため$CaCl_2$となります。

原子や分子，イオンなどの粒子が，立体的に規則正しく繰り返し結合している固体を**結晶**といいます。
そのうち，イオン結合によってできる結晶を，**イオン結晶**といいます。
（結晶の構造については，Chapter 10で説明します）
イオン結合は結合が強いので，イオン結晶は融点・沸点が高いという性質があります。
ただし，水などに溶けると結合が弱まり，それぞれのイオンに分かれるものが多いです。
水の中ではそれぞれが陽イオンや陰イオンとしてバラバラになって自由に動けるようになるので，**電気を通す**ようになります。

Point … イオン結晶の性質

◎ 結合が強いので，**融点・沸点が高い。**
◎ **結晶は電気を通さないが，加熱融解したり，水に溶かすと電気を通す**（イオンに分かれるから）。

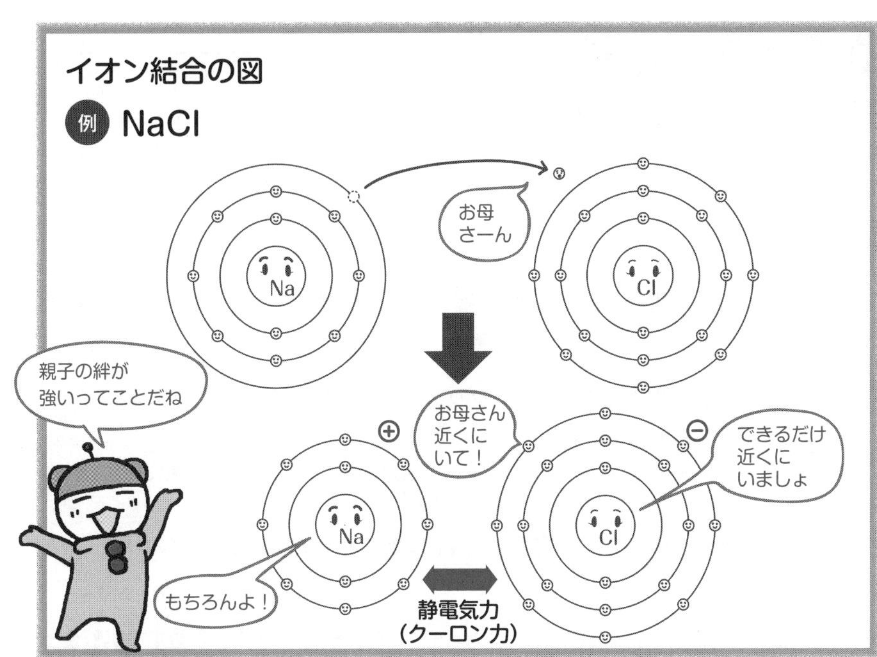

イオン結晶 … イオン結合でできた結晶のこと。
イオン結合は強い結合であるため，
融点・沸点が高い。

金属元素と非金属元素の結合は，
イオン結合が多いんじゃ

結晶は電気を通さないが，水に溶かすと
電気を通す（イオンに分かれるから）。

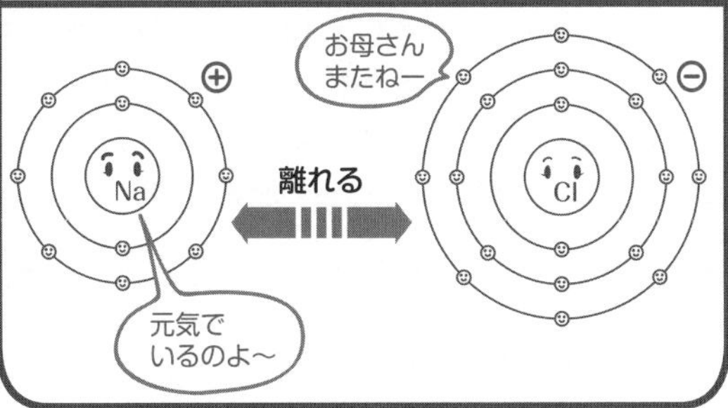

3-2 共有結合

ココをおさえよう！

原子間で電子を共有することで，共有結合はできている。

イオンになって電子（子ども）の受け渡しをする原子（家族）たちとは違い，
どうしても電子（子ども）を手放したくない原子（家族）もいます。
近くで見守るだけでなく，家族の一員として子どもを手もとにおいておきたいのです。
そんな原子どうしは，**電子を共有して，お互いの最外殻電子数を８にしようとします。**
（水素は最外殻電子数を２にしようとします）

例えば水分子は，１つの酸素原子と２つの水素原子が電子を２個ずつ共有し合うことで，互いに安定な貴ガス配置となっています。
このように，電子を共有し合って原子どうしが結合することを，**共有結合**といいます。
（イオン結合との違いを理解しておきましょうね）
水素原子と酸素原子の結合部分は**電子を１個ずつ出し合って共有結合しており，**これを**単結合**といいます。

一方，二酸化炭素のように，酸素原子と炭素原子の結合部分が**電子を２個ずつ出し合って共有している**場合，この結合を**二重結合**といいます。二重結合は単結合に比べて強い結合をしています。
１人の子どもを共有するより，２人の子どもを共有しているときのほうが，家族どうし（原子どうし）のつながりが強いイメージです。
窒素分子は**三重結合**によってできていますが，
お察しの通り，二重結合よりも強い結合になっています。

共有結合によってできる結晶を，**共有結合の結晶**といい，ダイヤモンドや黒鉛（どちらもC），二酸化ケイ素SiO_2が有名です。
共有結合は大変強いため（子ども（電子）を共有しているので，離れ離れになりたくないのです！），融点・沸点が高くなっています。
さらに，水に入れるだけでは結合は切れません。つまり，水には溶けないのです。
共有結合は，イオン結合よりも強い結合です。

Point … 共有結合の結晶の性質

◎ **極めて硬い結晶**を形成する（ダイヤモンド，黒鉛，二酸化ケイ素など）。
◎ **融点・沸点が高い。**
◎ **水には溶けない。**

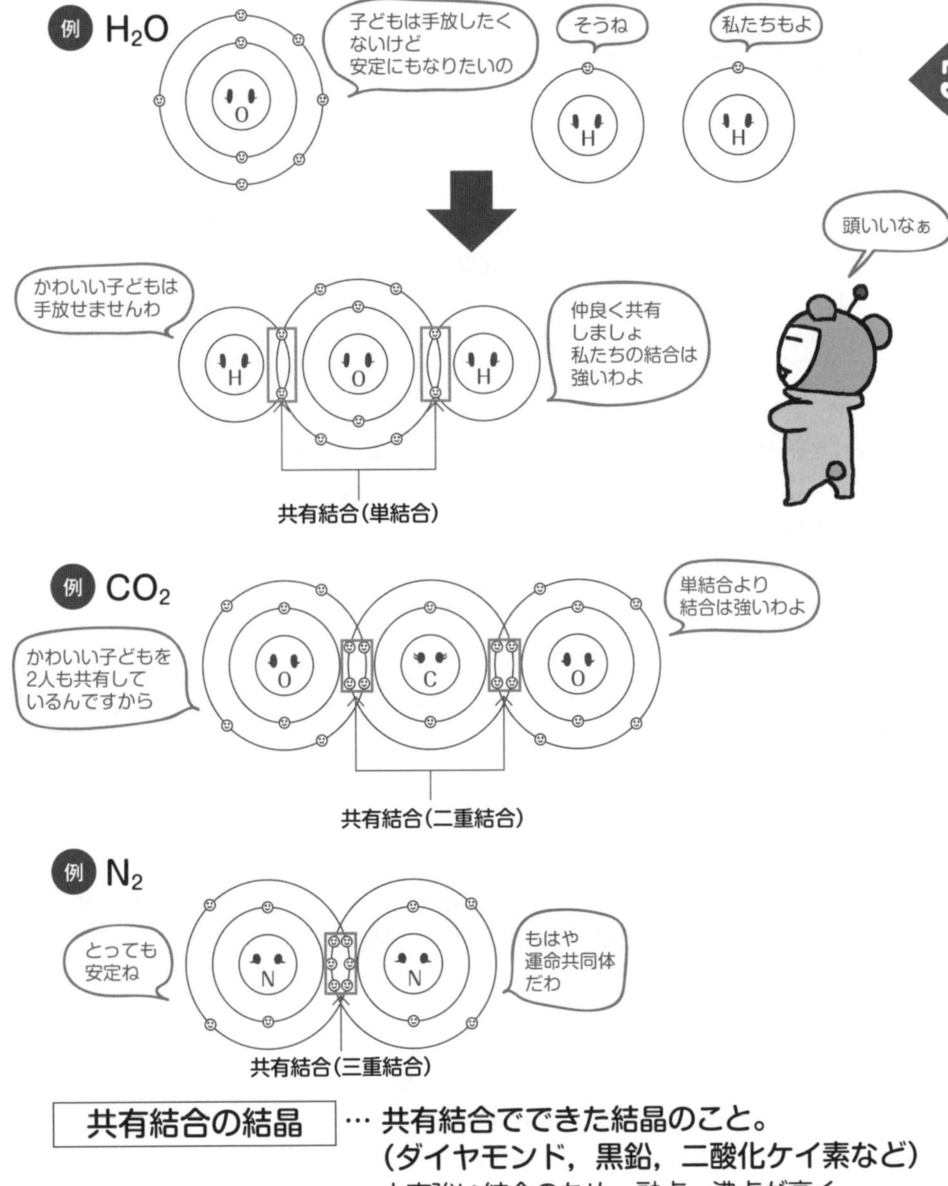

共有結合の結晶 … 共有結合でできた結晶のこと。
（ダイヤモンド，黒鉛，二酸化ケイ素など）
大変強い結合のため，融点・沸点が高く，
水には溶けない。

3-3 電子式

ココをおさえよう！

電子式で表すと，電子がどのように共有されて分子になっているか，わかりやすくなる。

p.38～41の復習になりますが，**原子は最外殻電子数が8（H，Heは2）になるとき，安定化するのでした。原子にとって重要なのは最外殻電子です。**
しかし，今までの原子の書きかたでは，最外殻電子以外の電子も書く必要があり，見づらかったですね。

そこで，最外殻電子の様子を図式化してわかりやすくしたのが，**電子式**です。
電子式を書くにはいくつかルールがあります。これは決まりごとなので覚えましょう。

電子式のルール

① 原子の周りに，2×4個の席があり，そこに最外殻電子たちが入っていく。
② まずは隣り合わないように入っていく。
③ HとHeは，席が2個しかない。

この決まりにしたがうと，H～Neの電子式は右ページのようになりますね。
電子はまずは隣り合わないように入るので，BeやOの電子配置には注意しましょう。
（HとHeには1×2個の席しかないことも覚えておきましょう）

電子式を使うことで，共有結合の様子がとてもわかりやすくなります。
共有結合とは，原子どうしが最外殻にある電子を出し合い，共有してできる結合でしたので，例えば水素原子2つと酸素原子1つが結合してできた水分子は，右ページのようにかくことができます。

2個の電子が対になったものを電子対（でんしつい）といい，
2つの原子に共有されている電子対を**共有電子対**，
共有結合に関係のない電子対を**非共有電子対**といいます。
また，対を作っていない電子を**不対電子**といいます。

ほら，電子式を使うことで，電子がどうやって結合しているのか，
わかりやすくなったでしょう？

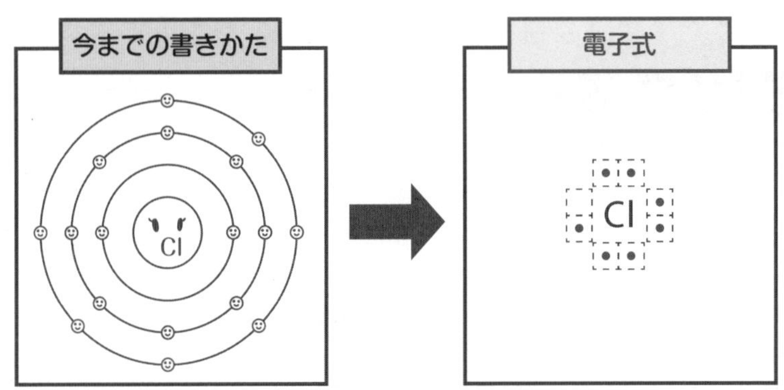

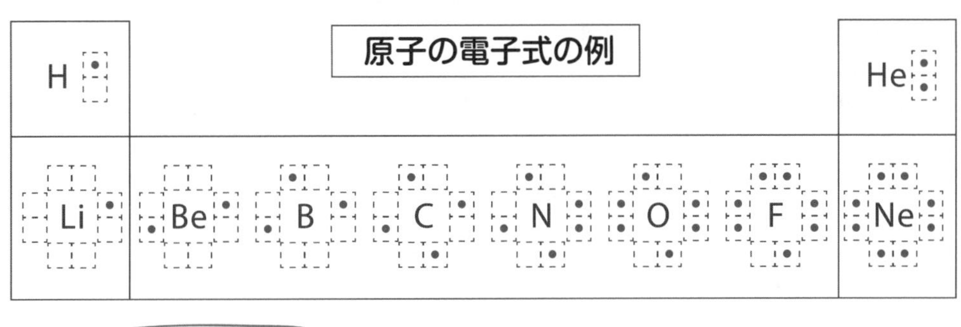

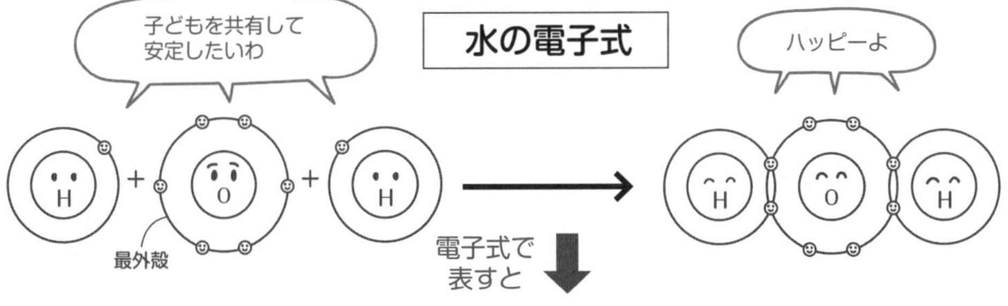

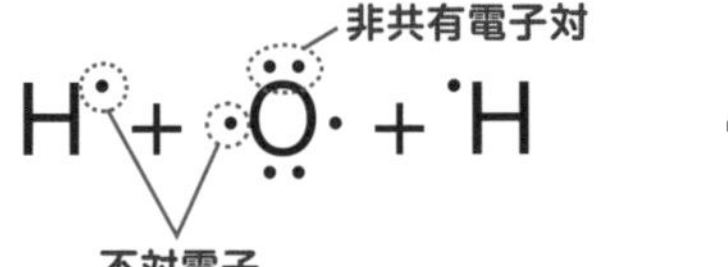

H:Ö:H

共有電子対

もともと組になっているのは非共有電子対，２つの原子で共有されているのは共有電子対じゃ

ここまでやったら
別冊 P. 10 へ

3-4 構造式

ココをおさえよう！

構造式では，共有電子対は１本の線で示す。

共有している電子対は１本の線（この線を価標ということもあります）で表します。

例えば**共有している電子対が２対の場合は二重結合となるので**
２本の線で表すことになります。
また，**共有している電子対が３対の場合は三重結合となり，**
３本の線で表すことになるのです。

それでは，アンモニアNH_3はどのように表すことができるでしょうか？

① まずは，各原子の電子式を書きます。

$$\cdot\ddot{\text{N}}\cdot + \text{H}\cdot + \text{H}\cdot + \text{H}\cdot$$

② 次に，Nの周りの電子数が８に，
Hの周りの電子数が２になるように結合させます。

$$\begin{array}{c}\text{H}:\ddot{\text{N}}:\text{H}\\ \ddot{\text{H}}\end{array}$$

③ 最後に共有電子対を１本の線で表せば完成です。

$$\begin{array}{c}\text{H}-\text{N}-\text{H}\\ |\\ \text{H}\end{array}$$

このように，１本の線で分子内の結合の構造を表した式を**構造式**といいます。
構造式では非共有電子対は省略します。右ページの例で電子式と構造式の違いを確認してくださいね。

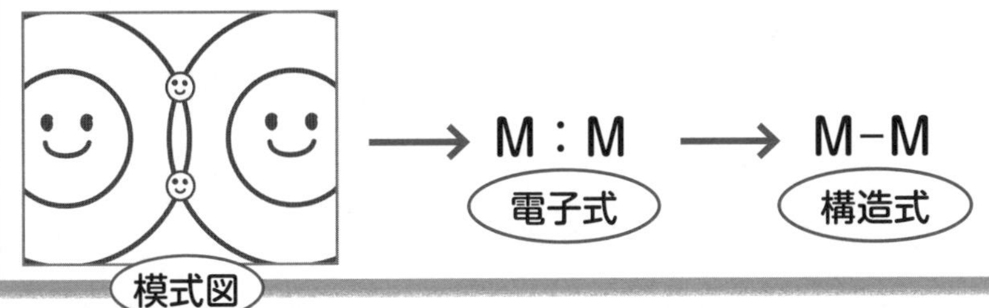

二重結合

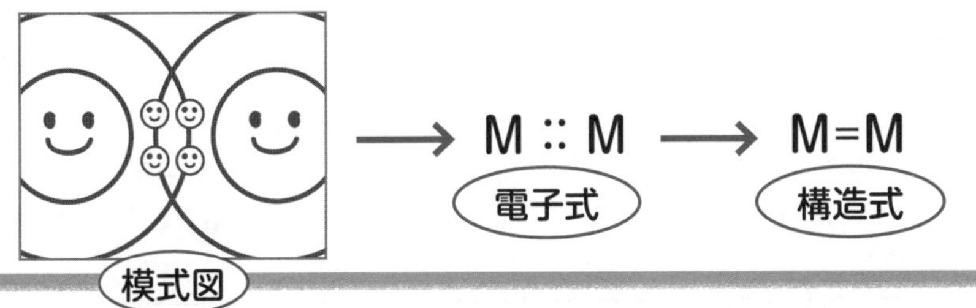

三重結合

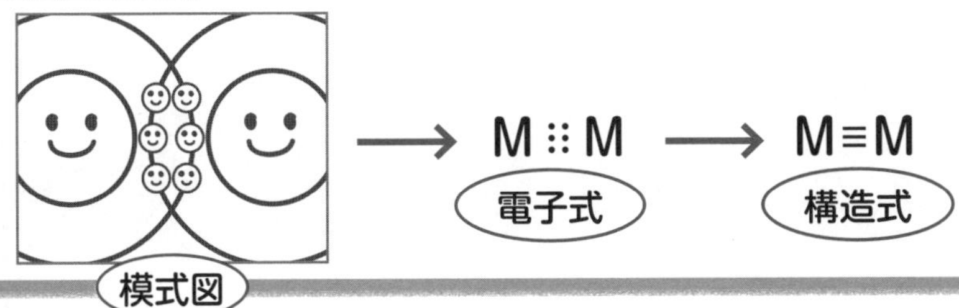

例 CO_2

:Ö :: C :: Ö: ⟶ O=C=O

電子式　　構造式

ここまでやったら
別冊 P. 11へ

3-5 配位結合

ココをおさえよう！

配位結合は，非共有電子対を分け与えて結合する。

みなさんはもう，電子式を使って分子を表すことには慣れてきたと思います。

それでは，p.62で出てきたアンモニア分子(NH_3)に着目してみましょう。
電子(子ども)を共有し，安定することに成功したアンモニア分子。

実は彼らには，他の不安定な陽イオンの家族に
電子(子ども)を一方的に分け与えることができるくらいの余裕があります。

どうしてって？

ほら，彼らは非共有電子対をもっているじゃありませんか。
その非共有電子対をH^+に無償で分け与えることで共有結合となります。
H^+は1つも電子をもっていないので，2個の電子を与えられて落ち着きます。

こうしてできる共有結合を，**配位結合**といいます。

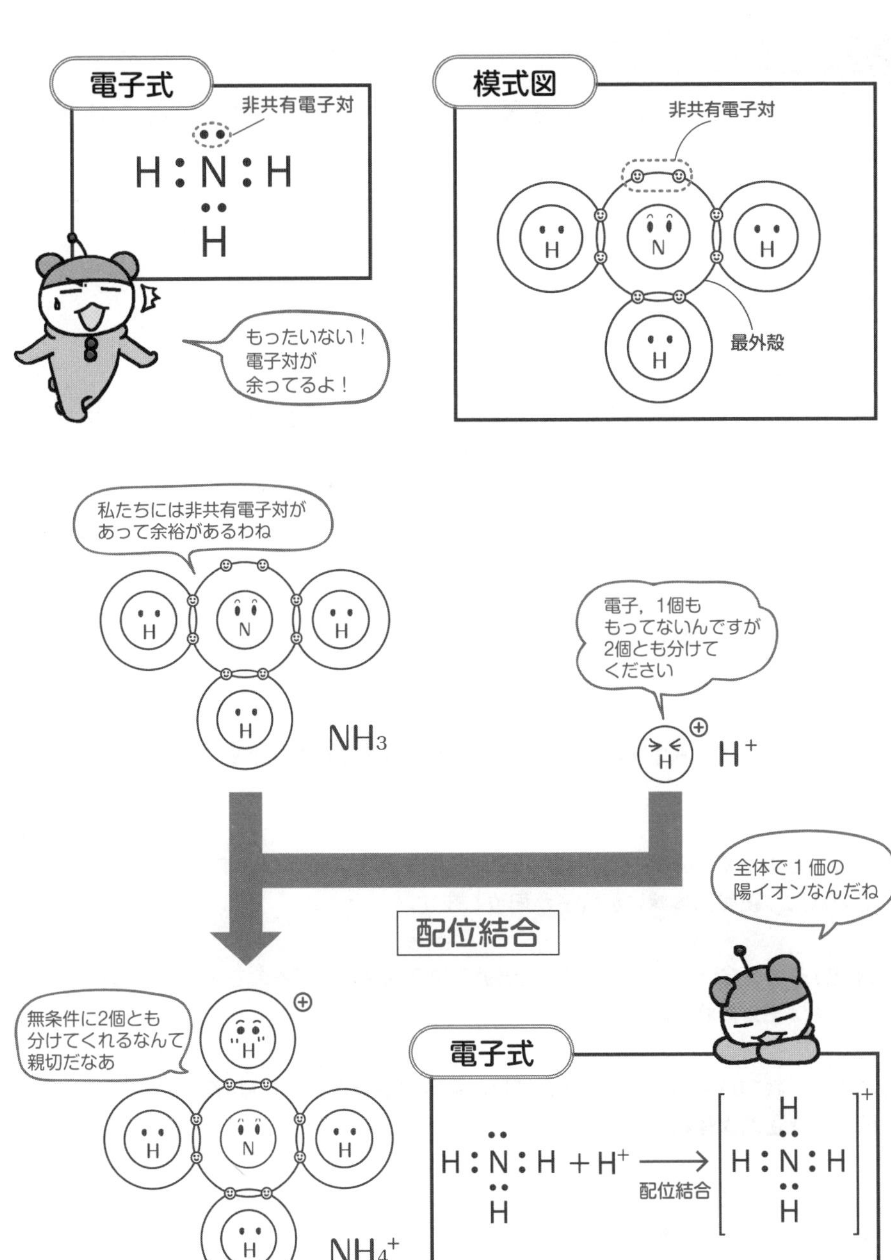
電子式
非共有電子対
H : N : H
H
もったいない！
電子対が
余ってるよ！
模式図
非共有電子対
H
N
H
H
最外殻
私たちには非共有電子対が
あって余裕があるわね
NH3
電子，1個も
もってないんですが
2個とも分けて
ください
H+
配位結合
全体で１価の
陽イオンなんだね
無条件に2個とも
分けてくれるなんて
親切だなあ
NH4+
電子式
H : N : H + H+ → [H : N : H]+
配位結合

3-6 錯イオンと配位子

ココをおさえよう！

電子がたくさんほしい金属イオンに，電子に余裕のある分子やイオンが配位する。

p.64では，「電子に余裕のある分子」が「電子がほしいイオン」に対して
電子を提供して共有する，というお話をしました。
このような電子に余裕のある，親切な分子やイオンを**配位子**といいます。

この親切な配位子たちは，
「もっとたくさん電子がほしい，わがままイオン」のいうことも聞いてしまいます。
もっとたくさん電子がほしいわがままイオンとは，
金属元素の陽イオン（Ag^+, Zn^{2+}, Cu^{2+}, Fe^{2+}など）のことです。

この金属イオンたちは非共有電子対がほしいので，
配位子に自分のもとに来るように命令します。
しかもどれだけの数を，どのようにくっつけるかは金属により異なるのです。
配位子にとっては迷惑な話ですね。

例えば，**銀イオンAg^+は，2対の非共有電子対をほしがります**（配位数：2）。
その結果，**直線状**に2つ配位子が配位します。

一方，**亜鉛イオンZn^{2+}は，4対の非共有電子対をほしがります**（配位数：4）。
その結果，**正四面体状**に配位子が配位します。

銅(Ⅱ)イオンCu^{2+}は，同じく4対の非共有電子対をほしがるのですが（配位数：4），
配位子は**正方形状**に配位します。

最後に，**鉄(Ⅱ)イオンFe^{2+}は6対の非共有電子対をほしがり**（配位数：6），
配位子は**正八面体状**に配位します。

このように金属イオンと，非共有電子対をもつ分子やイオンが，配位結合してできた上記のイオンを**錯イオン**といいます。

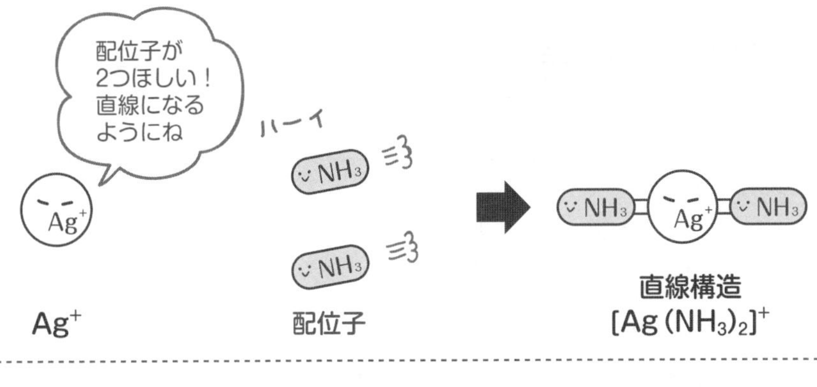

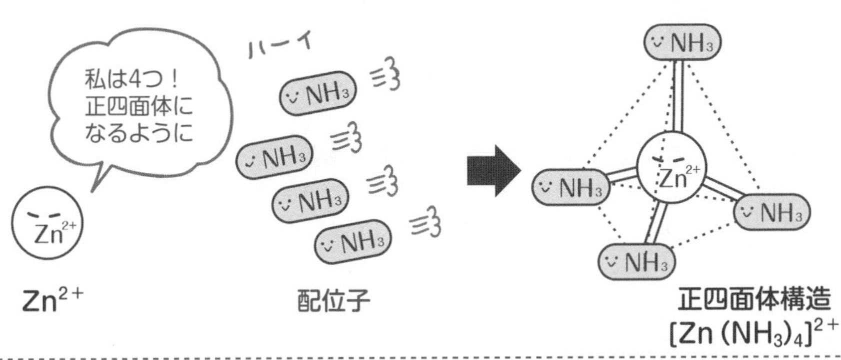

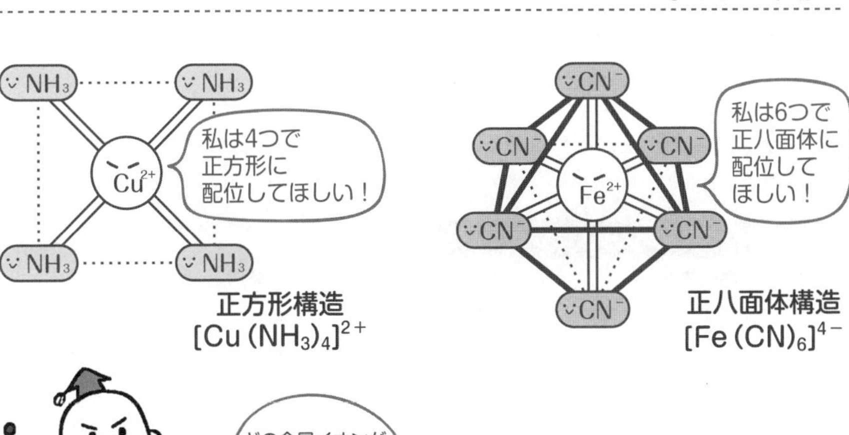

どの金属イオンが
どの構造をとるか
覚えるんじゃ

3-7 錯イオンの電荷と名称

ココをおさえよう！

電荷はただの足し算！　名称はルールを覚えよう！

錯イオンの電荷数は，
金属イオンの電荷と配位子の電荷を足し合わせたもので表せます。
Fe^{2+}にCN$^-$が6つ配位している場合は

$$+2+(-1)\times 6=-4$$

なので，右上に4－と書き加えます（$[Fe(CN)_6]^{4-}$）。

また，錯イオンの呼びかたにも決まりがあります。
錯イオンの名称は
「配位数」→「配位子の名称」→「金属イオンの元素名＋(酸化数)」
の順で呼ぶことになっています（酸化数についてはP.166参照）。
配位数と配位子の名称は以下の通りです。

◆配位数 ……1：モノ　2：ジ　3：トリ　4：テトラ　5：ペンタ　6：ヘキサ
◆配位子の名称 ……NH_3：アンミン　CN^-：シアニド　OH^-：ヒドロキシド
H_2O：アクア　Cl^-：クロリド

また，総電荷がマイナスになり，陰イオンとなるときは，末尾に「酸」がつきます。
以下の表に主な錯イオンをまとめてあるので，名称や立体構造，水溶液の色を確認しておきましょう。

主な錯イオン（水溶液中）

配位数	錯イオン	名　称	立体構造	水溶液の色
2	$[Ag(NH_3)_2]^+$	ジアンミン銀(Ⅰ)イオン	直線形	無色
	$[Ag(CN)_2]^-$	ジシアニド銀(Ⅰ)酸イオン	直線形	無色
4	$[Zn(NH_3)_4]^{2+}$	テトラアンミン亜鉛(Ⅱ)イオン	正四面体形	無色
	$[Zn(OH)_4]^{2-}$	テトラヒドロキシド亜鉛(Ⅱ)酸イオン	正四面体形	無色
	$[Cu(NH_3)_4]^{2+}$	テトラアンミン銅(Ⅱ)イオン	正方形	深青色
	$[Cu(H_2O)_4]^{2+}$	テトラアクア銅(Ⅱ)イオン	正方形	青色
6	$[Fe(CN)_6]^{4-}$	ヘキサシアニド鉄(Ⅱ)酸イオン	正八面体形	淡黄色
	$[Fe(CN)_6]^{3-}$	ヘキサシアニド鉄(Ⅲ)酸イオン	正八面体形	黄色

電荷を足し算するだけだね

3

錯イオンの電荷

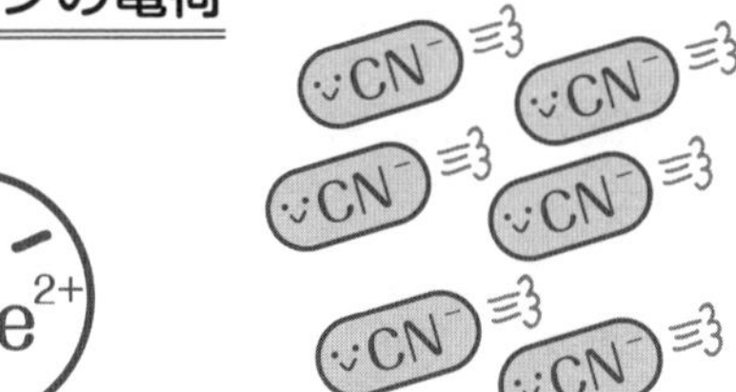

電荷：＋2

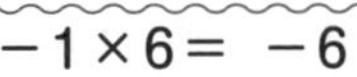

$-1\times6=\ -6$

右肩に電荷を書くんじゃ

全電荷：$+2+(-6)=-4$

$\Longrightarrow [Fe(CN)_6]^{4-}$

錯イオンの名称

「配位数」⟶「配位子の名称」
⟶「金属イオンの元素名＋（酸化数）」

$[Zn(NH_3)_4]^{2+}$ …テトラ　アンミン　亜鉛（Ⅱ）イオン

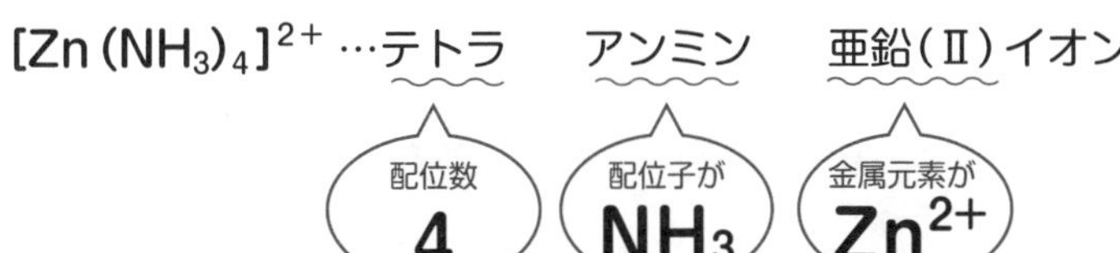

$[Fe(CN)_6]^{4-}$ …ヘキサ　シアニド　鉄（Ⅱ）　酸イオン

配位数 6　配位子が CN^-　金属元素が Fe^{2+}　陰イオンだから

「～酸イオン」の“酸”は忘れやすいから注意が必要じゃ

ここまでやったら 別冊 P. 12へ

3-8 電気陰性度と分子の極性

ココをおさえよう！

原子ごとに電子の引きつけやすさが違うことで，分子内で電子の分布に偏り（極性）が生まれる。

お母さん（原子核）は子ども（電子）が大好きですし，子どももお母さんが大好きです。なので，基本的にはお互い近くにいたいと思っています。

しかし，原子核が電子を引き寄せる強さは，原子ごとに異なっています。
ある原子は比較的子どもを引きつける力が強く，
ある原子はその力が比較的弱かったりするのです。
原子どうしで，電子をめぐって綱引きをするのですね。

この電子を引きつける力の強さを表す数値を，**電気陰性度**といいます。
電気陰性度の大きな原子ほど，電子を強く引き寄せる性質をもっているのです。

右ページに，電気陰性度を周期表の並びで表した図がありますので，ご覧ください。基本的に，周期表の右上にいくほど大きくなり，フッ素で最大となります。この傾向は暗記しましょう。
また，18族（貴ガス）元素はほとんど化合物を作らないので，電気陰性度の値は定義されていません。

さて，電気陰性度の違う2つの原子が結合した分子の内部では
どのようなことが起こるでしょう？
実は，2つの原子で共有している電子対に偏りが生じ，
それによって原子が電荷を帯びるようになるのです。
例えば，HとClは電気陰性度がClのほうが大きく，
Clのほうが電子を強く引き寄せるので，
Hは正の電荷（δ＋）を帯び，Clは負の電荷（δ−）を帯びます。

補足 δは「デルタ」と読みます。「ごくわずか」という意味で，極性の正負を表すときに使います。

このように結合の間に電荷の偏りがあることを，**結合に極性がある**といいます。

電子を引きつける力… 電気陰性度

原子の電気陰性度

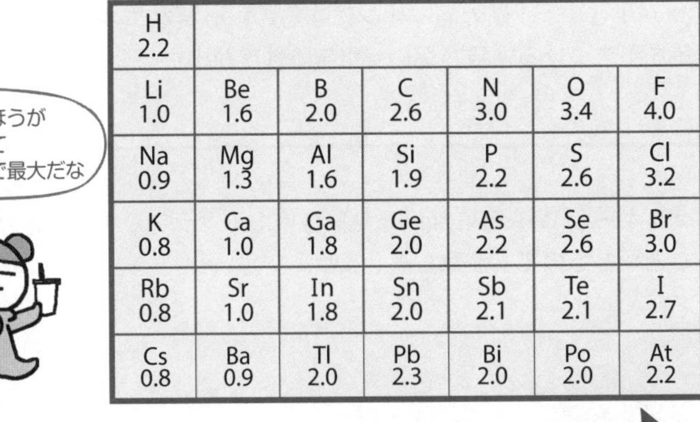

H 2.2						
Li 1.0	Be 1.6	B 2.0	C 2.6	N 3.0	O 3.4	F 4.0
Na 0.9	Mg 1.3	Al 1.6	Si 1.9	P 2.2	S 2.6	Cl 3.2
K 0.8	Ca 1.0	Ga 1.8	Ge 2.0	As 2.2	Se 2.6	Br 3.0
Rb 0.8	Sr 1.0	In 1.8	Sn 2.0	Sb 2.1	Te 2.1	I 2.7
Cs 0.8	Ba 0.9	Tl 2.0	Pb 2.3	Bi 2.0	Po 2.0	At 2.2

小 電気陰性度 大

例 HClの場合

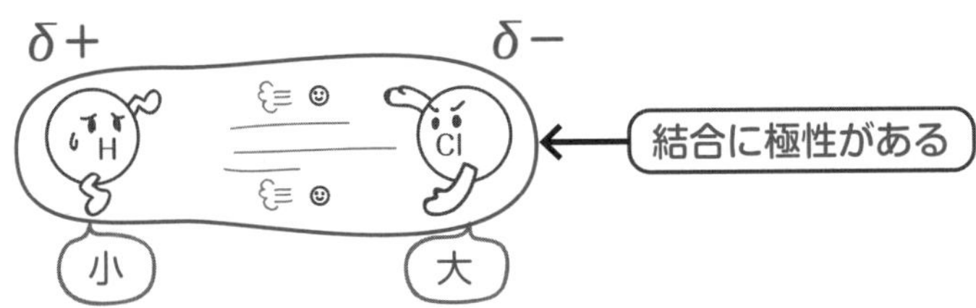

電気陰性度と原子番号の関係をグラフで表して，
p.49でお見せしたイオン化エネルギーのグラフと比べてみましょう。
貴ガス（18族）については，電気陰性度は定義されていないので，グラフでも貴ガスの部分がなくなっています。
この部分を点線でつないだと仮定すると，LiとNa（1族元素）を極小として，同一周期で少しずつグラフが上がっていくかんじが似ていると思いませんか。
なぜそうなるのでしょう？

イオン化エネルギーとは「原子を1価の陽イオンにするために必要なエネルギー」のことでしたから，

・イオン化エネルギーが大きい＝原子を1価の陽イオンにするのに必要なエネルギーが大きい＝電子を引きつける性質が強い＝電気陰性度が大きい

・イオン化エネルギーが小さい＝1価の陽イオンにするのに必要なエネルギーが小さくて済む＝電子を引きつける性質が弱い＝電気陰性度が小さい

となるのです。

どれが「イオン化エネルギー」「電子親和力」「電気陰性度」のグラフかを答えさせる問題は出題されることがあるので，注意しましょう。

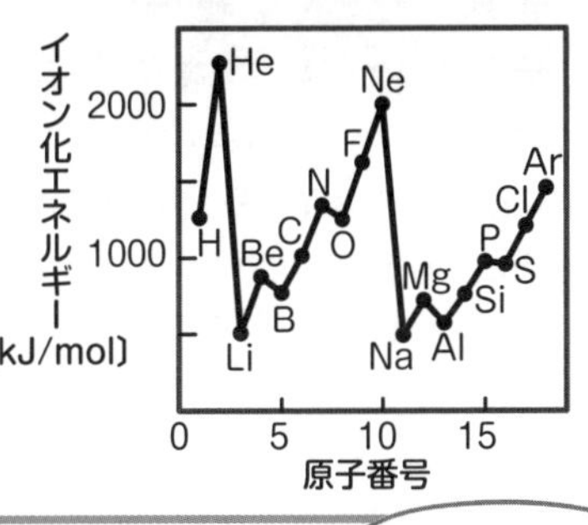

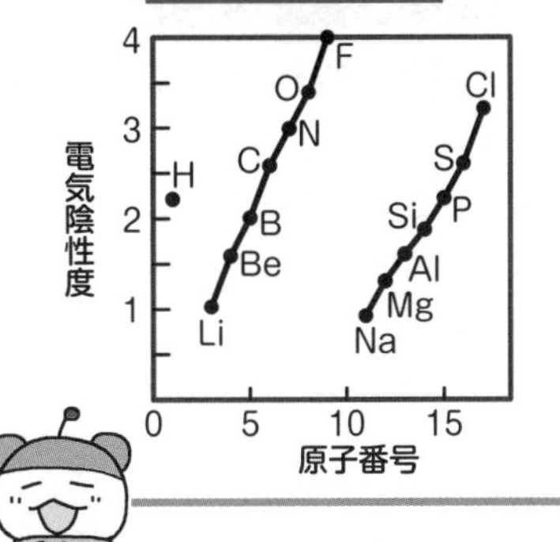

Li と Na から
少しずつ上がっていく
かんじが似てるー！

・イオン化エネルギーが㊅ = 1価の陽イオンにするのに必要なエネルギーが㊅
= 電子を引きつける性質が(強)
= 電気陰性度が㊅

・イオン化エネルギーが(小) = 1価の陽イオンにするのに必要なエネルギーが(小)
= 電子を引きつける性質が(弱)
= 電気陰性度が(小)

電気陰性度は貴ガスでは定義されていないため，
グラフ中に貴ガスが登場しない

イオン化エネルギーの
グラフとの見分けかたは
「貴ガスがあるかないか」
じゃ！

ここまでやったら
別冊 P. 12 へ

3-9 極性分子と無極性分子

ココをおさえよう！

分子全体に極性が生じるかどうかは，分子の構造にも依存する。

p.70で出てきたHClのように，分子全体で極性がある分子を**極性分子**といいます。
一方，分子全体として極性のない分子を**無極性分子**といいます。
では，極性分子，無極性分子それぞれの構造は，どのようになっているのでしょうか？
以下にまとめてみましょう。

◆ **極性分子**

① 二原子分子の場合

HClやNOのように，電子を引っ張る力の違う2つの原子が綱引きしたら，
電子は電気陰性度の大きいほうに偏って存在するようになります。
右ページの例では，電子は右の方向に偏って存在していますね。

② 多原子分子で，分子全体で電子を引っ張る力がつり合わない場合

H_2OではOのほうがHより電気陰性度が大きいため，電子はOのほうに偏ります。
また，折れ線形なので分子全体で見ても，Oのほう（右ページの例では上の方向）に電子の偏りが生じます。
また，NH_3のような三角錐形の分子も，分子全体ではNのほう（右ページの例では上の方向）に電子の偏りが生じますね。

◆ **無極性分子**

① 二原子分子の場合

N_2やBr_2のような同種の二原子分子は，同じ原子どうしですから
どちらも電子を引っ張る強さ（電気陰性度）が同じです。
つまり，同じ力で綱引きをしている状態ですので，電子の偏りは生じません。

② 多原子分子で，分子全体で電子を引っ張る力がつり合う場合

分子全体で電子を引っ張る力がつり合っているとき，
どこかの方向に電子の偏りができる，ということはなくなります。
二酸化炭素のような直線形の分子，
メタンCH_4のような正四面体形の分子の場合，
分子全体で電子を引っ張る強さがつり合っているので，
特定の方向に電子が偏って存在することはありません。

3

極性分子

① 二原子分子の場合

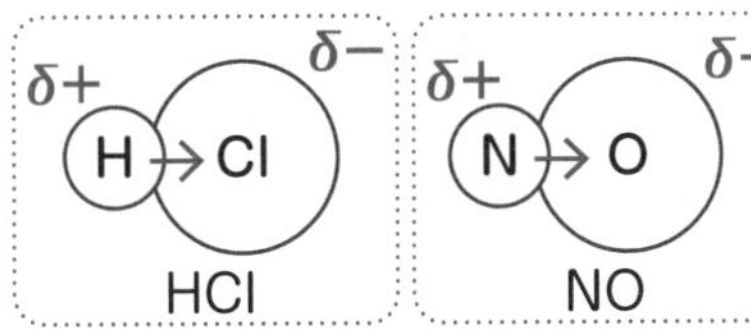

② 分子全体で電子を引っ張る力がつり合わない場合

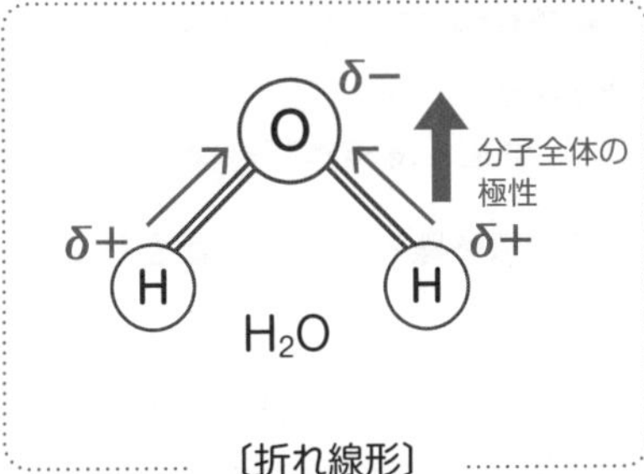

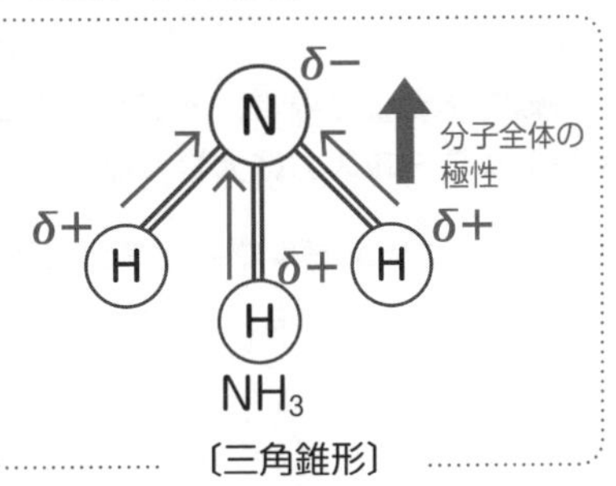

無極性分子

① 二原子分子の場合

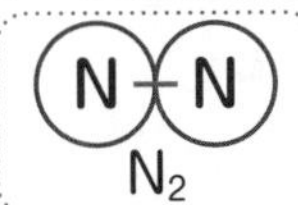

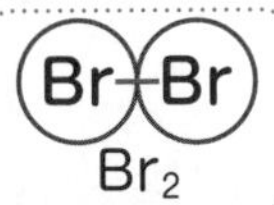

電子を引っ張る力が同じ

多原子分子のときも分子の構造によっては極性が生じないことがあるんじゃ

② 分子全体で電子を引っ張る力がつり合う場合

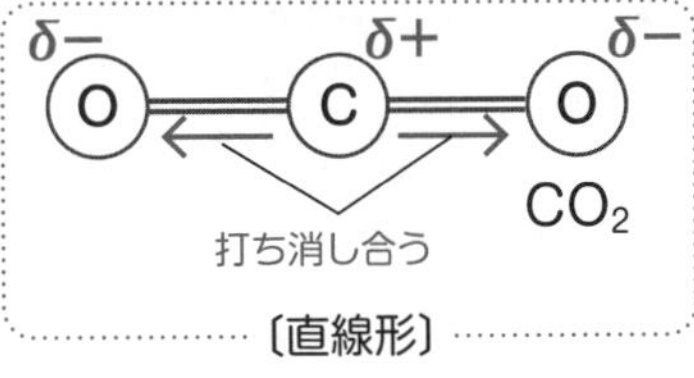

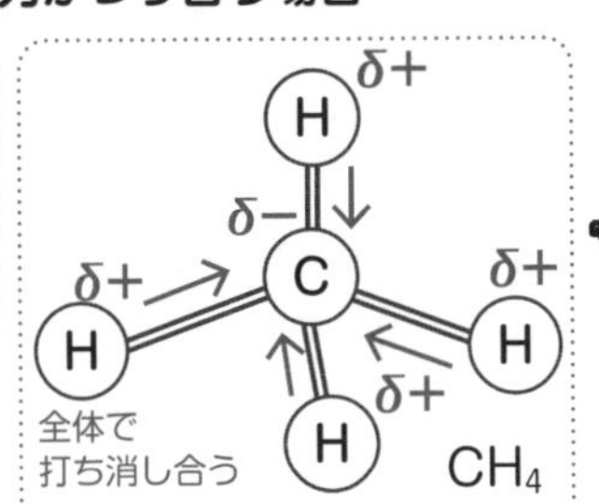

3-10 いろいろな分子間力

ココをおさえよう！

はたらく力の強さ：共有結合＞イオン結合＞金属結合
≫水素結合＞静電気的な引力
＞ファンデルワールス力

ここまで，原子どうしが共有結合して分子ができるしくみをお話ししてきましたが，できた分子どうしもゆるく結びついています。

分子間には**ファンデルワールス力**という弱い引力がはたらきます。
これはどんな分子にもはたらくので，**無極性分子間にもはたらいています。**
構造の似た化合物の場合，分子量が大きくなるほど
ファンデルワールス力は大きくなり，その結果，**融点・沸点も高くなります**。

極性分子は，ファンデルワールス力に加え，分子間に静電気的な引力が生じるため，無極性分子に比べて融点・沸点が高くなります。

また，水H−O−Hやフッ化水素H−Fのような水素原子Hと，電気陰性度の大きな原子(F，O，N)からなる水素化合物分子が，分子間で作る結合を**水素結合**といいます。

ファンデルワールス力も，分子間の静電気的な引力も，水素結合も，どれも弱い力です。このような，分子間にはたらく弱い引力を総称して**分子間力**といいます。

分子間力を強い順に並べると，
水素結合＞静電気的な引力＞
ファンデルワールス力
となります。
右の表のように，
基本的に分子量が増えると
沸点が上昇していくのですが，
水素結合を生じるHF，H_2O，
NH_3などの分子の場合は，分子量が小さいわりに異常に沸点が高くなるのです。

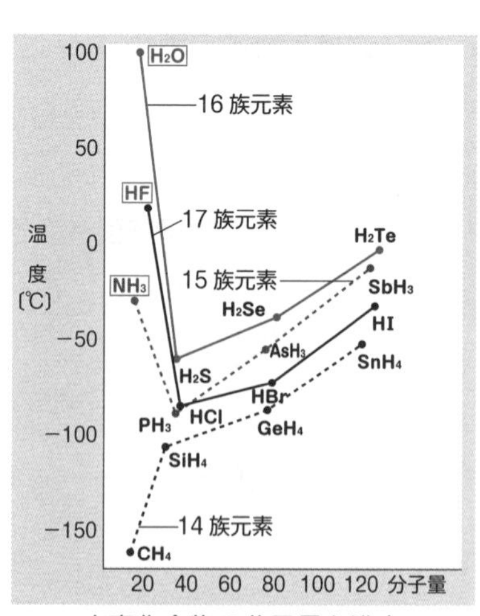

水素化合物の分子量と沸点

分子間力 … ファンデルワールス力，静電気的な引力，水素結合など，分子間にはたらく力の総称。

ファンデルワールス力

すべての分子間にはたらく弱い引力

CO_2
（無極性分子）

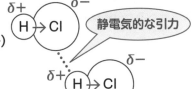

静電気的な引力

極性分子では，ファンデルワールス力に加えて，静電気的な引力もはたらく

HCl

水素結合

フッ化水素HF，水H_2O，アンモニアNH_3など，Hと電気陰性度が大きい原子（F，O，N）の水素化合物が分子間で作る結合

例 HF
（水素化合物）

この3つを分子間力というぞ
はたらく力の強さは
水素結合＞静電気的な引力
＞ファンデルワールス力
の順じゃ

ここまでやったら
別冊 P. 13へ

3-11 分子結晶

ココをおさえよう！

分子どうしが分子間力によって引き合うことで，分子結晶はできている。

p.56ではイオン結晶，p.58では共有結合の結晶についてお話ししました。
これらの結晶は，イオンや原子が空間的に規則正しく配列してできるものでしたが，結晶を作るのはイオンや原子だけではありません。
原子が共有結合してできた**分子たちが，分子間力**（ファンデルワールス力，静電気的な引力，水素結合）**によって，規則正しく配列し，結晶を作ることもある**のです。
この結晶を，**分子結晶**といいます。

分子間力は，原子間の共有結合やイオン結合と比べると結びつきの力が弱いので，共有結合の結晶やイオン結晶と比べると分子結晶はやわらかくてもろいです。

また，加熱すると比較的低い温度で分子どうしがバラバラになってしまいます。
つまり，**融点が低い**ということですね。

分子結晶の例としては，ドライアイスがあります。
ドライアイスは二酸化炭素分子どうしが分子間力によってできた結晶で，
低温では結晶となっていますが，部屋に置いておくと，室温が昇華点より高いので，気体になってしまいます。
分子結晶には，他にもヨウ素，ナフタレンなど昇華性をもつものが多いです。

Point … 分子結晶の性質

◎ **分子間力（ファンデルワールス力，静電気的な引力，水素結合）によってできる。**
◎ **やわらかくてもろい。**
◎ **融点が低い**（結合が弱いから）。

原子間，分子間の結合の強さをまとめると，以下のようになります。

共有結合＞イオン結合＞金属結合≫分子間力
p.80で説明します

分子結晶 … 分子間力によってできる結晶のこと。
弱い分子間力の引力で分子が集まり，結晶となっているので，やわらかくてもろい。また，融点が低い。

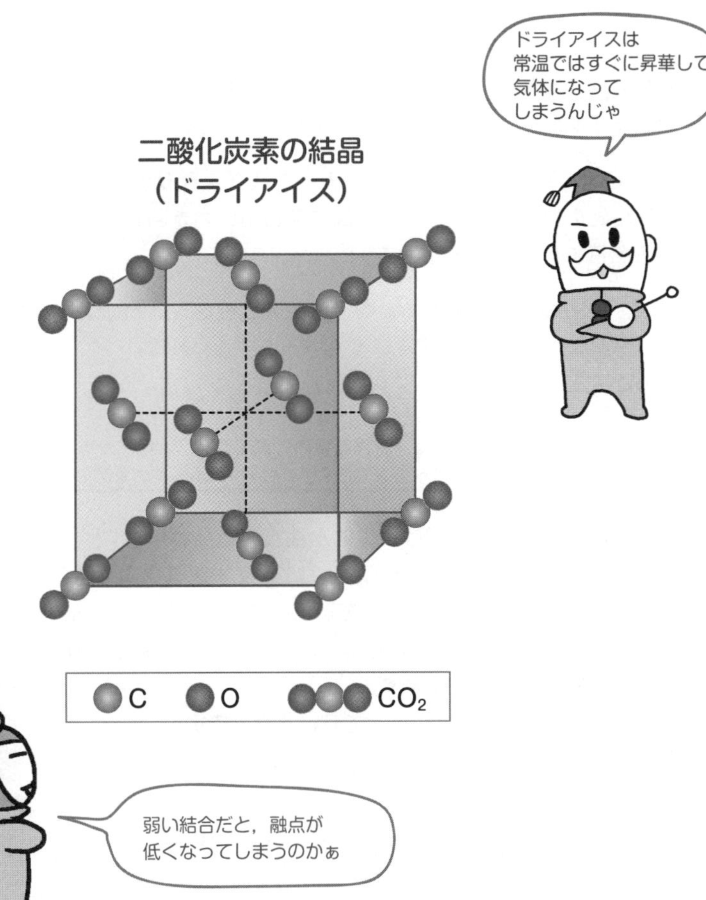
ドライアイスは
常温ではすぐに昇華して
気体になって
しまうんじゃ
二酸化炭素の結晶
（ドライアイス）
C
O
CO2
弱い結合だと，融点が
低くなってしまうのかぁ

3-12 金属結合

ココをおさえよう！

多くの原子が自由電子で結合することで，金属結合はできている。

ナトリウムや鉄，金や銀やアルミニウムなど，金属の原子を考えましょう。
（周期表の金属元素に分類されている原子のことです）
それらの金属の単体は，金属原子が次々と結合してできています。
この金属原子間の結合を**金属結合**といいます。

金属結合では，隣り合った金属原子の最外殻が重なり合っています。そのため，価電子はもとの原子核を離れて，金属内を自由に動き回れます。
この電子を特に**自由電子**と呼びます。

ちょうど，多くのお母さんで多くの子どもの面倒をみるかのような構造ですね。
親の目の届かないところで子どもはやんちゃをするように，
最外殻の電子は自由電子となって自由に動き回ります。

補足　電子が自由に動けるのは，金属元素の電気陰性度（p.70）が小さいため，つまり，電子を原子核のほうに引っ張る（束縛しておく）力が小さいためです。

自由電子があることで，金属は特徴的な性質をあらわします。

・自由電子は固体中を好きに動き回れるので，**熱や電気をよく通す**性質をもちます。
・自由電子がそこらじゅうに存在しているため，結晶中の原子が少し動いたところで，原子どうしの結合は切れません。このことから，**展性・延性**※をもっています。
・金属には**特有の光沢があります。**
これは自由電子があることによって起こる現象です。

Point… 金属結合と金属の特徴

◎ 原子核が**自由電子を放つことで結合**している。
◎ **熱伝導性，電気伝導性が高い**（熱や電気をよく通す）。
◎ **展性・延性をもつ。**
◎ **特有の光沢**がある。

※　展性は，圧力を加えると薄く広がり，板や箔に変形する性質。
延性は，引っ張ると細長く引き延ばされる性質。金は展性も延性も大きい。

金属結合 … 金属の単体において，最外殻の電子がもとの原子核を離れ，自由に金属内を動き回る結合のこと。

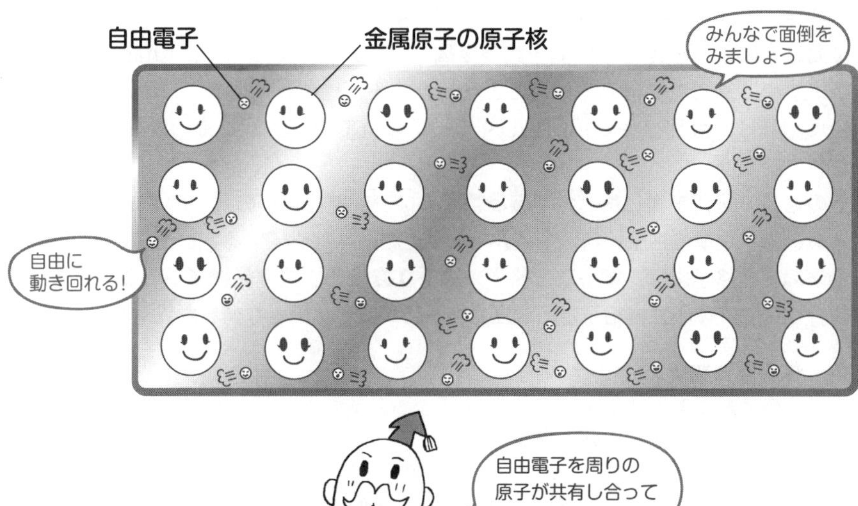
自由電子
金属原子の原子核
みんなで面倒をみましょう
自由に動き回れる!

自由電子を周りの原子が共有し合っているのじゃ

金属の特徴

・電気をよく通す（電子が自由に動き回れるから）。
・展性・延性をもつ（結晶中の原子が動いても，周りと電子を共有しているため，結合が切れにくい）。
・特有の光沢がある（自由電子があるおかげ）。

自由っていいなぁ

ここまでやったら 別冊 P. 14 へ

3-13 金属の結晶構造

ココをおさえよう！

暗記もいいけど，自分で導けるように理解しよう！

金属結合によってできる結晶を**金属結晶**といいます。くわしくはChapter 10で学びますので，ここでは基本的なことを紹介するだけにしますね。
金属結晶は，金属原子が規則正しくつめ込まれていて，同じ構造が何度も繰り返されています。
その結晶の配列を表したものを**結晶格子**といい，結晶格子の最小の単位を**単位格子**といいます。単位格子が何個も積み重なり，結晶になっているということです。
金属の結晶格子には，**体心立方格子**，**面心立方格子**，**六方最密構造**の3つがあります。ここでは体心立方格子と面心立方格子について，図と数値をお見せします。

◆ 体心立方格子

- 配位数：8
- 単位格子の原子の数：2個
- 半径：$r=\dfrac{\sqrt{3}}{4}a$（単位格子の1辺の長さをaとする）
- 充填率：68%

◆ 面心立方格子

- 配位数：12
- 単位格子の原子の数：4個
- 半径：$r=\dfrac{\sqrt{2}}{4}a$（単位格子の1辺の長さをaとする）
- 充填率：74%

配位数とは1個の原子が接する原子の数で，**充填率**とは結晶格子の体積のうちの何%を原子の球の体積が占めているかということです。

六方最密構造は右図のようになります。
配位数は12，単位格子の原子の数は2個，
充填率は74%です。

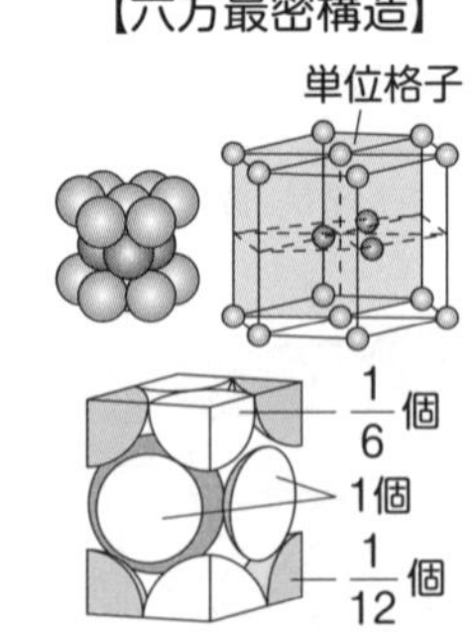

原子の数は $\dfrac{1}{6}\times4+\dfrac{1}{12}\times4+1=2$（個）

体心立方格子

・配位数 8

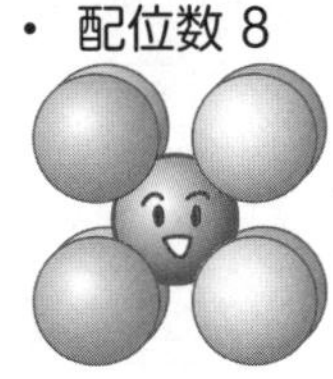

ボクには
8個の原子が
接しているよ

・原子の数 2

$$1+\frac{1}{8}\times 8=2$$

・半径　$r=\frac{\sqrt{3}}{4}a$（格子の1辺をaとする）

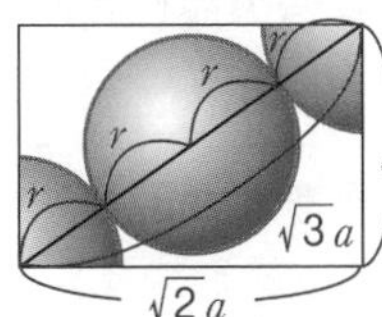

$\sqrt{3}a=4r$ より

$$r=\frac{\sqrt{3}}{4}a$$

面心立方格子

・配位数 12

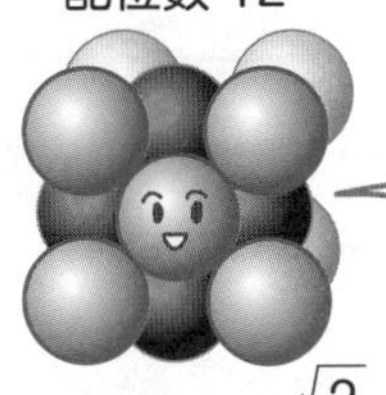

ボクには
12個の原子が
接しているよ

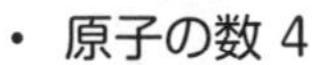

・原子の数 4

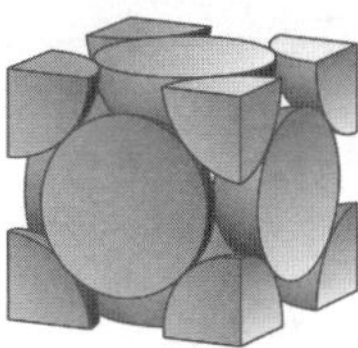

$$\frac{1}{2}\times 6+\frac{1}{8}\times 8=4$$

・半径　$r=\frac{\sqrt{2}}{4}a$（格子の1辺をaとする）

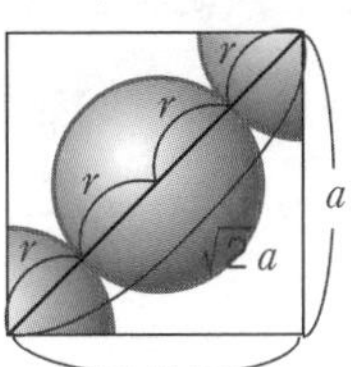

$\sqrt{2}a=4r$ より

$$r=\frac{\sqrt{2}}{4}a$$

面心立方格子は，左上の図では赤い原子と黒い原子が4つずつ接しているが，顔のついた原子の前にも，黒い原子と同じ配置で4つの原子が接しておるから配位数は12なんじゃ

理解できたものに，☑チェックをつけよう。

- □ イオン結合と共有結合の成り立ち，それぞれの違いを理解している。
- □ イオンや原子，分子などが繰り返し規則正しく配列することで，結晶が作られる。
- □ 各分子の共有電子対，非共有電子対，不対電子の数を答えることができる。
- □ 分子内の原子の結合のようすを電子式，構造式で表すことができる。
- □ 非共有電子対を一方的に与えてできる共有結合を配位結合という。
- □ 配位結合によってできたイオンを錯イオンという。
- □ 銀イオンAg^{+}，亜鉛イオンZn^{2+}，銅(Ⅱ)イオンCu^{2+}，鉄(Ⅱ)イオンFe^{2+}が錯イオンを作るとき，それぞれの配位数，形状がわかる。
- □ 錯イオンの名称がわかる。
- □ 電気陰性度について説明することができる。
- □ 極性分子と無極性分子の違いを理解している。
- □ 分子間力には，ファンデルワールス力，静電気的な引力，水素結合などがある。
- □ 水H-O-Hやフッ化水素H-F，アンモニアH-N(-H)-Hの分子間には水素結合が形成される。
- □ 分子は分子間力によって結晶を作る。
- □ 金属結合のしくみを，「自由電子」という言葉を使って説明できる。

Chapter

4

原子量と分子量・式量

Chapter 4 原子量と分子量・式量

はじめに

Chapter 2では原子の構造，Chapter 3ではいろいろな化学結合について勉強しました。
1個1個の原子や分子については，だいぶ理解が深まりましたね。

次は，原子を集団で見たとき，

- **いくつ集まったらどれくらいの重さになるのか？**
- **いくつ集まったらどれくらいの体積になるのか？**

ということを考えてみましょう。

あんなに小さい原子や分子が目に見えるくらいの大きさ，
実感できる重さになるには，どれくらいの数が集まればよいのでしょうか？

ほら，あなたのもっている鉛筆の芯。それが1gだとしたら，
そこにはどれくらいの炭素原子が含まれているのでしょう……？

この章で勉強すること

molの定義と，それにともなって決まる各原子の物質量，分子量について学び，
mol⇔質量⇔体積　の変換を自由自在に行えるようにします。
最後に，原子量・分子量・式量を用いる問題として代表的な，
濃度や溶解度の問題を解けるようにします。

宇宙一わかりやすいハカセのIntroduction

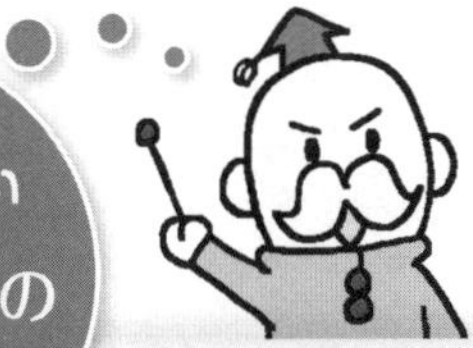

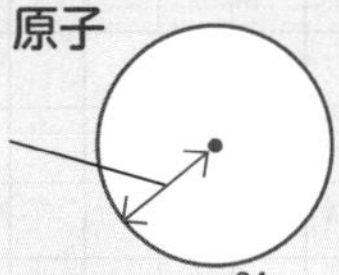

原子

10^{-10}m

こんなに小さな原子だけど……

質量：10^{-24}～10^{-22}g

質問

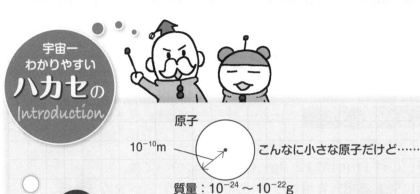

・いくつ集まったら，どれくらいの質量になるのか？

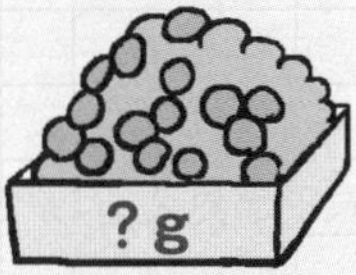

?g

・いくつ集まったら，どれくらいの体積になるのか？

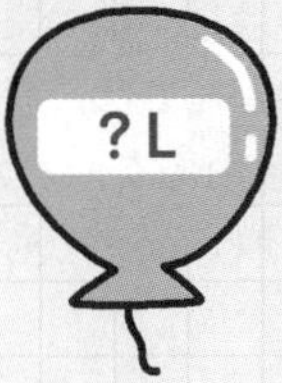

?L

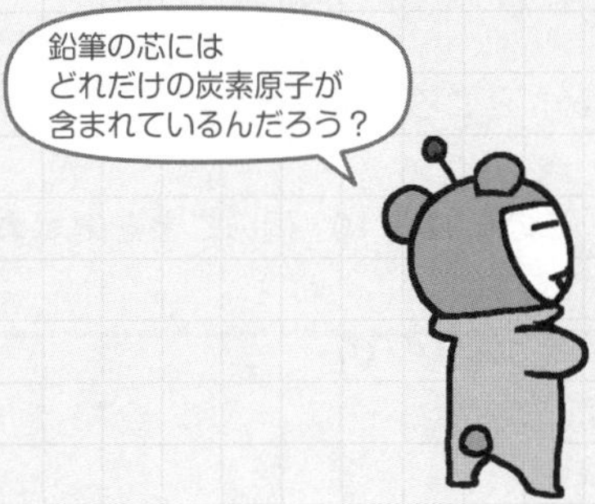

鉛筆の芯には
どれだけの炭素原子が
含まれているんだろう？

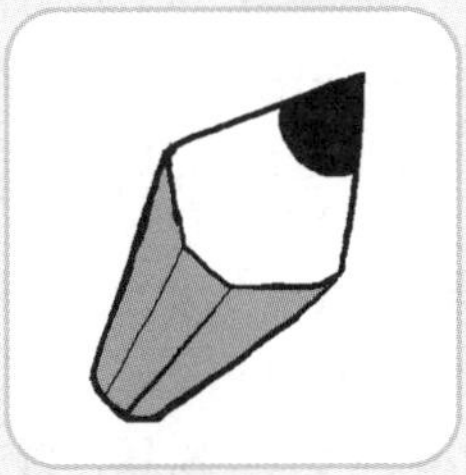

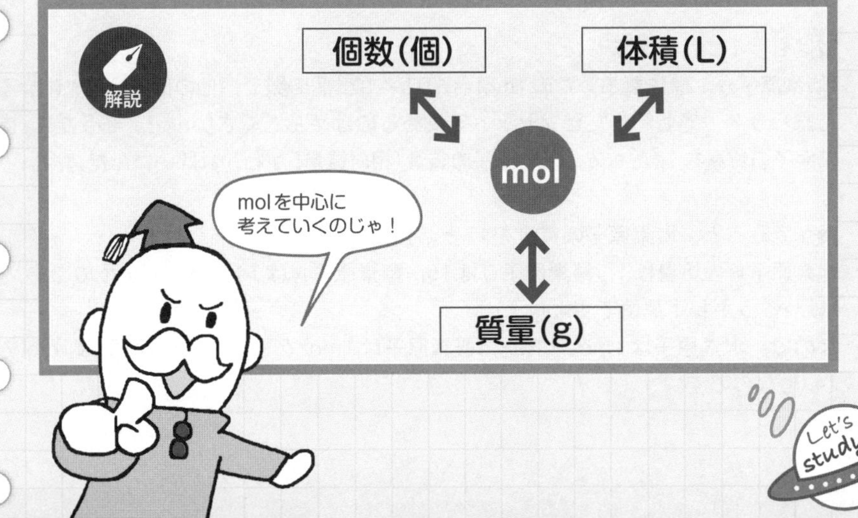

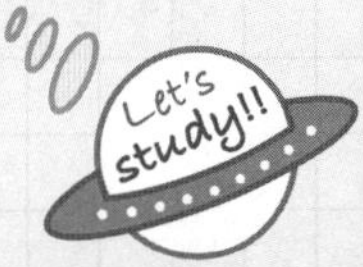

4-1 原子の質量と相対質量

ココをおさえよう！

6.02×10^{23}個のことを1molとする。
炭素^{12}Cは1molで12.0g，他の原子については，
炭素に対する相対質量から1molあたりの質量が求められる。

その昔とっても目がよくて，手先が器用な人がいました。
「ボクは原子が見えるし，それをピンセットでつまむこともできるんだ。」

ある日，彼はビンにつまった炭素原子^{12}Cを
１つずつつまんでは，秤の上にのせることを繰り返していました。
「さすがに疲れるな。秤がちょうど「12g」を指すところまでやったらやめよう。」
1gでもなければ5gでもなくて，12gがよかったらしい。

そして彼は「12g」分だけ炭素原子を集めたところで手を止め，
集まった炭素原子の数を数えてみると……
「6.02×10^{23}個」だったというのです。この6.02×10^{23}個のことを**アボガドロ数**
といいます。
かなり数も大きいし，なんとなく中途半端な値なので，
彼はこれを**1mol**（モル）と呼ぶことにしました。
だから，**1molは6.02×10^{23}個**なのです。
このmolという単位で見た物質の量を**物質量**といいます。

彼はもう１つ，考えました。
「炭素原子が12gになる，この1mol＝6.02×10^{23}個の数で，他の原子は何gになるんだろう？　でも，またピンセットで集めるのはめんどくさい……。そうだ!!　炭素原子の質量を12として，他の原子の質量（相対質量）がわかればいいんだ。」と。

調べてみると，炭素原子の質量を12としたときに，
水素原子Hの質量は1，酸素原子Oは16，窒素原子Nは14だったというのです。
（けっこうキレイな値ですよね？）
なので，水素原子は1molで1.0g，酸素原子は1molで16.0g，窒素原子は1molで14.0gなのです。

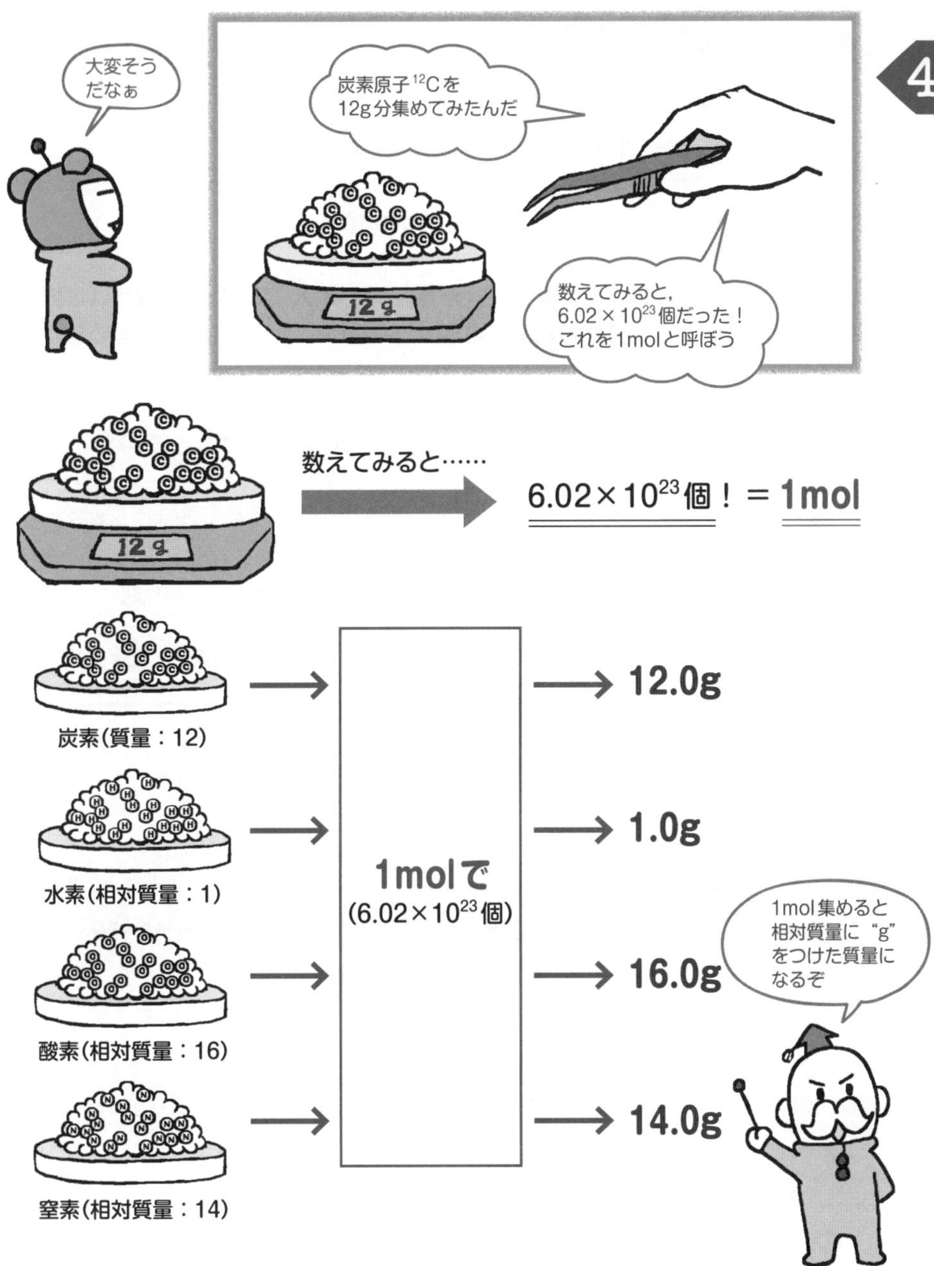
大変そう
だなぁ
炭素原子 ¹²C を
12g 分集めてみたんだ
12g
数えてみると，
6.02×10²³ 個だった！
これを1molと呼ぼう
数えてみると……
6.02×10²³ 個！＝1mol
12g
12.0g
炭素（質量：12）
1.0g
水素（相対質量：1）
1molで
(6.02×10²³ 個)
16.0g
酸素（相対質量：16）
14.0g
窒素（相対質量：14）
1mol 集めると
相対質量に“g”
をつけた質量に
なるぞ

4

4-2 原子量と同位体

ココをおさえよう！

同位体が存在するときは，
その存在比から平均を求めて原子量にする。

「炭素に対する相対的な質量がわかれば，1molあたりの重さがわかる」
ということはわかったと思います。
しかし，**多くの元素には同位体**(p.36)**が存在しており，天然での存在比はほぼ一定です。同位体どうしは質量が少し違う**ので，それについても考慮しなくてはいけないのです。

まずは，こんな問題があったらどうやって計算するのがいいでしょう？

問 ある40人のクラスは，30人が50kgで10人が60kgだった。
このクラスの平均体重はいくらか？

解きかた それぞれの体重に存在する人数の割合を掛けて，足し合わせればいいので

$$50\,[\mathrm{kg}] \times \frac{30\,[人]}{40\,[人]} + 60\,[\mathrm{kg}] \times \frac{10\,[人]}{40\,[人]} = \mathbf{52.5\,[kg]}$$ …**答**

となります。これを，原子についても考慮していくのです。
よく出題されるのが，塩素原子の相対質量の平均を求める問題です。

問 塩素は主な同位体が２つ存在しており，それぞれ ^{35}Cl(相対質量：35)が75%，^{37}Cl(相対質量:37)が25%の存在比になっている。塩素原子の相対質量の平均値を求めよ。

解きかた それぞれの原子の相対質量に存在比を掛けて，足し合わせればいいので

$$35 \times \frac{75}{100} + 37 \times \frac{25}{100} = \mathbf{35.5}$$ …**答**

このようにして求めた相対質量の平均値を**原子量**といいます。
同位体が存在しない元素の場合は，相対質量がそのまま原子量となりますよ。

Point … 原子量の計算

◎ 原子量は，(同位体の相対質量×存在比)の和で計算する。

ある40人のクラスは，30人が50kgで10人が60kgだった。
このクラスの平均体重はいくらか？

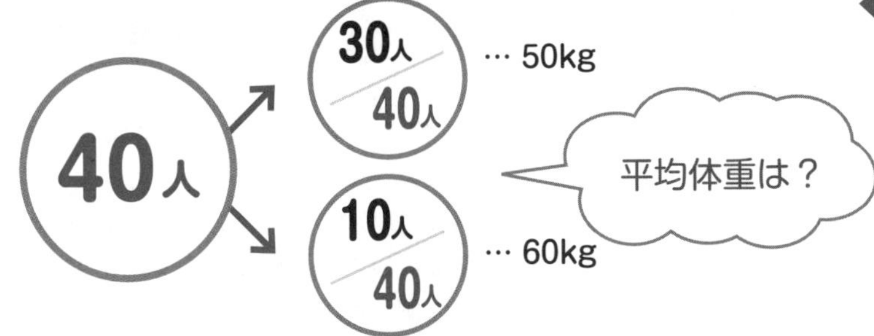

それぞれの体重に存在する人数の割合を掛けて足し合わせる

$$50\,(\mathrm{kg}) \times \frac{30\,(人)}{40\,(人)} + 60\,(\mathrm{kg}) \times \frac{10\,(人)}{40\,(人)} = \underline{\underline{52.5\,(\mathrm{kg})}}$$

塩素は主な同位体が２つ存在しており，それぞれ^{35}Cl（相対質量：35）が75%，^{37}Cl（相対質量：37）が25%の存在比になっている。塩素原子の相対質量の平均値を求めよ。

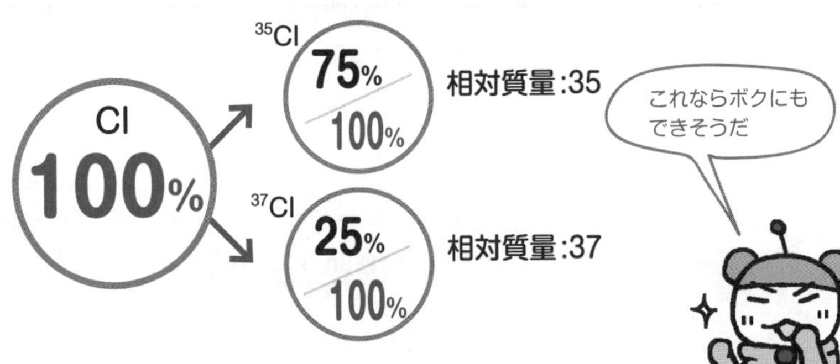

それぞれの相対質量に存在比を掛けて足し合わせる

$$35 \times \frac{75}{100} + 37 \times \frac{25}{100} = \underline{\underline{35.5}}$$

ここまでやったら
別冊 P. 15へ

4-3 分子量・式量

ココをおさえよう！

分子量・式量は，原子量を足したもの。計算するときは単位に注目！

次に分子量について考えていきます。分子量は，分子式に含まれている元素の原子量を足せばいいだけです。例えばH_2Oの場合，水素（原子量：1）が2個と酸素（原子量：16）が1個なので，分子量は次の式のようにして求められます。

分子量＝1×2〔個〕＋16×1〔個〕＝18

イオン結合でできた物質や金属の組成式などで表される物質は，分子量の代わりに式量を使います。考えかたは分子量と同じで，イオン式や組成式に含まれている元素の原子量を足し合わせて求めます。

原子量や分子量・式量は，相対値なので単位はありませんが，それが1mol集まると何gになるかを表しているのでした。ということは，この原子量や分子量・式量に〔g/mol〕と単位をつけて表すことができます。
この単位をつけて表したものを**モル質量**といいます。

例えば，バイト代が1時間あたり1000円なら，1000〔円/時間〕ですし，
入場料が1人あたり500円なら，500〔円/人〕という単位になりますね。
同様に「1molで何gか」を表しているモル質量の単位は，〔g/mol〕となるのです。

単位をきちんと理解していれば，どんな計算をしたらいいかがわかるので，とても便利です。1つ例題を解いてみましょう

問 入園料500〔円/人〕の遊園地に3人で行くと，合計の入園料はいくらか？

解きかた 500〔円/人〕×3〔人〕＝**1500〔円〕** …答

掛け算によって，〔円/人〕の分母と3人の「人」が約分されて消え，「円」だけが残りましたね。この計算ができたなら，モルの計算だって大丈夫ですよ。

問 水（H_2O）が2molあるとき，質量は何gになるか？

解きかた 水の分子量は18なので，モル質量は18g/mol
よって　18〔g/mol〕×2〔mol〕＝**36〔g〕** …答

ほら，こちらも「mol」が消えて，「g」だけが残りましたね。
考えなくても，単位に着目すれば，どうやって計算したらいいのかがわかりますね。

4

- 分子量・式量は，式に含まれている元素の原子量を足し合わせたもの

H_2Oの分子量 =（Hの原子量）+（Hの原子量）+（Oの原子量）
= 1 + 1 + 16
= **18**

- 原子量や分子量・式量に単位をつけるとモル質量になる
→ 1molあたりの質量〔g〕を表しているから **g/mol**

Hの原子量1 → モル質量 1〔g/mol〕
Oの原子量16 → モル質量16〔g/mol〕
H_2Oの分子量18 → モル質量18〔g/mol〕

例
- 1時間あたりのバイト料が1000円 … 1000〔円/時間〕
- 1人あたりの入園料が500円…………… 500〔円/人〕

入園料500〔円/人〕の遊園地に3人で行くと，
合計の入園料はいくらか？

500〔円/人〕×3〔人〕＝**1500〔円〕**

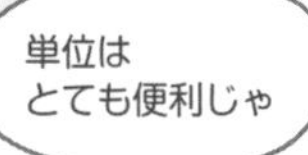

水(H_2O)が2molあるとき，
質量は何gになるか？

18〔g/mol〕×2〔mol〕＝**36〔g〕**

4-4 1molの気体の体積

ココをおさえよう！

1molの気体は22.4Lである（0℃，1.0×10^5Paで）。

どんな原子，分子でも，0℃，1.0×10^5Pa（以降，本書ではこれを標準状態とします）において気体だったら，1molの体積は22.4Lになることが知られています。

実はこれは，
『気体の種類によらず，同温・同圧の気体は，同体積中に同数の分子を含む』
という**アボガドロの法則**を，簡単にいい換えたものです。

水素H_2も酸素O_2も窒素N_2も標準状態（0℃，1.0×10^5Pa）では気体として存在します。どの気体も，1molの分子をもってきて袋につめたら22.4Lになるのです。ということは，2molの酸素O_2は44.8Lだし，3molの窒素N_2は67.2Lということです。

ここまでで，1molの原子や分子はどれくらいの重さで，どれくらいの個数で，
気体ならどれくらいの体積なのかが理解できたと思います。

右ページにこれをまとめたので，頭を整理してみてください。
これを使えば，あとは比ですべて求められます。

問 84gの窒素N_2の体積は，標準状態で何Lか。ただしNの原子量は14とする。

解きかた
① 右ページのいちばん下の図のように，まずは84gをかき込みましょう。
そして，何molかを考えます。
② 窒素はN_2ですから1molで28gなので，84gは3molとわかります。
そこで，molのところに3molとかき込みます。
③ あとは，3molだったら何Lになるかを考えればいいですね。
1molで気体は22.4Lなので，3molで**67.2L** …答

これで，答えが求まりました。この図を使えば，絶対求められるはずです。

いろいろな種類の問題を，別冊で計算してみましょう。

22.4L

標準状態で気体なら…
(0℃, 1.0×10^5Pa)

1mol ⇔ 22.4L
2mol ⇔ 44.8L
3mol ⇔ 67.2L
⋮

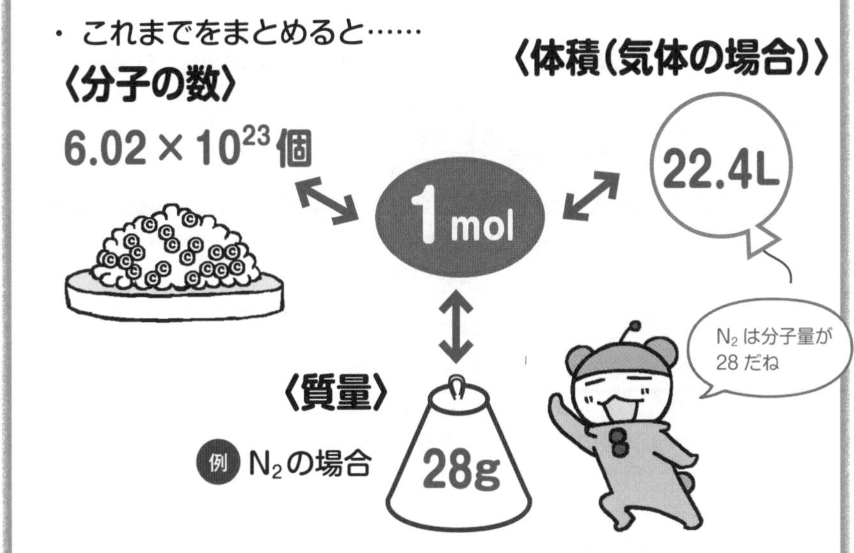

質問 84gの窒素N_2の体積は，標準状態で何Lか？　ただしNの原子量は14とする。

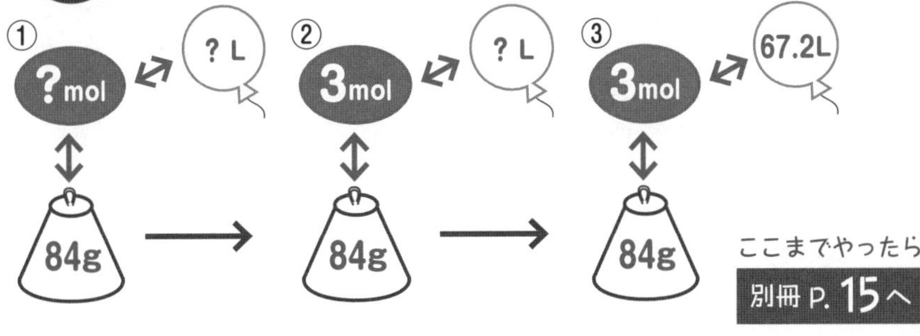

ここまでやったら 別冊 P. 15へ

4-5 濃度

ココをおさえよう！

濃度の計算は，分母・分子を別々に計算して公式に代入するだけ。

濃度の話を始める前に，まずは溶液についての基本用語を説明しましょう。
溶けている物質を**溶質**，溶かしている液体を**溶媒**，
溶質と溶媒をあわせて**溶液**といいます。
それでは濃度の話を始めましょう。代表的な濃度は次の2つです。

・**質量パーセント濃度…溶液の質量〔g〕に対し，溶質がどれだけ〔g〕含まれているかを表す。**

$$\text{質量パーセント濃度〔\%〕} = \frac{\textbf{溶質の質量〔g〕}}{\textbf{溶液の質量〔g〕}} \times 100$$

・**モル濃度…溶液1Lあたり，溶質がどれだけ〔mol〕含まれているかを表す。**

$$\text{モル濃度〔mol/L〕} = \frac{\textbf{溶けている溶質の物質量〔mol〕}}{\textbf{溶液の体積〔L〕}}$$

濃度の種類が違っても，解きかたは共通しています。
　ステップ①…公式の分子を計算する。
　ステップ②…公式の分母を計算する。
　ステップ③…公式に代入する。

p.92で勉強した分子量・式量の計算は，濃度の計算問題で使われます。

問　2.0gの水酸化ナトリウムNaOHを水に溶かして200mLとしたときの水酸化ナトリウム水溶液のモル濃度を求めよ。ただしNaOHの式量は40とする。

解きかた　**ステップ①：公式の分子を計算する。**

モル濃度の公式の分子，つまり，溶けている溶質NaOHの物質量〔mol〕を求めます。

NaOHのモル質量は40g/molなので，物質量は $\frac{2.0}{40}$ = **0.050〔mol〕**

ステップ②：公式の分母を計算する。

モル濃度の公式の分母，つまり，溶液の体積を求めます。

水が200mLですので，**0.20L**です。

ステップ③：公式に代入する。

あとは，これをモル濃度の公式に代入するだけです。

よって　$\frac{0.050〔mol〕}{0.20〔L〕}$ = **0.25〔mol/L〕**・・・答

質量パーセント濃度〔%〕

$$質量パーセント濃度〔\%〕= \frac{溶質の質量〔g〕}{溶液の質量〔g〕} \times 100$$

モル濃度〔mol/L〕

$$モル濃度〔mol/L〕= \frac{溶けている溶質の物質量〔mol〕}{溶液の体積〔L〕}$$

げげっ
難しそう……

難しく考えないことじゃ
ステップを
順に踏んでいく
だけじゃぞ

解法の手順

ステップ①…公式の分子を計算する。
ステップ②…公式の分母を計算する。
ステップ③…公式に代入する。

質問

2.0gの水酸化ナトリウムNaOHを水に溶かして200mLとしたときの水酸化ナトリウム水溶液のモル濃度を求めよ。ただしNaOHの式量は40とする。

解説

ステップ①：$\frac{2.0〔g〕}{40〔g/mol〕} = 0.050〔mol〕$

ステップ②：水：0.20L

ステップ③：$\frac{0.050〔mol〕}{0.20〔L〕} = \underline{\underline{0.25〔mol/L〕}}$

mLをLに
変えるの
忘れそう……

4-6　密度，質量パーセント濃度を使った計算

ココをおさえよう！

- 密度〔g/cm^3〕に，体積〔cm^3〕を掛けると，物質の質量〔g〕が求められる。
- 質量パーセント濃度〔%〕に，溶液〔g〕を掛けると，溶質〔g〕が求められる。

密度〔g/cm^3〕や質量パーセント濃度〔%〕が出てきた瞬間に「ウッ」となる人はとても多いですが，ポイントはたったの2つです。

ポイント①：密度〔g/cm^3〕は，体積〔cm^3〕を質量〔g〕に変える数字！

密度というのは，簡単にいうと「どれくらい質量がギュッとつまっているか」を表すものです。
例えば，同じ大きさの鉄球と発泡スチロールの球では，鉄球のほうが重くなりますよね。
これは鉄のほうが発泡スチロールより密度が大きいからです。
密度〔g/cm^3〕は，単位を見ればわかる通り $\dfrac{質量〔g〕}{体積〔cm^3〕}$ ですから，体積〔cm^3〕を掛けると質量〔g〕が求められます。
問題を解くときには質量〔g〕の値が必要になりますから，**「問題文中に密度〔g/cm^3〕を発見したら，とにかく体積を掛ければいい」**と考えましょう。
結果，その物質の質量〔g〕が求められます。

ポイント②：質量パーセント濃度〔%〕は，溶液の質量〔g〕を溶質の質量〔g〕に変える数字！

質量パーセント濃度〔%〕は，「溶液全体のうち，溶けている溶質はどれくらいか」を表すもので，式はp.96で説明した通り $\dfrac{溶質の質量〔g〕}{溶液の質量〔g〕}\times 100$ です。
問題を解くときは，溶けている物質（溶質）の質量〔g〕が必要となりますから**「問題文中に質量パーセント濃度〔%〕を発見したら，とにかく溶液の質量を掛ければいい」**と考えましょう。結果，溶液に含まれている溶質の質量〔g〕が得られます。

以上の2つを踏まえ，右ページの問題を解いてみましょう。p.100で解きかたを解説していきます。

密度〔g/cm³〕とか
質量パーセント濃度〔%〕が
出てくると，もうパニック！

そ，それはマズイ…
さっそく対策するぞい
ポイントは 2つじゃ！

ポイント①

密度〔g/cm³〕は，体積〔cm³〕を質量〔g〕に変える数字！
密度〔g/cm³〕に体積〔cm³〕を掛ける ➡ 質量〔g〕になる

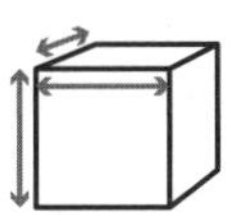
体積〔cm³〕
×密度〔g/cm³〕

質量〔g〕

ポイント②

質量パーセント濃度〔%〕は，溶液の質量〔g〕を溶質の質量〔g〕に変える数字！
質量パーセント濃度〔%〕に溶液の質量〔g〕を掛ける
➡ 溶質の質量〔g〕になる

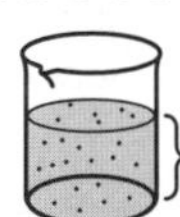
溶媒〔g〕
＋
溶質〔g〕
× 質量パーセント濃度〔%〕

溶質〔g〕

質問

3.5%の希塩酸 HCl 2.0L（密度 1.0g/cm³）を作るには，
12mol/L の濃塩酸 HCl が何 L 必要か。
ただし，HCl の分子量を 36.5 とする。

や，やっぱり
無理かも…

大丈夫と
いうとるのに…

問 3.5%の希塩酸HCl 2.0L（密度1.0g/cm³）を作るには，12mol/Lの濃塩酸HClが何L必要か。ただし，HClの分子量を36.5とする。

解きかた 最初に目をつけるのは，密度〔g/cm³〕です。**「密度には，とにかく体積を掛ける」**のでしたね。2.0Lは2000cm³なので，2000cm³を掛けると

$$1.0〔g/cm^3〕\times 2000〔cm^3〕= 2000〔g〕$$

密度〔g/cm³〕は体積〔cm³〕を質量〔g〕に変える数字なので，こうして得られた2000gというのは，希塩酸2.0Lの溶液の質量〔g〕です。

さて，問題文中の「3.5%」は「質量パーセント濃度が3.5%」を意味しています。**「質量パーセント濃度には，とにかく溶液の質量〔g〕を掛ける」**のでした。
溶液の質量は2000gなので

$$\frac{3.5}{100}\times 2000〔g〕= 70〔g〕$$

となり，溶質HClの質量〔g〕が得られます。70gのHClは，物質量〔mol〕に直すと$\frac{70}{36.5}$〔mol〕となります。
では，これだけの物質量〔mol〕のHClを得るために，12mol/Lの濃塩酸がどれくらい必要かというと，必要な量をx〔L〕とおけば

$$12〔mol/L〕\times x〔L〕= \frac{70}{36.5}〔mol〕$$

という式ができます。これを求めると

$$x = \frac{70}{36.5\times 12} \fallingdotseq 0.159\cdots \fallingdotseq 0.16$$　よって　**0.16〔L〕**…答

以上のように，「密度〔g/cm³〕が出たら，とにかく体積〔cm³〕を掛ける → 溶液の質量〔g〕を得る」，「質量パーセント濃度〔%〕が出たら，とにかく溶液の質量〔g〕を掛ける → 溶質の質量〔g〕を得る」という手順で進めるとうまくいきます。
密度〔g/cm³〕と質量パーセント濃度〔%〕のコラボは多いので，流れを覚えましょう。

今回のような「濃度Aの水溶液を●●だけ作るには，濃度Bの水溶液がどれだけ必要か？」という問題では，A，B両方の水溶液に含まれる溶質の物質量〔mol〕（または質量〔g〕）をイコールで結ぶと答えが求められます。
別冊でいろいろなタイプの問題にチャレンジしましょう。

解説

最初に目をつけるのは密度〔g/cm³〕。密度1.0g/cm³に体積2000cm³を掛けて，溶液の質量〔g〕を得る！

$$1.0\,[\mathrm{g/cm^3}] \times 2000\,[\mathrm{cm^3}] = 2000\,[\mathrm{g}]$$

密度　体積　溶液の質量

希塩酸（H_2O＋HCl）の質量〔g〕のこと

質量パーセント濃度3.5%に溶液の質量2000gを掛けて，溶質の質量〔g〕を得る！

$$\frac{3.5}{100} \times 2000\,[\mathrm{g}] = 70\,[\mathrm{g}]$$

質量パーセント濃度　溶液の質量　溶質の質量

希塩酸（H_2O＋HCl）に含まれるHClの質量〔g〕のこと

ここまでくれば
あとは簡単じゃ！
左ページで
確認するんじゃよ
上の式で
溶液の質量〔g〕が
求められたんだった

密度〔g/cm³〕と質量パーセント濃度のコラボは頻出！

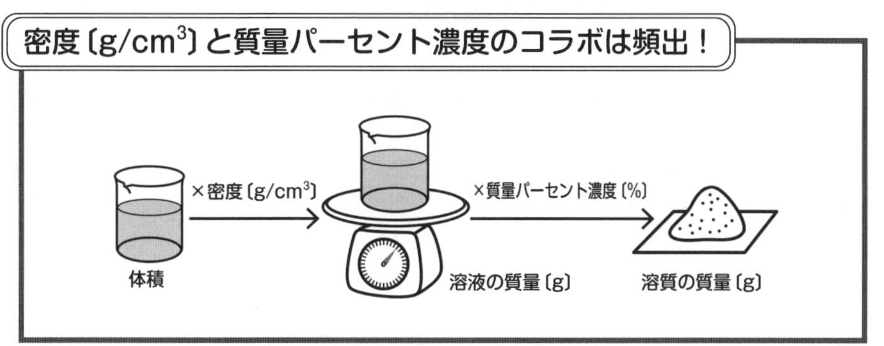
×密度〔g/cm³〕
×質量パーセント濃度〔%〕
体積
溶液の質量〔g〕
溶質の質量〔g〕

ここまでやったら
別冊 P. 17へ

4-7 モル濃度と質量パーセント濃度の変換

ココをおさえよう！

- **体積が与えられていないときは，1Lの溶液を想定する。**
- **溶液1L（＝1000cm^3）の質量は，密度を掛けて求める（1L＝1kgとは限らない！）。**

モル濃度〔mol/L〕と質量パーセント濃度〔%〕の変換は，多くの人が苦手としています。なぜなら，問題文中に密度は出てくるものの，体積が出てこないというパターンが多いからです。そんなときは，**1Lの溶液を想定する**というのが大事です。

問 0.70mol/Lの水酸化ナトリウムNaOH水溶液の質量パーセント濃度を求めよ。ただし，水酸化ナトリウム水溶液の密度は1.4g/cm^{3}とし，NaOHの式量を40とする。

これは「モル濃度〔mol/L〕→ 質量パーセント濃度〔%〕」の変換ですね。
次の4つの手順で簡単に解けます。

解きかた

① 0.70mol/Lの溶液（水酸化ナトリウム水溶液）1Lを想定する。

② 1L中の溶質の質量を求める。【モル質量〔g/mol〕×物質量〔mol〕＝溶質の質量〔g〕】（モル質量：式量）

1L中に溶質が何mol溶けているか？　というと，0.70mol/Lだから当然0.70molですね。

NaOHの式量は40よりモル質量は40g/molですから，0.70molの溶質NaOHの質量は

$$40〔g/mol〕\times 0.70〔mol〕= 28〔g〕$$

③ 1L（＝1000cm^3）の溶液の質量を求める。【1000〔cm^3〕×密度〔g/cm^3〕＝溶液の質量〔g〕】

1Lは1000cm^{3}と同じです。

問題文で与えられた密度を使い，1000〔cm^3〕×密度〔g/cm^3〕で1Lの溶液の質量を求めます。

$$1000〔cm^3〕\times 1.4〔g/cm^3〕= 1400〔g〕$$

よく「1Lは1kgだ」と覚えている人がいますが，それは水のように密度が1.0g/cm^{3}の液体だけです。間違えないようにしましょう。

④ ②と③より，質量パーセント濃度を求める。

$\dfrac{溶質の質量〔g〕}{溶液の質量〔g〕}\times 100$で質量パーセント濃度を求めます。

$$\frac{28〔g〕}{1400〔g〕}\times 100 = \underline{\underline{2.0〔\%〕}}$$ …答

〔mol/L〕→〔%〕とか
〔%〕→〔mol/L〕とかわかんない…
密度もからんでくるしさ…

“1L の溶液”を想定してないからじゃ
説明するから，ヤル気を出さんか！！

0.70mol/L の水酸化ナトリウム NaOH 水溶液の質量パーセント濃度を求めよ。ただし，水酸化ナトリウム水溶液の密度は 1.4g/cm^3 とし，NaOH の式量を 40 とする。

解説

モル濃度も質量パーセント濃度も
同じ1Lの溶液の話なんじゃ

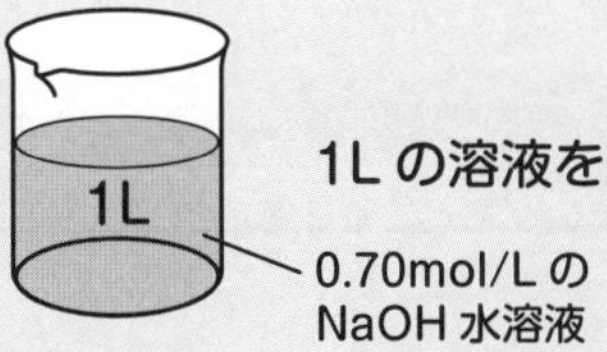

① **1L の溶液を想定する。**

1L
0.70mol/L の
NaOH 水溶液

② **1L 中の溶質の質量を求める。**

40×0.70＝28〔g〕

③ **1L(＝1000cm^3)の溶液の質量を求める。**

1000×1.4＝1400〔g〕

④ **②と③より，質量パーセント濃度を求める。**

$$\frac{28}{1400}\times 100 = \underline{\underline{2.0〔\%〕}}$$

手順がわかれば
簡単だー！

モル濃度は「溶液1Lに溶けている溶質の物質量〔mol〕」なので，その溶液を想定したまま，溶質を〔mol〕から質量〔g〕に，溶液を1〔L〕＝1000〔cm^3〕から質量〔g〕に直せばいいのです。

問　質量パーセント濃度が98％の濃硫酸H_2SO_4は何mol/Lか。ただし，濃硫酸の密度を1.8g/cm^3とし，H_2SO_4の分子量を98とする。

続いては「質量パーセント濃度 → モル濃度」の変換ですね。
とても苦手な人が多いのですが，1Lの溶液を想定すればスッキリわかります。

解きかた

①　質量パーセント濃度が98％の溶液（濃硫酸）1Lを想定する。

②　1L（＝1000cm^3）の溶液の質量を求める。【1000〔cm^3〕×密度〔g/cm^3〕＝溶液の質量〔g〕】

1L＝1000cm^3なので，密度を掛けてこの溶液の重さ（質量）を求めます。

$$1000〔cm^3〕\times 1.8〔g/cm^3〕= 1800〔g〕$$

溶液1Lの質量は1800gだったのですね。

③　98％＝$\frac{98}{100}$を使って，②より溶質の質量x〔g〕を求める。

では溶液1L＝1800gのうち，溶質は何g溶けているのでしょうか。
溶質の質量をx〔g〕として計算しましょう。
質量パーセント濃度は98％なので

$$\frac{x}{1800}=\frac{98}{100}$$

$$x=\frac{98\times 1800}{100}=98\times 18〔g〕$$

④　③の溶質の質量をmolに直す。

③で溶液（濃硫酸）1L＝1800gのなかに，(98×18)〔g〕の溶質H_2SO_4が溶けていることがわかりました。

この質量〔g〕を〔mol〕に直せば，溶液1L中の溶質の物質量〔mol〕がわかります。

つまり，モル濃度〔mol/L〕がわかるのです。

H_2SO_4の分子量は98と与えられているので，モル質量は98g/molとなり

$$(98\times 18)〔g〕\div 98〔g/mol〕= 18mol$$

1L中に18mol溶けているので　**18mol/L** …答

このように，常に1Lの溶液で話を進めていけば混乱しませんね。

質量パーセント濃度が 98%の濃硫酸 H_2SO_4 は何 mol/L か。ただし，濃硫酸の密度を 1.8g/cm^3 とし，H_2SO_4 の分子量を 98 とする。

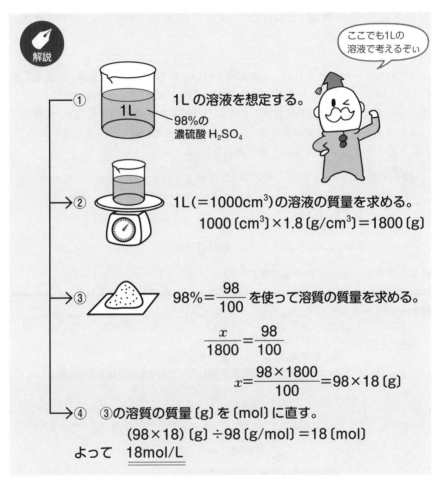

解説

ここでも1Lの
溶液で考えるぞい

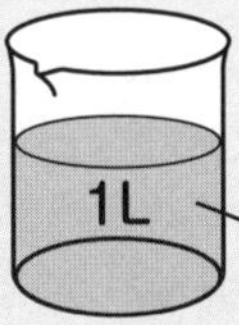

①　1L の溶液を想定する。

1L
98%の
濃硫酸 H_2SO_4

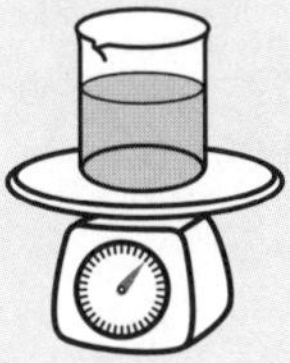

②　1L(=1000cm^3)の溶液の質量を求める。

1000〔cm^3〕×1.8〔g/cm^3〕=1800〔g〕

③　$98\% = \dfrac{98}{100}$ を使って溶質の質量を求める。

$$\frac{x}{1800} = \frac{98}{100}$$

$$x = \frac{98 \times 1800}{100} = 98 \times 18 \text{〔g〕}$$

④　③の溶質の質量〔g〕を〔mol〕に直す。

(98×18)〔g〕÷98〔g/mol〕=18〔mol〕

よって　18mol/L

溶液 1L の話をずっと
してるから，そのなかの
物質量〔mol〕がわかれば
その値が〔mol/L〕になるんだね

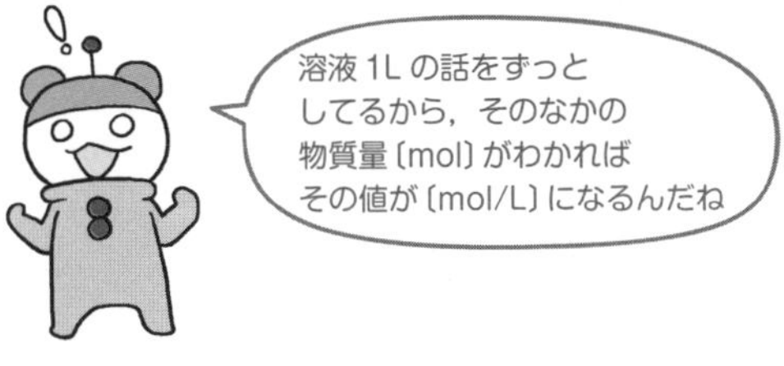

ここまでやったら
別冊 P. 21 へ

4-8 水和物を溶かした溶液の濃度

ココをおさえよう！

- **水和物の式量を計算する。**
- **水和物の物質量〔mol〕から溶質の物質量〔mol〕，溶質の質量〔g〕を求める。**

化学式の中に水分子を含む物質を**水和物**といい，有名なものに硫酸銅（Ⅱ）五水和物 $CuSO_4 \cdot 5H_2O$ や炭酸ナトリウム十水和物 $Na_2CO_3 \cdot 10H_2O$ などがあります。
これらが水に溶けると，物質に含まれていた水分子も溶液に混ざるので，溶媒（水）の量が増えるという特徴があります。そのため，濃度の計算がややこしくなるので，ここでちゃんと考えかたをまとめておきますね。

問 硫酸銅（Ⅱ）五水和物 $CuSO_4 \cdot 5H_2O$ 125gを水に溶かし，体積を400cm^{3}にした。ただし，水溶液の密度を1.10g/cm^{3}とし，H＝1.00，O＝16.0，S＝32.0，Cu＝64.0とする。
(1) この水溶液のモル濃度を求めよ。
(2) この水溶液の質量パーセント濃度を求めよ。

さて，これもイメージが大事です。
問題で「溶けた水和物が125g，体積が400cm^3，密度が1.10g/cm^3」という具体的な水溶液が与えられているので，それをイメージするところから始めましょう。

解きかた (1) モル濃度〔mol/L〕を求める。

① 問題文で与えられた水溶液をイメージする。

② 水和物のモル質量を求め，溶けた水和物の物質量を求める。

水和物 $CuSO_4 \cdot 5H_2O$ の式量は計算すると

$$64.0 + 32.0 + 16.0 \times 4 + 5 \times 18.0 = 250$$

これよりモル質量は250g/molなので，125gの $CuSO_4 \cdot 5H_2O$ は

$$\frac{125}{250} = 0.500〔\text{mol}〕$$

③ 溶質の物質量〔mol〕を求める。

水和物（$CuSO_4 \cdot 5H_2O$）1molにつき，$CuSO_4$ は1molなので，0.500mol。

④ 溶液の体積〔L〕を求める。

400cm^{3}は0.400Lですね。

⑤ ③と④よりモル濃度〔mol/L〕を求める。

$$\frac{0.500〔\text{mol}〕}{0.400〔\text{L}〕} = \mathbf{1.25〔mol/L〕}$$ …答

水和物 … 物質中に水分子 H_2O を含むもの。

問題ではふつう
化学式は明記されるが
水和水の数くらいは
知っておくんじゃよ

例

硫酸銅(Ⅱ)五水和物　$CuSO_4 \cdot 5H_2O$
炭酸ナトリウム十水和物　$Na_2CO_3 \cdot 10H_2O$
シュウ酸二水和物　$(COOH)_2 \cdot 2H_2O$

4

硫酸銅(Ⅱ)五水和物 $CuSO_4 \cdot 5H_2O$ 125g を水に溶かし，体積を $400cm^3$ にした。ただし，水溶液の密度を $1.10g/cm^3$ とし，$H=1.00$，$O=16.0$，$S=32.0$，$Cu=64.0$ とする。

(1)　この水溶液のモル濃度を求めよ。

(2)　この水溶液の質量パーセント濃度を求めよ。

(1)　モル濃度

① 問題文で与えられた水溶液をイメージする。

$CuSO_4 \cdot 5H_2O$ が
125g 溶けた
密度 $1.10g/cm^3$
の水溶液

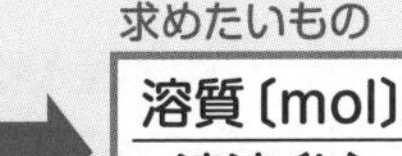

求めたいもの

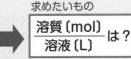

$$\frac{溶質〔mol〕}{溶液〔L〕} は？$$

② 水和物のモル質量を求め，溶けた水和物の物質量を求める。

$$CuSO_4 \cdot 5H_2O = \underbrace{64.0}_{Cu} + \underbrace{32.0}_{S} + \underbrace{16.0 \times 4}_{O_4} + \underbrace{5 \times 18.0}_{5H_2O}$$
$$= 250$$

$$125g は \quad \frac{125}{250} = 0.500〔mol〕$$

②まで求めたら
あとは簡単じゃよ

③ 溶質の物質量〔mol〕を求める。
$CuSO_4 \cdot 5H_2O$ 1mol のなかに $CuSO_4$ は 1mol
よって　0.500mol

④ 溶液の体積〔L〕を求める。

$$400〔cm^3〕= 0.400〔L〕$$

⑤ ③と④よりモル濃度〔mol/L〕を求める。

$$\frac{0.500〔mol〕}{0.400〔L〕} = \underline{\underline{1.25〔mol/L〕}}$$

続いて質量パーセント濃度を求めますが，(1)のモル濃度を求める手順とそれほど変わりません。

質量パーセント濃度は，$\dfrac{\text{溶質の質量〔g〕}}{\text{溶液の質量〔g〕}}$ でしたから，質量を求めていくというのを頭に入れましょう。

解きかた (2) 質量パーセント濃度を求める。

① 問題文で与えられた水溶液をイメージする。

② 水和物のモル質量を求め，溶けた水和物の物質量を求める。

ここまでは(1)と同じですね。

溶けた水和物の物質量は0.500molです。

③ 溶質の質量〔g〕を求める。

水和物1molにつき，溶質$CuSO_4$は1mol含まれているので，溶けた$CuSO_4$は0.500mol

$CuSO_4$の式量は160より，モル質量は160g/molなので

160〔g/mol〕×0.500〔mol〕＝80.0〔g〕

④ 溶液の質量〔g〕を求める。

水溶液の体積が400cm^3で密度が1.10g/cm^3なので

400〔cm^3〕×1.10〔g/cm^3〕＝440〔g〕

⑤ ③と④より質量パーセント濃度〔%〕を求める。

$\dfrac{80.0\text{〔g〕}}{440\text{〔g〕}}\times 100 \fallingdotseq$ **18.2〔%〕** …答

いかがでしょうか？　モル濃度を求める場合も，質量パーセント濃度を求める場合も，①・②までは手順が同じでしたよね？

水和物といっても，モル濃度や質量パーセント濃度を求める問題の場合は怖がる必要はありません。
水和物の式量を計算できれば，溶質の物質量もすぐにわかるのですから。
あとは，最終的に物質量〔mol〕を使うのか，質量〔g〕を使うのか，体積〔L〕を使うのかによって少しやることが変わるだけです。
4-5～4-7までをしっかり理解すれば，難しくないはずですよ。

では，別冊でいろいろなパターンの問題をやってみましょう。

（つづき）

(2) 質量パーセント濃度

① 問題文で与えられた水溶液をイメージする。

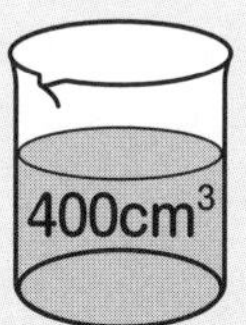

$CuSO_4 \cdot 5H_2O$ が 125g 溶けた 密度 $1.10g/cm^3$ の水溶液 ➡

求めたいもの

$\dfrac{\text{溶質の質量〔g〕}}{\text{溶液の質量〔g〕}}$ は？

② 水和物のモル質量を求め，溶けた水和物の物質量を求める。

$$CuSO_4 \cdot 5H_2O = \underset{Cu}{\underline{64.0}} + \underset{S}{\underline{32.0}} + \underset{O_4}{\underline{16.0 \times 4}} + \underset{5H_2O}{\underline{5 \times 18.0}}$$
$$= 250$$

125g は $\dfrac{125}{250} = 0.500$〔mol〕

③ 溶質の質量〔g〕を求める。

$CuSO_4 \cdot 5H_2O$ 0.500mol の

なかに $CuSO_4$ は 0.500mol

$CuSO_4$ のモル質量は 160g/mol なので

$160 \times 0.500 = 80.0$〔g〕

ちゃんと自力でも
解けるように
するんじゃぞ

④ 溶液の質量〔g〕を求める。

$400cm^3$ で，$1.10g/cm^3$ より

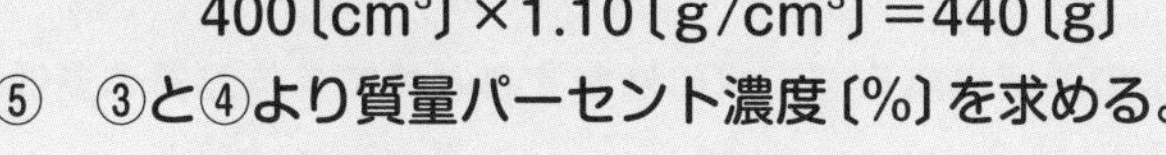

400〔cm^3〕×1.10〔g/cm^3〕＝440〔g〕

⑤ ③と④より質量パーセント濃度〔%〕を求める。

$$\frac{80.0\text{〔g〕}}{440\text{〔g〕}} \times 100 \fallingdotseq \underline{\underline{18.2\text{〔\%〕}}}$$

ここまでやったら 別冊 P. 22 へ

4-9 溶解度

ココをおさえよう！

溶解度の計算は，「水（溶媒）の量」と「溶けている溶質の量」を別々に考えよう！

ある日遊びに行ったヘンテコなプールには，
次のような看板が立てかけられていました。

『お客様へ
このプールには1トンの水が入っており，水温に応じて入れる人数が決まっております。例えば，20℃では3人，40℃では10人，70℃では30人となっております。
どうぞご了承くださいませ。 館長』

その日はとても暑かったので，水温は70℃になっていました。
大盛況だったので，満員の30人がプールに入っていました。
しかしだんだんと水温が下がり，40℃になってしまったのです。
ここで問題。

問 水温が70℃から40℃に下がったとき，プールから出たのは合計で何人か？

解きかた 70℃のとき30人が入っていて，40℃のとき10人が入れます。
ということは 30−10＝**20人** …答

水（溶媒）100gに対して溶かすことのできる溶質の最大質量〔g〕のことを**溶解度**といいます。
つまり，**水の温度に応じて，水に溶かすことのできる溶質の量は決まっている**ということです。
一般に，水の温度を下げると固体の溶解度は小さくなります。
この溶解度の問題は，多くの高校生が苦手としていますが，上記のヘンテコなプールの考えかたで，攻略できます。では，やってみましょう。

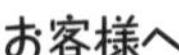

このプールには1トンの水が入っており，
水温に応じて入れる人数が決まっております。
例えば，20℃では3人，40℃では10人，
70℃では30人となっております。
どうぞご了承くださいませ。

館長

水温が70℃から40℃に下がったとき，
プールから出たのは合計で何人か？

70℃ 30人 満員 → 40℃ 10人 満員

温度が下がったから
10人しか
入れなくなったね

はじめは30人入っていたのに，10人しか入れなくなったので，プールを出た人数は　30－10＝<u>20人</u>

溶解度も
このイメージで
解けるんじゃぞ

溶解度

水（溶媒）100gに対して溶かすことのできる溶質の最大質量〔g〕のこと。温度によって，溶質の溶ける量は変わる。

問　塩化カリウムの溶解度は，60℃で45.5，20℃で34.0である。
水100gを用意して，60℃にし，そこに溶けるだけの塩化カリウムを溶かした。
この溶液を20℃まで冷やしたとき，析出する塩化カリウムは何gか？

先ほどのプールの例にのっとると，
「100gの水が入っているプールがあって，60℃のとき45.5gの塩化カリウムが，20℃のときには34.0gの塩化カリウムがプールに入ることができます。
水温が60℃で入れるだけ入っているときから，20℃まで水温を下げると，何gプールから出たでしょう？」
となります。すなわち

解きかた　45.5－34.0＝**11.5g**…答

ここで，館長が新しい張り紙を張り出しました。

『お客様へ
本プールはこの度，増設工事をいたしました。今まで水量が1トンだったところを，4トンまで増やしました。
なお，1トンあたりに入れる人数は，今まで通り3人でございます。
どうぞお楽しみくださいませ。　**館長』**

水量が1トンから4トンまで増えたということは，4トンのプールに入れる人数は，20℃で何人でしょう？
これは，比で求めることができます。

20℃のとき，1トンでは3人がプールに入ることができたので

1トン：3人＝4トン：x人

x＝12人

（1トンが4倍の4トンになったので，入れる人数も4倍になった，ということですね）

40℃，70℃についても同じく，比を用いて求めることができます。
このように，溶けている溶質の量は，比を用いて計算することができるのです。

塩化カリウムの溶解度は，60℃で45.5，20℃で34.0である。水100gを用意して，60℃にし，そこに溶けるだけの塩化カリウムを溶かした。この溶液を20℃まで冷やしたとき，析出する塩化カリウムは何gか？

4

いい換えると……

・（100gの水が入っている）プールを，60℃にしました。
そこに，入れるだけの塩化カリウムが入っています。
このプールの温度を20℃まで冷やしたとき，プールから上がった塩化カリウムは何gでしょう？

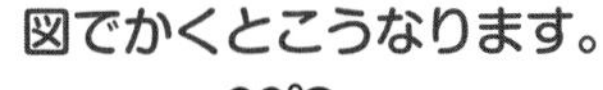
図でかくとこうなります。

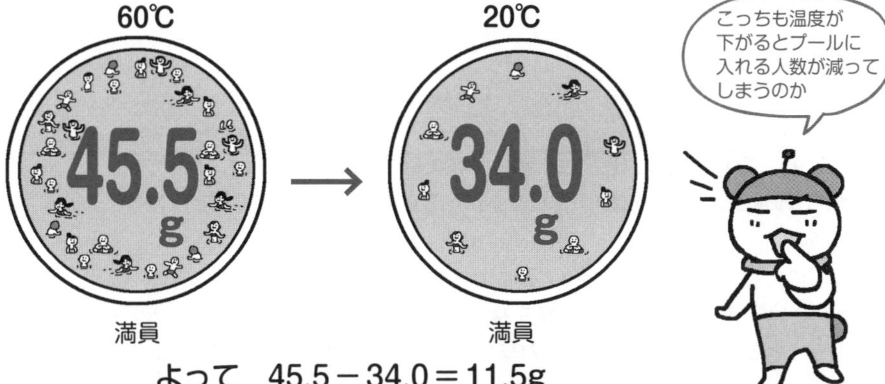

よって　45.5－34.0＝11.5g

> お客様へ
> 本プールはこの度，増設工事をいたしました。今まで水量が1トンだったところを，4トンまで増やしました。
> なお，1トンあたりに入れる人数は，今まで通り3人でございます。
> どうぞお楽しみくださいませ。
> 館長

・4トンのプールに，
20℃で入れる人数は？

1トンのプールでは，20℃で
3人入れたので
1トン：3人＝4トン：x人
x＝12人

問 塩化カリウムの溶解度は，60℃で45.5，20℃で34.0である。60℃の塩化カリウム飽和水溶液500gを，20℃まで冷却すると，何gの塩化カリウムが析出するか？

さて，溶解度は「水（溶媒）100gに溶ける溶質の最大質量〔g〕」です。
問題では500gの飽和水溶液が与えられていますが，水（溶媒）が何gあって，
そこにどれだけの塩化カリウムが溶けて，500gになっているかがわかりません。
プールのたとえでいうと，
「プールの水量と，プールに入っている人数がわからない」ということです。
これがわからないと，先に進めませんね。

そこで，「60℃の塩化カリウム飽和水溶液500g」を表し直しましょう。
水の量をx〔g〕とすると，溶質である塩化カリウムの量は（$500-x$）〔g〕ですね。
60℃では，水100gに対して溶質は45.5g溶けるので

解きかた

$$100\,[\mathrm{g}] : 45.5\,[\mathrm{g}] = x\,[\mathrm{g}] : (500-x)\,[\mathrm{g}]$$

$$45.5x = 100\,(500-x)$$

$$x \fallingdotseq 344\,[\mathrm{g}]$$

溶質の量は　$500-x=$ **156〔g〕**

つまり，「60℃の塩化カリウム飽和水溶液500g」というのは，
「60℃の水344gに塩化カリウムを156g溶かしたもの」と変換できます。

20℃のとき，344gの水に溶ける塩化カリウムの質量は，
比を用いて求めることができますね。
20℃のとき，100gの水に塩化カリウムは34.0g溶かすことができるので

解きかた

$$100\,[\mathrm{g}] : 34.0\,[\mathrm{g}] = 344\,[\mathrm{g}] : y\,[\mathrm{g}]$$

$$y \fallingdotseq 117\,[\mathrm{g}]$$

よって，60℃の塩化カリウム飽和水溶液500gを20℃に下げると析出する塩化カリウムは

$156-117=$ **39.0g** …答

どうです？　ヘンテコなプールを想像すると，
溶解度の問題が解きやすくなったのではないでしょうか？
溶解度については，Chapter 12でももう少し学びます。
ヘンテコなプールのイメージを忘れないでくださいね。

塩化カリウムの溶解度は，60℃で45.5，20℃で34.0である。60℃の塩化カリウム飽和水溶液500gを，20℃まで冷却すると，何gの塩化カリウムが析出するか？

『60℃の塩化カリウム飽和水溶液500g』を変換していきます。60℃のとき，水100gのプールに，塩化カリウムは45.5gだけ入ることができます。

今，プールの水をx〔g〕とすると，プールに入っている塩化カリウムは（500－x）〔g〕なので，次の比が成り立つことを用いればいいのです。

100〔g〕：45.5〔g〕＝x〔g〕：（500－x）〔g〕

x≒344〔g〕

つまり，プールの水は344gで，入っている塩化カリウムは156gということです。

さて，20℃のとき，344gのプールに入れる塩化カリウムはいくらでしょう？　これも比を用いることができますね。

100〔g〕：34.0〔g〕＝344〔g〕：y〔g〕

y≒117〔g〕

よって　156－117＝39.0〔g〕

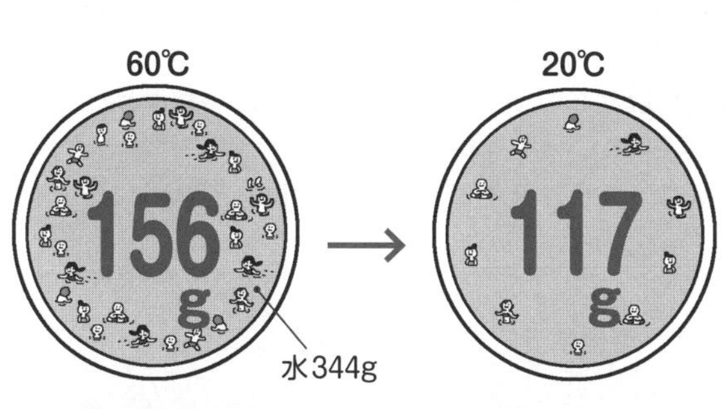

ここまでやったら
別冊 P. 26 へ

4-10 化学反応式の作りかた

ココをおさえよう！

・反応物 ⟶ 生成物　の式を作る。
・登場回数の少ない原子で構成される物質の係数を1として，係数を合わせていく。

「水素と酸素が反応して水ができる」といわれた場合，「H_2とO_2からH_2Oができたんだな」と考えますね。これをそのまま表すと

$$H_2 + O_2 \longrightarrow H_2O$$

ですが，これではOの数が左辺と右辺で合っていませんので，正しい化学反応式ではありません。化学反応式では，原子の種類と数が，左辺と右辺で同じでなくてはいけないのです。
そこで，原子の数が等しくなるように，それぞれの化学式に係数をつけます。このとき，係数は最も簡単な整数比で表し，係数が1になるときは省略します。すると，次の式のようになります。

$$2H_2 + O_2 \longrightarrow 2H_2O$$

これが正しい化学反応式です。

反応前の物質（左辺にある物質）のことを**反応物**といい，
反応してできた物質（右辺にある物質）を**生成物**といいます。
この場合，反応物はH_2とO_2，生成物はH_2Oですね。

さて，正しい化学反応式の作りかたの手順をまとめておきますね。

【化学反応式の作りかたの手順】

ステップ①	まずは　反応物 ⟶ 生成物　の式を作る。
ステップ②	作った式全体を見て，登場回数が最も少ない原子で構成される物質の係数を1とする。登場回数が同じ場合は，原子の数をいちばん多く含む物質の係数を1とする。
ステップ③	各原子の数が左辺と右辺で同じになるように，係数を調整する（係数が分数でもOK）。
ステップ④	分数の係数があったら，最も簡単な整数比になるように，式全体に数字を掛ける。

p.118ではこの方法を実際に使って化学反応式を完成させましょう。

4

化学反応式の作りかた

例 水素と酸素が反応して水ができる場合

→H_2 と O_2 が反応して H_2O ができるので，まずは左辺に反応物，右辺に生成物を書いて矢印でつなぐ。

これで完成じゃないの？

$$\underset{\text{反応物}}{H_2} + \underset{\text{反応物}}{O_2} \longrightarrow \underset{\text{生成物}}{H_2O}$$

両辺で原子の数が同じになるように係数をつけるんじゃ

係数をつけると…

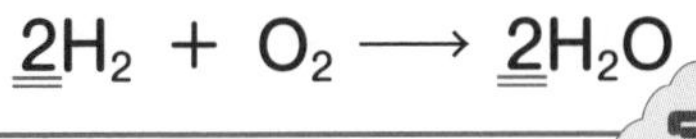

$$2H_2 + O_2 \longrightarrow 2H_2O$$

完成！

化学反応式の作りかたの手順

ステップ① まずは　反応物 ⟶ 生成物の式を作る。

ステップ② 作った式全体を見て，登場回数が最も少ない原子で構成される物質の係数を1とする。登場回数が同じ場合は，原子の数をいちばん多く含む物質の係数を1とする。

ステップ③ 各原子の数が左辺と右辺で同じになるように，係数を調整する（係数が分数でも OK）。

ステップ④ 分数の係数があったら，最も簡単な整数比になるように，式全体に数字を掛ける。

?
どうやって
係数をつければいいか
わかんないよ

それは次ページから
ステップごとに
説明していくぞぃ

エタンC_2H_6を燃焼させ，二酸化炭素CO_2と水H_2Oが発生する反応の，化学反応式を書いてみましょう。

ステップ① まずは 反応物 ⟶ 生成物 の式を作る。

燃焼ということはO_2と反応させたということですから，式はこうなりますね。

$$C_2H_6 + O_2 \longrightarrow CO_2 + H_2O$$

ステップ② 作った式全体を見て，登場回数が最も少ない原子で構成される物質の係数を1とする。登場回数が同じ場合は，原子の数をいちばん多く含む物質の係数を1とする。

それぞれの原子に異なる下線を引くとわかりやすいですね。

$$\underline{C}_2\underline{\underline{H}}_6 + \underset{\sim}{O}_2 \longrightarrow \underline{C}\underset{\sim}{O}_2 + \underline{\underline{H}}_2\underset{\sim}{O}$$

$\underline{C}$原子は2回，$\underline{\underline{H}}$原子は2回，$\underset{\sim}{O}$原子は3回なので，$\underline{C}$原子と$\underline{\underline{H}}$原子でできている$\underline{C}_2\underline{\underline{H}}_6$の係数を1とします。

ステップ③ 各原子の数が左辺と右辺で同じになるように，係数を調整する（係数が分数でもOK）。

細かく手順を追っていきますね。

(1) $1\,C_2H_6 + O_2 \longrightarrow 2CO_2 + 3H_2O$

C_2H_6はC原子の数が2個，H原子の数が6個なので，

CO_2の係数が2, H_2Oの係数が3になり，これでC原子とH原子の数はそろいました。

(2) $1\,C_2H_6 + \frac{7}{2}O_2 \longrightarrow 2CO_2 + 3H_2O$

$2CO_2$はO原子が4個，$3H_2O$はO原子が3個なので，左辺のO_2にはO原子が7個含まれていなければなりません。だから分数の$\frac{7}{2}$をO_2の係数にします。

ステップ④ 分数の係数があったら，最も簡単な整数比になるように，式全体に数字を掛ける。

分数の係数を消すために，式全体に2を掛けると，完成です。

$$2C_2H_6 + 7O_2 \longrightarrow 4CO_2 + 6H_2O \quad \text{（完成）}$$

完成した式で係数の1が残っていた場合は書かないようにしましょう。

数学でも$1x$などとは記しませんよね。それと同じことです。

ステップ① 反応物 ⟶ 生成物　の式を作る。

$$\underset{反応物}{C_2H_6} + \underset{反応物}{O_2} \longrightarrow \underset{生成物}{CO_2} + \underset{生成物}{H_2O}$$

ステップ② 登場回数が最も少ない原子で構成される物質の係数を1とする。（登場回数が同じ場合は，原子の数をいちばん多く含む物質の係数を1とする）

登場回数２回の
Ｃ原子とＨ原子でできている
C_2H_6を係数１とするぞい

$1C_2H_6 + O_2 \longrightarrow CO_2 + H_2O$

ステップ③ 各原子数が左辺と右辺で同じになるように係数を調整する。

$$1C_2H_6 + O_2 \longrightarrow 2CO_2 + 3H_2O$$

Ｃ原子の数をそろえるために係数を２に

Ｈ原子の数をそろえるために係数を３に

これでＣ原子と
Ｈ原子の数は
同じになったぞ！

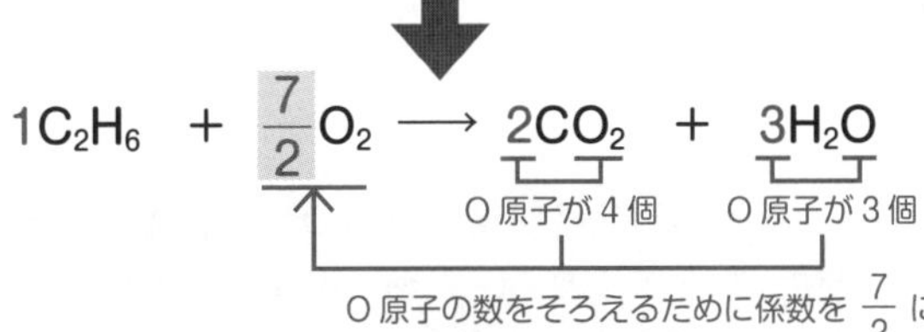

$1C_2H_6 + \frac{7}{2}O_2 \longrightarrow 2CO_2 + 3H_2O$
Ｏ原子が４個
Ｏ原子が３個
Ｏ原子の数をそろえるために係数を $\frac{7}{2}$ に

ステップ③ 分数の係数があったら，最も簡単な整数比になるように，式全体に数字を掛けると完成！

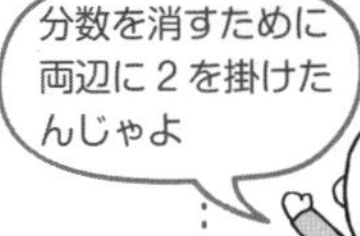

分数を消すために
両辺に２を掛けた
んじゃよ

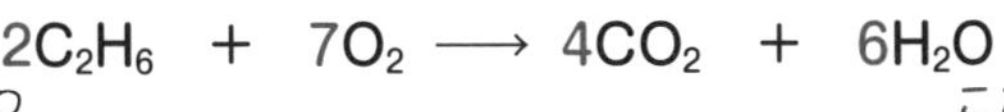

$2C_2H_6 + 7O_2 \longrightarrow 4CO_2 + 6H_2O$

ここまでやったら 別冊 P. 28 へ

4-11 化学反応式の量的関係

ココをおさえよう！

・化学反応式の係数比は，反応する物質量〔mol〕の比を表す。
・「1molと個数・質量・体積（気体）」の変換を活用する。

化学反応式を完成させるのに，各物質の係数を決めましたね。
この係数比というのは，それぞれの物質が反応する物質量の比を表しています。

例えば　$2H_2 + O_2 \longrightarrow 2H_2O$　であれば，
「2molのH_2と1molのO_2が反応すると，2molのH_2Oが発生する」
ということを示しているのです。

この反応では

H_2の物質量：O_2の物質量：H_2Oの物質量＝2：1：2

が成立するので，**1つでも物質量がわかれば，その他の物質の物質量**もわかります。
もしH_2が1molだけ反応したとすると，O_2は0.5mol反応し，H_2Oは1mol発生します。
もしH_2Oが14mol発生したとしたら，H_2は14mol，O_2は7mol反応したということです。

では，$2H_2 + O_2 \longrightarrow 2H_2O$の反応で，以下のように問われたらどうでしょう？
ただしH＝1.0，O＝16とします。

Q1　H_2分子が6.0×10^{23}個反応したとき，水H_2Oは何g発生したか？
Q2　H_2Oが180g発生したとすると，O_2は何mol反応したか？
Q3　標準状態の気体O_2が44.8L反応したとき，水H_2Oは何mol発生したか？

答えは右のページで解説しています。

化学反応式の係数は，物質量比を表しているので，**1molと個数・質量・体積（気体）の変換をして，物質量〔mol〕を常に考える**ようにしましょう。
Q1～Q3がよくわからなかった人は，4-1，4-3，4-4をおさらいしておいてくださいね。

係数比＝物質量比じゃ！
これがわかると
他にもいろんな量的関係が
わかるんじゃよ

$2H_2$ ＋ O_2 ⟶ $2H_2O$

係数比	2	：	1	：	2

Q1 H_2 分子が 6.0×10^{23} 個反応したとき，水 H_2O は何 g 発生したか？

A 6.0×10^{23} 個は 1mol なので（→p.88），
H_2 が 1mol 反応したとき，H_2O が何 g 発生したかを考えればよい。係数比より，$H_2$1mol に対して H_2O は 1mol 発生するので，1mol の H_2O の質量を計算する。
H_2O の分子量＝1.0×2＋16＝18
より，発生した H_2O は 18g …答

とにかく
物質量〔mol〕に
変換するんだね

Q2 H_2O が 180g 発生したとすると，O_2 は何 mol 反応したか？

A Q1 より，H_2O1mol の質量は 18g なので，180g 発生したということは 10mol 発生したということ。係数比より，H_2O が 10mol 発生したときに反応する O_2 は 5.0mol …答

Q3 標準状態の気体 O_2 が 44.8L 反応したとき，水 H_2O は何 mol 発生したか？

A アボガドロの法則より，標準状態での 1mol の気体の体積は 22.4L なので（→p.94），O_2 44.8L は 2.0mol ということ。
係数比より，発生した H_2O は 4.0mol …答

ここまでやったら
別冊 P. 30 へ

ハカセの
宇宙一キビしい
チェック!!

理解できたものに，☑チェックをつけよう。

- □ 原子が6.02×10^{23}個で1molとなる。
- □ 炭素原子^{12}Cは6.02×10^{23}個で12.0gである。
- □ 元素の原子量は，（同位体の相対質量×存在比）の和で計算できる。
- □ 原子量，分子量・式量に〔g/mol〕の単位をつけたものがモル質量である。
- □ 標準状態（0℃，1.0×10^{5}Pa）で，1molの気体の体積は22.4Lである。
- □ 物質量から質量を求めることができる。
- □ 物質量から粒子の数を求めることができる。
- □ 物質量から気体の体積を求めることができる。
- □ 質量パーセント濃度の公式が書ける。
- □ モル濃度の公式が書ける。
- □ 密度×溶液の体積で溶液の質量が求められる。
- □ モル濃度と質量パーセント濃度の変換ができる。
- □ 溶解度とは，水（溶媒）100gに溶かすことのできる溶質の最大質量〔g〕である。
- □ 一般に，水の温度を下げると，固体の溶解度は小さくなる。
- □ 化学反応式を作り，その係数比から量的関係を求めることができる。

プールで遊んだら
お腹すいちゃった

Chapter

5

酸と塩基

Chapter 5 酸と塩基

はじめに

原子や分子については，Chapter 2 ～ 4で理解が深まったと思います。
次は，これらの物質が相互に作用を起こしたときどうなるか，考えていきましょう。
つまり，化学反応が起きたらどうなるか，ですね。

世の中は，化学反応で動いているといっても過言ではありません。
私たちの体，私たちを取り巻く地球環境，そして宇宙。
あらゆるところで，化学反応は起きています。

そして，**化学反応の中でも，最も基本的な反応が，酸と塩基の反応**なのです。

このChapterを終えたとき，
あなたは人間や地球や宇宙について，また1つ理解したことになるでしょう。

この章で勉強すること

まず酸と塩基の定義を学んで分類を行い，
酸や塩基と呼ばれる物質がどんな性質をもっているのか理解してもらいます。
次に，中和によって生じた塩(えん)を分類し，性質について触れます。
最後に，中和滴定の計算を行います。

原子の構造や,
原子が集まったときのことは
わかったけど……

相互作用したらどうなるの?

→ 化学反応

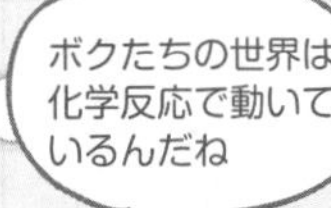

酸 ＋ 塩基
中和
塩(えん) ＋ 水(H_2O)
・どう分類するの?
・どんな性質があるの?
このChapterでは
化学反応の中で最も基本的な
酸と塩基について勉強するぞ!
Let's study!!

5-1 酸・塩基の定義

ココをおさえよう！

酸・塩基の2つの定義を区別しよう。

みなさんが知っている酸・塩基というのは，こういうものではないでしょうか？
『水溶液中で，H^+を生じる物質が酸で，OH^-を生じる物質が塩基』
この定義を**アレニウスの定義**といいます。
アレニウスという科学者が，1887年に提唱した定義です。

例えば，HClは水中でH^+とCl^-に電離するため，酸です。
一方，NaOHは水中でNa^+とOH^-に電離するため，塩基です。

さて，時が経つこと約40年，1923年に科学者ブレンステッドとローリーが，
新しい酸・塩基の定義をしました。
『他の物質にH^+を与える物質が酸で，他の物質からH^+を受け取る物質が塩基』
この定義を**ブレンステッド・ローリーの定義**といいます。
アレニウスの定義を拡張させ，適用範囲を広げたものとなっています。

例えば，塩酸HClが水に溶けたときの反応

反応①　$HCl + H_2O \longrightarrow H_3O^+ + Cl^-$

は，H^+もOH^-も生じていないのでアレニウスの定義では酸・塩基の反応では
ありませんが，ブレンステッド・ローリーの定義では，
HClがH^+を与えているので酸，H_2OはH^+を受け取っているので塩基と考えられます。

同様に，アンモニアNH_3が水に溶けたときの反応

反応②　$NH_3 + H_2O \longrightarrow NH_4^+ + OH^-$

は，H_2OはH^+を与えているので酸，NH_3がH^+を受け取っているので塩基と考えられるのです。

H_2Oは，反応①では塩基，反応②では酸としてはたらいているということですね。
同じH_2Oでも，相手によってはたらきが変わるのです。

アレニウスの定義 … 水溶液中で，H^+を生じる物質が酸で，OH^-を生じる物質が塩基。

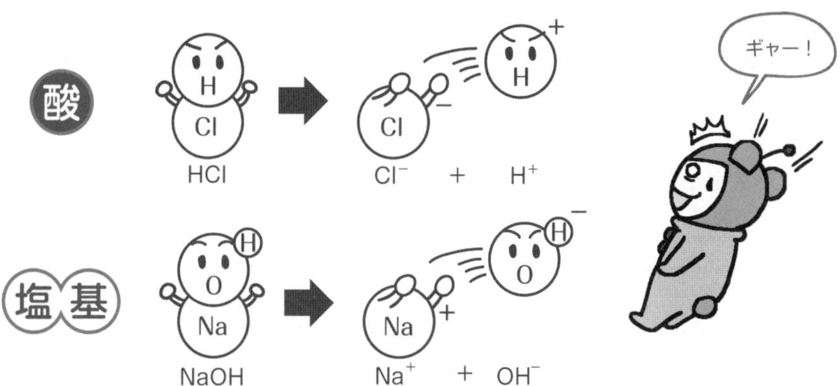

ブレンステッド・ローリーの定義 … 他の物質にH^+を与える物質が酸で，他の物質からH^+を受け取る物質が塩基。

反応①

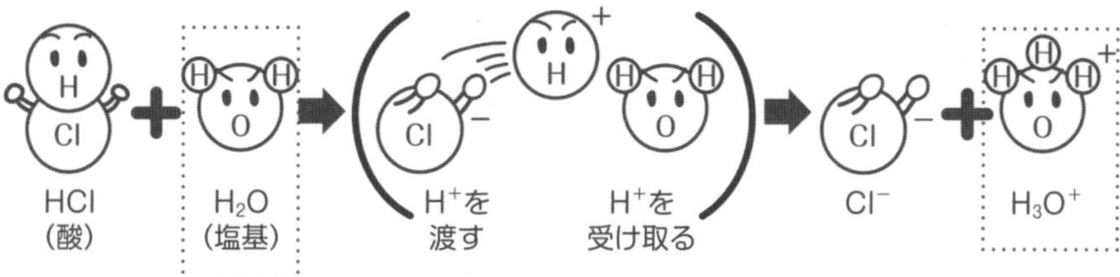

反応②

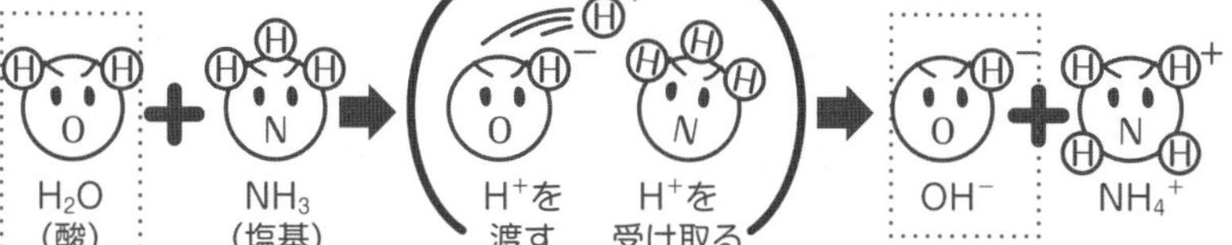

ここまでやったら
別冊 P. 31へ

5-2 酸・塩基の価数

ココをおさえよう！

酸の価数とは，その化学式中からH^+になりうるHの数。
塩基の価数とは，その化学式中からOH^-になりうるOHの数。

酸の化学式中から，H^+になることができるHの数を，**酸の価数**といいます。
価数が1の酸を1価の酸，価数が2の酸を2価の酸，……と呼びます。

1価の酸：
塩酸HCl，硝酸HNO_3，酢酸CH_3COOH（※CH_3のHはH^+にならない）
2価の酸：
硫酸H_2SO_4，炭酸H_2CO_3，シュウ酸$(COOH)_2$，硫化水素H_2S
3価の酸：
リン酸H_3PO_4

同様に，塩基の化学式中から，OH^-になることができるOHの数を，**塩基の価数**といいます。
価数が1の塩基を1価の塩基，価数が2の塩基を2価の塩基，……と呼びます。

1価の塩基：
水酸化ナトリウム$NaOH$，水酸化カリウムKOH，アンモニアNH_3
2価の塩基：
水酸化カルシウム$Ca(OH)_2$，水酸化バリウム$Ba(OH)_2$，
水酸化銅（Ⅱ）$Cu(OH)_2$
3価の塩基：
水酸化アルミニウム$Al(OH)_3$，水酸化鉄（Ⅲ）$Fe(OH)_3$

他の塩基はすべてOHがついているのに，NH_3だけついていませんね。
NH_3は　$NH_3 + H_2O \longrightarrow NH_4^+ + OH^-$　となり，H_2OからH^+を受け取る塩基です。
この化学反応式は覚えておきましょう。

このように，酸・塩基は価数によって分類することができます。

価数 … 酸では，その化学式中からH^+になることができるHの数。
塩基では，その化学式中からOH^-になることができるOHの数。

数を数えるだけだね……

1価の酸：
塩酸HCl，硝酸HNO_3，酢酸CH_3COOH

2価の酸：
硫酸H_2SO_4，炭酸H_2CO_3，シュウ酸$(COOH)_2$，
硫化水素H_2S

3価の酸：
リン酸H_3PO_4

塩基

1価の塩基：
水酸化ナトリウム$NaOH$，水酸化カリウムKOH，
アンモニアNH_3

2価の塩基：
水酸化カルシウム$Ca(OH)_2$，水酸化バリウム$Ba(OH)_2$，
水酸化銅(Ⅱ)$Cu(OH)_2$

3価の塩基：
水酸化アルミニウム$Al(OH)_3$，水酸化鉄(Ⅲ)$Fe(OH)_3$

5-3 電離度

ココをおさえよう！

（酸のモル濃度）×（電離度 α）×（酸の価数）＝（H^+のモル濃度）

物質が水に溶けるなどしてイオンに分かれることを**電離**といいます。
酸や塩基を水に溶かした場合，物質によって，
どれだけが電離してイオン化するかは決まっています。
その電離する度合いを，**電離度**といい，αで表します。

$$電離度\ \alpha = \frac{水に溶かして電離した物質の物質量〔mol〕}{水に溶かした物質の物質量〔mol〕}$$

ここでたとえ話を1つしましょう。
赤ちゃん集団①と赤ちゃん集団②があって，それぞれ100人ずつ赤ちゃんがいます。
赤ちゃん集団①の赤ちゃんは，一度に2人しか泣きません。
この赤ちゃん集団①の泣き度は，$\frac{2}{100}=0.02$です。
一方，赤ちゃん集団②の赤ちゃんは，一度に94人が泣きます。
この赤ちゃん集団②の泣き度は，$\frac{94}{100}=0.94$です。
電離度も同じ考えです。
「酸が電離してH^+を放出する」というのを「赤ちゃんが泣く」として考えてください。
1molの酸のうち，0.02molが電離するなら，電離度は0.02です。
例えば1mol/Lの酢酸水溶液の，H^+の濃度が0.02mol/Lの場合，電離度は0.02ということになります。

$$CH_3COOH \longrightarrow CH_3COO^- + H^+$$

さてここで簡単な問題です。
泣き度が0.02の赤ちゃん集団（2000人）がある場合，泣いているのは何人でしょう？
（赤ちゃんの総数）×（泣き度）＝（泣いている赤ちゃんの数）
なので　2000×0.02＝40人　ですね。

電離度を用いて，H^+のモル濃度を求めるときも，同じ考えかたをします。
酢酸CH_3COOHの電離度が0.02だとします。このとき，CH_3COOHのモル濃度を$[CH_3COOH]$〔mol/L〕，H^+のモル濃度を$[H^+]$〔mol/L〕とすると

$$[CH_3COOH] \times 0.02 \times 1 = [H^+]$$

つまり，**（酸のモル濃度）×（電離度 α）×（酸の価数）＝（H^+のモル濃度）**ということです。H^+のモル濃度$[H^+]$を**水素イオン濃度**といいます。

電離度 α … 水に溶かした物質のうち，どれだけが電離するかを表した値。

$$電離度\,\alpha = \frac{水に溶かしたうち，電離した物質の物質量〔mol〕}{水に溶かした物質の物質量〔mol〕}$$

赤ちゃん集団①
100人中2人が泣く

赤ちゃん集団②
100人中94人が泣く

ありゃりゃ
泣いてる……

泣き度：$\frac{2}{100}=0.02$

泣き度：$\frac{94}{100}=0.94$

酢酸
1molのうち，
0.02molが電離する

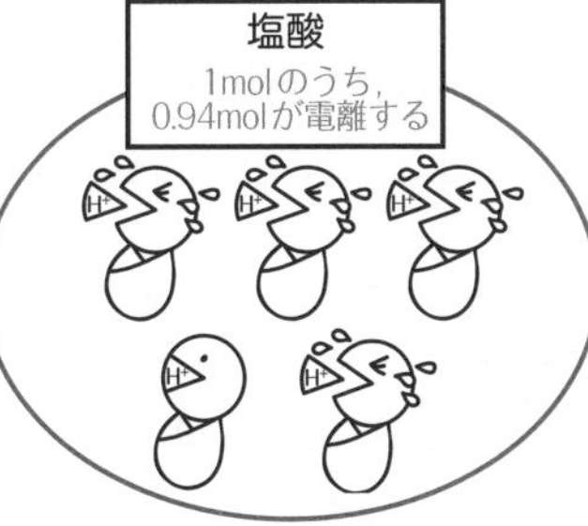
塩酸
1molのうち，
0.94molが電離する

[H⁺] を求めるときに
電離度を使うぞ！

電離度：$\frac{0.02\,\text{mol}}{1\,\text{mol}}=0.02$

電離度：$\frac{0.94\,\text{mol}}{1\,\text{mol}}=0.94$

赤ちゃん集団(2000人)の泣き度が0.02のとき

2000人 × 0.02 = 40人

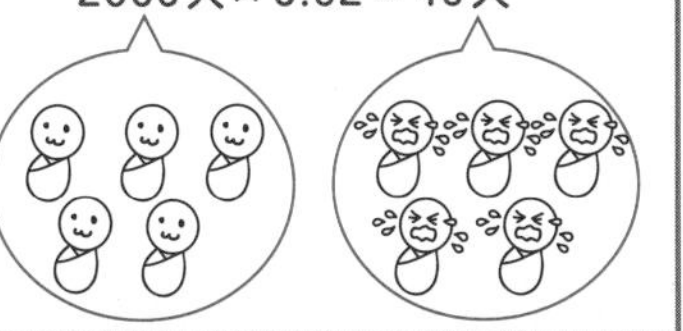

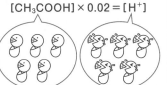

酢酸 CH_3COOH の電離度が0.02のとき

$[CH_3COOH] \times 0.02 = [H^+]$

水素イオン濃度 … 水素イオン H^+ のモル濃度。$[H^+]$ で表す。

(水素イオン濃度 $[H^+]$) ＝ (酸のモル濃度) × (電離度 α) × (酸の価数)

5-4 酸・塩基の強弱

ココをおさえよう！

強酸・強塩基を覚えよう！

酸や塩基には，強弱があります。強弱は，同じ濃度の場合は，電離度によって決められています。
電離度は，$0 < \alpha \leqq 1$の範囲におさまるのですが，電離度が1に近いもの，つまりほぼイオン化してH^+やOH^-を多く出すものをそれぞれ**強酸・強塩基**と呼び，
電離度が1よりも著しく小さいもの，つまりほぼイオン化しないものを
弱酸・弱塩基と呼びます。

さっきのたとえ話でいうと，あまり泣かない赤ちゃん集団①が弱酸や弱塩基，
いっぱい泣く赤ちゃん集団②が強酸や強塩基ですね。

強酸・強塩基は単純に暗記するものなので，ここで覚えましょう。

代表的な強酸：
塩酸HCl，硝酸HNO_3，硫酸H_2SO_4
代表的な強塩基：
水酸化ナトリウム$NaOH$，水酸化カリウムKOH，
水酸化バリウム$Ba(OH)_2$，水酸化カルシウム$Ca(OH)_2$

これ以外の物質は弱酸・弱塩基と考えていいでしょう※。

酸や塩基の強弱は5-2で話をした価数とは関係ありません。
上の例を見ればわかるように塩酸HCl，硝酸HNO_3は1価でも強酸，水酸化ナトリウム$NaOH$，水酸化カリウムKOHは1価でも強塩基ですね。

Point … 酸・塩基の強弱

◎ 酸や塩基の強弱は，価数とは関係がないので注意が必要。
3価の酸だから強酸，というわけではない。
あくまで電離度の大小で強弱が決まる。

※ 受験レベルでは，という意味です。厳密には他にも強酸・強塩基は存在します。弱酸に分類されるリン酸H_3PO_4は中くらいの強さですが，あまり重要ではありません。

電離度 α は，$0 < \alpha \leqq 1$ の範囲におさまる。

5

・電離度 α が1に近い…強酸・強塩基

・電離度 α が1よりも著しく小さい…弱酸・弱塩基

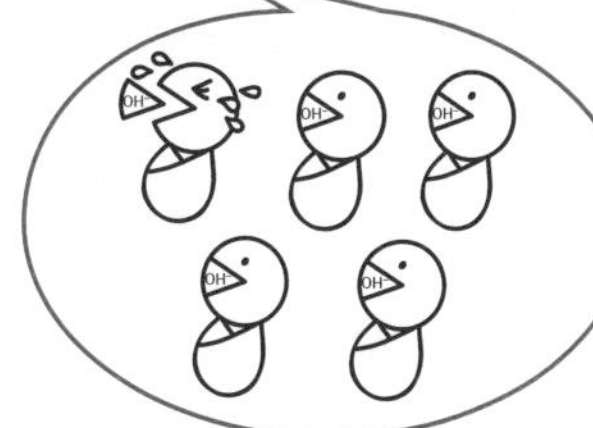

代表的な強酸

塩酸 HCl，硝酸 HNO_3，
硫酸 H_2SO_4

炎症・龍と覚えよう（塩酸・硝酸・硫酸）

代表的な強塩基

水酸化バリウム $Ba(OH)_2$，
水酸化カルシウム $Ca(OH)_2$，
水酸化ナトリウム $NaOH$，
水酸化カリウム KOH

ばか泣きと覚えよう
$Ba(OH)_2$・$Ca(OH)_2$・$NaOH$・KOH

ここまでやったら
別冊 P. 32 へ

5-5 中和反応と塩の種類

ココをおさえよう!

塩(えん)には正塩・酸性塩・塩基性塩がある。

酸のH^+と塩基のOH^-は反応してH_2Oになります。
この反応を**中和反応**といいます。

そして,中和反応によって生じた,
酸の陰イオンと塩基の陽イオンが結合した化合物を**塩**(えん)といいます。
例えば

$\underset{\text{酸}}{HCl} + \underset{\text{塩基}}{NaOH} \longrightarrow \underset{\text{塩}}{NaCl} + H_2O$ の NaCl や

$\underset{\text{酸}}{CH_3COOH} + \underset{\text{塩基}}{NaOH} \longrightarrow \underset{\text{塩}}{CH_3COONa} + H_2O$ のCH_3COONaなどが塩です。

塩は以下の3つに分類することができます。

酸性塩:化学式中に,酸のHが残っている塩のこと
($NaHSO_4$, $NaHCO_3$, K_2HPO_3など)

塩基性塩:化学式中に,塩基のOHが残っている塩のこと
($MgCl(OH)$, $CuCO_3 \cdot Cu(OH)_2$, $CuCl(OH)$など)

正塩:酸のHも塩基のOHも残っていない塩 ($NaCl$, CH_3COONa, $CaCO_3$など)

この塩の分類は形式的なもので,
実際に塩を水に溶かしてできた水溶液が,その性質になるというわけではありません。
つまり,酸性塩が必ずしも酸性になるわけではありませんし,
正塩が必ずしも中性になるわけではないのです。
これについては5-6でお話ししましょう。

Point … 塩の種類

◎ 酸性塩・塩基性塩・正塩は,塩の水溶液の性質とは関係のない分類。

中和反応 … 酸のH^+と塩基のOH^-が反応してH_2Oになる反応のこと。

塩(えん) … 中和反応によって生じた，酸の陰イオンと塩基の陽イオンが結合した化合物のこと。

例 $\underset{酸}{HCl} + \underset{塩基}{NaOH} \xrightarrow{中和反応} \underset{塩}{NaCl} + H_2O$

酸性塩 … 化学式中に酸のHが残っている塩のこと。

例 $NaHSO_4$，$NaHCO_3$，K_2HPO_3 など

塩基性塩 … 化学式中に塩基のOHが残っている塩のこと。

例 $MgCl(OH)$，$CuCO_3 \cdot Cu(OH)_2$，$CuCl(OH)$ など

正塩 … 化学式中に酸のHも塩基のOHも残っていない塩のこと。

例 $NaCl$，CH_3COONa，$CaCO_3$ など

ただし，これは塩の分類なだけであって，
実際の性質とは無関係なんじゃ
次のページで，性質について勉強するぞ

5-6 塩を溶かした水溶液の性質

ココをおさえよう！

正塩の水溶液の性質は，「もととなる酸・塩基の性質」で判定できる。

先ほどは塩の分類を行いましたが，今度は塩の水溶液の液性についてお話ししましょう。塩が水に溶けてできる溶液の液性は，正塩では次のように分類できます。

①	“強酸＋弱塩基”の中和でできる正塩	⇒	水溶液の液性は酸性
②	“弱酸＋強塩基”の中和でできる正塩	⇒	水溶液の液性は塩基性
③	“強酸＋強塩基”の中和でできる正塩	⇒	水溶液の液性は中性

塩の水溶液の液性を調べるには，その塩のできかたを考える必要があるのです。
例えば，NH_4Clは，強酸のHClと弱塩基のNH_3を中和させてできる正塩です。
よって，これは①にあたるため，NH_4Clの水溶液の液性は酸性とわかります。
またCH_3COONaは，弱酸のCH_3COOHと強塩基のNaOHを中和させてできる正塩です。
よって，これは②にあたるため，CH_3COONaの水溶液の液性は塩基性となります。
①と②については，**強いほうに塩の水溶液も性質が寄る**と覚えましょう。
③については，強酸＋強塩基の中和でできる正塩の場合，水溶液の液性はちょうどバランスがとれて，ほぼ**中性**になると覚えておきましょう。
NaClは強酸（HCl）と強塩基（NaOH）の中和でできる正塩なので，③にあたり，NaClの水溶液の液性は中性です。

①弱酸＋弱塩基の中和でできる塩は不溶性のものが多いですが，水に溶ける場合，水溶液はほぼ中性となります。
②塩基性塩はほとんど水に溶けないので，水溶液の性質が問題になることはありません。

さて，では酸性塩の水溶液はどうなるでしょうか。酸性塩だからといって，必ず酸性になるわけではありませんよ。例えば，$NaHCO_3$は酸性塩ですが，水溶液の液性は塩基性です。
酸性塩の水溶液の液性は，正塩のように単純な判定ができないので，とりあえず代表的なものを覚えてしまいましょう。

酸性	$NaHSO_4$	塩基性	$NaHCO_3$
	NaH_2PO_4		Na_2HPO_4

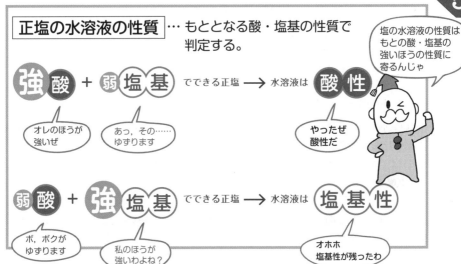

5

正塩の水溶液の性質…もととなる酸・塩基の性質で判定する。

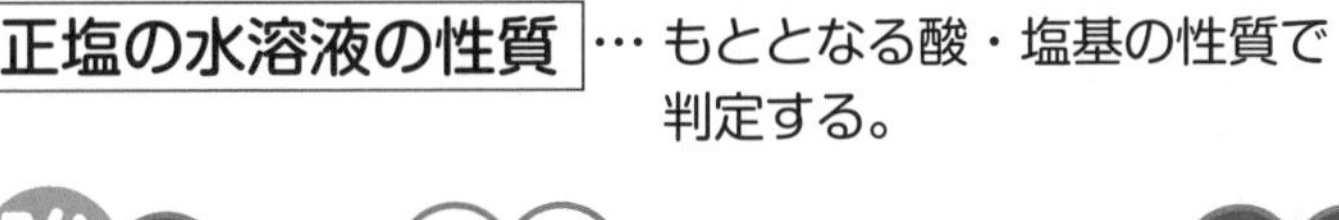

塩の水溶液の性質は
もとの酸・塩基の
強いほうの性質に
寄るんじゃ

強酸 + 弱塩基 でできる正塩 ⟶ 水溶液は 酸性

オレのほうが
強いぜ
あっ，その……
ゆずります
やったぜ
酸性だ

弱酸 + 強塩基 でできる正塩 ⟶ 水溶液は 塩基性

ボ，ボクが
ゆずります
私のほうが
強いわよね？

オホホ
塩基性が残ったわ

代表的な酸性塩の水溶液の性質

酸性	塩基性
〈硫酸水素ナトリウム〉 $NaHSO_4$	〈炭酸水素ナトリウム〉 $NaHCO_3$
〈リン酸二水素ナトリウム〉 NaH_2PO_4	〈リン酸水素二ナトリウム〉 Na_2HPO_4

もとの塩基は
ぜんぶ強塩基の
NaOH だね

NaH_2PO_4 と
Na_2HPO_4 は
もとの酸・塩基が
同じなのに
液性が違うんじゃよ

ここまでやったら
別冊 P. 33 へ

5-7 弱酸の遊離，弱塩基の遊離

ココをおさえよう！

弱酸の塩＋強酸⟶弱酸＋強酸の塩
弱塩基の塩＋強塩基⟶弱塩基＋強塩基の塩

塩の性質でもう1つ知っておくべき反応は以下のようなものです。

$$\underset{\text{弱酸の塩}}{CH_3COONa} + \underset{\text{強酸}}{HCl} \longrightarrow \underset{\text{弱酸}}{CH_3COOH} + \underset{\text{強酸の塩}}{NaCl}$$

CH_3COONaのように，もともと弱酸（CH_3COOH）だったもののH$^+$が，陽イオン（Na^+）になった塩を弱酸の塩といいます。
NaClは，もともと強酸（HCl）だったもののH$^+$が，陽イオン（Na^+）になったので，強酸の塩です。

上の反応は「弱酸の塩＋強酸 ⟶ 弱酸＋強酸の塩」の形をしており，このような反応を**弱酸の遊離**といいます。
無機化学や有機化学でも，よく出てくる反応なので覚えておきましょう。

この反応が起こるメカニズムはこうです。
HClなどの強酸は電離して（H$^+$を放出して），イオンや塩になりたがり，
CH_3COOHなどの弱酸は電離したがらず（H$^+$を放出したがらず）そのままの形でいたい，そのため，CH_3COONaはCH_3COOHに変わり，HClはNaClに変わるということです。

同じ原理で，「弱塩基の塩＋強塩基 ⟶ 弱塩基＋強塩基の塩」という**弱塩基の遊離**といわれる反応もあります。
これはあまり例がないので，以下の反応だけを覚えておくといいでしょう。

$$\underset{\text{弱塩基の塩}}{NH_4Cl} + \underset{\text{強塩基}}{NaOH} \longrightarrow \underset{\text{弱塩基}}{NH_3} + \underset{\text{強塩基の塩}}{NaCl} + H_2O$$

5

弱酸の遊離反応

弱酸の塩 ＋ 強酸 ⟶ 弱酸 ＋ 強酸の塩

という形の反応。

例 CH_3COONa ＋ HCl ⟶ CH_3COOH ＋ $NaCl$
弱酸の塩
強酸
弱酸
強酸の塩

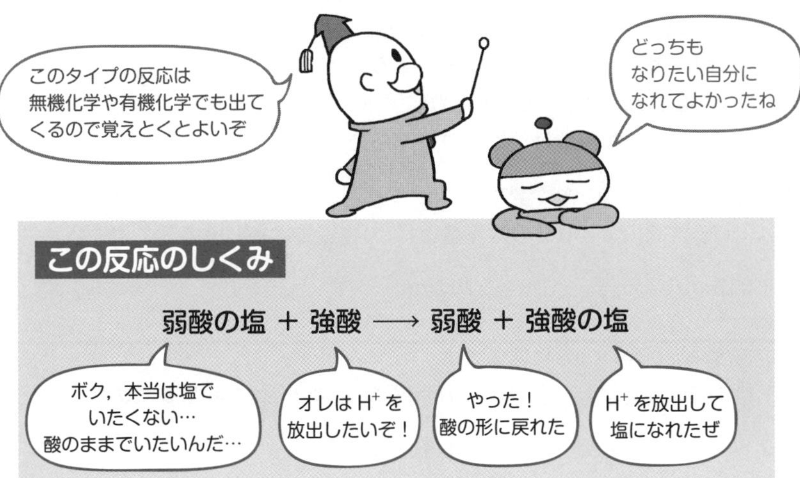
このタイプの反応は
無機化学や有機化学でも出て
くるので覚えとくとよいぞ
どっちも
なりたい自分に
なれてよかったね
この反応のしくみ
弱酸の塩 ＋ 強酸 ⟶ 弱酸 ＋ 強酸の塩
ボク，本当は塩で
いたくない…
酸のままでいたいんだ…
オレは H^+ を
放出したいぞ！
やった！
酸の形に戻れた
H^+ を放出して
塩になれたぜ

弱塩基の遊離反応

弱塩基の塩 ＋ 強塩基 ⟶ 弱塩基 ＋ 強塩基の塩

という形の反応。

例 $\underset{\text{弱塩基の塩}}{\underline{NH_4Cl}} + \underset{\text{強塩基}}{\underline{NaOH}} \longrightarrow \underset{\text{弱塩基}}{\underline{NH_3}} + \underset{\text{強塩基の塩}}{\underline{NaCl}} + H_2O$

5-8 中和反応の計算

ココをおさえよう！

中和の計算は，とにもかくにも（H^+の数）＝（OH^-の数）！

ここまで塩の話が続いてきましたが，着目する点をH^+とOH^-に変更しましょう。酸のもつH^+と，塩基のもつOH^-が反応し，水H_2Oになるのが中和反応でしたね。

中和反応の問題では「●●mol/Lの塩酸▲▲mLを過不足なく中和させるために■■mol/Lの水酸化ナトリウム水溶液は何mL必要か。」というような計算問題が出題されます。このような問題を考えるときの大原則は

とにもかくにも（H^+の数）＝（OH^-の数）を考える！ ということです。

ではH^+の数を考える練習をしてみましょう。

1.0mol/Lの塩酸200mL，1.0mol/Lの硫酸200mL，1.0mol/Lの酢酸200mLの3つの溶液のもつH^+の物質量はそれぞれいくらでしょうか？

まずは塩酸HClのH^+の物質量です。

HClは1価の酸なので，HClの物質量とH^+の物質量は等しくなるため

$$1.0\,〔\mathrm{mol/L}〕\times\frac{200}{1000}\,〔\mathrm{L}〕=0.20\,〔\mathrm{mol}〕$$

続いて硫酸H_2SO_4のH^+の物質量です。

H_2SO_4は2価の酸ですから，H_2SO_4の物質量の2倍がH^+の物質量なので

$$2\times1.0\,〔\mathrm{mol/L}〕\times\frac{200}{1000}\,〔\mathrm{L}〕=0.40\,〔\mathrm{mol}〕$$

酸や塩基の価数を掛け算するのを忘れないようにしましょう。

最後に酢酸CH_3COOHのH^+の物質量です。

CH_3COOHは1価の酸なので，CH_3COOHの物質量とH^+の物質量は等しくなるため

$$1.0\,〔\mathrm{mol/L}〕\times\frac{200}{1000}\,〔\mathrm{L}〕=0.20\,〔\mathrm{mol}〕$$

「酢酸は弱酸だから電離しにくいんじゃないの？　強酸のHClと弱酸のCH_3COOHで同じ数のH^+と考えていいの？」と思う人もいるかもしれませんが，**中和反応の計算では，弱酸・強酸（弱塩基・強塩基）は関係ありません。**

なぜかというと，中和反応では塩基によってOH^-が加えられていくため，H^+が必要となり，弱酸でも電離がムリヤリ進められるからです。

5

中和反応の大原則

とにもかくにも（H^+の数）＝（OH^-の数）

次の３つの溶液のもつ H^+ の物質量は？

1.0mol/L，200mL の塩酸 HCl

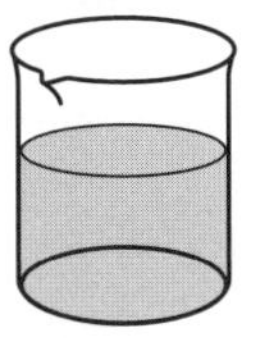

H^+の物質量は

1.0〔mol/L〕× $\frac{200}{1000}$〔L〕

＝0.20〔mol〕

1.0mol/L，200mL の硫酸 H_2SO_4

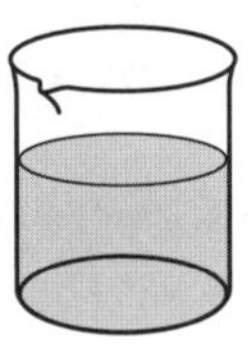

H^+の物質量は

2×1.0〔mol/L〕× $\frac{200}{1000}$〔L〕

硫酸は２価の酸

＝0.40〔mol〕

1.0mol/L，200mL の酢酸 CH_3COOH

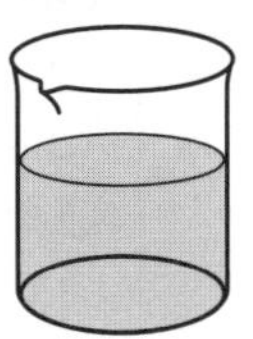

H^+の物質量は

1.0〔mol/L〕× $\frac{200}{1000}$〔L〕

＝0.20〔mol〕

弱酸の CH_3COOH と強酸の HCl のもつ H^+が同じでいいの？

中和反応の H^+の計算では，弱酸も強酸も関係ない！酸の価数に注意するだけ。

そのままでは H^+ を出しにくい弱酸も
中和では塩基によって OH^-が加えられていくので
H^+ を出さざるをえないんじゃ

中和の問題に，計算はつきものです。
例題で練習してみましょう。

問 0.20mol/Lの硫酸$H_2SO_4$30mLと過不足なく中和する0.10mol/Lの水酸化ナトリウムNaOH水溶液は何mLか求めよ。

解きかた

ステップ①：「何mLか？」「何gか？」と問われたら，まずそれをxとおく！

今回の問題の場合，中和に必要なNaOH水溶液をx〔mL〕とおきます。

ステップ②：OH^-の物質量〔mol〕を求める。

0.10mol/LのNaOH水溶液がx〔mL〕なのだから，掛け算すればよいですね。

$$\text{NaOHの物質量〔mol〕} = 0.10〔\text{mol/L}〕\times\frac{x}{1000}〔\text{L}〕 = x\times10^{-4}〔\text{mol}〕$$

NaOHは1価の塩基なので，OH^-も$x\times10^{-4}$〔mol〕

ステップ③：H^+の物質量〔mol〕を求める。

0.20mol/LのH_2SO_4が30mLなので，こちらも掛け算するとH_2SO_4の物質量がでます。

$$H_2SO_4\text{の物質量〔mol〕} = 0.20〔\text{mol/L}〕\times\frac{30}{1000}〔\text{L}〕 = 6\times10^{-3}〔\text{mol}〕$$

H_2SO_4は2価の酸なので，2倍するとH^+の物質量となります。

$$H^+\text{の物質量〔mol〕} = 6\times10^{-3}\times2 = 1.2\times10^{-2}〔\text{mol}〕$$

ステップ④：(H^+の物質量)＝(OH^-の物質量)を計算する。

ここまできたらもう簡単ですね。代入するだけです。

$1.2\times10^{-2} = x\times10^{-4}$　　$x =$ **120mL** …答

Point … 中和問題の解きかた

◎ ステップ①…「何mLか？」「何gか？」をxとおく。
◎ ステップ②…OH^-の物質量〔mol〕を求める。
◎ ステップ③…H^+の物質量〔mol〕を求める。
◎ ステップ④…(H^+の物質量)＝(OH^-の物質量)を計算する。

質問

0.20mol/Lの硫酸H_2SO_4 30mLと過不足なく中和する0.10mol/Lの水酸化ナトリウムNaOH水溶液は何mLか求めよ。

解説

ステップ①：「何mLか？」「何gか？」をxとおく！

⟶ NaOH水溶液をx〔mL〕とおく。

ステップ②：OH^-の物質量〔mol〕を求める。

⟶ NaOHの物質量は

$$0.10\,〔mol/\cancel{L}〕\times\frac{x}{1000}〔\cancel{L}〕=x\times10^{-4}\,〔mol〕$$

⟶ OH^-の物質量は，NaOHが1価の塩基なので　$x\times10^{-4}$〔mol〕のまま。

ステップ③：H^+の物質量〔mol〕を求める。

⟶ H_2SO_4の物質量は

$$0.20\,〔mol/\cancel{L}〕\times\frac{30}{1000}〔\cancel{L}〕=6.0\times10^{-3}\,〔mol〕$$

⟶ H^+の物質量は，H_2SO_4が2価の酸なので
$6.0\times10^{-3}\times2=1.2\times10^{-2}$〔mol〕

ステップ④：(H^+の物質量)＝(OH^-の物質量)を計算する。

⟶ $1.2\times10^{-2}=x\times10^{-4}$　　$x=$120mL

やっとやりかたが
わかったぞ
そういって
もらえると
わしも
うれしいぞ

ここまでやったら
別冊 P. 34 へ

5-9 pHについて

ココをおさえよう！

$$[H^+][OH^-] = 1.0 \times 10^{-14}\,(mol/L)^2$$

ある村で，2人の男が口論をしていました。

男A：「ボクは不幸度がたった2しかない。ボクがいちばん幸せだ。」

男B：「いいや，ボクのほうが幸せさ。ボクは幸福度が14もある。」

そこに，神様がやってきました。

神様：「これこれ，あらそいはやめんかね。不幸度と幸福度を比べても，
らちがあかん。この村には，古くからこんな法則があるんじゃ。」

（不幸度）×（幸福度）＝30

神様：「2人の幸せを幸福度で比べようじゃないか。Aは不幸度が2じゃから，
幸福度が15じゃの。一方，Bの幸福度は14といっておる。
じゃから，Aのほうが幸せということじゃ。」

同じような考えかたで，水溶液の酸性度を比べてみましょう。
H^+の濃度が $[H^+] = 1.0 \times 10^{-3}$〔mol/L〕の水溶液Aと
OH^-の濃度が $[OH^-] = 1.0 \times 10^{-12}$〔mol/L〕の水溶液Bがあります。
この場合，どちらのほうが酸性度が高いでしょう？
実は，水溶液に関しては，次のような式が成り立っているのです。

$$[H^+][OH^-] = 1.0 \times 10^{-14}\,(mol/L)^2 \quad \cdots\cdots (\bigstar)$$

よって，水溶液Bは $[H^+] = 1.0 \times 10^{-2}$〔mol/L〕で，
水溶液Bのほうが酸性度が高いことがわかります。
このように，あらゆる水溶液の酸性度は，**(★)** 式によって，
H^+の濃度で表すことができ，比較することができるのです。

H^+の濃度は広い範囲（$1 \sim 10^{-14}$）で変わるので，logをとってマイナスを掛けた値を
酸性度の指標とし，それを**pH**（水素イオン指数）と呼んでいます。

$pH = -\log_{10}[H^+]$　つまり　$[H^+] = 10^{-n}$〔mol/L〕のとき，$pH = n$

あらゆる水溶液の酸性度は，このpHを用いて表し，比較することができます。
$[H^+]$は「10のマイナスn乗」となり，nの数字が小さいほどH^+の濃度が高いので，
pHは小さいほど酸性が強いということになります。

ボクは不幸度がたった2だ。
ボクがいちばん幸せだ！
A
B

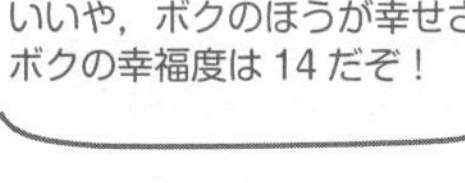
いいや，ボクのほうが幸せさ。
ボクの幸福度は 14 だぞ！

(不幸度) × (幸福度) = 30
この法則からすると，A の幸福度は 15 じゃ！
A のほうが幸せじゃ

A
B

同様に……

H^+の濃度が，$[H^+] = 1.0 \times 10^{-3}$〔mol/L〕の水溶液Aと，$OH^-$の濃度が，$[OH^-] = 1.0 \times 10^{-12}$〔mol/L〕の水溶液Bがありました。この場合，どちらのほうが酸性度が高いでしょう？

$[H^+][OH^-] = 1.0 \times 10^{-14}$ (mol/L)^2
だから，水溶液 B の H^+の濃度は
$[H^+] = 1.0 \times 10^{-2}$〔mol/L〕ということになる。
よって，水溶液 B のほうが酸性度が高いんじゃ

pHとは？ … $pH = -\log_{10}[H^+]$ で表される値のこと。
0 ～ 14の値をとり，0に近いほど強い**酸性**で，14に近いほど強い**塩基性**である。中間の7のときを**中性**という。

酸性 ← 中性 → 塩基性

pH	0	1	2	3	4	5	6	7	8	9	10	11	12	13	14
$[H^+]$	$1^{(10^0)}$	10^{-1}	10^{-2}	10^{-3}	10^{-4}	10^{-5}	10^{-6}	10^{-7}	10^{-8}	10^{-9}	10^{-10}	10^{-11}	10^{-12}	10^{-13}	10^{-14}
$[OH^-]$	10^{-14}	10^{-13}	10^{-12}	10^{-11}	10^{-10}	10^{-9}	10^{-8}	10^{-7}	10^{-6}	10^{-5}	10^{-4}	10^{-3}	10^{-2}	10^{-1}	$1^{(10^0)}$

ここまでやったら
別冊 P.35へ

5-10 中和滴定と中和滴定曲線

ココをおさえよう！

中和点でpHは急激に変わる！

水溶液の濃度を正確に測定するために，その水溶液とは逆の性質の
濃度のわかる水溶液を滴下させ，中和をさせる操作を**中和滴定**といいます。
酸性の水溶液に，塩基性の水溶液を滴下していくときの
中和滴定曲線を見ていきましょう。
中和滴定曲線とは横軸に滴下量，縦軸にpHをとったときに現れる曲線のことです。
滴下をしていくと少しずつpHが変化しますが，過不足なく中和が完了する**中和点では急激にpHが変化します**（pHジャンプといいます）。
これは水溶液中の酸のH^+と，滴下した液体の塩基のOH^-の物質量が等しくなり，
水溶液中のH^+の濃度が急激に低くなったためです。

なぜそんなに急激に変化するのか，意味がわからない人もいるかもしれませんので，実際に計算して実感してみましょう。
例えば1.0×10^{-1}mol/Lの塩酸HCl 10mLに，
同じく1.0×10^{-1}mol/Lの水酸化ナトリウムNaOH水溶液を滴下していくとしましょう。
H^+とOH^-の物質量が等しくなったら中和ですから，
NaOH水溶液を10mL滴下したら中和になるのはわかりますね。

この実験で中和するとき，水溶液は水と同じ中性になりますから中和点のpHは7です。
では，NaOH水溶液を9.0mL滴下した時点（中和直前）のpHはいくらでしょうか？
中和によってH^+とOH^-は打ち消し合うので，残っているH^+の物質量は

$$\underbrace{1.0 \times 10^{-1} \times \frac{10}{1000}}_{\text{もとのHClの}H^+\text{の物質量}} - \underbrace{1.0 \times 10^{-1} \times \frac{9.0}{1000}}_{\text{滴下したNaOHの}OH^-\text{の物質量}} = 1.0 \times 10^{-4}\,\text{〔mol〕}$$

となります。水溶液の体積は19mLなので

$$[H^+] = 1.0 \times 10^{-4}\,\text{〔mol〕} \div \frac{19}{1000}\,\text{〔L〕} = \frac{1.0 \times 10^{-1}}{19}\,\text{〔mol/L〕}$$

電卓を用いて，pHを求めると

$$\text{pH} = -\log_{10}[H^+] = -\log_{10}\frac{1.0 \times 10^{-1}}{19} = 2.27875$$

となります。あと1.0mL滴下したらpHは7になるのに9.0mLの滴下ではpHが2.28程度。
これで，急激に中和滴定曲線が変化するのもうなずけますね。

中和滴定

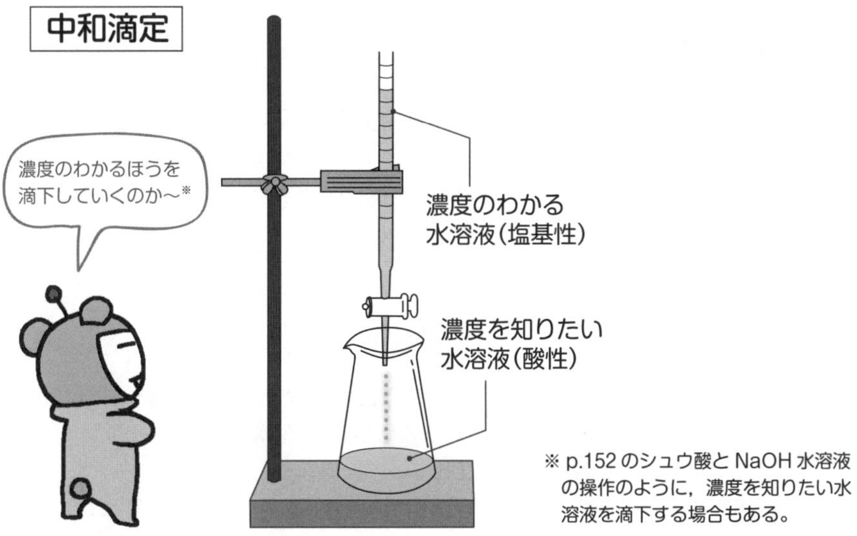

※ p.152 のシュウ酸と NaOH 水溶液の操作のように，濃度を知りたい水溶液を滴下する場合もある。

中和滴定曲線

0.10mol/Lの塩酸(HCl) 10mLに
0.10mol/LのNaOH水溶液を滴下したときのpHの様子

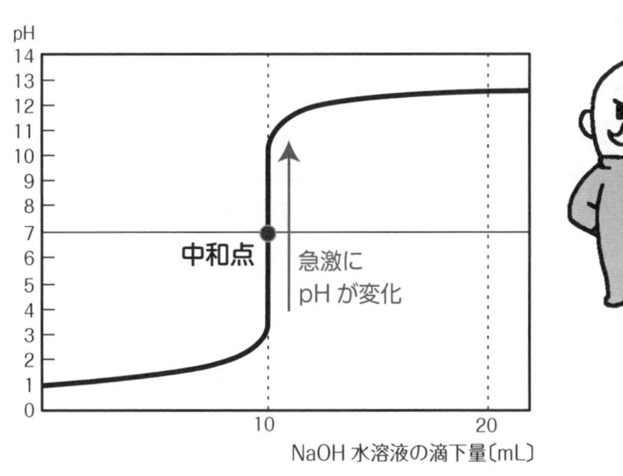

5-11 中和滴定曲線と指示薬

ココをおさえよう！

指示薬の意味と，どの実験でどの指示薬が使えるか理解しよう！

ここでは，実際に中和滴定の実験をすることを考えていきましょう。
使われる器具としてこの2つはおさえておきましょう。

- **ホールピペット**…水溶液を一定体積だけ正確にはかり取る器具。
- **ビュレット**…水溶液を滴下し，滴下量を正確に読み取る器具。

中和滴定は濃度が未知の酸（または塩基）に，濃度がわかっている塩基（または酸）を滴下して中和させることで，未知の酸（または塩基）の濃度を求める操作です。
なので，いつ中和したかが目に見えなければいけません。
しかし，透明な酸性（塩基性）の液体に，透明な塩基性（酸性）の液体を入れても，いつ中和したかわかりません。

そこで用いられるのが，水溶液に入れると，あるpH幅を境に色が変化する**指示薬**というものです。
水溶液は中和すると急激にpHが変化しますから，その変化したpH幅の領域に指示薬の色が変化するポイントが含まれていれば，中和したとわかるのです。

例えば，強酸（HCl）で弱塩基（NH_3）を滴定したとしましょう。
p.136で勉強したように，この中和でできる塩NH_4Clの水溶液は酸性なので，
中和点は弱酸性になっています。
つまり，指示薬の色が変わるpHも，酸性寄りになっていなくてはならないのです。
メチルオレンジという指示薬の変色域（pHは3.1 ～ 4.4）は
中和点の範囲内に含まれているので，メチルオレンジを使うことができます。

一方，**フェノールフタレイン**の変色域（pHは8.0 ～ 9.8）は塩基性側に寄っているので，強酸を弱塩基で中和滴定する指示薬としては適していないのです。

強酸・強塩基の中和反応では，中和点のpHジャンプの幅が広いため，メチルオレンジでもフェノールフタレインでも使うことができます。
中和というと，（H^+の物質量）＝（OH^-の物質量）なので，「中和点はpH＝7」とカン違いしてしまう人もいますが，中和でできる塩によって水溶液のpHは異なります。p.136を復習しておいてくださいね。

5

中和滴定に用いる器具たち

ホールピペット

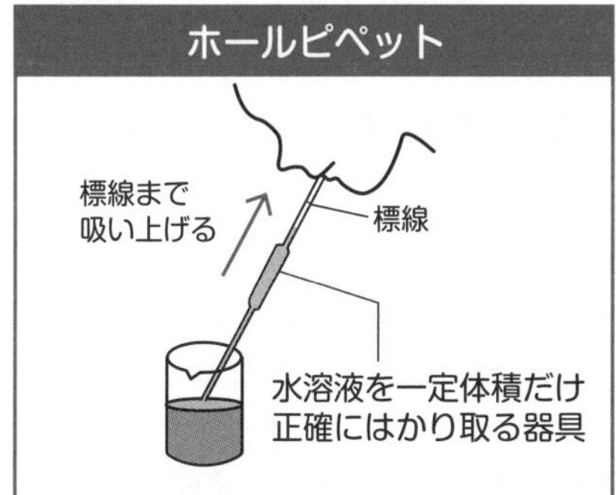

ビュレット

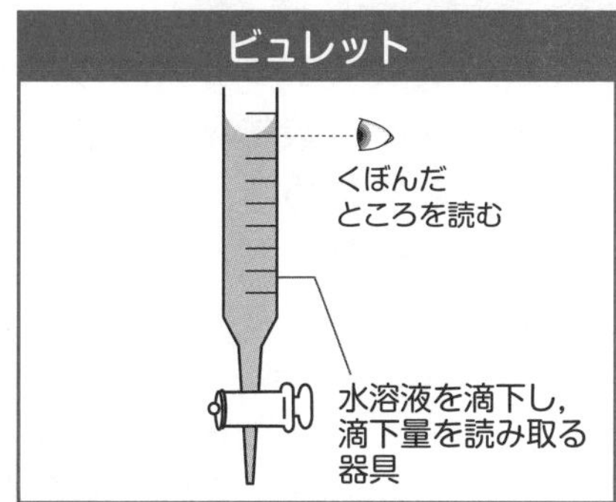

中和滴定曲線

・強酸・弱塩基の反応　例 HClとNH_3水

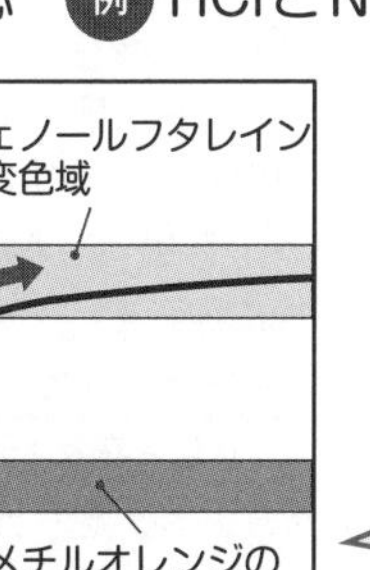

0.10mol/Lの塩酸10mL
に0.10mol/Lの
アンモニア水を
少しずつ滴下した場合

・強酸・強塩基の反応　例 HClとNaOH水溶液

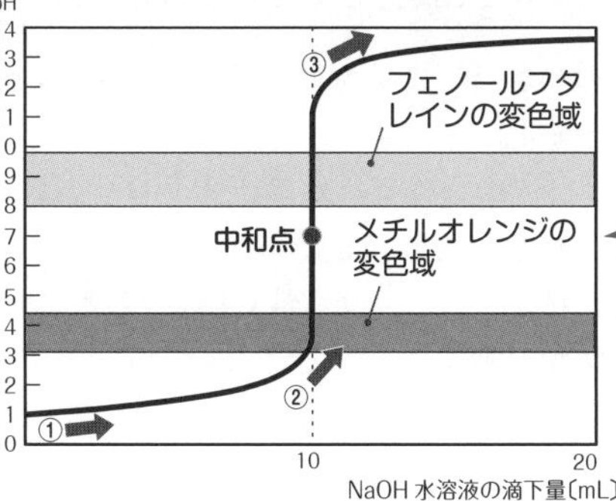

0.10mol/Lの塩酸10mL
に0.10mol/Lの水酸化
ナトリウム水溶液を
少しずつ滴下した場合

ここまでやったら
別冊 P. 36 へ

5-12 食酢中の酢酸の濃度決定

ココをおさえよう！

酢酸の濃度を求める実験の流れ（大きく3ステップ）

① シュウ酸標準液を使って水酸化ナトリウム水溶液の濃度を求める。
② 水酸化ナトリウム水溶液を使って酢酸の濃度を求める。
③ 酢酸のモル濃度を質量パーセント濃度に変換する。

私たちの食卓にあるお酢は食酢といわれ，食酢には酢酸が3～5%ほど含まれています。この食酢に関する実験の問題は頻出なので，見ていきましょう。

［実験］ 食酢中の酢酸の濃度を求めるために，次の実験を行った。

(a) メスフラスコにシュウ酸二水和物$(COOH)_2 \cdot 2H_2O$を2.52g入れ，純水を加えて溶かし，全量100mLのシュウ酸標準液（A液）を作った。

(b) 別のメスフラスコに水酸化ナトリウム$NaOH$約0.500gを入れ，純水を加えて溶かし，全量200mLの水酸化ナトリウム水溶液（B液）を作った。

(c) ホールピペットを用いてA液10.0mLをコニカルビーカーに取り，指示薬を数滴加えた。次にB液をビュレットに入れて少しずつ滴下したところ，中和点までに40.0mL必要であった。

(d) 食酢を正確に10倍に薄めた水溶液を作り，ホールピペットを用いて，その水溶液20.0mLをコニカルビーカーに取った。指示薬を数滴加え，ビュレットに入れたB液を少しずつ滴下したところ，中和点までに12.0mL必要であった。

この実験は，中和滴定によって食酢中の酢酸の質量パーセント濃度を求める操作です。この実験では，シュウ酸標準液と水酸化ナトリウム水溶液の2種類の水溶液を使っているから，ややこしく感じてしまうのですね。

酢酸の濃度は，濃度のわかっている水酸化ナトリウム水溶液を使って中和滴定すれば求めることができます。
ですが，この実験では，(b)の操作で「水酸化ナトリウム約0.500gを純水に加えて溶かす」というざっくりとした数値しか与えられていないので，正確な濃度がわかりません。水酸化ナトリウムは，潮解性（空気中の水蒸気を取り込んでしまう性質）があり，正確にはかり取ることができないので，この数値を使って濃度を算出することはできませんし，そもそも「約」とついている数値を使って計算することはありません。

では，どうすればいいのでしょうか。それは，p.152で説明します。

食酢の質量パーセント濃度を求める問題

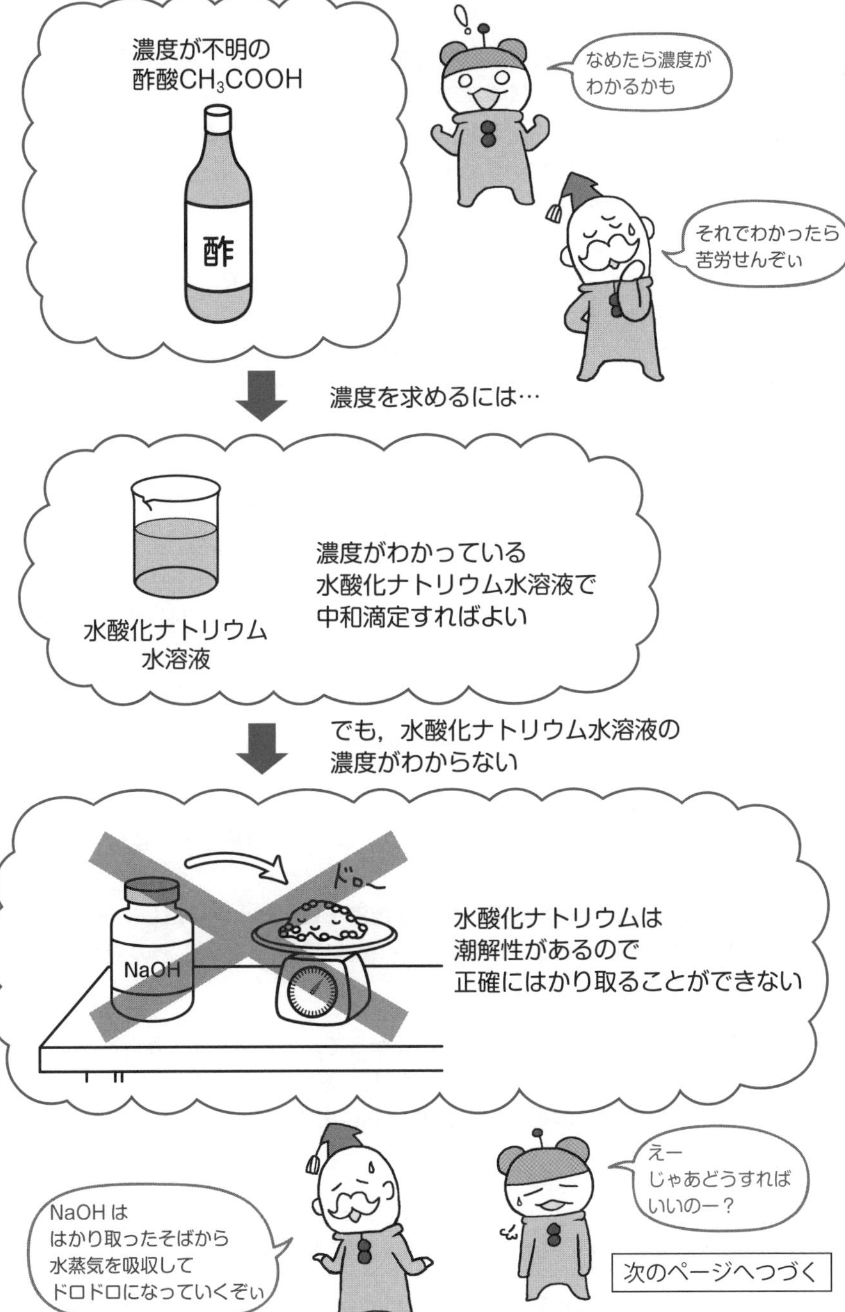

次のページへつづく

水酸化ナトリウム水溶液の正確な濃度を知りたい…。
そこで登場するのがシュウ酸標準液です。
シュウ酸二水和物は，空気中で安定しているので，正確な濃度の水溶液を簡単に作ることができます。これが(a)の操作です。
シュウ酸水溶液は，酸の標準液として使われます。

つまり，まずは濃度がわかっているシュウ酸水溶液で濃度のわからない水酸化ナトリウム水溶液の濃度を求めてから（←(c)の操作），
その水酸化ナトリウム水溶液を使って酢酸の濃度を求める（←(d)の操作）
というふうに，中和滴定で濃度を求める操作を2回やっている，というだけの話なのです。

あとは，酢酸のモル濃度から，質量パーセント濃度を求めるだけです。
モル濃度と質量パーセント濃度の変換はp.102でやりましたね。

p.150で例示した実験の問題は別冊に掲載したので，チャレンジしてみましょう。

あとは実験器具とその使い方の注意点について記しておきますね。

・**メスフラスコ**：溶液を正確な体積まで希釈するのに使います。目標の体積を指す印（標線）があります。

・**ビュレット**：滴定のときに使う器具です。滴下前の容量と滴下後の容量の差から，滴下量をはかります。
溶液をビュレットに満たす前に，何度か溶液をビュレットに通し，洗います。
これは**共洗い**といい，ビュレット内に水滴などが残って，溶液の濃度が不正確になることを防ぐための操作です。

・**ホールピペット**：溶液を正確な量だけはかって別の容器（コニカルビーカー）へ移すときに使います。メスフラスコと同様，標線があります。
ホールピペットを使う際も，必ず共洗いをします。正しい濃度の溶液を移し取るためです。

・**コニカルビーカー**：ホールピペットで取った溶液を入れて，ビュレットからの滴下を受ける器具です。ここに指示薬を入れておきます。

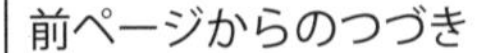
前ページからのつづき

水酸化ナトリウム水溶液の
正確な濃度を知るために…

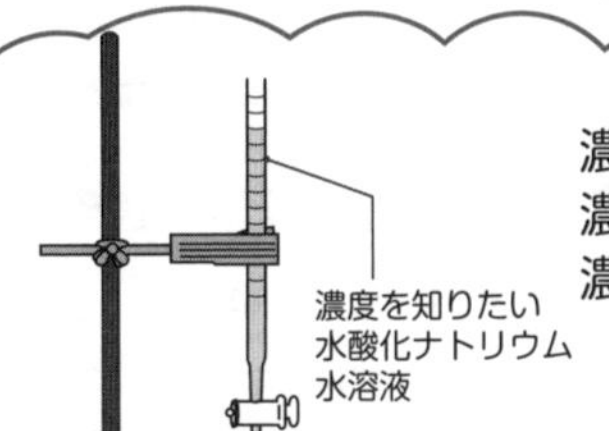
濃度を知りたい
水酸化ナトリウム
水溶液
濃度のわかる
シュウ酸水溶液

濃度がわかっているシュウ酸水溶液を使って
濃度がわからない水酸化ナトリウム水溶液の
濃度を求める！

この中和滴定は
酢酸の濃度を
求めるための
下準備ってことか！

水酸化ナトリウム水溶液の濃度がわかったので，中和滴定で
酢酸の濃度を求めることができる！

酢酸のモル濃度を質量パーセント濃度に変換！

だいたい
3～5％に
なることが多いぞぃ

実験器具の特徴

名称	メスフラスコ	ビュレット	ホールピペット	コニカルビーカー
概形	標線		標線	
使用目的	一定濃度の溶液を作ったり，希釈するときに用いる。	滴下前後の目盛の差を読み取ることで，滴下した溶液の体積がわかる。	標線まで溶液を吸い上げると，一定体積の少量の溶液がはかり取れる。	ホールピペットではかり取った溶液を入れておく。

共洗いをする

ここまでやったら
別冊 P. 37へ

5-13 Na_2CO_3の二段階中和

ココをおさえよう！

- **一段階目の中和が完了してから，二段階目の反応が始まる。**
- **一段階目と二段階目で加える酸の量は等しくなる。**

炭酸ナトリウムNa_2CO_3水溶液を塩酸HClと反応させると，次のような二段階の中和反応が起こります。

(i) $Na_2CO_3 + HCl \longrightarrow NaHCO_3 + NaCl$

(ii) $NaHCO_3 + HCl \longrightarrow NaCl + H_2O + CO_2$

0.10mol/LのNa_2CO_3水溶液10mLに，0.10mol/LのHClを滴下していったときの，中和滴定のグラフは右ページのようになります。

Na_2CO_3は水に溶けるとNa^+とCO_3^{2-}に分かれます。
そして $H_2O + CO_3^{2-} \longrightarrow HCO_3^- + OH^-$ となるので，Na_2CO_3は塩基です。

グラフを見ると，一段階目の中和点では水溶液が塩基性に寄っており，二段階目の中和点では水溶液が酸性に寄っているのがわかりますね。
指示薬は一段階目がフェノールフタレイン，二段階目がメチルオレンジが適しているということです。

覚えておいてほしいことは，**一段階目の反応と二段階目の反応は同時に起こらない**ということです。混乱しないからわかりやすいですよね。

もう1つ覚えておいてほしいことは，Na_2CO_3の二段階中和の場合，**一段階目の中和と二段階目の中和で，要する酸の量が同じ**であるということです。
(i)でNa_2CO_3を中和してできた$NaHCO_3$を，そのまま続けて(ii)で中和しているので，当然のことですね。

(i)と(ii)を合わせて考えてみましょう。
Na_2CO_3の物質量がx〔mol〕とすると，
二段階目の反応が終わるまでに，加えるHClの物質量は$2x$〔mol〕，
生じるNaClの物質量は$2x$〔mol〕，生じるCO_2の物質量はx〔mol〕ということになります。

Na_2CO_3の二段階中和

炭酸ナトリウム Na_2CO_3 水溶液と塩酸 HCl の中和は次の二段階。

$$\text{(i)}\quad Na_2CO_3 + HCl \longrightarrow \underline{NaHCO_3} + NaCl$$

$$\text{(ii)}\quad \underline{NaHCO_3} + HCl \longrightarrow NaCl + H_2O + CO_2$$

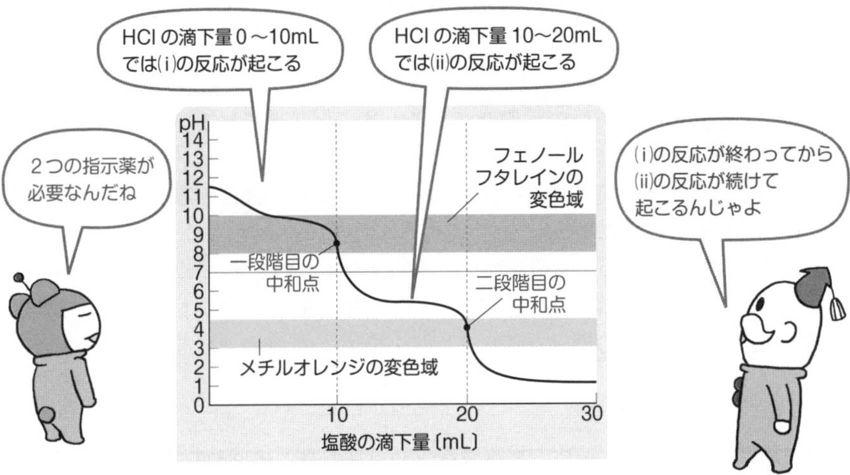

(i)と(ii)を合わせて考えると…

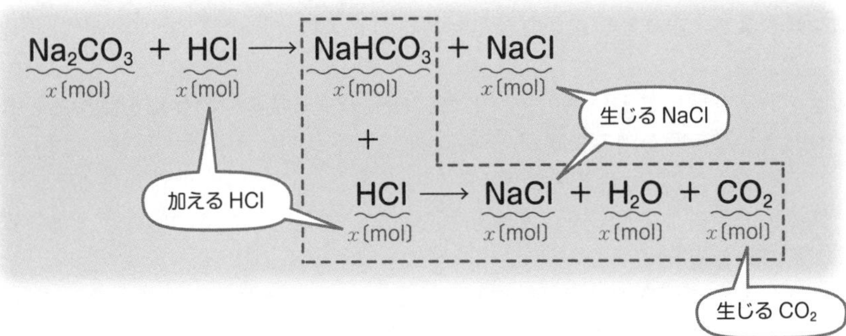

Na_2CO_3 が x〔mol〕とすると加える HCl は $2x$〔mol〕，生じる NaCl は $2x$〔mol〕，CO_2 は x〔mol〕となる。

ここまでやったら 別冊 P. 39 へ

5-14 逆滴定

ココをおさえよう！

「H^+の総物質量〔mol〕＝OH^-の総物質量〔mol〕」となったとき中和点に達する。

これまで勉強してきた中和滴定は，酸（塩基）に対して少しずつ塩基（酸）を滴下していく操作でした。ここで，ちょっとやりかたの違う**逆滴定**という滴定がありますので紹介します。

例えば，濃度を調べたい酸の水溶液があるとすると，そこに濃度のわかる塩基の水溶液を過剰に加えます（加える量ははかります）。
そうすると，中和点を超えて塩基が加わるので，OH^-の濃度が高い塩基性の水溶液になってしまいますよね。
そこにさらに，濃度がわかる酸を加えて中和滴定するのです。
結果，加えたOH^-とH^+について「OH^-の物質量＝H^+の物質量」が成り立った時点で中和点となり，その関係を用いて，知りたかった酸の濃度を求めることができます。

この逆滴定というのは，気体の物質量を求める場合などに使われます。
酸（または塩基）の気体を吸収させるには，過剰な量の塩基（または酸）の水溶液に吸収させる必要があるためです。
こんな面倒なことをする理由がちゃんとあるのですね。

例えば，ある空間にある気体のアンモニアNH_3の標準状態での体積を調べるときは，次のような手順を踏みます。

① 気体のアンモニアNH_3を，濃度がわかっている酸の水溶液に吸収させる（過剰量の酸を投入）。
② 反応しきれずに残った酸を，濃度がわかっている塩基の水溶液で中和させ，吸収されたアンモニアの物質量を求める。
③ 気体は標準状態で1molあたり22.4Lなので，体積がわかる。

わかりましたでしょうか？　別冊問題集で演習しましょう。

5

逆滴定

これまで勉強してきた中和滴定

濃度不明の酸に濃度がわかっている塩基を少しずつ加えて…

酸(H^+)の物質量〔mol〕（濃度不明の酸） ＝ 塩基(OH^-)の物質量〔mol〕（濃度のわかっている塩基）

となったとき，**中和完了！**

逆滴定

濃度不明の酸に濃度がわかっている塩基を過剰に加える。
(濃度がわかっている塩基の物質量が酸より多くなるように)

その後，濃度がわかっている酸をさらに加えて…

酸(H^+)の物質量〔mol〕（濃度不明の酸＋濃度がわかっている酸） ＝ 塩基(OH^-)の物質量〔mol〕（濃度のわかっている塩基）

となったとき，**中和完了！**

逆滴定の例：気体のアンモニアを酸に吸収させる

濃度不明のNH_3に濃度がわかっている酸を過剰に加える(吸収させる)。

その後，濃度がわかっている塩基をさらに加えて…

酸(H^+)の物質量〔mol〕（濃度がわかっている酸） ＝ 塩基(OH^-)の物質量〔mol〕（濃度不明のNH_3＋濃度がわかっている塩基）

となったとき，**中和完了！**  **この結果から NH_3の濃度を求める！**

多めに H^+ を用意しておいて
NH_3 を反応させる。
残った酸を，塩基で中和滴定すると，
先ほど反応させた NH_3 がどれくらい
だったのかを求めることができるんじゃ

ここまでやったら
別冊 P. 40 へ

理解できたものに，☑チェックをつけよう。

- □ アレニウスの定義を説明できる。
- □ ブレンステッド・ローリーの定義を説明できる。
- □ 酸や塩基を，価数で分類することができる。
- □ 酢酸の濃度［CH_3COOH］と電離度 α を用いて，水素イオン濃度［H^+］を表すことができる。
- □ 代表的な強酸を 3 つ答えることができる。
- □ 代表的な強塩基を 4 つ答えることができる。
- □ 塩を正塩・酸性塩・塩基性塩に分類することができる。
- □ 正塩を水に溶かしたときの水溶液の性質を，もとの酸・塩基の性質から判定できる。
- □ 酸と塩基が過不足なく反応したときは「H^+の物質量〔mol〕」＝「OH^-の物質量〔mol〕」が成り立っている。
- □ ［H^+］と［OH^-］の間には，［H^+］［OH^-］$= 1.0 \times 10^{-14}$ $(mol/L)^2$ という関係が成り立っている。
- □ pHを［H^+］を用いて表すことができる。
- □ 中和滴定に用いられるホールピペット，ビュレット，メスフラスコの正しい使用法がわかる。
- □ 中和滴定を行う際の適切な指示薬を選ぶことができる。

神様は
ハンサムじゃったのぅ

Chapter

6

酸化と還元

Chapter 6 酸化と還元

はじめに

このChapterでは，酸化還元反応について勉強します。

Chapter 2 で原子核（お母さん）と電子（子ども）が出てきた話は
覚えているでしょうか？
あの親子は，イオンになったり分子になったりして安定な状態になっていました。

しかし，もっと安定な状態が存在したら，どんな変化を起こすのでしょうか？
一応，安定な状態として存在しているイオンや分子ですが，
実はもっと安定になりたいという願望をもっているものもいるのです。

それが，酸化剤や還元剤と呼ばれる物質です。

電子を受け取れば，もっと安定になる物質（**酸化剤**）と
電子を渡せば，もっと安定になる物質（**還元剤**）が出会ったら……

そのとき，**酸化還元反応**が起こるのです。

その化学反応式の考えかた，作りかたを考えていきましょう。

この章で勉強すること

まずは半反応式の作りかたを覚え，次にイオン反応式の作りかたを解説します。
最後に化学反応式として完成させるやりかたを学びます。

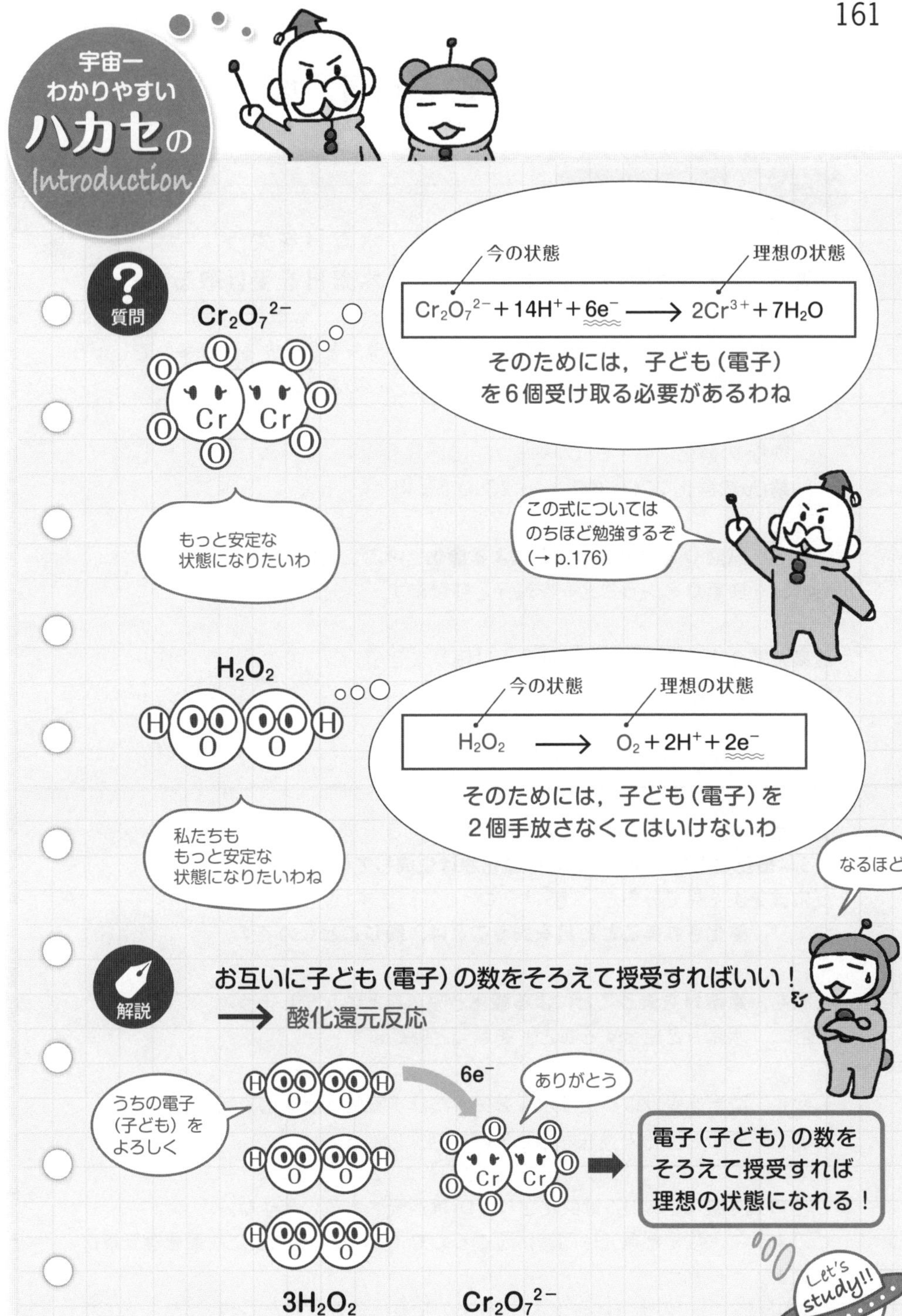
宇宙一
わかりやすい
ハカセの
Introduction
質問
$Cr_2O_7^{2-}$
今の状態
理想の状態
$Cr_2O_7^{2-} + 14H^+ + 6e^- \longrightarrow 2Cr^{3+} + 7H_2O$
そのためには，子ども（電子）
を６個受け取る必要があるわね
もっと安定な
状態になりたいわ
この式については
のちほど勉強するぞ
(→ p.176)
H_2O_2
今の状態
理想の状態
$H_2O_2 \longrightarrow O_2 + 2H^+ + 2e^-$
そのためには，子ども（電子）を
２個手放さなくてはいけないわ
私たちも
もっと安定な
状態になりたいわね
なるほど
解説
お互いに子ども（電子）の数をそろえて授受すればいい！
→ 酸化還元反応
$6e^-$
ありがとう
うちの電子
（子ども）を
よろしく
電子（子ども）の数を
そろえて授受すれば
理想の状態になれる！
$3H_2O_2$
$Cr_2O_7^{2-}$
Let's study!!

6-1 酸化・還元とは？ [酸素，水素との反応]

ココをおさえよう！

酸化 → 酸素Oを受け取る or 水素Hを失う
還元 → 酸素Oを失う or 水素Hを受け取る

酸化と聞くと，鉄くぎや銅板が空気中でさびる現象を想像する人が多いでしょう。もちろん，それも酸化です。化学式で書くと，このようになります。

鉄Feの酸化：$4Fe + 3O_2 \longrightarrow 2Fe_2O_3$
銅Cuの酸化：$2Cu + O_2 \longrightarrow 2CuO$

これを，**酸素Oと結合することによる酸化**と呼ぶことにしましょう。
（逆に，「酸素Oを失うこと」を還元と呼びます）

酸素と結合することだけが，酸化とは限りません。
例えば次の反応を見てみましょう。

$2H_2S + O_2 \longrightarrow 2H_2O + 2S$ ……（＊）
（酸化：$H_2S \to S$，還元：$O_2 \to H_2O$）

この反応は，H_2Sが酸素O_2と反応しているので
H_2Sは**酸化されていますが，Sの酸化物は生成していません。**
反応式をよく見てみると，H_2SはSになっていますね。
つまり，**酸化されることとHを失うことは，同じこと**なのです。

これを，**水素Hを失うことによる酸化**と呼ぶことにしましょう。
（逆に，「水素Hと結合すること」を還元と呼びます）

しかし，酸素を受け取ったり水素を失ったりするだけが酸化ではありません。
6-2でもう少し酸化と還元を掘り下げてみましょう。

（＊）の式を見ると，H_2Sは酸化され，O_2は還元されていますね。
このように，酸化と還元は同時に起こるので（＊）のような反応を**酸化還元反応**といいます。
1つの反応で「この物質は酸化された，あの物質は還元された」とわかるようになっているのです。

酸素Oと結合することによる酸化

（逆に『酸素Oを失うこと』を還元と呼ぶ）

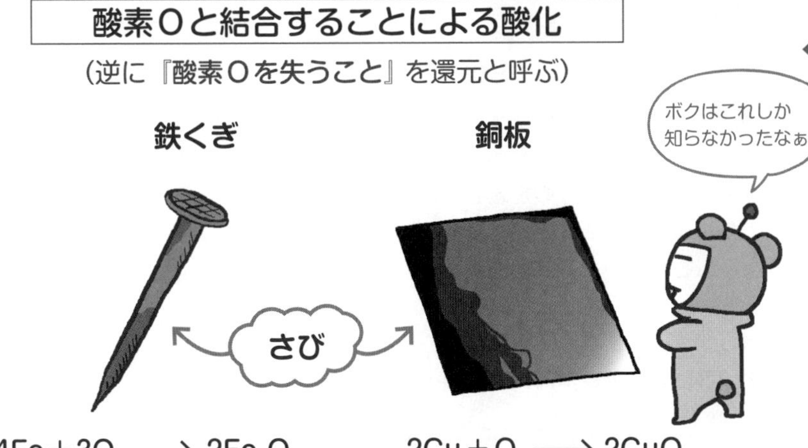

$4Fe + 3O_2 \longrightarrow 2Fe_2O_3$　　$2Cu + O_2 \longrightarrow 2CuO$

水素Hを失うことによる酸化

（逆に『水素Hと結合すること』を還元と呼ぶ）

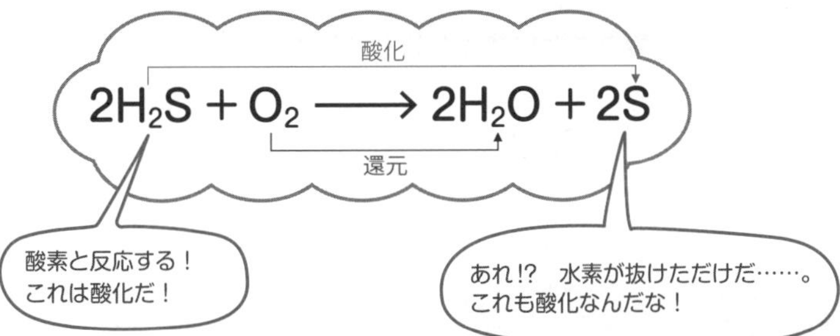

酸化
$2H_2S + O_2 \longrightarrow 2H_2O + 2S$
還元
酸素と反応する！
これは酸化だ！
あれ!?　水素が抜けただけだ……。
これも酸化なんだな！

次のページでは
もっと酸化・還元の
意味を広げて
いくぞぃ！

6-2　酸化・還元とは？　[電子の受け渡し]

ココをおさえよう！

酸化　→　電子 e^- を失う
還元　→　電子 e^- を受け取る

もう少し酸化還元反応の定義を広げてみましょう。
そのために，先ほど出てきた銅の酸化反応を，銅Cuと酸素 O_2 がそれぞれどのような反応をしていたのか個別に考えてみましょう。

$$2Cu + O_2 \longrightarrow 2CuO$$

まずは銅について。実は銅はこのような反応をすることで，酸化されていました。

$$Cu \longrightarrow Cu^{2+} + 2e^- \quad \text{（電子 } e^- \text{ を失う）}$$

これを**電子 e^- を失うことによる酸化**と呼びます。

一方，酸素はこのような反応をすることで，還元されていました。

$$O_2 + 4e^- \longrightarrow 2O^{2-} \quad \text{（電子 } e^- \text{ を受け取る）}$$

これを**電子 e^- を受け取ることによる還元**と呼びます。

このように，**酸化される物質**(Cu)**から，**
還元される物質(O_2)**に，電子の受け渡しが行われる**ことにより，
酸化還元反応が起こっていたのですね。

Point・・・酸化と還元（その１）

◎　酸化：
「酸素Oを受け取る or 水素Hを失う or 電子 e^- を失う」

◎　還元：
「酸素Oを失う or 水素Hを受け取る or 電子 e^- を受け取る」

定義が多すぎてややこしく感じますね。
でも大丈夫です。6-3，6-4を読めば，どの物質が酸化されて，どの物質が還元されているのか，すぐにわかるようになりますよ。

例 銅の酸化反応　$2Cu + O_2 \longrightarrow 2CuO$

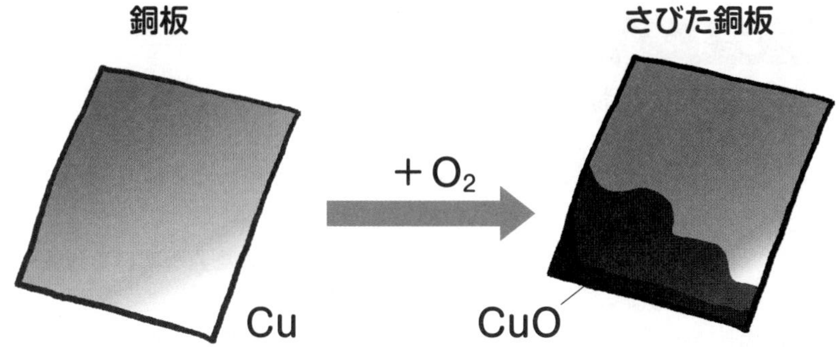

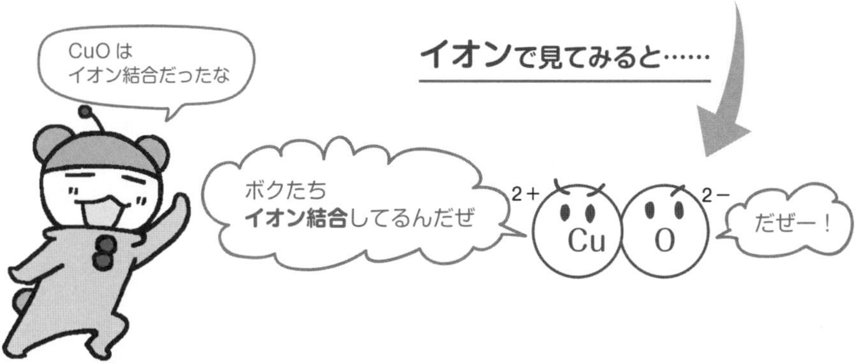

つまり，Cu と O_2 のそれぞれについて，反応前後を見てみると……

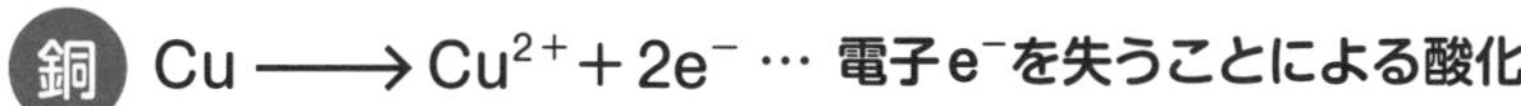

銅　$Cu \longrightarrow Cu^{2+} + 2e^-$ … **電子 e^- を失うことによる酸化**

酸素　$O_2 + 4e^- \longrightarrow 2O^{2-}$ … **電子 e^- を受け取ることによる還元**

となっていることがわかる。

まとめると……

酸化 … 酸素 O を受け取る or 水素 H を失う or **電子 e^- を失う**

還元 … 酸素 O を失う or 水素 H を受け取る or **電子 e^- を受け取る**

イオン結合でできた
物質は，電子の授受が
わかりやすいじゃろ？
共有結合でできた物質も，
次のページでやる酸化数で考えれば
電子の授受が判断できるぞい

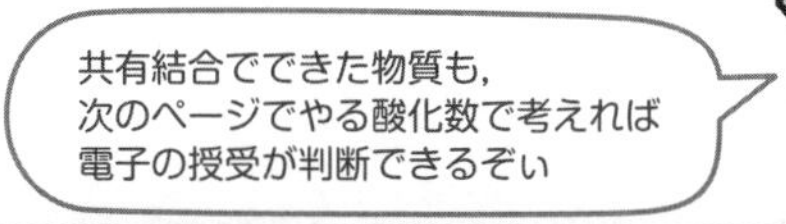

6-3 酸化数とは？

ココをおさえよう！

ルールを覚えて各原子に酸化数をつける。

より多くの物質において，電子の授受で酸化と還元の説明ができるようにするため，**酸化数**という考えを導入しましょう。

酸化数とは，「**その原子の周りにどれだけ電子が存在するかを表している数値**」と考えればよいでしょう。

マイナスに大きいほど，電子がたくさん集まっているということです。

実は，今まで出てきた「酸素と結合」，「水素を失う」，「電子を失う」というのは，この酸化数の変化に含まれているのです。

酸化数は，以下のルールで各原子に対してつけられます。

【酸化数のルール】

ルール①：単体の原子の酸化数は0である。

H_2のHやO_2のO，黒鉛Cの酸化数は，いずれも0である。

ルール②：化合物の場合，**Na，K，Hの酸化数が＋1，Oの酸化数が－2**であることを基準として，**酸化数の総和を0**とする。

※例外として過酸化水素H_2O_2は，Oの酸化数を－1とする。
また，水素化ナトリウムNaHは，Hの酸化数を－1とする。

H_2SのSの酸化数は，Hの酸化数が＋1なので，－2となる。

ルール③：単原子イオンの原子の酸化数は，そのイオンの電荷に等しい。

Na^+のNaの酸化数は＋1，S^{2-}のSの酸化数は－2となる。

ルール④：多原子イオンの原子の酸化数の総和は，そのイオンの電荷に等しい。

MnO_4^-の全体の酸化数は－1，Oの酸化数は－2であるから，
Mnの酸化数をxとすると

$$x + \underbrace{(-2)\times 4}_{O_4} = -1 \qquad \text{よって} \quad x = +7$$

酸化数には，0以外は＋，－の符号をつけるのですが，正のときの＋をつけ忘れる人が多いので，注意してくださいね。

酸化数 … 原子の酸化状態を示した数値。
（マイナスに大きいほど，電子密度が高いことを表している）

6

酸化数のルール

- **ルール①**：単体の原子の酸化数は0である。
  H_2のH，O_2のO，黒鉛Cの酸化数はいずれも0となる。
- **ルール②**：化合物の場合，Na，K，Hの酸化数が＋1，
  Oの酸化数が－2であることを基準として，
  酸化数の総和を0とする。
  ※例外として過酸化水素H_2O_2は，Oの酸化数を－1とする。
  また，水素化ナトリウムNaHは，Hの酸化数を－1とする。
- **ルール③**：単原子イオンの原子の酸化数は，そのイオンの電荷に等しい。
- **ルール④**：多原子イオンの原子の酸化数の総和は，そのイオンの電荷に等しい。

6-4 酸化・還元と酸化数の増減

ココをおさえよう！

酸化された＝酸化数が増える，還元された＝酸化数が減る

酸化数が反応前後で増えたり減ったりすることは，なにを表しているのでしょうか。p.166で，酸化数というのは，どれだけ電子が集まっているかを表した数値で，マイナスに大きいほど電子がたくさん集まっているといいました。

つまり，ある原子において，反応前に比べて反応後で**酸化数が増えたということは**，電子を失ったということであり，**酸化されたということ**を表しています。
一方，ある原子において，反応前に比べて反応後で**酸化数が減ったということは**，電子を受け取ったということであり，**還元されたということ**を表しています。

例えば，酸化銅（Ⅱ）CuOと炭素Cの反応での，各原子の酸化数を見てみましょう。

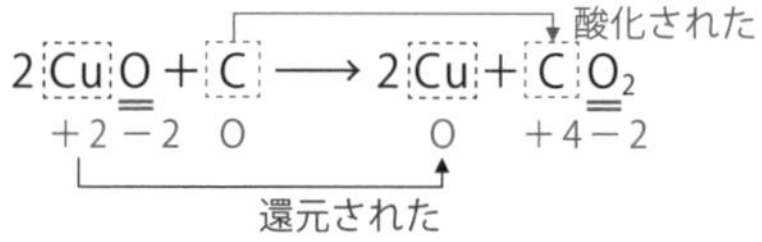

$$2\,CuO + C \longrightarrow 2\,Cu + CO_2$$

酸化された（C：0 → +4）

Cu：+2　O：−2　C：0 → Cu：0　C：+4　O：−2

還元された（Cu：+2 → 0）

酸化数のルールにしたがって，単体は0，Oは−2と考えると，Cu原子の酸化数は+2→0と減り，C原子の酸化数は0→+4と増えています。つまり，Cu原子は還元され，C原子は酸化されたということなのです。
次に，過酸化水素H_2O_2と硫化水素H_2Sの反応での各原子の酸化数を見てみます。
注意してほしいのは，例外的にOの酸化数を−1とする過酸化水素H_2O_2です。
Hの酸化数+1を基準として，酸素の酸化数は−1になると考えると過酸化水素H_2O_2と硫化水素H_2Sの反応は次のようになります。

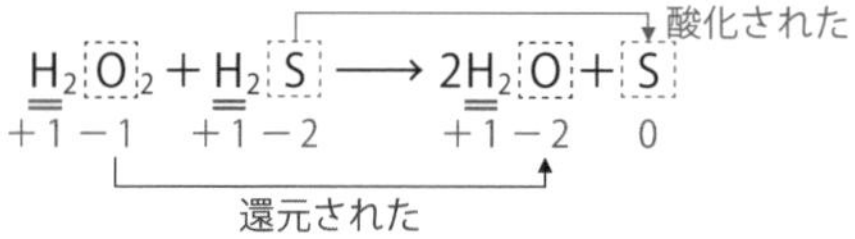

$$H_2O_2 + H_2S \longrightarrow 2H_2O + S$$

酸化された（S：−2 → 0）

H：+1　O：−1　H：+1　S：−2 → H：+1　O：−2　S：0

還元された（O：−1 → −2）

この反応では，O原子の酸化数は−1→−2と減り，S原子の酸化数は−2→0と増えているので，O原子は還元され，S原子は酸化された，といえます。

Point …酸化と還元（その2）

◎ 酸化された＝酸化数が増えた
◎ 還元された＝酸化数が減った

酸化数が，反応前後で増えたり減ったりすることはなにを表しているんだろう？

酸化数とは，どれだけ電子が集まっているかを表す指標だから…
（マイナスに大きいほど，電子密度が高い）

- 反応後に**酸化数が増えた**……電子を失った ⟶ **酸化された**
- 反応後に**酸化数が減った**…電子を受け取った ⟶ **還元された**

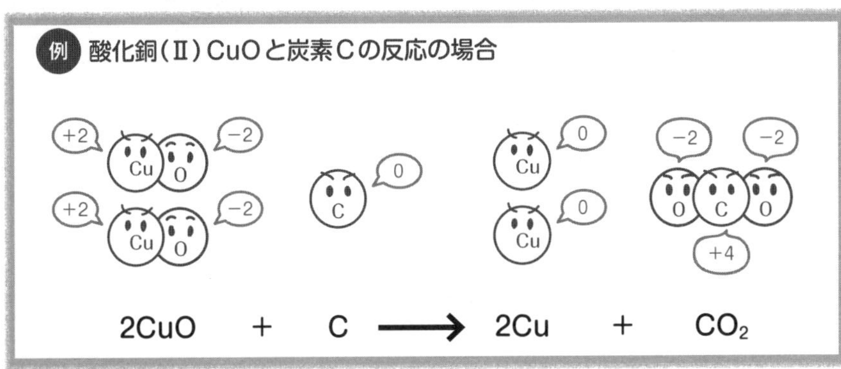

「Cu原子が還元された」
ともいうし，還元された
Cu原子を含む物質なので
「CuOが還元された」
ともいうぞい

銅

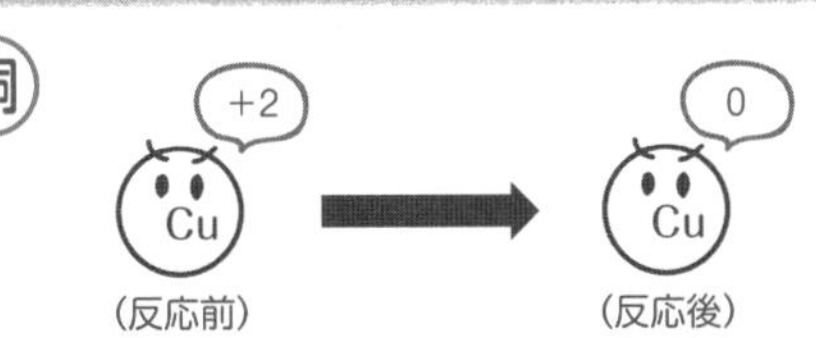

酸化数が減ったので，還元された

炭素

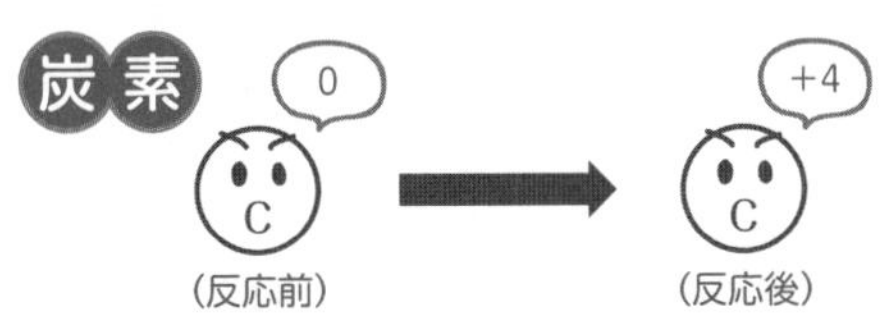

酸化数が増えたので，酸化された

ここまでやったら 別冊 P. 41へ

6-5 酸化還元反応と中和反応

ココをおさえよう！

酸化数が変化する原子があったら，酸化還元反応。

さて，酸化還元反応についてここまで理解を深めてきましたが，ここでChapter5で学んだ中和反応との違いについても触れておきましょう。

中和反応というのは水に溶けるとH^+を放出する酸と，水に溶けるとOH^-を放出する塩基が反応して，水H_2Oと塩（えん）ができる反応でした。
例えば酸である塩酸HClと塩基である水酸化ナトリウム水溶液NaOHでは次のように反応するのでしたね。

$$HCl + NaOH \longrightarrow H_2O + NaCl$$

ここでClの酸化数に注目すると－1→－1で変化していません。
中和反応では反応の前後で，酸と塩基の陽イオンと陰イオンが交換されます。
つまり各原子の周りにある電子の数は変わらないということです。
p.166で説明したように，酸化数は「その原子の周りにどれだけ電子が存在するか」を表していますから，中和反応では酸化数が変化しないのも納得できますね。

同様に，弱酸の遊離反応や弱塩基の遊離反応も，イオンの交換が起こるだけなので，反応の前後で各原子の酸化数は変化しません。

$$CH_3COONa + HCl \longrightarrow CH_3COOH + NaCl$$

学校の試験や入試では，「次のなかから酸化還元反応を選べ」という問題が出題されることがありますが，**反応の前後で酸化数が変化する原子が１つでもあったら，酸化還元反応である**と考えましょう。
p.162でもいいましたが，酸化還元反応では，酸化される原子と還元される原子が同時に存在します。
１つでも酸化数が変化して酸化された（還元された）原子があれば，還元された（酸化された）原子も絶対にありますから，１つだけでも見つければ，それは酸化還元反応なのです。

中和反応と酸化数

中和反応では，反応の前後で酸化数が不変。

$$\mathrm{H\underset{-1}{\underline{Cl}}} + \mathrm{NaOH} \longrightarrow \mathrm{H_2O} + \mathrm{Na\underset{-1}{\underline{Cl}}}$$

理由 $\mathrm{(H)^{+}(Cl)^{-} + (Na)^{+}(OH)^{-} \longrightarrow (H)^{+}(OH)^{-} + (Na)^{+}(Cl)^{-}}$

イオンの交換が起こっただけなので，
各原子の周りにある電子の数は不変。
つまり酸化数が不変。

弱酸の遊離・弱塩基の遊離と酸化数

同様に，イオンの交換の反応なので，酸化数が不変。

$$\mathrm{(CH_3COO)^{-}(Na)^{+} + (H)^{+}(Cl)^{-} \longrightarrow (CH_3COO)^{-}(H)^{+} + (Na)^{+}(Cl)^{-}}$$

酸化・還元反応の見つけかた

反応の前後で，酸化数が変化する原子が
1つでもあったら酸化還元反応！

1つだけでも
見つけられたら
いいんだね

ここまでやったら
別冊 P. 42 へ

6-6 酸化剤・還元剤

ココをおさえよう！

酸化剤は，自分自身を還元することで相手を酸化させる物質のこと。
還元剤は，自分自身を酸化することで相手を還元させる物質のこと。

酸化還元反応では，酸化と還元が同時に起こっているのでした。
相手を酸化させる物質を**酸化剤**，相手を還元させる物質を**還元剤**といいます。
注意してほしいのは，**酸化剤は**相手を酸化させるので，**自分自身は還元され**，
逆に，**還元剤は**相手を還元させるので，**自分自身は酸化される**，ということです。

例えば，p.168で触れた$H_2O_2 + H_2S \longrightarrow 2H_2O + S$の反応について見てみると，
酸化剤と還元剤は次のようになっていたのです。

◆ 過酸化水素H_2O_2のO原子が還元された
　→（O原子を含んでいた）過酸化水素は，自分自身が還元されたので，酸化剤である。

◆ 硫化水素H_2SのS原子が酸化された
　→（S原子を含んでいた）硫化水素は，自分自身が酸化されたので，還元剤である。

以下に代表的な酸化剤・還元剤とその反応をまとめてみました。
酸化剤・還元剤はしっかり暗記し，反応については導き出せるようになりましょう。

主な酸化剤・還元剤とその反応

	物質		反応
酸化剤	過酸化水素（酸性以外）	H_2O_2	$H_2O_2 + 2e^- \longrightarrow 2OH^-$
	（酸性）	H_2O_2	$H_2O_2 + 2H^+ + 2e^- \longrightarrow 2H_2O$
	塩素	Cl_2	$Cl_2 + 2e^- \longrightarrow 2Cl^-$
	濃硝酸	HNO_3	$HNO_3 + H^+ + e^- \longrightarrow NO_2 + H_2O$
	希硝酸	HNO_3	$HNO_3 + 3H^+ + 3e^- \longrightarrow NO + 2H_2O$
	熱濃硫酸	H_2SO_4	$H_2SO_4 + 2H^+ + 2e^- \longrightarrow SO_2 + 2H_2O$
	過マンガン酸カリウム（酸性）	$KMnO_4$	$MnO_4^- + 8H^+ + 5e^- \longrightarrow Mn^{2+} + 4H_2O$
	二クロム酸カリウム（酸性）	$K_2Cr_2O_7$	$Cr_2O_7^{2-} + 14H^+ + 6e^- \longrightarrow 2Cr^{3+} + 7H_2O$
	二酸化硫黄	SO_2	$SO_2 + 4H^+ + 4e^- \longrightarrow S + 2H_2O$
還元剤	水素	H_2	$H_2 \longrightarrow 2H^+ + 2e^-$
	過酸化水素	H_2O_2	$H_2O_2 \longrightarrow O_2 + 2H^+ + 2e^-$
	ナトリウム	Na	$Na \longrightarrow Na^+ + e^-$
	塩化スズ（Ⅱ）	$SnCl_2$	$Sn^{2+} \longrightarrow Sn^{4+} + 2e^-$
	硫酸鉄（Ⅱ）	$FeSO_4$	$Fe^{2+} \longrightarrow Fe^{3+} + e^-$
	二酸化硫黄	SO_2	$SO_2 + 2H_2O \longrightarrow SO_4^{2-} + 4H^+ + 2e^-$
	硫化水素	H_2S	$H_2S \longrightarrow S + 2H^+ + 2e^-$
	シュウ酸	$(COOH)_2$	$(COOH)_2 \longrightarrow 2CO_2 + 2H^+ + 2e^-$

※ 二酸化硫黄SO_2，過酸化水素H_2O_2は相手により酸化剤，還元剤のどちらにもなりうる。
右側の反応式（半反応式）の作りかたは，p.174でやります。

酸化剤 … 相手を酸化させる物質。**自身は還元される。**

還元剤 … 相手を還元させる物質。**自身は酸化される。**

例 $H_2O_2 + H_2S \longrightarrow 2H_2O + S$ の反応の場合

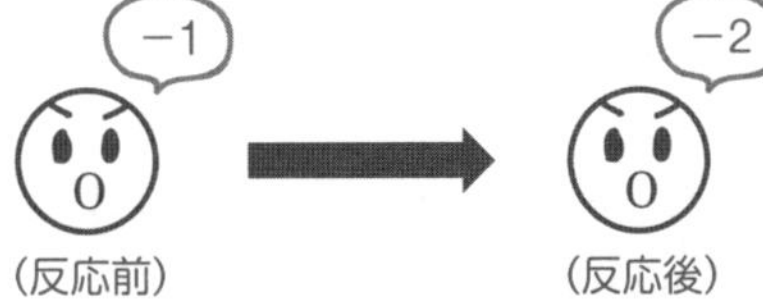

… 自身は**還元されている。**

→ O原子を含んでいた過酸化水素 H_2O_2 は **酸化剤**

… 自身は**酸化されている。**

→ S原子を含んでいた硫化水素 H_2S は **還元剤**

まとめると…

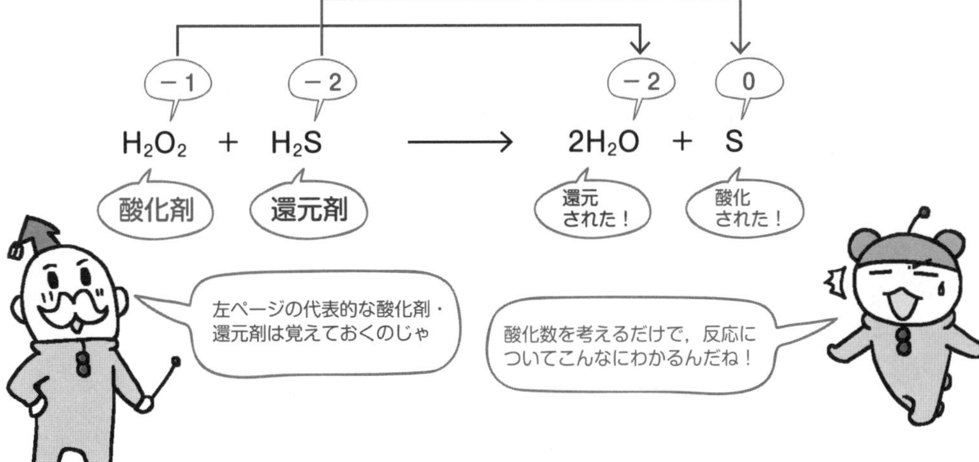

6-7 酸化還元反応の式［①半反応式の作りかた］

ココをおさえよう！

半反応式の作りかたで，覚えることは4つのステップ！
【暗記】→【水】→【H^+】→【e^-】

酸化剤や還元剤がどのような反応をするかは，**電子e^-を用いた反応式**で表します。
このような式を，**半反応式**ということがあります。
p.172に出てきた半反応式を，すべて覚えるのは大変です。
そこで，できるだけ少ない暗記量で半反応式が作れるように，次の4ステップを踏みます。

過マンガン酸カリウムの半反応式を例に挙げて，作りかたを解説します。

$$MnO_4^- + 8H^+ + 5e^- \longrightarrow Mn^{2+} + 4H_2O$$

ステップ①【暗記】まずは，反応前と反応後の物質を暗記することから始まります。
反応前：MnO_4^-，反応後：Mn^{2+}というのは**単純に暗記する必要があります。**
そして，反応前の物質を左辺に，反応後の物質を右辺に書いて，矢印でつなぎます。

$$MnO_4^- \longrightarrow Mn^{2+} \quad \cdots\cdots①$$

ステップ②【水】両辺のOの数を，水H_2Oであわせます。
①式は左辺にOが4つあるので，その数を両辺でそろえるために，
右辺にH_2Oを4つ加えます。

$$MnO_4^- \longrightarrow Mn^{2+} + 4H_2O \quad \cdots\cdots②$$

ステップ③【H^+】両辺のHの数を，H^+であわせます。
②式は右辺にHが8つあるので，その数を両辺でそろえるために，
左辺にH^+を8つ加えます。

$$MnO_4^- + 8H^+ \longrightarrow Mn^{2+} + 4H_2O \quad \cdots\cdots③$$

ステップ④【e^-】両辺の電荷をそろえるために，e^-を加えます。
③式の左辺の電荷は$(-1)+(+8)=+7$
右辺の電荷は$(+2)+(0)=+2$
なので，左辺にe^-を5つ加えることで，両辺の電荷が$+2$にそろいます。
これで完成です。

$$MnO_4^- + 8H^+ + 5e^- \longrightarrow Mn^{2+} + 4H_2O \quad \cdots\cdots④$$ 【完成！】

半反応式を
ぜんぶ覚えるのは
大変だなぁ

次の 4 ステップを使って,
自分で式を作れば
いいんじゃ

半反応式の作りかた

例 過マンガン酸カリウムの半反応式

$$MnO_4^- + 8H^+ + 5e^- \longrightarrow Mn^{2+} + 4H_2O$$

ここだけを
覚えれば
いいんじゃ

ステップ①【暗記】

反応前と反応後の物質を覚える。今回の場合

$$MnO_4^- \longrightarrow Mn^{2+}$$

（反応前）　（反応後）

これで両辺の
O の数が 4 つに
そろったね

ステップ②【水】

両辺のOの数を，水 H_2O であわせる。今回の場合

$$MnO_4^- \longrightarrow Mn^{2+} + 4H_2O$$

これで両辺の
H の数が 8 つに
そろったぞぃ

ステップ③【H^+】

両辺のHの数を，H^+ であわせる。今回の場合

$$MnO_4^- + 8H^+ \longrightarrow Mn^{2+} + 4H_2O$$

ステップ④【e^-】

両辺の電荷をそろえるために，e^- を加える。今回の場合

$$MnO_4^- + 8H^+ + 5e^- \longrightarrow Mn^{2+} + 4H_2O$$

完成！

ステップ①【暗記】についてはp.172の表の～～～のところを覚えるんじゃ

他の酸化剤・還元剤の半反応式も作ってみよう！

ここまでやったら 別冊 P. 43 へ

6-8 酸化還元反応の式［②イオン反応式］

ココをおさえよう！

イオン反応式は，酸化剤と還元剤の半反応式のe^-の数をそろえて足し合わせると完成する。

例えば，酸化剤の二クロム酸カリウム$K_2Cr_2O_7$と，還元剤の過酸化水素H_2O_2が反応する場合，それぞれの半反応式は次のようになります。

二クロム酸カリウムの半反応式：$Cr_2O_7^{2-} + 14H^+ + 6e^- \longrightarrow 2Cr^{3+} + 7H_2O$
過酸化水素の半反応式：$H_2O_2 \longrightarrow O_2 + 2H^+ + 2e^-$

（半反応式は自力で作れるようにならなくてはいけませんよ。p.174でしっかり練習してくださいね）

さて，この酸化剤と還元剤が反応するときの反応式を書きたいのですが，
一体どうやってこの2つの式から1つの反応式を導き出せばいいのでしょうか？

それにはまず，**授受する電子e^-の数をそろえる**ことが必要です。

つまり，二クロム酸カリウムが受け取る電子e^-の数は6つ，
過酸化水素が失う電子e^-の数は2つなのですが，
この数をあわせるために，過酸化水素の半反応式の両辺を3倍するということです。

$Cr_2O_7^{2-} + 14H^+ + \underline{6e^-} \longrightarrow 2Cr^{3+} + 7H_2O$　←そのまま
$3H_2O_2 \longrightarrow 3O_2 + 6H^+ + \underline{6e^-}$　←両辺を3倍して電子e^-の数を6つにそろえた

そして，この2つの式を足し合わせます。

$$Cr_2O_7^{2-} + 3H_2O_2 + 8H^+ \longrightarrow 2Cr^{3+} + 3O_2 + 7H_2O$$

電子の数をそろえてから2つの式を足し合わせたので，式から電子e^-を消すことができましたね。
できあがったこの式を，**イオン反応式**といいます。

実際に酸化還元反応を作ってみよう！

6

酸化剤 … ニクロム酸カリウム $K_2Cr_2O_7$

$$Cr_2O_7^{2-} + 14H^+ + 6e^- \longrightarrow 2Cr^{3+} + 7H_2O$$

還元剤 … 過酸化水素 H_2O_2

$$H_2O_2 \longrightarrow O_2 + 2H^+ + 2e^-$$

一体どうやって
この２つの式から
反応式を作るの？

授受する
電子 e^- の数を
そろえるんじゃ

そして
足し合わせる！

$$Cr_2O_7^{2-} + 14H^+ + \boxed{6e^-} \longrightarrow 2Cr^{3+} + 7H_2O \quad \text{(そのまま)}$$

$$+)\quad 3H_2O_2 \longrightarrow 3O_2 + 6H^+ + \boxed{6e^-} \quad \text{(3倍した)}$$

$$\mathbf{Cr_2O_7^{2-} + 3H_2O_2 + 8H^+ \longrightarrow 2Cr^{3+} + 3O_2 + 7H_2O}$$

イオン反応式 

6-9 酸化還元反応の式［③イオン反応式→完成］

ココをおさえよう！

陽イオン(K^+など)と陰イオン(SO_4^{2-}など)を両辺に加えて，化学反応式を完成させよう。

できあがったイオン反応式を，化学反応式にしていく方法についてお話しします。以下の3ステップで，イオン反応式を化学反応式に直していきましょう。

p.176のイオン反応式を使って，やってみましょう。
ニクロム酸カリウムと過酸化水素を，硫酸酸性下で反応させた場合についてです。

イオン反応式は次のようになっています。

$$Cr_2O_7^{2-} + 3H_2O_2 + 8H^+ \longrightarrow 2Cr^{3+} + 3O_2 + 7H_2O$$

ステップ①：まずは，**両辺に陽イオンを加えます。**
左辺のニクロム酸イオンはカリウム塩なので，両辺に$2K^+$を加えます。

$$K_2Cr_2O_7 + 3H_2O_2 + 8H^+ \longrightarrow 2Cr^{3+} + 3O_2 + 7H_2O + 2K^+$$

ステップ②：次に，**両辺に陰イオンを加えます。**
硫酸酸性下なので，両辺に$4SO_4^{2-}$を加えることで，左辺の$8H^+$を$4H_2SO_4$にします。

$$K_2Cr_2O_7 + 3H_2O_2 + 4H_2SO_4 \longrightarrow 2Cr^{3+} + 3O_2 + 7H_2O + 2K^+ + 4SO_4^{2-}$$

ステップ③：左辺はすべてのイオンが化合物になり，イオンでなくなりました。**右辺も残ったイオンたちで化合物を作っていきます。**
まずは$2Cr^{3+}$を化合物にするために，$3SO_4^{2-}$と反応させましょう。
($2Cr^{3+}$は「3＋」が2つで「6＋」，$3SO_4^{2-}$は「2－」が3つで「6－」となり，あわせると0になるため)
すると，$Cr_2(SO_4)_3$となりますね。
残った$2K^+$とSO_4^{2-}で化合物(K_2SO_4)を作れば，完成です。
(上と同様に「＋」と「－」の数をあわせた)

$$K_2Cr_2O_7 + 3H_2O_2 + 4H_2SO_4 \longrightarrow Cr_2(SO_4)_3 + 3O_2 + 7H_2O + K_2SO_4$$

6

イオン反応式を化学反応式にしてみよう！

イオン反応式

$Cr_2O_7^{2-} + 3H_2O_2 + 8H^+ \longrightarrow 2Cr^{3+} + 3O_2 + 7H_2O$

ステップ①：両辺に陽イオンを加える。

左辺の二クロム酸イオンがカリウム塩なので（二クロム酸カリウム），
両辺に $2K^+$ を加えます。

$\underline{K_2Cr_2O_7} + 3H_2O_2 + 8H^+ \longrightarrow 2Cr^{3+} + 3O_2 + 7H_2O + \underline{2K^+}$

ステップ②：両辺に陰イオンを加える。

硫酸酸性下なので，左辺の $8H^+$ を $4H_2SO_4$ にするために，
両辺に $4SO_4^{2-}$ を加えます。

$K_2Cr_2O_7 + 3H_2O_2 + \underline{4H_2SO_4}$
$\longrightarrow 2Cr^{3+} + 3O_2 + 7H_2O + 2K^+ + \underline{4SO_4^{2-}}$

ステップ③：左辺はすべてイオンでなくなったので，右辺も残ったイオンで化合物を作る。

$2Cr^{3+}$ を化合物にするために，$3SO_4^{2-}$ と反応させて $Cr_2(SO_4)_3$ にする。
残った $2K^+$ と SO_4^{2-} で，K_2SO_4 を作る。

$K_2Cr_2O_7 + 3H_2O_2 + 4H_2SO_4$
$\longrightarrow \underline{Cr_2(SO_4)_3} + 3O_2 + 7H_2O + \underline{K_2SO_4}$

6-10 酸化還元滴定

ココをおさえよう！

還元剤と酸化剤は，電子e^-の数が両辺でそろうような比で反応する。

酸化剤が受け取る電子の数と，還元剤が失う電子の数が等しいとき，
酸化剤と還元剤は過不足なく反応します。

この関係を利用して，濃度のわからない酸化剤（還元剤）の濃度を，
濃度がわかっている還元剤（酸化剤）と反応させることで求めることができます。
これを**酸化還元滴定**といいます。
理屈は中和滴定と同じですね。

例えば，次のような問題を見てみましょう。

問 ある濃度のシュウ酸の水溶液50mLに，硫酸酸性水溶液のもとで0.30mol/Lの過マンガン酸カリウム水溶液を滴下したところ，滴下量が10mLを超えると溶液の色が淡赤色になった。このシュウ酸水溶液の濃度は何mol/Lか。ただし，次の酸化剤・還元剤の反応式を用いよ。

$$MnO_4^- + 8H^+ + 5e^- \longrightarrow Mn^{2+} + 4H_2O$$
$$(COOH)_2 \longrightarrow 2CO_2 + 2H^+ + 2e^-$$

解きかた まずは半反応式をイオン反応式に直しましょう。
酸化剤と還元剤が授受する電子e^-の数をそろえる必要があるので，
酸化剤（MnO_4^-）の式の両辺を2倍，還元剤（$(COOH)_2$）の式の両辺を5倍して，
2式を足し合わせると

$$2MnO_4^- + 5(COOH)_2 + 6H^+ \longrightarrow 2Mn^{2+} + 10CO_2 + 8H_2O$$

このイオン反応式の係数より，酸化剤（MnO_4^-）と還元剤（$(COOH)_2$）が，
2：5で反応することがわかります。
マンガン（Ⅱ）イオンMn^{2+}は薄桃色（ほぼ無色）なのに対し，過マンガン酸イオンMnO_4^-は赤紫色なので，淡赤色になった10mLで反応が終わったということです。

酸化剤（MnO_4^-）の物質量は　$0.30 \times \dfrac{10}{1000} = 3.0 \times 10^{-3}$〔mol〕……①

還元剤（$(COOH)_2$）の物質量は，その濃度をx〔mol/L〕とすると

$$x \times \frac{50}{1000} = 5x \times 10^{-2}\text{〔mol〕} \quad \cdots\cdots②$$

となります。①式と②式は2：5で反応するので

$3.0 \times 10^{-3} : 5x \times 10^{-2} = 2 : 5$　　よって　$x =$ **0.15〔mol/L〕**…答

酸化還元滴定

… 酸化剤と還元剤の授受する電子e^-の数が等しいとき，
酸化剤と還元剤は過不足なく反応する。
その性質を利用して行う滴定のこと。

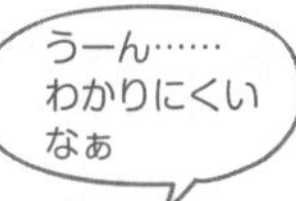
うーん……
わかりにくい
なぁ

つまり
こういうことじゃ！

酸化剤と還元剤は，酸化還元反応の式の係数比で反応する。

例えば，p.178の化学反応式でいうと……

$$K_2Cr_2O_7 + 3H_2O_2 + 4H_2SO_4 \longrightarrow Cr_2(SO_4)_3 + 3O_2 + 7H_2O + K_2SO_4$$

$K_2Cr_2O_7$とH_2O_2は

1：3の割合で反応する ということ！

左ページの問題の解説

イオン反応式が

$$2MnO_4^- + 5(COOH)_2 + 6H^+ \longrightarrow 2Mn^{2+} + 10CO_2 + 8H_2O$$

となったので

MnO_4^-の物質量〔mol〕：$(COOH)_2$の物質量〔mol〕＝2：5

（MnO_4^-：酸化剤，$(COOH)_2$：還元剤）

この式に値を代入すればよい。

3.0×10^{-3}：$5x\times10^{-2}$＝2：5

（3.0×10^{-3}：MnO_4^-の物質量，$5x\times10^{-2}$：$(COOH)_2$の物質量）

x＝**0.15〔mol/L〕**

よって，還元剤（$(COOH)_2$）の濃度は，0.15mol/Lとなる。

ここまでやったら 別冊 P. 46 へ

6-11 イオン化傾向

ココをおさえよう！

リッチに貸そうかな，まぁあてにすんな，ひどすぎる借金。

水溶液中で次のような反応があったとき，どちらかの反応は進み，どちらかは進みません。

どちらが進むと思いますか？

$$Cu^{2+} + Fe \longrightarrow Cu + Fe^{2+}$$

$$Cu + Fe^{2+} \longrightarrow Cu^{2+} + Fe$$

いきなりいわれてもわかりませんよね。

答えは，最初の式。$Cu^{2+} + Fe \longrightarrow Cu + Fe^{2+}$の反応が進みます。

なぜなら，より陽イオンになりやすい鉄の単体と，

より陽イオンになりにくい銅(Ⅱ)イオンが混ざっているからです。

金属が水溶液中で陽イオンになろうとする傾向を**イオン化傾向**といい，金属のイオン化傾向を大きいほうから順に並べたものを**金属のイオン化列**といいます。イオン化列は，ゴロあわせで覚えましょう。

金属のイオン化列

リッチに　貸ソウ　カ　ナ　マ　ア　ア　テ　ニ

$Li > K > Ca > Na > Mg > Al > Zn > Fe > Ni >$

スン　ナ　ヒ　ド　ス　ギル　借(白金)　金

$Sn > Pb > (H_2) > Cu > Hg > Ag > Pt > Au$

例えば他にも，MgはFeよりもイオン化傾向が大きいので，次のような反応が進みます。

$$Mg + Fe^{2+} \longrightarrow Mg^{2+} + Fe$$

イオン化傾向の大きい物質ほど，イオン化しやすいので，反応性が高くなっています。

金属のイオン化傾向と反応性をまとめたので，目を通しておきましょう。

金属のイオン化列と化学的性質

金属のイオン化列	Li	K	Ca	Na	Mg	Al	Zn	Fe	Ni	Sn	Pb	(H_2)	Cu	Hg	Ag	Pt	Au
常温の空気中での酸化	すみやかに酸化される				表面が酸化され，酸化被膜をつくる									酸化されない			
水との反応	常温で激しく反応				熱水と反応	高温の水蒸気と反応			反応しない								
酸との反応	希塩酸など，薄い酸と反応し水素を発生する												酸化作用の強い酸と反応			王水と反応	

※　Pbは塩酸や希硫酸とは反応しにくい。
　　Al，Fe，Niは，濃硝酸とは不動態となり反応しない。
　　王水とは濃塩酸と濃硝酸を3：1で混合した液体のこと。

質問

どっちの反応が進むでしょう？

$Cu^{2+} + Fe \longrightarrow Cu + Fe^{2+}$　　$Cu + Fe^{2+} \longrightarrow Cu^{2+} + Fe$

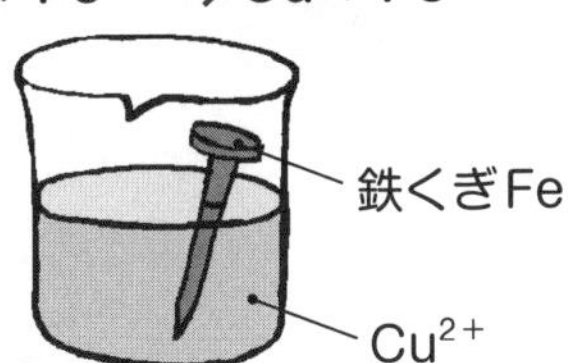
鉄くぎFe
Cu^{2+}

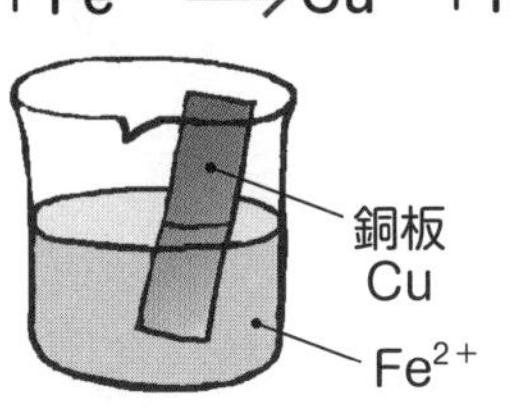
銅板
Cu
Fe^{2+}

うーん，
どっちだろう……

解説

このように
銅が析出して
くるんじゃ

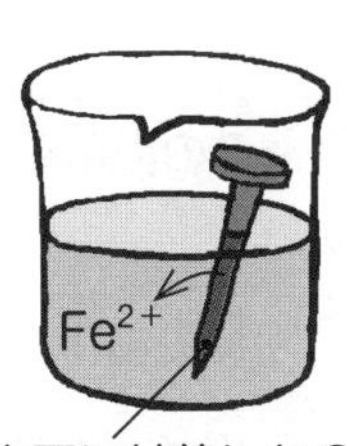
Fe^{2+}
表面に付着したCu

正解は左側のビーカー

なぜなら……

金属には
イオン化傾向があるから！
（どっちがイオンになりやすいかのルール）

金属のイオン化列（イオンになりやすい順に金属を並べたもの）

リッチに 貸ソウ カ ナ マ ア ア テ ニ

$Li > K > Ca > Na > Mg > Al > Zn > Fe > Ni >$

スン ナ ヒ ド ス ギル 借（白金） 金

$Sn > Pb > (H_2) > Cu > Hg > Ag > Pt > Au$

（リッチに貸そうかな，まぁあてにすんな，ひどすぎる借金）

例えば，MgはFeよりもイオン化傾向が大きいので（イオンになりやすいので）

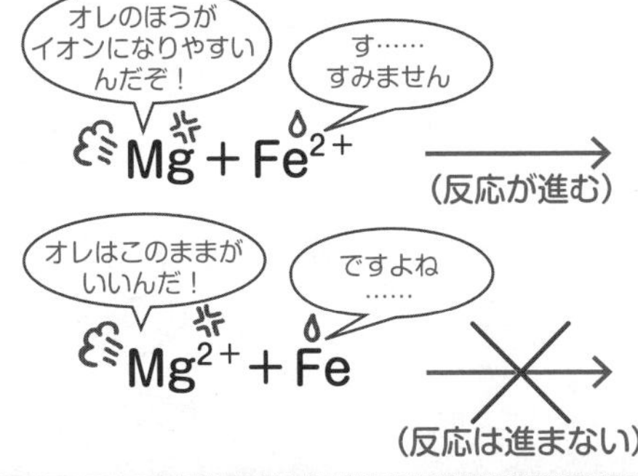
オレのほうが
イオンになりやすい
んだぞ！
す……
すみません
$Mg + Fe^{2+}$
（反応が進む）
オレはこのままが
いいんだ！
ですよね
……
$Mg^{2+} + Fe$
（反応は進まない）

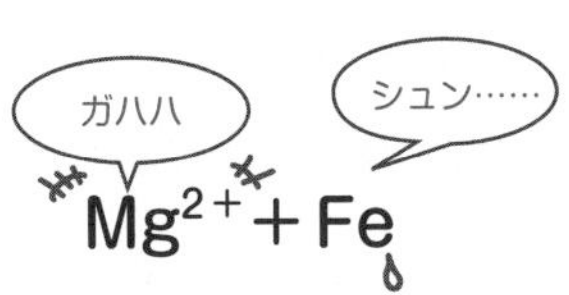
ガハハ
シュン……
$Mg^{2+} + Fe$

ここまでやったら
別冊 P. 47へ

理解できたものに，☑チェックをつけよう。

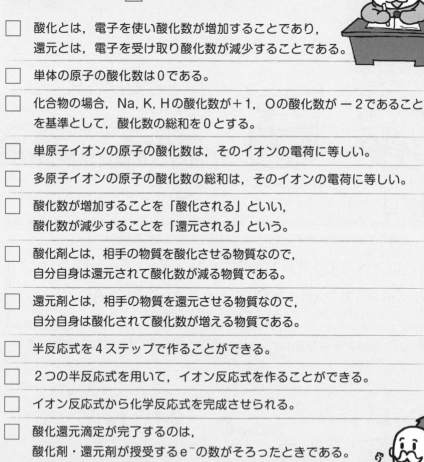

- ☐ 酸化とは，電子を使い酸化数が増加することであり，還元とは，電子を受け取り酸化数が減少することである。
- ☐ 単体の原子の酸化数は0である。
- ☐ 化合物の場合，Na, K, Hの酸化数が＋1，Oの酸化数が －2であることを基準として，酸化数の総和を0とする。
- ☐ 単原子イオンの原子の酸化数は，そのイオンの電荷に等しい。
- ☐ 多原子イオンの原子の酸化数の総和は，そのイオンの電荷に等しい。
- ☐ 酸化数が増加することを「酸化される」といい，酸化数が減少することを「還元される」という。
- ☐ 酸化剤とは，相手の物質を酸化させる物質なので，自分自身は還元されて酸化数が減る物質である。
- ☐ 還元剤とは，相手の物質を還元させる物質なので，自分自身は酸化されて酸化数が増える物質である。
- ☐ 半反応式を４ステップで作ることができる。
- ☐ ２つの半反応式を用いて，イオン反応式を作ることができる。
- ☐ イオン反応式から化学反応式を完成させられる。
- ☐ 酸化還元滴定が完了するのは，酸化剤・還元剤が授受する e^- の数がそろったときである。
- ☐ イオン化列の順序を覚えている。

よく頑張ったぞい
ひと息入れるのも大事じゃ

Chapter

電池

Chapter 7 電池

はじめに

Chapter 6の最後に，金属のイオン化傾向について勉強をしました。

このイオン化傾向を使った反応の身近な例が，電池です。

電池は，金属ごとに陽イオンへのなりやすさが違うことを利用して，
金属間での電子のやり取りから電気を取り出す装置なのです。

「電池はどのようなしくみになっているの？」
「充電して繰り返し使える電池はどのような原理になっているの？」
「電池はどのようにして発達してきたの？」

身の回りにたくさんある電池。
その中には，化学がたくさんつまっているのです。

この章で勉強すること

電池のしくみを解説したあと，
さまざまな電池について，その原理を解説していきます。
化学式や電池の図がかけるようになりましょう。

電池

イオン化傾向を利用

- 電池はどのようなしくみになっているの？
- 充電して繰り返し使える電池はどのような原理になっているの？
- 電池はどのようにして発達してきたの？

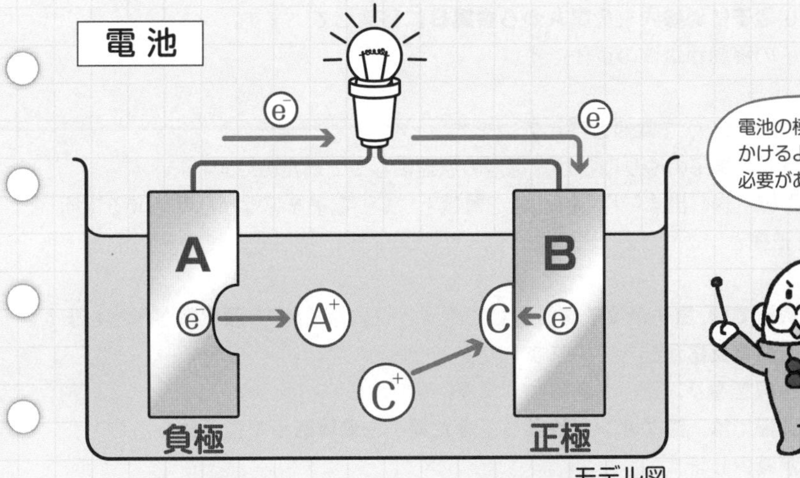

負極：$A \longrightarrow A^+ + e^-$（酸化反応）

正極：$C^+ + e^- \longrightarrow C$（還元反応）

イオン化傾向　A＞B

7-1 電池とは？

ココをおさえよう！

電池は，負極で酸化反応，正極で還元反応を起こし，電流を取り出している！

イオン化傾向の大きい金属を，イオン化傾向が小さい金属イオンを含む水溶液に浸すと，金属の表面で，直接電子のやり取りをします。
イオン化傾向の大きい金属は陽イオンになって水溶液中に溶け出し，水溶液中に含まれるイオン化傾向の小さい金属イオンは金属として析出するのです。

では，金属Aと，それよりもイオン化傾向の小さい金属Bを導線でつなぎ，電解質水溶液に浸すと，なにが起こるでしょう。

このとき，金属Aの表面で電子が生じることによって電子の流れが生じ，
金属Bで水溶液中の金属イオンが電子を受け取るようになるのです。
このとき**電子は導線内を金属Aから金属Bに移動**しています。
この電子の移動が電流の正体です。

この装置（しくみ）を**電池**と呼んでいます。
原子どうしの電子のやり取りが，電池の原理になっていたのですね。
電子を導線へ送り出す電極（金属A）を**負極**といい，電子を導線から受け取る電極（金属B）を**正極**といいます。

電池の負極では，原子が電子を放出して陽イオンになるので，**酸化数が増加**します。
つまり，**酸化反応**が起きています。
電子は導線を通り，正極へと移動します。
電池の正極では，陽イオンが移動してきた電子を受け取って金属になるので，
酸化数が減少します。
つまり，**還元反応**が起きています。

Point … 電池の各極の反応

◎ 負極……**酸化反応**
◎ 正極……**還元反応**

Aがイオン化し，
Cが析出してきた。

金属 A と金属 B を導線でつなぐと…（イオン化傾向：A > B）

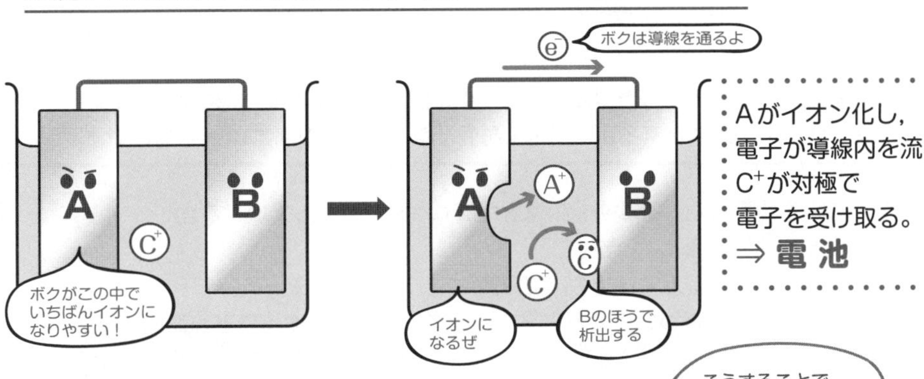

Aがイオン化し，
電子が導線内を流れて，
C^+が対極で
電子を受け取る。
⇒ **電 池**

こうすることで電子 e⁻を外に取り出せるんじゃ

反応式

負極：A ⟶ A^+ ＋ e^-（酸化反応）
（酸化数：0）（酸化数：＋1）

正極：C^+ ＋ e^- ⟶ C（還元反応）
（酸化数：＋1）（酸化数：0）

ここまでやったら 別冊 P. 48 へ

7-2 ボルタ電池

ココをおさえよう！

亜鉛と水素イオン間での電子のやり取りを利用。
分極してしまうことが欠点！

具体的な電池について，そのしくみを見てみましょう。

まずは最も基本的な**ボルタ電池**。
この電池は，亜鉛板と銅板を希硫酸に浸して電気を取り出す電池です。
亜鉛と銅では，亜鉛のほうがイオン化傾向が大きいので，亜鉛板が負極となります。

もともと亜鉛板を希硫酸に浸した状態では，
亜鉛のほうが水素イオン（H^+）よりもイオン化傾向が大きいため，
亜鉛板は亜鉛イオンとして希硫酸中に溶け出し，電子が亜鉛板中にたまっている，
という状態になっています※。

そこに導線をつないで銅板をつけ，希硫酸中に浸すと，電子は銅板に流れます。
そして，銅板の表面で水素イオンが電子を受け取り，気体の水素H_2となるのです。

さて，このボルタ電池，実はすぐに電流が流れなくなってしまいます。
この現象を電池の**分極**といいます。
これは，発生した水素ガスH_2が銅板の表面にくっつくことで，
新たに水素イオンが近づいてくることを妨げてしまったりすることが原因で起こります。
分極を防ぐには，過酸化水素水や二クロム酸カリウム水溶液などの酸化剤を加えて，H_2をH_2Oにします。このような酸化剤を**減極剤**といいます。

Point…ボルタ電池の反応

◎ 負極（亜鉛板）：$Zn \longrightarrow Zn^{2+} + 2e^-$（酸化）
◎ 正極（銅板）　：$2H^+ + 2e^- \longrightarrow H_2$（還元）

※ 実際は電子e^-は水素イオンH^+と反応しますが，たまると考えたほうが理解しやすいため，そのように解説しています。

ボルタ電池 … 亜鉛Znと銅Cuを希硫酸H_2SO_4に浸してできる電池。

イオン化傾向：Zn > H_2 なので……

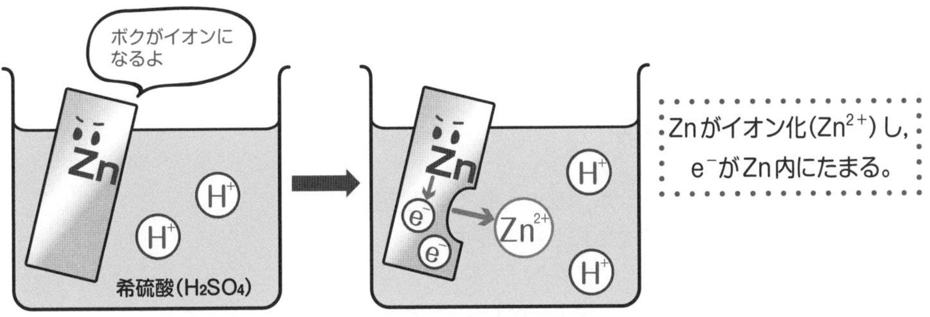

亜鉛と銅を導線でつなぐ（イオン化傾向 Zn > Cu）。

Znがイオン化し(Zn^{2+})，e^-は導線を通り銅板へ移動。
銅板で溶液内のH^+がe^-を受け取り，H_2になる。

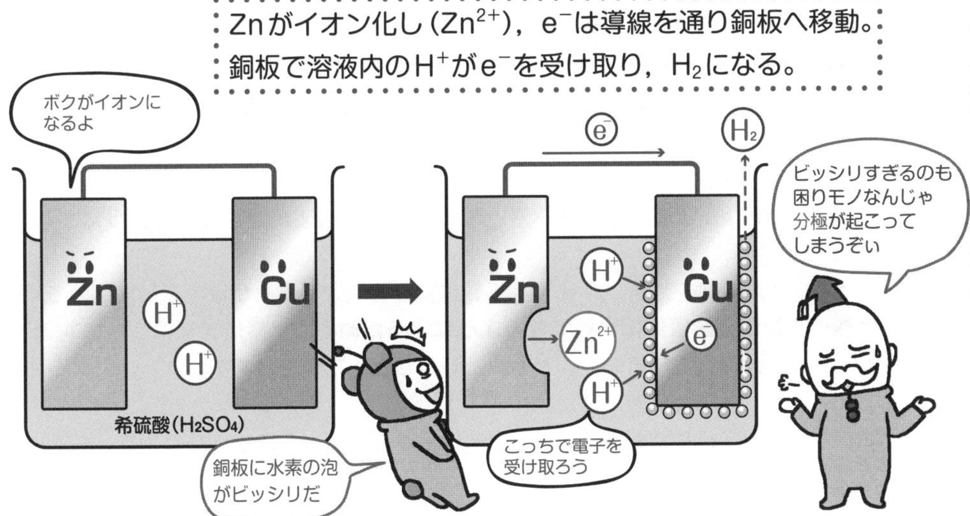

ボクがイオンになるよ
Zn
Cu
H+
H+
希硫酸(H_2SO_4)
e−
H2
Zn
Cu
H+
Zn2+
e−
H+
ビッシリすぎるのも困りモノなんじゃ分極が起こってしまうぞぃ
銅板に水素の泡がビッシリだ
こっちで電子を受け取ろう

ここまでやったら
別冊 P. 48 へ

7-3 ダニエル電池

ココをおさえよう！

亜鉛と銅(Ⅱ)イオン間での電子のやり取りを利用。

どうやら水素イオンを利用する電池は分極してしまって，うまくいかないようです。

そこでイギリスの化学者ダニエルが，新しいしくみの電池を考案しました。
それが**ダニエル電池**です。

ダニエルが用いたのは，ボルタと同じく亜鉛板と銅板。
しかし，浸す溶液に工夫を加えたのです。

ダニエルは，亜鉛板を硫酸亜鉛 $ZnSO_4$ の水溶液に浸し，
銅板を硫酸銅(Ⅱ) $CuSO_4$ の水溶液に浸しました。
そして，この2つの溶液を**素焼き板**で区切ったのです。

こうすると，亜鉛板から導線を伝わり，銅板へ電子 e^- が達したとき，
銅(Ⅱ)イオンが反応して銅板表面に析出します。
p.190のボルタ電池では水素イオンが反応していましたが，
今度は $CuSO_4$ 水溶液の銅(Ⅱ)イオンが反応するようになったのですね。

素焼き板で区切った理由は2つ。
1つは，当然ながら硫酸亜鉛水溶液と硫酸銅(Ⅱ)水溶液が混ざらないようにするため。
もう1つは，銅板側で，銅(Ⅱ)イオンの数に対して硫酸イオンが増えてしまうので，**硫酸イオンが亜鉛板側に移動できるようにするため**です。素焼き板は，ものすごく小さな穴が開いているので，イオンは通ることができるのです。

このようにして，長時間電気を取り出すことができるようになったのです。

Point … ダニエル電池の反応

◎ **負極(亜鉛板)：$Zn \longrightarrow Zn^{2+} + 2e^-$(酸化)**
◎ **正極(銅板)　：$Cu^{2+} + 2e^- \longrightarrow Cu$(還元)**

7

ダニエル電池 … ボルタ電池と同じく亜鉛Znと銅Cuを使い，工夫を加えた電池。

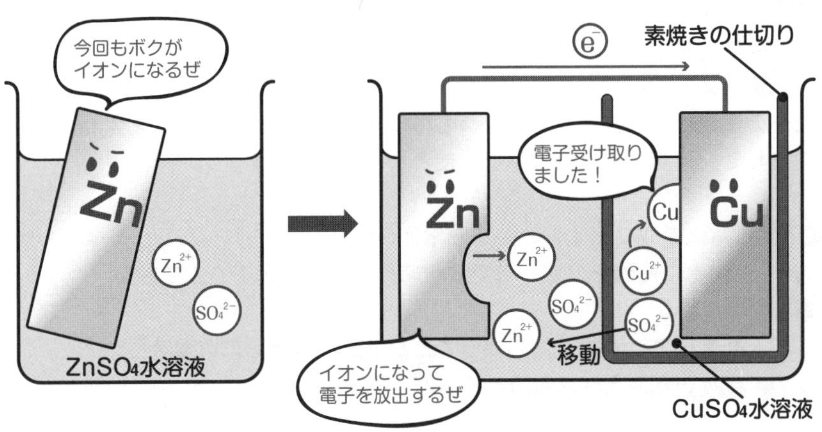

ZnがZn^{2+}にイオン化し，そのとき放出した電子をCu^{2+}が受け取ってCuになる。

水素が発生しないから，分極しなくなったね

Znは溶け出すから，電極が減り，Cuが析出するから，電極は増えていくな

『素焼き板で区切る理由』

- $ZnSO_4$水溶液と$CuSO_4$水溶液を混ざらないようにするため。
- Cuのほうで増えたSO_4^{2-}がZnのほうへ移動できる。（SO_4^{2-}は素焼き板を通過できる）

ここまでやったら 別冊 P. 49へ

7-4 鉛蓄電池［①負極と正極の反応の暗記部分］

ココをおさえよう！

負極では Pb ⟶ $PbSO_4$，正極では PbO_2 ⟶ $PbSO_4$

携帯電話やノートパソコンには電池が入っていますが，
これらの電池は一度使っても新しいものに変える必要はありませんよね。
充電をして，何度も何度も繰り返し使うことができます。

「電池から電流を取り出すこと」を**放電**といいます。
一方，「逆向きに電流を流すことで放電時の逆反応を起こす」ことを
充電といいます。
そして，充電によって繰り返し使うことができる電池を**二次電池**といい，
充電のできない電池を**一次電池**と呼ぶのです。

二次電池の代表選手として，**鉛蓄電池**（なまりちく）のお話をしましょう。
鉛蓄電池は，負極に鉛Pbが，正極に酸化鉛(Ⅳ) PbO_2が使われています。

それぞれの極では，次のような反応が起きています。

負極…鉛(Pb) ⟶ 硫酸鉛(Ⅱ)($PbSO_4$)
正極…酸化鉛(Ⅳ)(PbO_2) ⟶ 硫酸鉛(Ⅱ)($PbSO_4$)

式を書けるようになるために，まず，重要な物質だけ覚えてしまいましょう。

負極：$Pb + SO_4^{2-} \longrightarrow PbSO_4$（酸化反応）
正極：$PbO_2 + SO_4^{2-} \longrightarrow PbSO_4$（還元反応）

これではまだ式として未完成ですが，これだけ覚えてしまえば，あとは半反応式を作るのと同じ要領で，式を完成させることができます。
まずはこの式で，鉛(Pb)に関しては負極で酸化反応，正極で還元反応が起きていることを，確認してください。

では，p.196で，イオン反応式を完成させていきますよ。

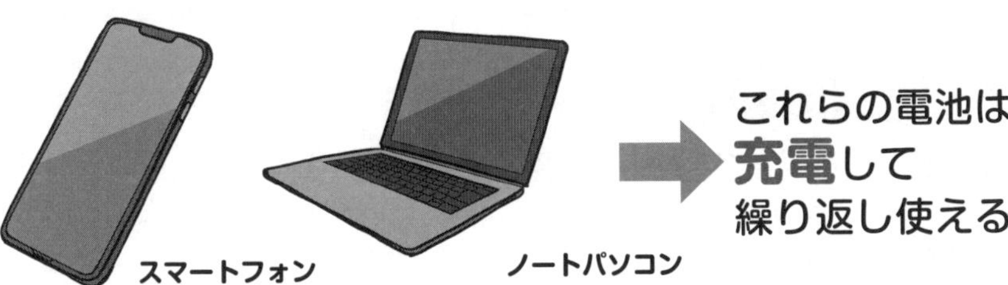
スマートフォン
ノートパソコン

これらの電池は**充電**して繰り返し使える。

充電のできる電池について勉強していくぞぃ

- **放電**… 電池から電流を取り出すこと。
- **充電**… 逆向きに電流を流すことで，放電時の逆反応を起こすこと。
- **二次電池**… 充電して繰り返し使うことができる電池。
- **一次電池**… 充電できない電池。

鉛蓄電池 … 負極に鉛Pb，正極に酸化鉛(Ⅳ) PbO_2 を用いた二次電池。

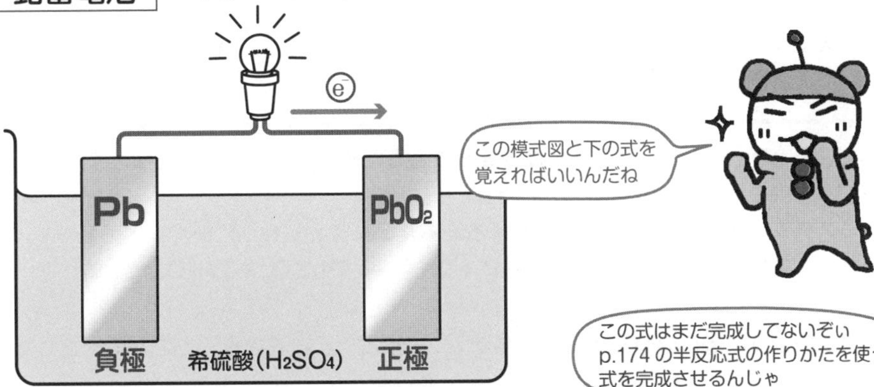
e⁻
Pb
PbO2
負極
希硫酸(H2SO4)
正極
この模式図と下の式を覚えればいいんだね

この式はまだ完成してないぞぃ p.174 の半反応式の作りかたを使って式を完成させるんじゃ

負極：$Pb + SO_4^{2-} \longrightarrow PbSO_4$ (酸化反応)
(酸化数：0)　(Pbの酸化数：＋2)

正極：$PbO_2 + SO_4^{2-} \longrightarrow PbSO_4$ (還元反応)
(酸化数：＋4)　(Pbの酸化数：＋2)

次のページで反応式を完成させよう！

7-5 鉛蓄電池［②イオン反応式の完成］

ココをおさえよう！

半反応式を作る要領で，負極・正極のイオン反応式を完成させる。

p.174の半反応式を作る4ステップ
【暗記】→【水】→【H^+】→【e^-】
を使って各極の反応を完成させます。

負極

ステップ①【暗記】$Pb + SO_4^{2-} \longrightarrow PbSO_4$

負極は**両辺のOの数，Hの数がそろっているので，あとは電荷をあわせるだけ**です。
ということで，**ステップ②【水】**，**ステップ③【H^+】**を飛ばして
ステップ④【e^-】右辺に$2e^-$を加えて完成です。

負極：$Pb + SO_4^{2-} \longrightarrow PbSO_4 + 2e^-$（放電時）

正極

ステップ①【暗記】$PbO_2 + SO_4^{2-} \longrightarrow PbSO_4$

ステップ②【水】両辺のOの数をそろえるために，水を加えます。
この場合は右辺に$2H_2O$を加えます。

$PbO_2 + SO_4^{2-} \longrightarrow PbSO_4 + 2H_2O$

ステップ③【H^+】両辺のHの数をそろえるために，左辺に$4H^+$を加えます。

$PbO_2 + SO_4^{2-} + 4H^+ \longrightarrow PbSO_4 + 2H_2O$

ステップ④【e^-】両辺の電荷をそろえるために，左辺に$2e^-$を加えて終わりです。

正極：$PbO_2 + SO_4^{2-} + 4H^+ + 2e^- \longrightarrow PbSO_4 + 2H_2O$（放電時）

このように最小の暗記量で，大事な2つのイオン反応式を導くことができました。

さて，上記の反応は放電のときの反応です。
充電のときには，放電のときと逆向きに電流を流すことにより，
逆向きの反応が起こるのです。

負極：$PbSO_4 + 2e^- \longrightarrow Pb + SO_4^{2-}$（充電時）
正極：$PbSO_4 + 2H_2O \longrightarrow PbO_2 + SO_4^{2-} + 4H^+ + 2e^-$（充電時）

鉛蓄電池の両極で起きている反応のイオン反応式を導こう！

負極：$Pb + SO_4^{2-} \longrightarrow PbSO_4$ （暗記）

負極は
簡単じゃな

・　両辺のOの数，Hの数はそろっている。
・　両辺の電荷を等しくするために，右辺に$2e^-$を加える。

負極：$Pb + SO_4^{2-} \longrightarrow PbSO_4 + 2e^-$ 完成！

正極：$PbO_2 + SO_4^{2-} \longrightarrow PbSO_4$ （暗記）

正極は
O, H, 電荷の3つを
そろえるのか

・　両辺のOの数をそろえるために，右辺に$2H_2O$を加える。

$PbO_2 + SO_4^{2-} \longrightarrow PbSO_4 + 2H_2O$

・　両辺のHの数をそろえるために，左辺に$4H^+$を加える。

$PbO_2 + SO_4^{2-} + 4H^+ \longrightarrow PbSO_4 + 2H_2O$

・　両辺の電荷をそろえるために，左辺に$2e^-$を加える。

正極：$PbO_2 + SO_4^{2-} + 4H^+ + 2e^- \longrightarrow PbSO_4 + 2H_2O$ 完成！

放電
負極：$Pb + SO_4^{2-} \longrightarrow PbSO_4 + 2e^-$
正極：$PbO_2 + SO_4^{2-} + 4H^+ + 2e^- \longrightarrow PbSO_4 + 2H_2O$

充電
負極：$PbSO_4 + 2e^- \longrightarrow Pb + SO_4^{2-}$
正極：$PbSO_4 + 2H_2O \longrightarrow PbO_2 + SO_4^{2-} + 4H^+ + 2e^-$

式の左右が
入れ替わっただけだね

ここまでやったら 別冊 P. 50 へ

7-6 燃料電池

ココをおさえよう！

負極では $H_2 \longrightarrow 2H^+$ ，正極では $O_2 \longrightarrow 2H_2O$

水素や天然ガスなどの燃料と酸素を用いたクリーンな電池，それが**燃料電池**です。
燃料電池の代表的なものは，右ページの模式図のようなしくみになっています。
負極に水素，正極に酸素，電解液にはリン酸 H_3PO_4 水溶液を用います。

燃料電池のイオン反応式も，4ステップで作れるようにしましょう。

ステップ①【暗記】

負極：$H_2 \longrightarrow 2H^+$（暗記）

正極：$O_2 \longrightarrow 2H_2O$（暗記）

ステップ②以降も半反応式を作る要領で完成させます。
負極と正極をそれぞれ見ていきましょう。

負極

両辺のOの数もHの数も同じなので，
ステップ②【水】，**ステップ③【H^+】**は飛ばします。
ステップ④【e^-】両辺の電荷をそろえるために，右辺に e^- を加えて完成です。

負極：$H_2 \longrightarrow 2H^+ + 2e^-$

正極

Oの数はそろっているので，**ステップ②【水】**は飛ばします。
ステップ③【H^+】Hの数をそろえるために，左辺に $4H^+$ を加えます。

$O_2 + 4H^+ \longrightarrow 2H_2O$

ステップ④【e^-】両辺の電荷をそろえるために，左辺に $4e^-$ を加えて完成です。

正極：$O_2 + 4H^+ + 4e^- \longrightarrow 2H_2O$

この電池がとてもクリーンな証拠に，負極と正極の反応式を，e^- の数をそろえて1つにしてみましょう。すると $2H_2 + O_2 \longrightarrow 2H_2O$ となるはずです。
水しか生成しないエネルギー源とは，とても環境にやさしいですね。

燃料電池 … 水素や天然ガスなどの燃料と酸素を用いた電池。

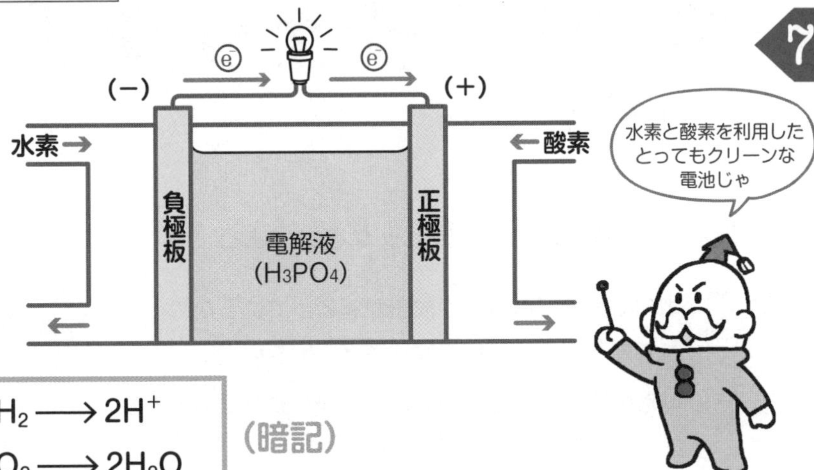

負極：$H_2 \longrightarrow 2H^+$

正極：$O_2 \longrightarrow 2H_2O$

（暗記）

・負極では，両辺のOの数もHの数も同じなので，e^-の数をそろえる。

負極：$H_2 \longrightarrow 2H^+ + 2e^-$ **完成！**

・正極では，両辺のOの数はそろっているが，
Hの数が違うので，左辺に$4H^+$を加える。

$O_2 + 4H^+ \longrightarrow 2H_2O$

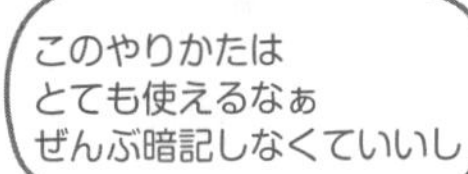

このやりかたは
とても使えるなぁ
ぜんぶ暗記しなくていいし

・最後に，両辺の電荷をそろえるために，左辺に$4e^-$を加える。

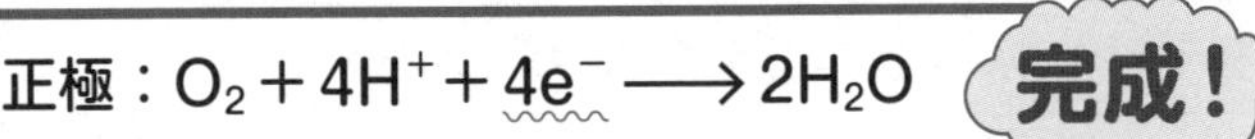
正極：$O_2 + 4H^+ + 4e^- \longrightarrow 2H_2O$ **完成！**

負極と正極の式をあわせると　$2H_2 + O_2 \longrightarrow 2H_2O$

ここまでやったら
別冊 P. 51 へ

理解できたものに，☑チェックをつけよう。

- [ ] 電池の負極では電子の放出が起こっているため酸化数が増え，酸化反応が起きている。
- [ ] 電池の正極では電子の受け取りが行われているため酸化数が減り，還元反応が起きている。
- [ ] ボルタ電池の模式図と，各電極での反応をかくことができる。
- [ ] ボルタ電池で電流がすぐに流れなくなってしまう現象を分極という。
- [ ] 分極を防ぐ物質を減極剤という。
- [ ] ダニエル電池の模式図と，各電極での反応をかくことができる。
- [ ] ダニエル電池において，素焼き板を用いる2つの理由がわかる。
- [ ] 充電して繰り返し使うことができる電池を二次電池，できない電池を一次電池という。
- [ ] 鉛蓄電池の模式図をかくことができる。
- [ ] 鉛蓄電池の，放電・充電時の各電極での反応を書くことができる。
- [ ] 燃料電池の各極で起きている反応を書くことができる。

電池の反応式の立てかた
覚えなきゃなぁ……

そんなタメ息つかないで
頑張っておくれよ～

Chapter

8

電気分解

電気分解

はじめに

Chapter 7で学んだ電池は，このような流れで電気を取り出していました。
「化学反応が起こる」→「電子が移動する」→「電気を取り出す」
一方，このChapterで勉強する電気分解は，逆の流れで化学反応を起こします。
「電気を流す」→「電子が移動する」→「化学反応を起こす」

電気分解を用いることによって，
普通では合成しにくい物質を合成することができるようになります。
（例えば，水酸化ナトリウムNaOH，銅Cu，ナトリウムNa，アルミニウムAl，
カルシウムCa，カリウムK，マグネシウムMgなど）

このChapterで大事なのは，次の3つです。

- 陰極と陽極でなにが生成されるか？
- 流れた電気量はどれだけか？
- （電気量から）どれだけの量の化合物が得られるかが計算できるか？

さぁ，さっそく始めましょう。

この章で勉強すること

まずは，陰極と陽極でそれぞれ，どのような反応が起こるかを学びます。
次に，流した電気量を用いて，
どれだけの物質量の物質が，両極で生成するかを計算していきます。

Q. 電気分解ってなんだろう？

「化学反応が起こる」→「電子が移動する」→「電気を取り出す」

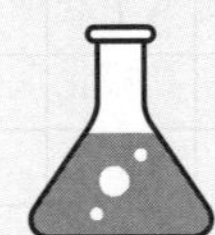

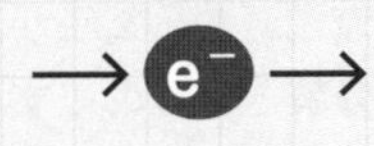

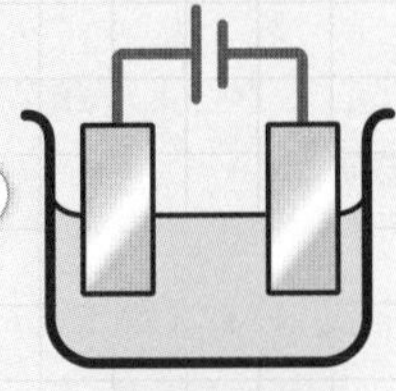

「電気を流す」→「電子が移動する」→「化学反応を起こす」

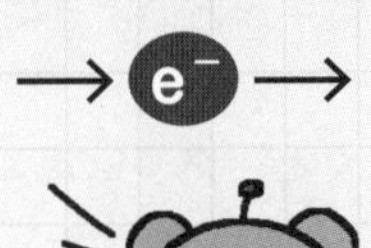

電気分解

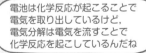

電池は化学反応が起こることで
電気を取り出しているけど，
電気分解は電気を流すことで
化学反応を起こしているんだね

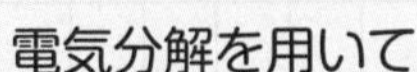

電気分解を用いて
生成されるものの例…NaOH，Cu，Na，Al，Ca，K，Mg

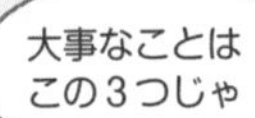

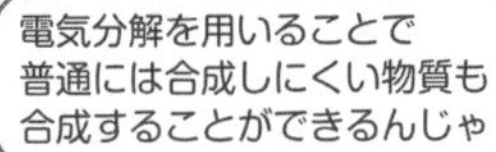

電気分解を用いることで
普通には合成しにくい物質も
合成することができるんじゃ

- 陰極と陽極でなにが生成されるか？
- 流れた電気量はどれだけか？
- (電気量から) どれだけの量の化合物が得られるかが計算できるか？

8-1　電気分解とは？

ココをおさえよう！

電源の負極側が陰極，正極側が陽極。

電池のときと同じく，電解質の水溶液に2本の電極を入れ，それを導線でつなげます。
電池のときと違うところは，導線の途中に直流電源を取りつけることです。
こうすることで直流電源から電子が流れ，両極で酸化還元反応が起こります。
この操作を，**電気分解**というのです。

電源の負極と接続した電極が**陰極**，電源の正極と接続した電極が**陽極**です。
（これは定義なので，暗記するしかありません）

さて，陰極と陽極では，それぞれ酸化と還元どちらの反応が起こるでしょうか？
それは，電源から電子がどのように流れるかによって決まります。

電源を回路につなぐと，電子は電源の負極から出て，正極に戻ります（電流の向きと逆です）。
つまり負極から出た電子が陰極にいくので，陰極では電子を受け取る反応が起こります。
ということは，還元反応が起きる，ということですね。

陰極：$M^{+} + ne^{-} \longrightarrow M$（**還元反応**）

一方，電源の正極には，電子が流れ込んできますので，
陽極からは電子が放出される反応が起こります。
ということは，酸化反応が起きる，ということですね。

陽極：$X^{-} \longrightarrow X + ne^{-}$（**酸化反応**）

Point…電気分解の反応

◎ **陰極**……電源の負極につないだ側。
還元反応が起こる（電子を得る）。

◎ **陽極**……電源の正極につないだ側。
酸化反応が起こる（電子を失う）。

電気分解の方法

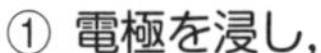

③ 直流電源を取りつける。

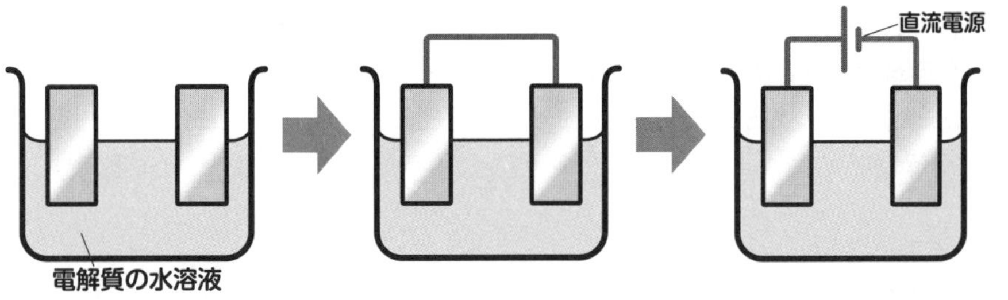

電極の名称

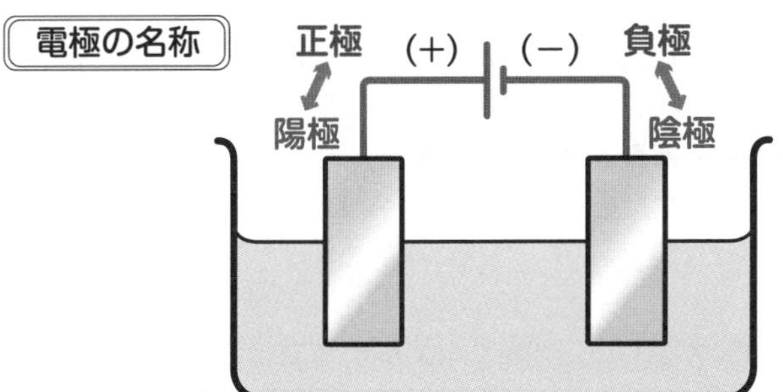

両極での反応

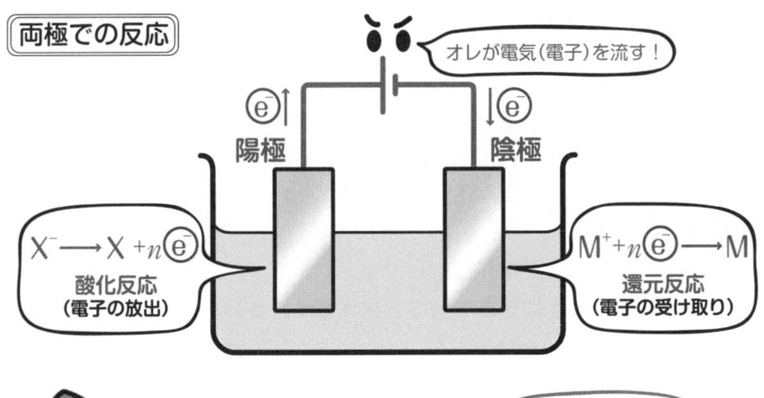

8-2 電極での反応［陰極］

ココをおさえよう！

陰極での反応は，水溶液にCu^{2+}，Ag^+が含まれているかどうかで判断する！

電気分解の問題で必ず問われるのが,「各極でどんな反応が起きるか」という問題です。

考えるポイントは，たった2つです。

- **電極**（どんな電極が使われているか？）
- **水溶液**（どんな水溶液が使われているか？）

ここでは，陰極でどのような反応が起こるかを勉強していきましょう。

陰極では，実は電極について考える必要がありません。
どのような水溶液が使われているか，を考えるだけでいいのです。
次の2ステップで考えます。

ステップ①：水溶液に銅(Ⅱ)イオンCu^{2+}，銀イオンAg^+が含まれているか？

水溶液にどちらかが含まれていた場合，次のような反応が電極で起こります。

$$Cu^{2+} + 2e^- \longrightarrow Cu$$
$$Ag^+ + e^- \longrightarrow Ag$$

Cu^{2+}やAg^+はイオン化傾向がHより小さく，還元されやすいからです。
この2つの金属イオンが含まれていない場合は，ステップ②へ進んでください。

ステップ②：水が反応する。

ステップ①の条件でない場合，水が反応します。
まずは，**水溶液が酸性のときに起こる反応を覚えてください。**

$$2H^+ + 2e^- \longrightarrow H_2\uparrow$$

もし水溶液が中性や塩基性の場合，H^+はほとんど存在しませんので，
両辺に$2OH^-$を加えて水が反応している反応式にしてください。

$$2H_2O + 2e^- \longrightarrow H_2\uparrow + 2OH^-$$

各極でどんな反応が起きているか考えよう。

8

考えるべきポイントは2つ

- ・電極
- ・水溶液

2ステップなら
ボクにもできそう

陰極 … 次の2ステップで考えればよい。
（電極については考えなくてよい）

ステップ①【水溶液にCu^{2+}，Ag^{+}が含まれているか？】

含まれている場合，次の反応が起こる。

$$Cu^{2+} + 2e^{-} \longrightarrow Cu$$
$$Ag^{+} + e^{-} \longrightarrow Ag$$

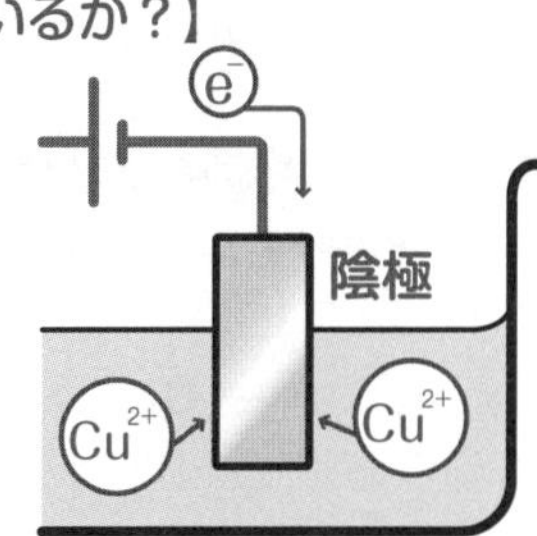

ステップ②【水が反応する】

まず，この式を
覚える

水溶液が**酸性**の場合

$$2H^{+} + 2e^{-} \longrightarrow H_2\uparrow$$

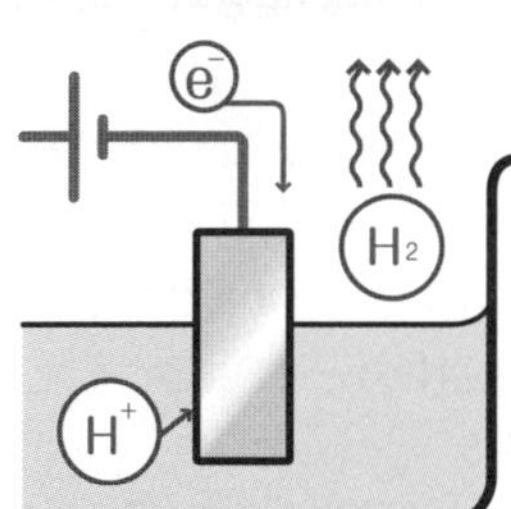

酸性ってことは
H^{+}が多いって
ことだもんね

上の式の両辺に
$2OH^{-}$を加えた式

水溶液が**中性・塩基性**の場合

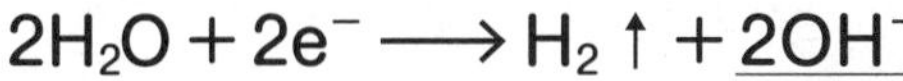

$$2H_2O + 2e^{-} \longrightarrow H_2\uparrow + \underline{\underline{2OH^{-}}}$$

という反応が起こる。

塩基性の OH^{-}が
出てくることに注目じゃ

8-3 電極での反応［陽極］

ココをおさえよう！

陽極での反応は，電極，水溶液の順に考えていく。

陽極での反応は，次の3ステップで考えていきます。

ステップ①：電極に銅Cu，銀Agが使われているか？

電極にCuやAgが使われている場合，それ自身が反応します。

$$Cu \longrightarrow Cu^{2+} + 2e^-$$
$$Ag \longrightarrow Ag^+ + e^-$$

そうでない場合は，ステップ②に進みます。

ステップ②：水溶液に塩化物イオンCl^-が含まれているか？

Cl^-は水よりも酸化されやすいので，Cl^-が含まれている場合は塩素Cl_2が発生します。

$$2Cl^- \longrightarrow Cl_2\uparrow + 2e^-$$

そうでない場合は，ステップ③に進みます。

ステップ③：水が反応する。

ステップ①，②の条件でない場合，水が反応します。
まずは，水溶液が塩基性の場合の反応式を覚えましょう。
（$4OH^- \longrightarrow O_2$だけ覚えて，半反応式の作りかたに沿って反応式を作ることもできます）

$$4OH^- \longrightarrow O_2\uparrow + 2H_2O + 4e^-$$

もし水溶液が中性や酸性の場合，OH^-はほとんど存在していないので，
両辺に$4H^+$を加えて反応式を完成させます。

$$4H_2O \longrightarrow O_2\uparrow + 2H_2O + 4e^- + 4H^+$$
$$\Rightarrow\ 2H_2O \longrightarrow O_2\uparrow + 4e^- + 4H^+$$

陽極 …次の3ステップで考えればよい。

電極について
考える分，
1ステップ増えて
おるんじゃな

8

ステップ①【電極にCu, Agが使われているか？】

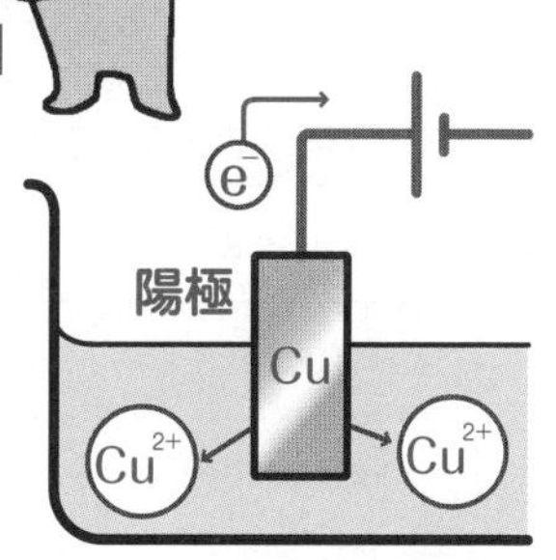

電極にCuやAgが使われている場合，
それ自身が反応する。

$$Cu \longrightarrow Cu^{2+} + 2e^-$$
$$Ag \longrightarrow Ag^+ + e^-$$

ステップ②【塩化物イオンCl^-が含まれているか？】

塩化物イオンCl^-が含まれている場合，
塩素Cl_2が発生する。

$$2Cl^- \longrightarrow Cl_2\uparrow + 2e^-$$

ステップ③【水が反応する】

まず，この式を
覚える

水溶液が**塩基性**の場合

$$4OH^- \longrightarrow O_2\uparrow + 2H_2O + 4e^-$$

水溶液が**中性・酸性**の場合

上の式の両辺に
$4H^+$を加えた式

$$4H_2O \longrightarrow O_2\uparrow + 2H_2O + 4e^- + 4H^+$$

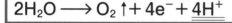

$$2H_2O \longrightarrow O_2\uparrow + 4e^- + \underline{\underline{4H^+}}$$

今度は酸性の
H^+が出てくるね

この流れを
頭にたたき込む
のじゃ！

電気分解の電極での反応を右ページにまとめましたので，確認しておいてください。
では練習問題です。

問 次の表の反応について（ ア ）～（ ク ）の反応を書きなさい。

水溶液	電極	反応式
$CuCl_2$ 水溶液	陽極 C	（ ア ）
	陰極 C	（ イ ）
NaCl 水溶液	陽極 C	（ ウ ）
	陰極 Fe	（ エ ）
$CuSO_4$ 水溶液	陽極 Cu	（ オ ）
	陰極 Cu	（ カ ）
NaOH 水溶液	陽極 Pt	（ キ ）
	陰極 Pt	（ ク ）

解きかた まずは陰極についてすべて考えてみましょう。
陰極は，極板については無視してかまいません。
水溶液中にイオン化傾向がHより小さい金属イオンが溶けていたらそれが析出します。
（ カ ）は，極のCuではなく水溶液中のCu^{2+}が反応しています。
それ以外では水素H_2が発生しますが，酸性の水溶液とそれ以外の場合の2パターンあることに注意しましょう。

（ イ ） $Cu^{2+}+2e^- \longrightarrow Cu$　（ エ ） $2H_2O+2e^- \longrightarrow H_2+2OH^-$

（ カ ） $Cu^{2+}+2e^- \longrightarrow Cu$　（ ク ） $2H_2O+2e^- \longrightarrow H_2+2OH^-$

続いて陽極についてすべて考えてみましょう。
陽極はまずは極板について考えます。
電源から強い力で電子が引き寄せられるため，Pt，C以外の物質が電極に用いられると，無理やりイオン化させられてしまいます。そのため電極がCuやAgの場合はイオン化させられます。
水溶液に塩化物イオンCl^-が含まれている場合は塩素Cl_2が発生します。
それ以外では酸素O_2が発生しますが，水溶液中にOH^-が多い場合とそれ以外の場合の2パターンあることに注意しましょう。

（ ア ） $2Cl^- \longrightarrow Cl_2+2e^-$　（ ウ ） $2Cl^- \longrightarrow Cl_2+2e^-$

（ オ ） $Cu \longrightarrow Cu^{2+}+2e^-$　（ キ ） $4OH^- \longrightarrow 2H_2O+O_2+4e^-$

8

電気分解のまとめ

	極板	水溶液中にあるイオン	反応
陰極	Pt，C，Cu，Ag，Fe	Cu^{2+}やAg^{+} 【Hよりイオン化傾向が小さい＝イオンでいたくない】	$Cu^{2+}+2e^{-} \longrightarrow Cu$ $Ag^{+}+e^{-} \longrightarrow Ag$
		H^{+}（酸の水溶液）	$2H^{+}+2e^{-} \longrightarrow H_2$
		それ以外（Na^{+}や，K^{+}，Al^{3+}など） 【Hよりイオン化傾向が大きい＝イオンのままでいたい】	$2H_2O+2e^{-} \longrightarrow H_2+2OH^{-}$ （水分子が還元される）
極板は無視。イオン化傾向がHより小さいものが水溶液中にイオンとしてあるとその金属が析出。それ以外はH_2が発生。			

	極板	水溶液中にあるイオン	反応
陽極	Cu，Ag	Cu^{2+}，Ag^{+}やNO_3^{-}，SO_4^{2-}など	$Cu \longrightarrow Cu^{2+}+2e^{-}$ $Ag \longrightarrow Ag^{+}+e^{-}$
	C	Cl^{-}	$2Cl^{-} \longrightarrow Cl_2+2e^{-}$
	Pt，C	OH^{-}（塩基の水溶液）	$4OH^{-} \longrightarrow 2H_2O+O_2+4e^{-}$
		NO_3^{-}，SO_4^{2-}など	$2H_2O \longrightarrow O_2+4H^{+}+4e^{-}$ （水分子が酸化される）
極板がCu，Agのときは極板が反応してとける。水溶液にCl^{-}が含まれていたらCl_2が発生。それ以外は酸素O_2が発生。			

陽極は極板にも
注意するんだね

PtやCじゃないと，
電源の力で無理に
酸化されるんじゃ

〈問〉の答え

水溶液	電極	反応式
$CuCl_2$水溶液	陽極　C	$2Cl^{-} \longrightarrow Cl_2+2e^{-}$
	陰極　C	$Cu^{2+}+2e^{-} \longrightarrow Cu$
NaCl水溶液	陽極　C	$2Cl^{-} \longrightarrow Cl_2+2e^{-}$
	陰極　Fe	$2H_2O+2e^{-} \longrightarrow H_2+2OH^{-}$
$CuSO_4$水溶液	陽極　Cu	$Cu \longrightarrow Cu^{2+}+2e^{-}$
	陰極　Cu	$Cu^{2+}+2e^{-} \longrightarrow Cu$
NaOH水溶液	陽極　Pt	$4OH^{-} \longrightarrow 2H_2O+O_2+4e^{-}$
	陰極　Pt	$2H_2O+2e^{-} \longrightarrow H_2+2OH^{-}$

別冊でも
確認だっ！

ここまでやったら
別冊 P. 52へ

8-4 電気量と，電子の物質量の関係

ココをおさえよう！

流れた電気量〔C〕(クーロン) を96500〔C/mol〕で割ると，流れたe^-の物質量〔mol〕になる。

両極でどのような反応が起こって，どのような物質ができるかはわかったと思います。続いては電流と物質量についての説明をしていきましょう。

電気分解は外部から電流を流す (電子を無理やり移動させる) ことで，化学反応を起こすのですから，どれだけ電流を流せばどれだけの物質量の物質ができるかを知っておかねばなりません。
ですので，流れた**電気量(電子の量) も物質量〔mol〕に直さねばなりません。**
電気量とは　電流〔A〕(アンペア)×時間〔秒〕　で求められる値で
単位は**クーロン**〔C〕です。
つまり

電気量〔C〕＝電流〔A〕×時間〔秒〕

ということです。

さて，電子e^-は，1個1個同じ電気量をもっています。
よって，電子e^-が1mol流れたときの電気量は，次のような式で求めることができます。

$$\underbrace{1.602\times10^{-19}\,[\mathrm{C}]}_{\text{電子}e^-\text{1個あたりの電気量の絶対値}}\times\underbrace{6.022\times10^{23}\,[/\mathrm{mol}]}_{\text{1molあたりの電子の数（アボガドロ定数）}}\fallingdotseq \mathbf{96500\,[C/mol]}$$

この**96500C/mol**という値は**ファラデー定数**といいます。
1molあたりの電気量が96500Cなので，流れた電気量〔C〕を96500で割れば，流れた電子e^-の物質量〔mol〕がわかるというわけです。

電流の単位
〔A〕(アンペア)
電気量の単位
〔C〕(クーロン)
電流の向き
電子
電流〔A〕と電流を流した
時間〔秒〕がわかれば
電気量〔C〕を求められるぞい
電気量〔C〕
＝電流〔A〕×時間〔秒〕
だね
e⁻が 1mol のとき 96500C
965C なら 0.01mol
9650C なら 0.1mol
電気量を 96500 で割れば
電子 e⁻の物質量が
わかるんじゃ

8-5 電気分解の生成量

ココをおさえよう！

流れたe^-の物質量〔mol〕$=\dfrac{\text{電流〔A〕×時間〔秒〕}}{\text{96500〔C/mol〕}}$

さて，p.212の電気量〔C〕と物質量〔mol〕の関係性をふまえ，流した電流〔A〕と時間〔秒〕がわかっているときに，どれだけ物質が生成するのかを見ていきましょう。

電気分解の問題にはよく，このような決まり文句が出てきます。
「2Aの電流を32分10秒間流したとき，各極に析出（発生）する物質は何gか？」

流す電流や時間の値は変わりますが，このような内容の問題がよく出題されます。
今回は2ステップで答えを求めていきましょう。

ステップ①：電流〔A〕×時間〔秒〕÷96500〔C/mol〕を計算する。←流れたe^-の物質量〔mol〕

与えられた条件を使ってこの計算をすると，
流れた電子e^-の物質量〔mol〕がわかります。
注意すべき点は，時間を「秒」に直してから計算をする必要があるということです。

2〔A〕× 1930〔s〕÷ 96500〔C/mol〕= 0.04〔mol〕

32分10秒＝1930秒

ステップ②：析出する物質の物質量〔mol〕を出す。

今回は，陰極で $Cu^{2+} + 2e^- \longrightarrow Cu$ という反応が起きているとします。
これはつまり，「電子e^-が2つ流れると，Cuが1つできる」ということです。
すなわち，「e^-が2mol流れると，Cuが1mol析出する」ということなので，
e^-が0.04mol流れると，Cuは0.02mol析出します。
ということは，析出するCuの質量は，
Cuのモル質量が63.5g/molなので

63.5g/mol × 0.02mol = 1.27〔g〕 …答

となるのです。陽極での反応も同様にして解くことができます。
別冊で問題を解いて練習してみましょう。

流した電流と時間から，物質がどれだけ生成されるかを求める

8

例えば　$Cu^{2+} + 2e^- \longrightarrow Cu$　という反応で

「**2Aの電流を32分10秒**流すと，Cuは何mol析出するか？」

ステップ①【電流〔A〕×時間〔秒〕÷96500〔C/mol〕　を計算する】

$$\underbrace{2}_{\text{電流〔A〕}} \times \underbrace{1930}_{\text{時間〔秒〕}} \div 96500 = \underbrace{0.04〔mol〕}_{\text{流れた}e^-\text{の物質量}}$$

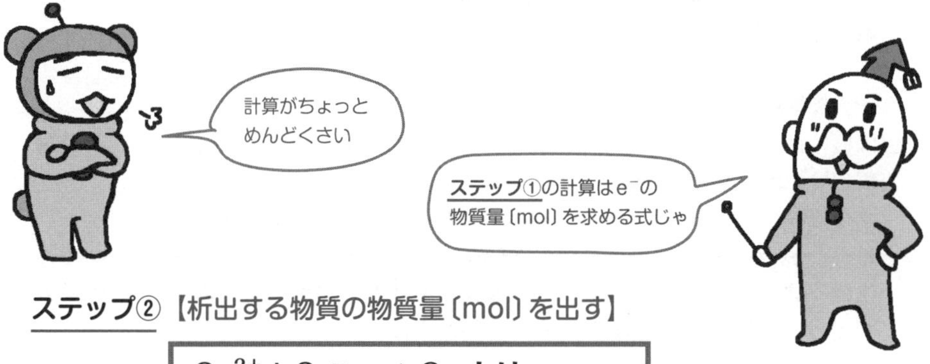

計算がちょっと
めんどくさい
ステップ①の計算はe^-の
物質量〔mol〕を求める式じゃ

ステップ②【析出する物質の物質量〔mol〕を出す】

$Cu^{2+} + 2e^- \longrightarrow Cu$より
電子2molでCu 1molだから
電子0.04molでCuは 0.02mol

ここまでやったら
別冊 P. 53へ

8-6 電気分解の応用

ココをおさえよう！

電源の力を使う電気分解は，物質を生成するのに利用できる。

・NaCl水溶液の電気分解でNaOH水溶液を得る

陽イオンだけを通す**陽イオン交換膜**で左右を仕切り，陽極側は塩化ナトリウムNaCl水溶液，陰極側は水で満たし，電流を流します。

すると陽極では　$2Cl^- \longrightarrow Cl_2 + 2e^-$　の反応が起こり，塩素Cl_2が発生します。

陰極では　$2H_2O + 2e^- \longrightarrow H_2 + 2OH^-$　の反応が起こり，水素H_2が発生します。

ナトリウムイオンNa^+は膜を通って陰極側に自由に移動しますが，イオン化傾向が大きい（陽イオンのままでいたい）ので，陰極で析出はしません。

そうすると，陰極側でNa^+とOH^-が増えることから水酸化ナトリウムNaOH水溶液が得られます。

・銅の電解精錬

陽極に金Auや銀Agなどの不純物を含む粗銅を用い，陰極に純銅を用いて，硫酸銅（Ⅱ）$CuSO_4$水溶液で満たします。

陽極では　$Cu \longrightarrow Cu^{2+} + 2e^-$　の反応が起こり，粗銅が溶けます。

このとき，粗銅に含まれる金Auや銀Agは陽極の下に沈殿します（**陽極泥**(でい)という）。

陰極では　$Cu^{2+} + 2e^- \longrightarrow Cu$　の反応が起こり，純度の高い銅Cu（99.99％）が析出します。これを銅の**電解精錬**といいます。

・溶融塩電解

K^+やCa^{2+}やNa^+やMg^{2+}やAl^{3+}などを含む水溶液を電気分解しても，それらの金属は陰極で析出しません。

イオン化傾向が大きい金属イオンはイオンでいたいため，陰極ではH^+や水H_2Oが反応して水素H_2が発生してしまうためです。

そういった**金属の塩**(えん)**や酸化物を高温にして液体にし，それを電気分解することで金属単体を得る方法**を**溶融塩電解**(ようゆうえんでんかい)（**融解塩電解**(ゆうかいえんでんかい)）といいます。

例えば塩化ナトリウムNaClを溶融塩電解すると，陰極で　$Na^+ + e^- \longrightarrow Na$　の反応が起こり単体のナトリウムNaが得られます。

酸化アルミニウムAl_2O_3を溶融塩電解すると，陰極で　$Al^{3+} + 3e^- \longrightarrow Al$　の反応が起こり単体のアルミニウムAlが得られます。

Al_2O_3はとても融点が高いので，氷晶石(ひょうしょうせき)（融剤）を加えて融点を下げます。

NaCl 水溶液 $\xrightarrow{\text{電気分解}}$ NaOH 水溶液

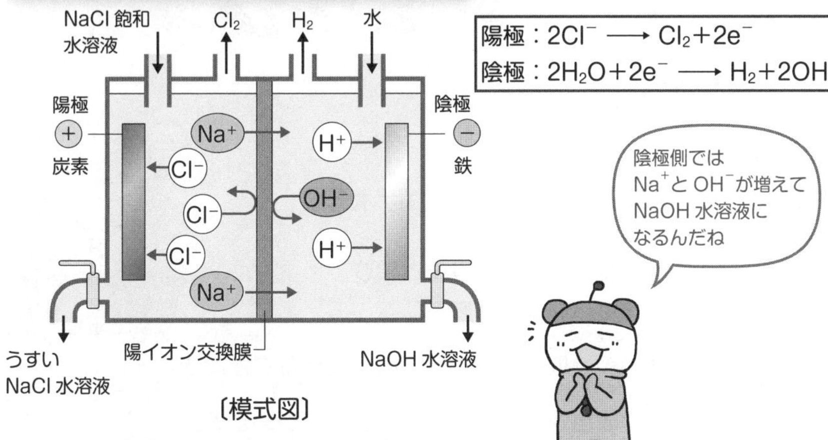

陽極：$2Cl^- \longrightarrow Cl_2 + 2e^-$

陰極：$2H_2O + 2e^- \longrightarrow H_2 + 2OH^-$

〔模式図〕

銅の電解精錬

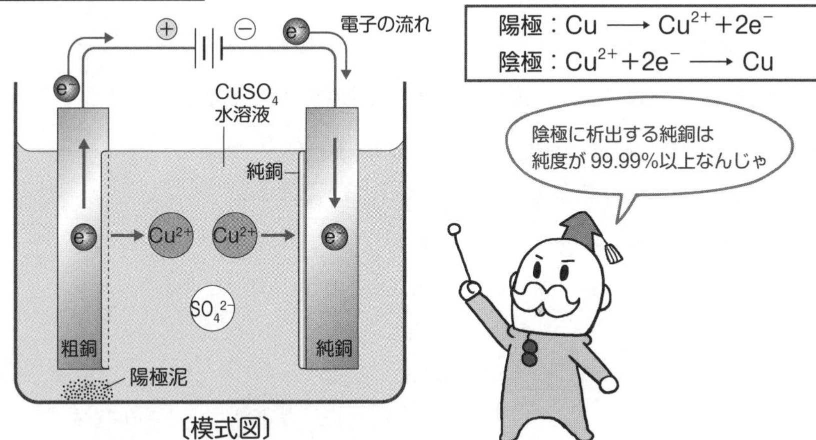

陽極：$Cu \longrightarrow Cu^{2+} + 2e^-$

陰極：$Cu^{2+} + 2e^- \longrightarrow Cu$

〔模式図〕

溶融塩電解 … イオン化傾向が大きく，水溶液の電気分解で析出しない金属の塩や酸化物を，高温にして液体にし，それを電気分解して金属の単体を得る方法。

NaCl $\xrightarrow{\text{溶融塩電解}}$ $Na^+ + e^- \longrightarrow$ Na（陰極）

Al_2O_3 $\xrightarrow{\text{溶融塩電解}}$ $Al^{3+} + 3e^- \longrightarrow$ Al（陰極）

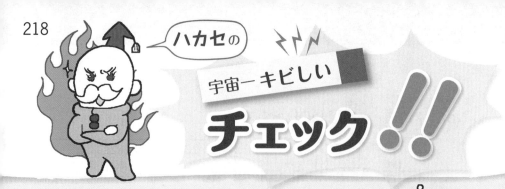

ハカセの宇宙一キビしいチェック!!

理解できたものに，☑チェックをつけよう。

- [ ] 電源の負極と接続した電極を陰極と呼び，正極と接続した電極を陽極と呼ぶ。
- [ ] 陰極では電子の受け取りが起こるため，還元反応が起きる。
- [ ] 陽極では電子の放出が起こるため，酸化反応が起きる。
- [ ] 電気分解において，陰極でどの物質がどう反応するか，判断できる。
- [ ] 電気分解において，陽極でどの物質がどう反応するか，判断できる。
- [ ] 電気分解において，水が反応する場合に適切な反応式を書くことができる。
- [ ] 電気分解において，電流〔A〕と時間〔秒〕から，流れたe^-の物質量〔mol〕を求めることができる。
- [ ] 流れたe^-の物質量〔mol〕を用いて，析出・発生する物質の物質量〔mol〕を求めることができる。

Chapter

9

化学反応と熱

Chapter 9 化学反応と熱

はじめに

化学反応には熱がつきものです。
なぜなら，化学反応前の物質とあとの物質のエネルギーが違うので，
その分のエネルギー差は多くの場合，
熱として発生したり吸収されたりするからです。

これまでは，化学反応で物質がどう変化するかだけに注目してきました。
ここからは，化学反応式にエネルギー変化が書き加えられます。すると，化学反応における熱の出入りについて知ることができるのです。

この章で勉強すること

エンタルピーとは何か，学ぶことからはじめます。
そして，反応エンタルピーの種類を覚えていきます。
最終的に，未知の反応エンタルピーが計算で求められることがゴールです。

反応熱 …化学反応に伴って，発生または吸収する熱。

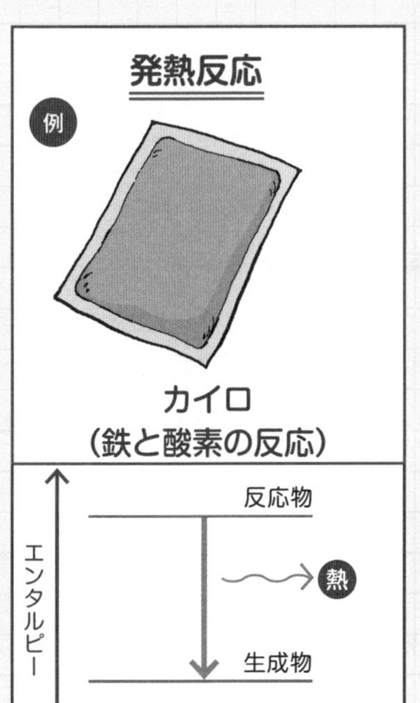

・エンタルピーって，そもそもなに？
・エネルギー図はどうやってかくの？
・反応エンタルピーを求める計算が不得意なんだけど……

そんな人たちのために
わかりやすく説明
したぞぃ
Let's study!!

9-1 物質のエネルギー

ココをおさえよう！

**化学反応式に書かれたΔHの定義は
「（生成物のエネルギー）－（反応物のエネルギー）」**

化学反応式に登場する「ΔH」の定義

これまでは化学反応式だけでしたが，ここでは「ΔH」が追加されます。

$CH_4 + 2O_2 \rightarrow CO_2 + 2H_2O \qquad \Delta H = -891\text{kJ}$

新しい情報が追加されたわけですから，**定義が重要**です。ここでは，

ΔH ＝（生成物のエネルギー）－（反応物のエネルギー）

と考えればOKです。「OKです」と言ったのは，厳密な説明は次の章で説明するからです。

さて，ΔHが与えられていたら，**エネルギーの関係式**と，**エネルギーの関係図**の2つが導けるようになったらOKです。

①エネルギーの関係式
定義どおりに式にするだけです。

$(CO_2 + 2H_2O) - (CH_4 + 2O_2) = -891\text{kJ} < 0$
生成物のエネルギー　反応物のエネルギー　ΔH

②エネルギーの関係図
今回は$\Delta H < 0$だったので，ΔHの定義から，「生成物のエネルギー＜反応物のエネルギー」ということになります。つまり，生成物の方がエネルギーが低いということです。

エネルギー
- $CH_4 + 2O_2$（反応物） ← 高い
- $CO_2 + 2H_2O$（生成物） ← 低い

この差が891kJということなので，次のようなエネルギー関係にあることがわかります。

エネルギー
- $CH_4 + 2O_2$
- $CO_2 + 2H_2O$

差は891kJ

これをΔHから導けるようになれば，どんな問題も解けますよ！

9

エンタルピー変化を表す式

$$CH_4 + 2O_2 \longrightarrow CO_2 + 2H_2O \qquad \Delta H = -891\ \text{kJ}$$

化学反応式

ΔHの定義

ΔH ＝（生成物のエネルギー）－（反応物のエネルギー）

質量パーセント濃度やモル濃度でもそうじゃったが。

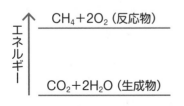

ΔHから導けるようになりたいこと…

①エネルギーの関係式

$$(CO_2 + 2H_2O) - (CH_4 + 2O_2) = -891\ \text{kJ} < 0$$

生成物のエネルギー　反応物のエネルギー　ΔH

②エネルギーの関係図

$\Delta H<0$ だから，生成物＜反応物

この差が 891 kJ である

エネルギー

CH_4+2O_2（反応物）

CO_2+2H_2O（生成物）

エネルギー

CH_4+2O_2（反応物）

891〔kJ〕

CO_2+2H_2O（生成物）

9-2 エンタルピーとは？

ココをおさえよう！

エンタルピーとは，一定の圧力，温度において物質の持つエネルギーのこと

これまで「エネルギー」という言葉を使ってきましたが，教科書では「**エンタルピー**」というムズカシイ言葉が出てきます。

結論から言うと，「エンタルピー」は「エネルギー」だと思って問題ありません。単位もkJです。では，なぜエンタルピーという言葉を使うのでしょうか？

化学エネルギーとは？

そもそも，化学エネルギー（物質の持つエネルギー）とはなんでしょうか？

ひとつは，化学結合が持っているエネルギーです。
例えば，グルコースが完全燃焼して，水と二酸化炭素になる際，グルコース内の原子間の結合より，水と二酸化炭素内のほうが安定しているので，反応によって差分のエネルギーが熱として放出されます。

また，物質の運動が持つエネルギーもあります。
例えば，気体分子は空間を飛び回ったり回転したりしており，エネルギーを持っています。

こういったものの総和が化学エネルギーなのです。

圧力が高いと，化学エネルギーは高くなる

特に，**物質の運動が持つエネルギーは，圧力や温度によって変わる**ことは想像がつくでしょう。圧力が高く，温度が高いほうが，エネルギーは高いです。よって，

木材 → 灰　Δエネルギー ＝ －100kJ

のように，反応物と生成物のエネルギー差を求めたい場合，**反応物と生成物のエネルギーは，同じ温度・圧力のもとでなければならない，ということになります**。

一定の圧力，温度において物質の持つエネルギー ＝ エンタルピー

このように，**一定の圧力，温度において物質の持つエネルギーを，エンタルピーと呼びます**。エンタルピーと言えば，わざわざ「一定の圧力，温度における物質の持つエネルギーは…」などと言わずに済み，便利ですね。

エンタルピーとは？

エネルギーだと思っていれば問題ない

ムズカシイ言葉でニガテ意識を感じるなあ…

ニガテとな!?

9

化学エネルギー（化学物質のもつエネルギー）とは…

例 1：化学結合の持つエネルギー

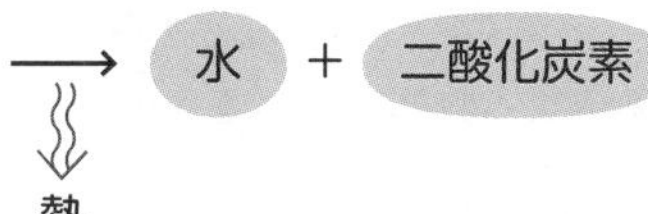

例 2：物質の運動が持つエネルギー

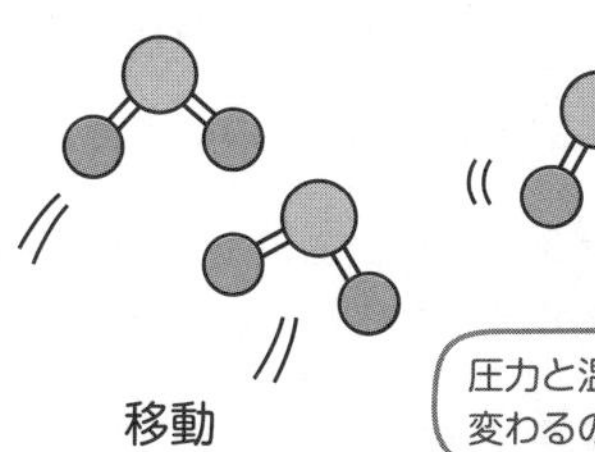

圧力と温度によって変わるのぅ…

エネルギーを測定するぞ!!

同じ圧力・温度のもとで測定しないといけない！

反応前	反応後
グルコース ＋ 酸素	水 ＋ 二酸化炭素
エネルギー測定中！ ピピピ よし 測定するぞ	ここで測定完了!! ウム！同じ圧力・温度じゃ

改めて

エンタルピーとは？

一定の圧力・温度において物質の持つエネルギーのこと

ここまでやったら 別冊 P. 55へ

9-3 反応エンタルピーの種類

ココをおさえよう！

化学反応や状態変化の前後で，物質のもつエンタルピーは変化する

反応エンタルピー

反応式にエンタルピー変化を書き入れる際，何が1mol反応した（生成した）ときのエンタルピー変化か，ルールを決めておかねばなりません。

次の4つのエンタルピーについて押さえておきましょう。

・**燃焼エンタルピー**…物質1molが完全に燃焼（酸素O_2と反応）し，CO_2とH_2Oになるときのエンタルピーのこと。つまり，燃焼する物質の係数を1とします。

例：C_2H_6（気）＋$\frac{7}{2}O_2$（気）→ $2CO_2$（気）＋$3H_2O$（液）　$\Delta H = -1561$kJ
（C_2H_6：係数1）

・**生成エンタルピー**…物質1molが，その成分元素の安定な単体から生成するときのエンタルピーのこと。つまり，生成する物質の係数を1とします。

例：C（黒鉛）＋$2H_2$（気）＋$\frac{1}{2}O_2$（気）→ CH_3OH（液）　$\Delta H = -239$kJ
（C（黒鉛），$2H_2$（気），$\frac{1}{2}O_2$（気）：単体　CH_3OH：係数1）

・**溶解エンタルピー**…物質1molが，水などの多量の溶媒に溶けるときのエンタルピーのこと。つまり，溶ける物質の係数を1とします。
例：NaOH（固）＋aq → NaOHaq　$\Delta H = -44.5$kJ
（NaOH：係数1）

・**中和エンタルピー**…酸と塩基の各水溶液が中和して，水（H_2O）が1mol生じるときのエンタルピーのこと。つまり，水（H_2O）の係数を1とします。
例：HClaq＋NaOHaq → NaClaq＋H_2O（液）　$\Delta H = -56.5$kJ
（H_2O：係数1）

状態変化と熱

状態変化にも熱の出入りが伴います。化学反応と同様に，式にエンタルピーの変化を付した式で表せます。
このエンタルピー変化は，物質1molが状態変化したときの値です。

①融解エンタルピー…固体が液体に変化する（融解）ときのエンタルピー
②蒸発エンタルピー…液体が気体に変化する（蒸発）ときのエンタルピー
③凝縮エンタルピー…気体が液体に変化する（凝縮）ときのエンタルピー
④凝固エンタルピー…液体が固体に変化する（凝固）ときのエンタルピー

反応エンタルピーを覚えよう！

〈燃焼エンタルピーのポイント〉
- 燃焼とは，O_2と反応してCO_2とH_2Oを生じさせること。
- **燃焼する物質の係数を1**とする。

〈生成エンタルピーのポイント〉
- 成分元素の安定な**単体から**生成するときに出入りする熱量のこと。
- **生成する物質の係数を1**とする。

〈溶解エンタルピーのポイント〉
- “aq” が多量の水を表す。
- **溶ける物質の係数を1**とする。

〈中和エンタルピーのポイント〉
- 酸・塩基の各水溶液の種類により，値が異なる。
- **水(H_2O)の係数を1**とする。

状態変化と熱

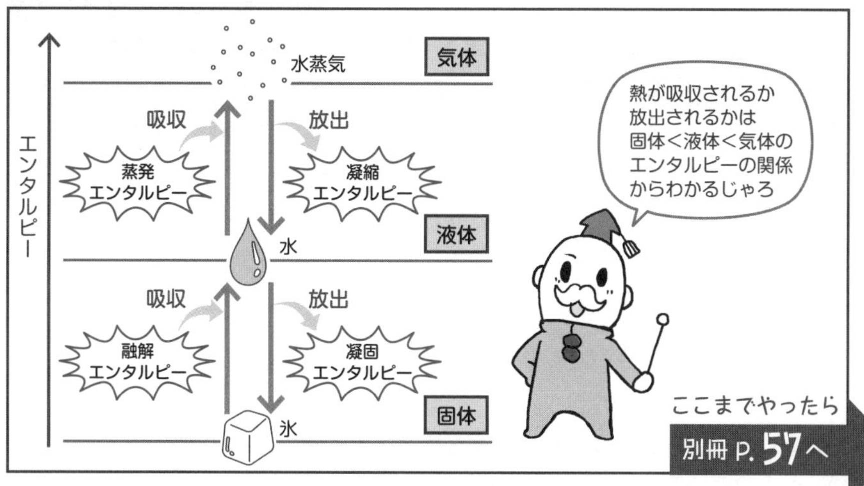

ここまでやったら
別冊 P. 57へ

9-4　エンタルピー変化（ΔH）を化学反応式に書き入れる

ココをおさえよう！

化学反応式にエンタルピー変化（ΔH）を入れるには，3ステップを踏めばよい

これまでは「化学反応式とエンタルピー変化から，事象をイメージしてきた」のですが，ここでは「事象から，化学反応式とエンタルピー変化が書ける」ようになりましょう。

『エタノールC_2H_5OH（液）1 molが完全に燃焼して二酸化炭素と水（液）を生じるとき，1368 kJの熱を発生する』

ステップ①：どの反応エンタルピーか？

どの反応エンタルピーかによって，基準にする（係数を1にする）物質が決まります。今回は「完全燃焼」とあるので，燃焼エンタルピーです。

ステップ②：化学反応式を書く（基準の化合物の係数は1）

化学反応式を書きます。燃焼エンタルピーを書き入れるので，エタノールの係数を1にします。今回はすべての係数が整数ですが，分数になっても構いません。

$C_2H_5OH + 3O_2 \rightarrow 2CO_2 + 3H_2O$

ステップ③：発熱・吸熱から，エンタルピー変化（ΔH）の符号を決める

最後に，化学反応式にエンタルピー変化を書き入れるわけですが，符号に注意しなければなりません。そのために，**エンタルピー変化を表す式**を立てる必要があります。

発熱は「エネルギーの高い反応物が，エネルギーの低い生成物になったときに**エネルギーが放出されたこと**」を意味します。つまり，エネルギーの大小関係は「反応物＞生成物」なので，生成物にエネルギーを加えればイコールになります。よって，

（反応物のエンタルピー）＝（生成物のエンタルピー）＋ 1368 kJ

です。この関係式が書ければ，定義から「エンタルピー変化（ΔH）＝（生成物のエンタルピー）－（反応物のエンタルピー）」なので，移項して，

（生成物のエンタルピー）－（反応物のエンタルピー）＝－1368kJ

とできます。よって，

$C_2H_5OH + 3O_2 \rightarrow 2CO_2 + 3H_2O \quad \Delta H = -1368\ \mathrm{kJ}$

と表せるのです。

「**発熱だから符号はプラス，吸熱だから符号はマイナス**」になりそうな気がしますが，そうでないことに注意しましょうね。

C_2H_5OH（液）1molを完全に燃焼して，CO_2とH_2O（液）を生じるとき，1368kJの熱が発生！

9

ステップ① 与えられている反応エンタルピーはどれか？

生成エンタルピー　溶解エンタルピー　中和エンタルピー

ステップ② 化学反応式を書く

燃焼エンタルピーじゃから，C_2H_5OHの係数が1なんじゃ

$$C_2H_5OH + 3O_2 = 2CO_2 + 3H_2O$$

係数1（基準）

ステップ③ 発熱，吸熱からエンタルピー変化（ΔH）の符号を決める

…（反応物のエンタルピー）＞（生成物のエンタルピー）

…だから熱が発生，エンタルピーは減少

（反応物のエンタルピー）＝（生成物のエンタルピー）＋ 1368 kJ

…の関係にする

（生成物のエンタルピー）－（反応物のエンタルピー）＝ －1368 kJ

$$C_2H_5OH + 3O_2 \longrightarrow 2CO_2 + 3H_2O \qquad \Delta H = -1368\ \text{kJ}$$

9-5 ヘスの法則

ココをおさえよう！

「エンタルピーの関係式」を立てれば，未知のエンタルピーは連立方程式のように求められる。

ヘスの法則とは，『反応エンタルピーは途中の反応の経路に無関係に決まる。』という法則です。スイス生まれの化学者ジェルマン・アンリ・ヘスが発見しました。なんだか小難しい法則のように見えますが，みなさんはこの法則を，「反応エンタルピーは，連立方程式のように計算できる。」といい換えられると思っていればいいでしょう。

ヘスの法則があるおかげで，簡単にエンタルピーの問題を解くことができるのです。

次の例題をもとに3ステップで解いてみましょう。

<問>
下に示す3つのエンタルピー変化を表す式を用いて，アセチレンC_2H_2の生成エンタルピーを求めよ。

$H_2 + \frac{1}{2}O_2 \rightarrow H_2O$（液）　$\Delta H = -286$kJ　…①

C（黒鉛）＋ $O_2 \rightarrow CO_2$　$\Delta H = -394$kJ　…②

C_2H_2（気）＋ $\frac{5}{2}O_2 \rightarrow 2CO_2 + H_2O$（液）　$\Delta H = -1300$kJ　…③

次の3ステップで答えを出しましょう。

ステップ①：求めたいエンタルピー変化を表す式を書く。
求めたいのは，アセチレンC_2H_2（気）の生成エンタルピーです。
生成エンタルピーとは，「物質1molが，その成分元素の安定な単体から生成するときのエンタルピー変化」でしたので，次のように表せます。

2C（黒鉛）＋ $H_2 \rightarrow C_2H_2$（気）　$\Delta H = Q$kJ　…④

ヘスの法則

反応エンタルピーは途中の反応の経路に無関係に決まる

↓

反応エンタルピーは，連立方程式のように計算できる

下に示す3つのエンタルピーの変化を表す反応を用いて，アセチレンC_2H_2の生成エンタルピーを求めよ。

$$H_2 + \frac{1}{2}O_2 \longrightarrow H_2O\text{(液)} \quad \Delta H = -286\ \text{kJ}$$

$$C\text{(黒鉛)} + O_2 \longrightarrow CO_2 \quad \Delta H = -394\ \text{kJ}$$

$$C_2H_2\text{(気)} + \frac{5}{2}O_2 \longrightarrow 2CO_2 + H_2O\text{(液)} \quad \Delta H = -1300\ \text{kJ}$$

3ステップを頭に
たたき込むんじゃ

ステップ① 求めたいエンタルピー変化を表す式を書く。

アセチレンC_2H_2の生成エンタルピーだから，次の2点に注意する。

・「アセチレンC_2H_2の係数を1にすること」

・「単体から生成される反応式にすること」

$$2C\text{(黒鉛)} + H_2 \longrightarrow C_2H_2\text{(気)} \quad \Delta H = Q\ \text{kJ}$$

ステップ②：すべて「エンタルピーの関係式」に直す。

「エンタルピー変化（ΔH）＝（生成物のエンタルピー）－（反応物のエンタルピー）」という定義から，「**エンタルピーの関係式**」を求めます。

C_2H_2（気）－ 2C（黒鉛）－ H_2 ＝ QkJ　…④′

H_2O（液）－ H_2 － $\frac{1}{2}O_2$ ＝ －286kJ　…①′

CO_2 － C（黒鉛）－ O_2 ＝ －394kJ　…②′

$2CO_2$ ＋ H_2O（液）－ C_2H_2（気）－ $\frac{5}{2}O_2$ ＝ －1300kJ　…③′

このように方程式のように表した式を，本書では「エンタルピーの関係式」ということにします。
ここが一番のポイントです。

ステップ③：連立方程式の要領で解く。

あとは連立方程式の要領で解いていきます。

こうして，生成エンタルピーを無事に求めることができました。
この3ステップを使えば，たいていの問題は解くことができますよ。

ステップ② すべて「エンタルピーの関係式」に直す。

定義

エンタルピー変化(ΔH) = (生成物のエンタルピー) − (反応物のエンタルピー)

C_2H_2(気) − 2C(黒鉛) − H_2 = Q kJ

（C_2H_2(気)：生成物、2C(黒鉛)・H_2：反応物）

H_2O(液) − H_2 − $\frac{1}{2}O_2$ = −286kJ …①′

（H_2O(液)：生成物、H_2・$\frac{1}{2}O_2$：反応物）

CO_2 − C(黒鉛) − O_2 = −394kJ …②′

（CO_2：生成物、C(黒鉛)・O_2：反応物）

$2CO_2$ + H_2O(液) − C_2H_2(気) − $\frac{5}{2}O_2$ = −1300kJ …③′

（$2CO_2$・H_2O(液)：生成物、C_2H_2(気)・$\frac{5}{2}O_2$：反応物）

ステップ③ 連立方程式の要領で式を整理して解く。

2C(黒鉛) + H_2 = C_2H_2(気) − Q〔kJ〕 ← 求めたい反応式

+) $2CO_2$ + 2 × 394kJ = 2C(黒鉛) + $2O_2$ ……②′ × 2をして式を整理

+) H_2O(液) + 286kJ = H_2 + $\frac{1}{2}O_2$ ……①′ 式を整理

+) C_2H_2(気) + $\frac{5}{2}O_2$ = $2CO_2$ + H_2O(液) + 1300kJ ……③′ 式を整理

788kJ + 286kJ = − Q + 1300kJ

∴ Q = 226kJ

ここまでやったら 別冊 P. 58 へ

9-6 結合エンタルピー

ココをおさえよう！

結合エンタルピーが絡む問題も，「エンタルピーの関係式」を立てれば解ける

結合エンタルピー（結合エネルギー）とは，気体分子の共有結合1molを断ち切るのに必要なエネルギーのことです。

結合エンタルピーは結合が強いほど大きくなり，弱いほど小さくなります。

例えば，気体の水素分子1molの共有結合をすべて断ち切り，バラバラの水素原子2molにするには436kJのエネルギーが必要です。このときのエンタルピーの変化を表す式は次のようになります。

$\underset{\text{反応物}}{\underline{H_2(\text{気})}} \rightarrow \underset{\text{生成物}}{\underline{2H(\text{気})}}$　　$\Delta H = 436\text{kJ}$

エンタルピー変化（ΔH）＝（生成物のエンタルピー）－（反応物のエンタルピー）
なのでエンタルピーの関係式は次のようになります。

$\underset{\text{生成物}}{\underline{2H(\text{気})}} - \underset{\text{反応物}}{\underline{H_2(\text{気})}}$　　$= 436\text{kJ}$

バラバラな水素原子の方がエンタルピーが高いとわかりますね。

結合エンタルピー … 気体分子の共有結合1molを断ち切るのに必要なエネルギー。

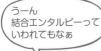

うーん
結合エンタルピーって
いわれてもなぁ

H－Hの単結合の結合エンタルピーが436kJ/mol

いい換えると…

H－Hの結合1molを断ち切るのに必要なエネルギーが436kJ

いい換えると…

436kJをH－H 1molに加えると，結合が断ち切られて2Hになる

いい換えると…

H－H ＋ 436kJ ＝ 2H

いい換えると
わかるじゃろ

わーい
式にすることが
できたね！

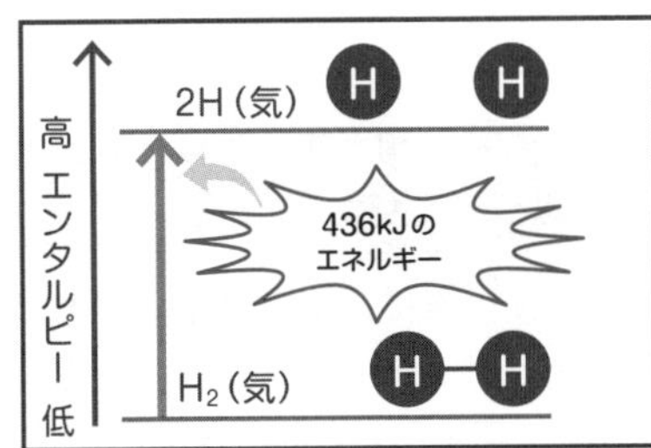
高 エンタルピー 低
2H（気）
H
H
436kJの
エネルギー
H₂（気）
H－H

バラバラのほうが
エンタルピーが
高いのか

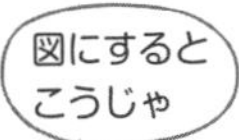
図にすると
こうじゃ

ここまでやったら
別冊 p. 59へ

9-7 エントロピー

ココをおさえよう！

エントロピーとは「起こりうる確率」のことで，高い方に反応は進みやすい

さて，ここでは反応が自発的に起きるかどうかに関心を寄せてみましょう。
改めて，エンタルピー変化(ΔH)の符号の意味を考えてみます。

$\Delta H<0$　⇒(定義から)(生成物のエンタルピー)－(反応物のエンタルピー)＜0
⇒　(生成物のエンタルピー)＜(反応物のエンタルピー)
⇒　生成物のほうが，反応物より，エネルギーが低い

化学物質はエネルギー的に安定したいので，$\Delta H<0$の反応は進みやすいです。
だからといって，$\Delta H<0$なら，反応が「自発的に」進むとは限りません。

エントロピーも考える

ここで，エンタルピーと非常に似た**エントロピー**という用語が登場します。

エントロピーの単位はJ/Kなのですが，高校では計算はしません。用語の意味が感覚的に掴めたらOKです。

高校化学では次のように登場します。

「反応物のエントロピーが生成物のエントロピーより高い反応では，反応が自発的に進むか？」

反応物や生成物のエントロピーをどう測定するかはさておき，エントロピーとは「起こりうる確率」のことだと思ってください。

教科書の説明にも出てくるように，水にインクを垂らすと水全体に薄く広がる方向に進みますが，薄く広がったインクが一箇所に集まることはありません。これは，同時期にインクの粒子が一箇所に集まることが，確率的にほぼないからです。

当然，物事は「確率的に起こりやすい方向に起きる」ので，エントロピーが高い方に反応は起こりやすいのです。

9

エンタルピー変化(ΔH)に注目すると…

$\Delta H < 0$ ⇒ 生成物のエンタルピー＜反応物のエンタルピー

↓ ということなので…

反応は進みやすいが，自発的に進むとは限らない

● エントロピーも考える

⇒「起こりうる確率のこと」だと思えばOK！

エントロピー変化(ΔS)の定義
ここで，エントロピー変化（ΔS）を定義するのですが，エンタルピー変化（ΔH）と同じように定義します。

エントロピー変化(ΔS)＝(生成物のエントロピー)−(反応物のエントロピー)

生成物のエントロピーが反応物のエントロピーより高い場合に反応が進みやすいので，

(生成物のエントロピー)＞(反応物のエントロピー)　つまり，$\Delta S>0$

の場合，反応が進みやすいということになります。

ですが，ΔSの符号だけでも決まりません。

自発的に反応が進むかは，ΔH，ΔSの符号で決まる。
結論として，**エンタルピーもエントロピーも「反応が進む方向」になっている反応は，自発的に反応が進むことが確定します**。よって，

$\Delta H<0$ かつ $\Delta S>0$　…自発的に反応が進む(確定)

ということです。また，

$\Delta H>0$ かつ $\Delta S<0$　…自発的に反応が進まない(確定)

も言えます。しかし，他の2バージョンである，

$\Delta H<0$ かつ $\Delta S<0$
$\Delta H>0$ かつ $\Delta S>0$

については，自発的に進むかどうかは実験してみなければわかりません。

● エントロピー変化(ΔS)の定義

> エントロピー変化(ΔS)
> ＝（生成物のエントロピー）－（反応物のエントロピー）

（エンタルピー変化(ΔH) ＝ 生成物のエンタルピー － 反応物のエンタルピー）

（生成物のエントロピー）㊮ ＞ （反応物のエントロピー）㊙

↓ だと反応が進みやすい

つまり，$\Delta S>0$の場合，反応が進みやすい

・自発的に反応が進むかは，ΔH，ΔSの符号で決まる

・$\Delta H<0$ かつ $\Delta S>0$ … 自発的に反応が進む（確定！）

・$\Delta H>0$ かつ $\Delta S<0$ … 自発的に反応は進まない（確定！）

$\left\{\begin{array}{l}\Delta H<0 \text{ かつ } \Delta S<0 \\ \Delta H>0 \text{ かつ } \Delta S>0\end{array}\right.$ … 実験してみないとわからない

眠気 ＜ 0　かつ　お菓し ＞ 0
⇒　自発的に進む

眠気 ＞ 0　かつ　お菓し ＜ 0
⇒　自発的に進まない

眠気 ＞ 0　かつ　お菓し ＞ 0

眠気 ＜ 0　かつ　お菓し ＜ 0

自発的に進むかは
やってみないとわからない

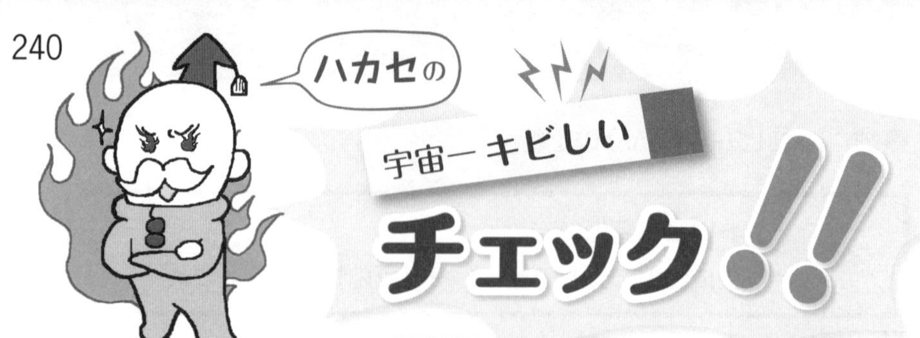

理解できたものに，☑チェックをつけよう。

- □ エンタルピー変化 ΔH は（生成物のエンタルピー）−（反応物のエンタルピー）のこと。
- □ エンタルピー変化を表す式は，左辺に反応物，右辺に生成物を書く。
- □ 右辺に書かれたエンタルピーの符号が負なら発熱反応，正なら吸熱反応である。
- □ 燃焼エンタルピーは，物質1molが酸素 O_2 と反応して二酸化炭素 CO_2 と液体の水 H_2O になるとき，発生する熱量。燃焼する物質の係数を1とする。
- □ 生成エンタルピーは，物質1molが，その成分元素の安定な単体から生成するとき，発生または吸収する熱量。生成する物質の係数を1とする。
- □ 溶解エンタルピーは，物質1molが水などの多量の溶媒に溶けるときに発生または吸収する熱量のこと。溶ける物質の係数を1とする。
- □ 中和エンタルピーは，酸と塩基の各水溶液が中和して，液体の水 H_2O が1mol生成するときに発生する熱量のこと。水 H_2O の係数を1とする。
- □ 状態変化におけるエンタルピー変化の意味を理解している。
- □ 文章からエンタルピー変化を表す式を作ることができる。
- □ ヘスの法則に基づいて，与えられたいくつかのエンタルピー変化を表す式から反応エンタルピーを求めることができる。
- □ 結合エンタルピーは，「$A-A = 2A \quad \Delta H = Q$kJ $(Q > 0)$」という意味をもつエネルギーのことである。
- □ 結合エンタルピーを用いて，反応エンタルピーを求めることができる。

Chapter

10

結晶格子

Chapter 10 結晶格子

はじめに

Chapter 3で原子の結合と結晶についてざっくりと勉強しました。

ここではもう少し深く，結晶の構造について触れていきたいと思います。
まずは金属の結晶構造を説明したあと，イオン結晶の結晶構造に触れていきます。
それぞれ次のように種類が3つに分けられます。

◆金属の結晶
・体心立方格子
・面心立方格子
・六方最密構造

◆イオン結晶
・CsCl型
・NaCl型
・ZnS型

苦手とする人が多い内容ではありますが，順を追って理解を進めていけば決して難しい内容ではありません。
問題の解きかたもくわしく説明していきますので，あきらめずに取り組んでくださいね。

この章で勉強すること

まずは金属の結晶構造（体心立方格子，面心立方格子，六方最密構造）の説明をします。
その後，イオン結晶の構造を金属の結晶構造で得た知識を活かしながら，理解します。

金属の結晶 3 パターン

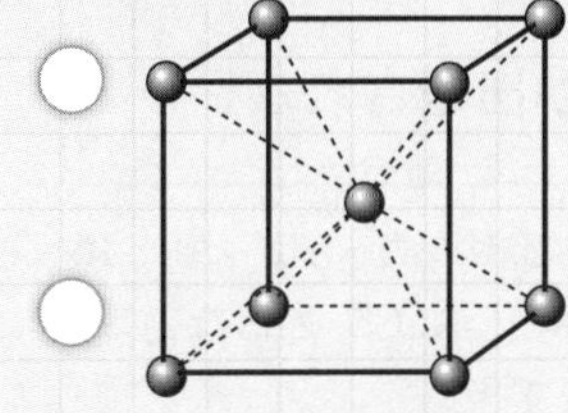

体心立方格子

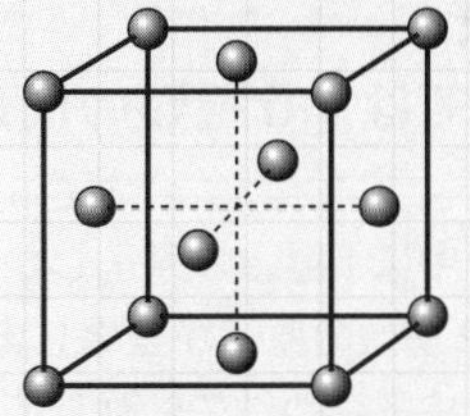

面心立方格子

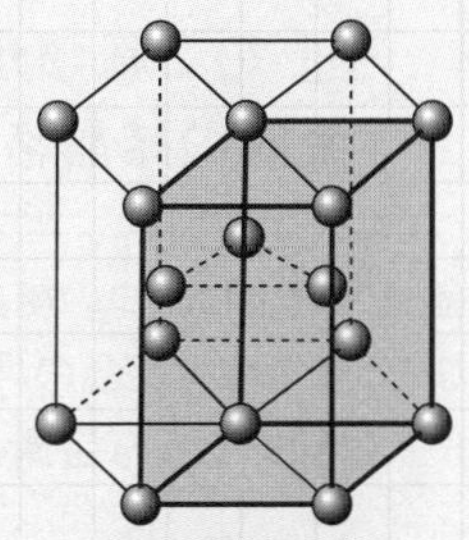

六方最密構造

もう少しくわしく
解説していくぞぃ

イオンの結晶 3 パターン

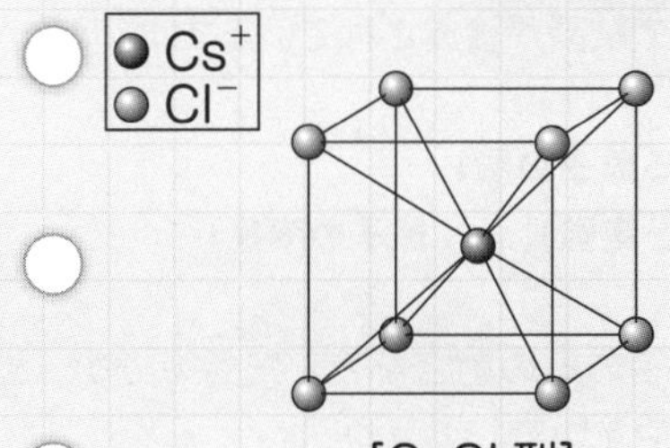

[CsCl 型]

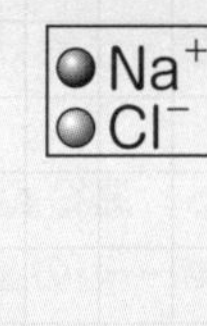

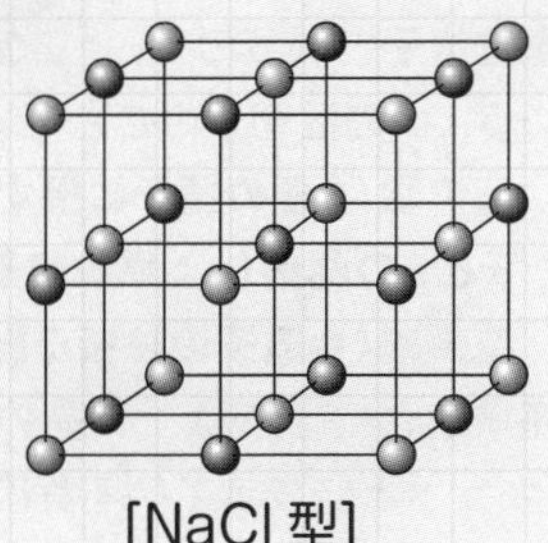

[NaCl 型]

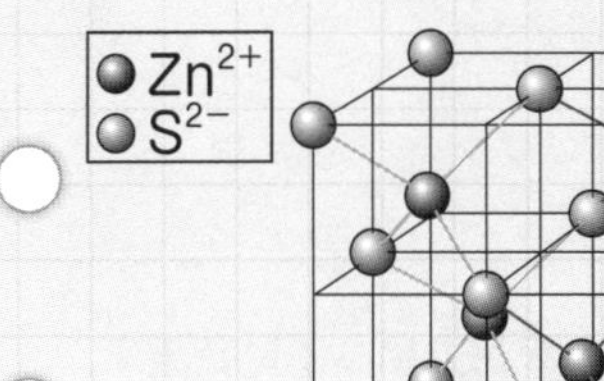

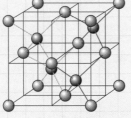

イオン結合でできる
結晶がイオン結晶と
p.56 で学んだじゃろ？

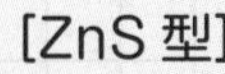

[ZnS 型]

10-1 結晶格子の種類

ココをおさえよう！

- **結晶格子の問題は，「金属の結晶格子」と「イオンの結晶格子」の2種類が代表。**
- **「金属の結晶格子」では，5種類の問題しか出題されない。**

金属の場合は1つの結晶格子中に1種類の原子しか登場しませんが（Na，Al，Znなど），イオン結晶の場合は2種類の原子が登場します（CsCl，NaCl，ZnSなど）。まずはシンプルな金属の結晶格子について勉強していきます。

・金属の結晶格子

p.82で説明したように，金属の結晶格子には**体心立方格子**，**面心立方格子**，**六方最密構造**の3種類があり，どの構造になるかは，原子によって決まっています。
原子を球と考えると，球どうしは接しています。
球が立体的に敷き詰められているイメージですが，その敷き詰められかたの違いで，体心立方格子，面心立方格子，六方最密構造の3種類に分かれるのです。

それぞれの結晶格子に対して，問われるのは次の5つです。

Ⓐ **単位格子中の原子の数**

単位格子というのは，「この構造が繰り返されて結晶が構成されていますよ」という1つの区切りのことです。

Ⓑ **配位数（1個の原子に接する，最短距離にある原子の数）**

Ⓒ **aとrの関係（a：単位格子の一辺の長さ（格子定数），r：原子の半径）**

Ⓓ **充塡(じゅうてん)率（＝原子の体積÷結晶の体積）**

充塡率というのは，結晶の空間中に占める原子の球の割合を表したものです。「ギュッと詰まっている程度」というとわかりやすいでしょうか。

Ⓔ **“単位格子”⇔“1cm^{3}あたり”⇔“1molあたり”の変換**

この3つを変換する問題は頻出です。

1cm^{3}あたりの質量…密度
1molあたりの質量…原子量
1molあたりの原子の数…アボガドロ定数

として登場します。これらを使い，問われているものを比で出していきます。

Ⓐ～Ⓔの5つについて，くわしく勉強していきますよ。

金属の結晶格子

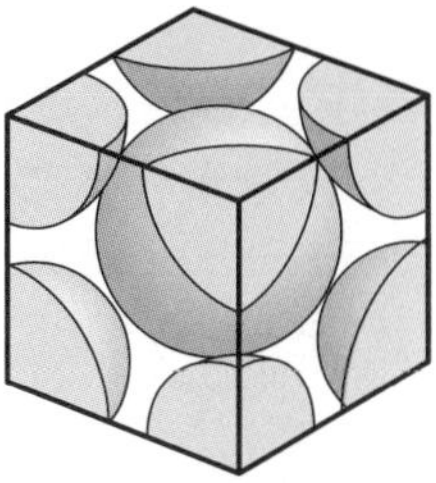

原子の球の
敷き詰めかたが
違うんだって

ボールがいっぱい
立体的に敷き詰められて
いるイメージじゃ

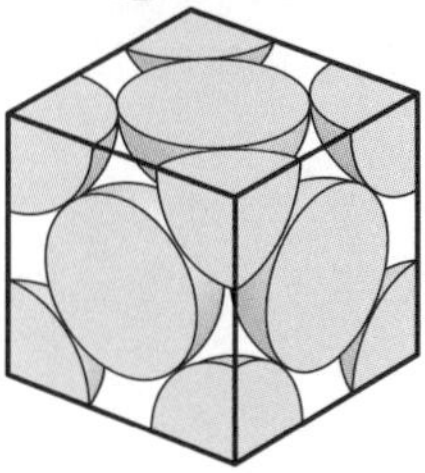

体心立方格子

面心立方格子

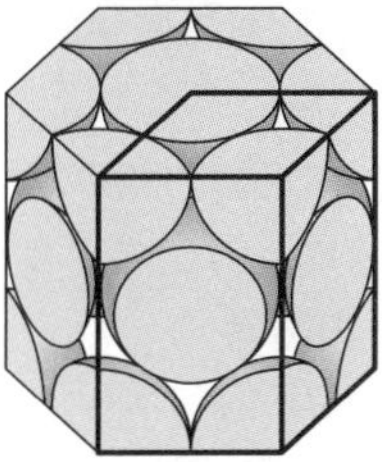

六方最密構造
（単位格子は太線部分）

金属の結晶格子で問われること

Ⓐ 単位格子中の原子の数
Ⓑ 配位数（1 個の原子に接する，最短距離にある原子の数）
Ⓒ a と r の関係
（a：単位格子の一辺の長さ（格子定数），r：原子の半径）
Ⓓ 充塡率（＝原子の体積 ÷ 結晶の体積）
Ⓔ “単位格子” ⇔ “1 cm^3 あたり” ⇔ “1mol あたり” の変換

いろいろ
あるね…
本冊で考えかたを学び
別冊で実際に解きかたを
学べば攻略できるぞぃ

10-2 金属結晶［体心立方格子］

ココをおさえよう！

体心立方格子は“体”の中“心”に原子。
立方体の対角線$\sqrt{3}\,a$が，球の半径4つ分。

体心立方格子は，単位格子を“体”ととらえると，「“体”の中“心”に原子がある」と考えましょう。
右ページの図より，以下のⒶ，Ⓑがわかります。

Ⓐ **単位格子中の原子の数**

→ 真ん中に原子がまるまる1つ，角に$\dfrac{1}{8}$の原子が8つなので2個。

Ⓑ **配位数**

→ 中心にある原子に注目すると，角の8つの原子に囲まれているので8。

続いて「“体（たい）”心立方格子は立方体の“対（たい）”角線で切る」と考えます。
そうすると右ページのように，立方体の対角線が円の半径rの4つ分とわかります。

Ⓒ **aとrの関係**

→ $\sqrt{3}\,a=4r$

さらにⒶとⒸから単位格子中の充填率を考えますが，球の体積の公式$\dfrac{4}{3}\pi r^3$を使います。

Ⓓ **充填率**$=\dfrac{\text{単位格子にある原子の球の体積}}{\text{単位格子の体積}}\times 100$

$$=\frac{2\times\frac{4}{3}\pi r^3}{a^3}\times 100$$

≒68%　（途中式については別冊でくわしく説明します）

体心立方格子

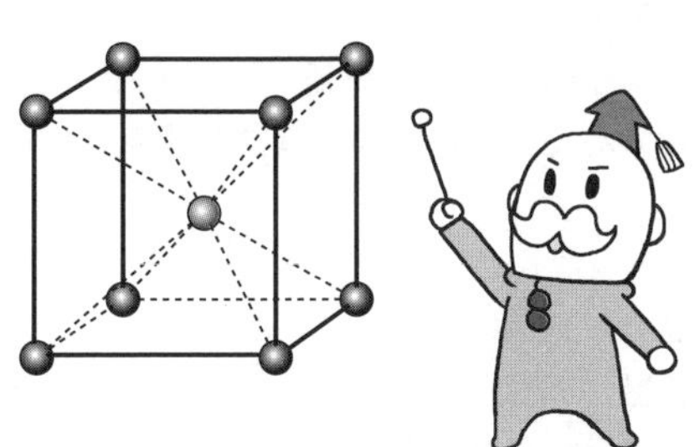

これが体心立方格子の
単位格子の構造図じゃ
色が違うのは説明のためで
すべて同じ原子じゃよ

Ⓐ 単位格子中の原子の数 → 2個
真ん中の原子（◎）は丸々1つ，角に $\frac{1}{8}$ の原子（●）が8つ。

Ⓑ 配位数 → 8
真ん中の原子（◎）に角の8つの原子（●）が近接する。

「“体（たい）”心立方格子は，立方体の“対（たい）”角線で切る」

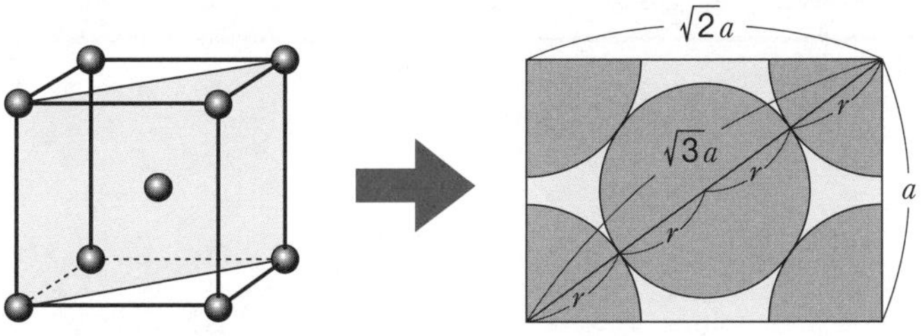

Ⓒ a と r の関係 → 上図より $\sqrt{3}a=4r$

Ⓓ 充塡率 → 68%

$$\frac{2 \times \frac{4}{3}\pi r^3}{a^3} \times 100$$

（Ⓐより → ②，Ⓒより $r=\frac{\sqrt{3}}{4}a$）

（くわしくは別冊で）

残りは「Ⓔ“単位格子”⇔“1cm^{3}あたり”⇔“1molあたり”の変換」ですが，これは問題によって問われかたが異なります。
問題を解く前に，**右ページの表のように「体積」「質量」「原子の数」の3点を“単位格子”，“1cm^{3}あたり”，“1molあたり”の3つに分けて書き記しましょう。**

p.244でも触れましたが

1cm^{3}あたりの質量…密度
1molあたりの質量…原子量
1molあたりの原子の数…アボガドロ定数

でしたね。
アボガドロ定数は原子によらず不変の値をもちますが，密度とモル質量（原子量）は原子によって異なります。
密度や原子量は問題文で与えられる場合もあれば，問われる場合もあります。

表が作れたら，あとは比の計算を使って答えを求められるはずです。
この，表を作る解法は面心立方格子でも六方最密構造でも使いますから，絶対にマスターしてくださいね。

体心立方格子（つづき）

Ⓔ “単位格子” ⇔ “1 cm^3 あたり” ⇔ “1 mol あたり” の変換

	単位格子	1 cm^3 あたり	1 mol あたり
体積	a^3	1 cm^3 (=$1.0\times10^{-6}m^3$)	**?**
質量	**?**	**?** (=密度)	**?** (=原子量)
原子の数	2 個	**?**	6.02×10^{23} 個

例1 密度が $\underline{\underline{d}}$ と問題文で与えられたとき…
単位格子あたりの原子の質量 x は？

$$a^3 : 1\ \mathrm{cm}^3 = x : \underline{\underline{d}} \Rightarrow x = a^3 d$$

例2 結晶 1 cm^3 あたりに含まれる原子の数 y は？

$$a^3 : 1\ \mathrm{cm}^3 = 2 : y \Rightarrow y = \frac{2}{a^3}$$

表を作ってわかるものを
書き入れれば
あとは比の計算で
問題が解けるんだね
問題によって密度が
与えられたり，原子量が
与えられたりするぞい

ここまでやったら
別冊 P. 62 へ

10-3 金属結晶［面心立方格子］

ココをおさえよう！

面心立方格子は“面”の中“心”に原子。
面の対角線$\sqrt{2}\,a$が，球の半径４つ分。

面心立方格子は，単位格子の立方体の「各“面”の中“心”に原子がある」と考えましょう。ただし，各面の中心にある原子は半分の球です。

Ⓐ　**単位格子中の原子の数**

→ 立方体の6つの面に半球が1つずつで，角に$\frac{1}{8}$の球が8つなので4つ。

Ⓑ　**配位数**

→ 右ページの図のように単位格子を2つ並べると，12とわかります。

続いて「“面”心立方格子は“面”で見る」と考えます。
そうすると右ページのように，面の対角線が円の半径rの4つ分とわかります。

Ⓒ　**aとrの関係**

→ $\sqrt{2}\,a=4r$

さらにⒷとⒸから単位格子中の充填率を考えます。

Ⓓ　**充填率**$=\dfrac{\text{単位格子にある原子の球の体積}}{\text{単位格子の体積}}\times 100$

$$=\frac{4\times\frac{4}{3}\pi r^3}{a^3}\times 100$$

$\fallingdotseq 74\%$　（途中式については別冊でくわしく説明します）

実はこの**充填率74％というのは，１種類の原子を空間に詰める場合の最密な詰まり度**を示しています。
そのため面心立方格子は，立方最密充填構造ともいわれます。

残りは「Ⓔ“単位格子”⇔“1cm^{3}あたり”⇔“1molあたり”の変換」です。
体心立方格子とやりかたは同じですが，違いは単位格子あたりの原子の個数が4個になっていることです。

では，別冊問題集で実際に問題を解いてみましょう！

10

面心立方格子

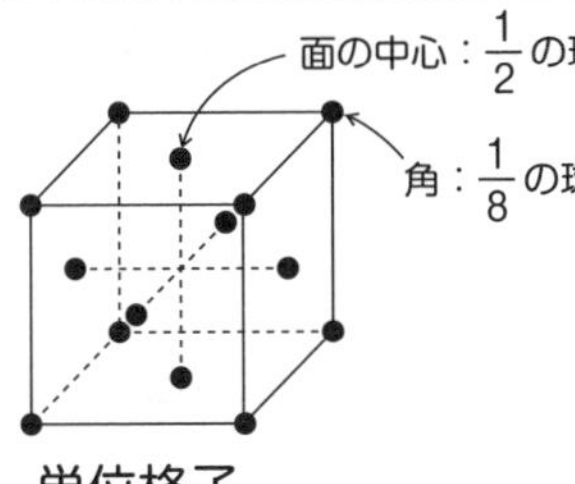

単位格子

2つつなげると

Ⓐ 単位格子中の原子の数 → 4個

面の中心に $\frac{1}{2}$ の球が6個

角に $\frac{1}{8}$ の球が8個。

Ⓑ 配位数 → 12

1つの原子（●）に

12個の原子（●）が

近接する。

「“面(めん)”心立方格子は“面”で見る」

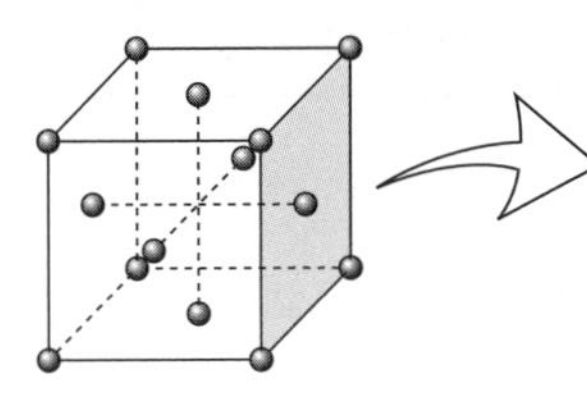

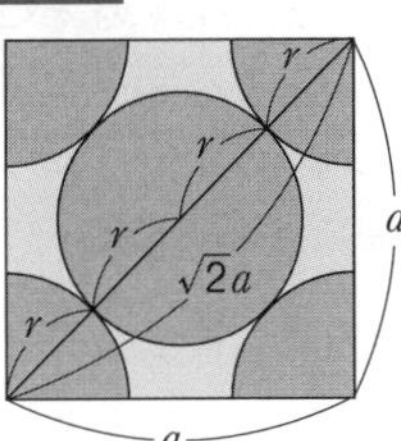

Ⓒ a と r の関係

→ $\sqrt{2}a=4r$

Ⓓ 充塡率 → 74%

この74%という数字は最密なんじゃよ

充塡率の計算とⒺについては別冊でやってみよう

ここまでやったら
別冊 P. 64 へ

10-4 金属結晶［六方最密構造］

ココをおさえよう！

六角柱の結晶構造に含まれる原子の数は，“六”方最密構造だから“6”個！

単位格子はその $\frac{1}{3}$ だから単位格子中の原子数は2個。

面心立方格子ととてもよく似た結晶構造なので，配位数(12)と充塡率(74%)が同じ。

六方最密構造は右ページの図のような六角柱の形で説明されることが多いですが，そのうち単位格子は色がついたところで，六角柱の $\frac{1}{3}$ にあたります。

Ⓐ **単位格子中の原子の数**

→ 六角柱の中に含まれる原子の数を考えます。

上の面は半球が中央に1つ，6つの角に $\frac{1}{6}$ ずつなので，計1.5個。

真ん中には，あわせて1個の球になるセットが3組あるので，3個。

（くわしくは，p.82の下にある図を参照してください）

下の面は上の面と同じく1.5個。

合わせて6個が六角柱に含まれます。

単位格子はその $\frac{1}{3}$ なので，単位格子中の原子の数は2個です。

Ⓑ **配位数**

→ 右ページの図のように六角柱の構造を2つ並べると，12とわかります。

Ⓒ **aとrの関係**

→ 六方最密構造ではaは正六角形の一辺を表します。図の通り，$a=2r$です。

Ⓓ **充塡率**

→ $\frac{6つの球の体積}{六角柱の体積} \times 100 \fallingdotseq 74\%$となります（別冊で求めかたは説明します）。

充塡率については数値を74%と覚えるだけでもいいと思います。

面心立方格子も六方最密構造も，とてもよく似た構造をしているため，充塡率も配位数も同じになります。

「Ⓔ“単位格子”⇔“1cm^{3}あたり”⇔“1molあたり”の変換」についても別冊でやってみましょう。

六方最密構造

面の中心：$\frac{1}{2}$の球

六角形の頂点：$\frac{1}{6}$の球

真ん中には3個分の球がある

2つを重ねる

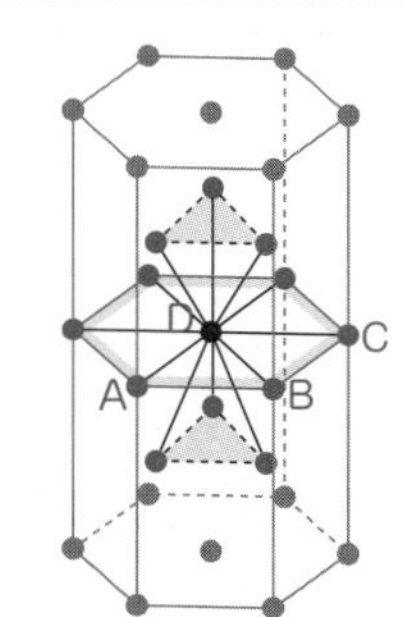

Ⓐ 単位格子（赤色部分）中の原子の数

$$\left(\frac{1}{2}\times2+\frac{1}{6}\times12+3\right)\times\frac{1}{3}=2$$

Ⓑ 配位数 → 12

1つの原子（●）に12個の原子（●）が近接する。

Ⓒ a（正六角形の一辺の長さ）と r の関係 → $a=2r$

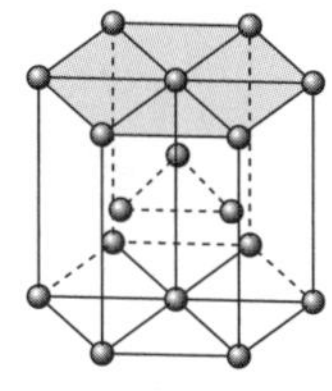

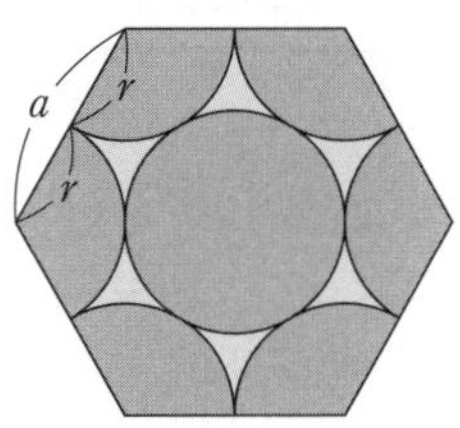

Ⓓ 充塡率 → 74%

充塡率は
面心立方格子も
同じ値だったね

面心立方格子と六方最密構造は
構造がよく似ているからじゃ
それについては，次ページ
から説明するぞぃ

ここまでやったら
別冊 P. 66へ

10-5 発展 六方最密構造と面心立方格子の違い

ココをおさえよう！

六方最密構造も面心立方格子も，どちらも球が最密に詰まった層の構造をしている。層の重なりかたが少し違うだけ。

「六方最密構造と面心立方格子はとてもよく似た構造をしている」と説明しましたが，どこが似ているのかよくわからず気になっている人もいるでしょう。
ここから4ページはその説明をしていきますが，無理に読まなくてもかまいません。
前ページまでで金属の結晶構造について，必要な知識はすべて教えましたので，気にならない人は10-6へと進んでください。

まずは原子(球)が最密に詰まっている(積まれている)様子をイメージしましょう。
右ページの図のように原子（球）が一面にビッシリ詰められているとします。それを1層めとすると，2層めの原子(球)は1層めの原子(球)のくぼみのところにはまります。
このようにして**最密に詰まった原子（球）の層が重なっている**のが，六方最密構造や面心立方格子の構造です。
だから，どちらも充填率＝74%と最密な値になるのですね。
その積み重なりの一部を切り取ったのが，面心立方格子の単位格子や六方最密構造の六角柱の形になるのです。

六方最密構造と面心立方格子では，その重なりかたが少しだけ異なっています。
ではどのように重なっているのかを，最密に原子(球)が詰まったA，B，Cのカタマリを使って説明していきます。

六方最密構造では，右ページのように正六角形を形作るAのくぼみの3カ所にはまるように，Bが積まれています。
A → B → A → B →……と重なることで，六方最密構造ができあがるのです。

このA → B → Aの区切りがここまでで習った六方最密構造の模式図を表しています。

最密構造の原子の層

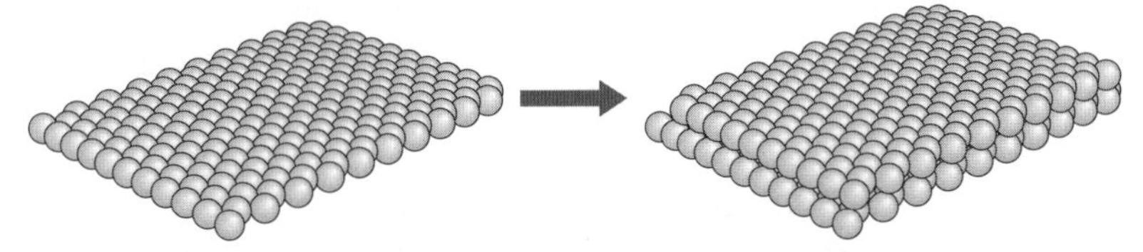

〈1層め〉球がビッシリ敷き詰められている

〈2層め〉1層めの球のくぼみに
2層めの球が収まっている

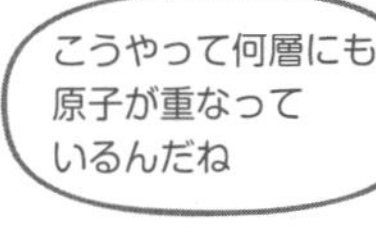
こうやって何層にも
原子が重なって
いるんだね

面心立方格子と六方最密構造は
この積み重なりかたが少しだけ
異なるんじゃよ

最密な球の3パターン

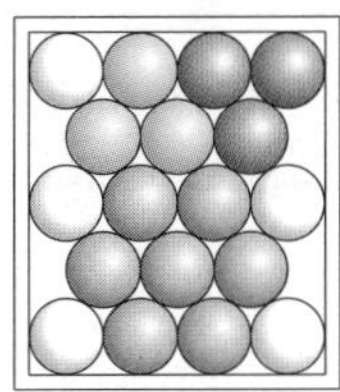

最密に詰まった球

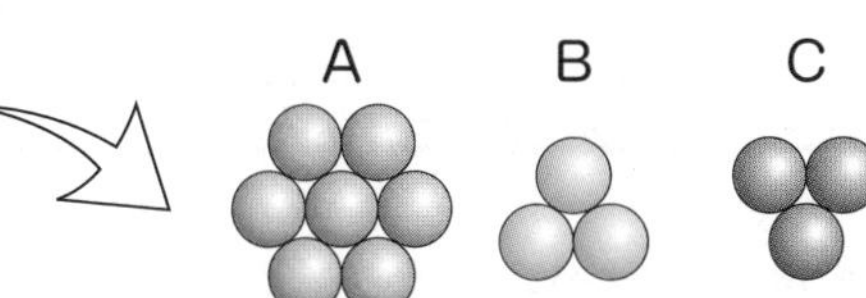
A
B
C

最密な3つの部品を考える。

六方最密構造の原子の積み重なりかた

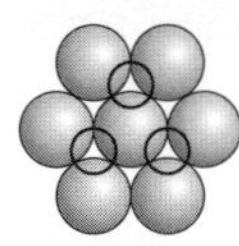

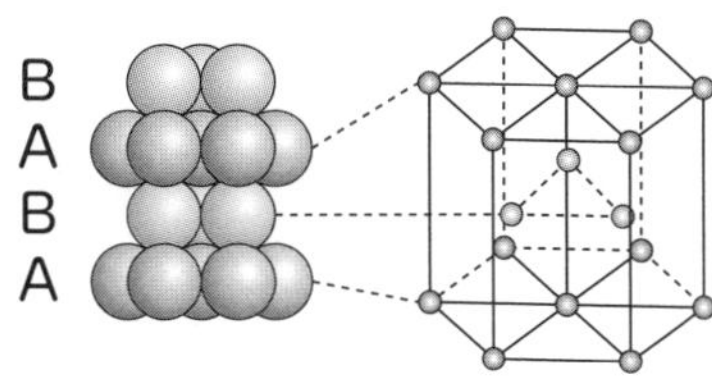
B
A
B
A

- ○の3カ所のくぼみに球が入るようにB層を積む。
- 3層めはA層で，それ以降はA層とB層の繰り返し。

続いて面心立方格子の積み重なりかたを見ていきましょう。

正六角形を形作るAのくぼみの3カ所にはまるようにBが重なるところまでは，六方最密構造と同じです。
3層めはCがAでいうところの×のところにはまるように積まれます。
A → B → C → A → B→C →……と重なったものが，面心立方格子なのです。

これを模式図で表すと，面心立方格子を傾けたものになります。
傾きを直すと，見慣れた面心立方格子の単位格子になりますね。

いかがでしょうか？　立体的に考えるのが少し難しいかもしれませんね。
どうしても理解できないという人は「六方最密構造も面心立方格子も，最密な原子(球)の詰まりかたをしているけれど，層の重なりかたが少し違う」ことだけを知っておくとよいでしょう。

ちなみに，体心立方格子はどうやって原子(球)が詰まっているのか？　というと，原子(球)どうしが整然と並んでいるために，六方最密構造や面心立方格子よりも，隙間ができています。
この隙間の差が，充塡率の違いになるんですね。

2層めは1層めのくぼみに原子(球)がはまっていきます。
これが体心立方格子の構造です。

面心立方格子の原子の積み重なりかた

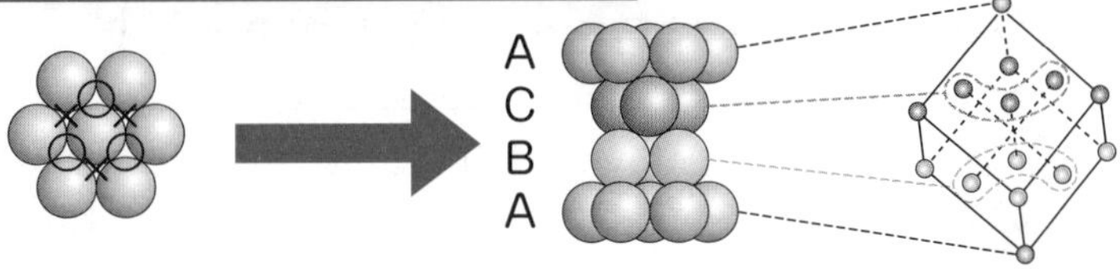
A
C
B
A

・○の３カ所のくぼみに球が入るようにB層を積む。

・３層めは×の位置に球がくるようにC層を積む。

・それ以降 A → B → C → A ……と繰り返される。

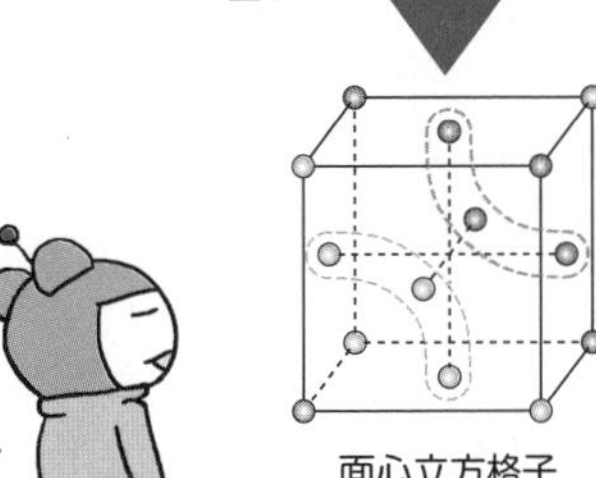
傾きを
直すと…
面心立方格子

難しくてわかんないな～って人は，「最密な球の重なりかたが違う」ってことだけわかればいいってさ

ちなみに体心立方格子は？

[六方最密構造＆面心立方格子]　**[体心立方格子]**

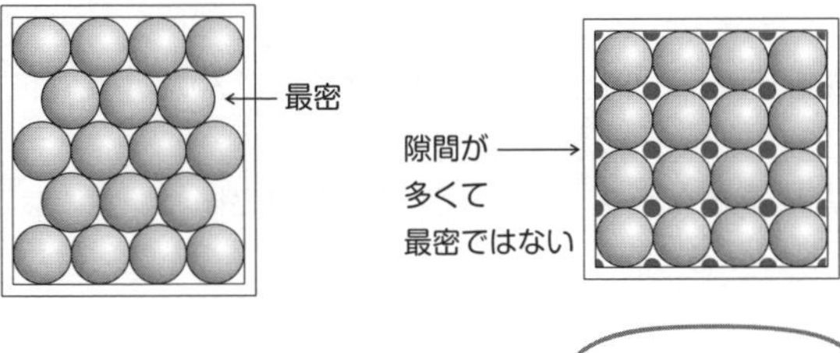
最密
隙間が
多くて
最密ではない

・体心立方格子は，最密な構造と比べると原子の詰まりかたが最密じゃない。

・●のくぼみに，２層めの原子（球）が入る。

この詰まり具合の
違いが充填率の
違いになるんじゃよ

10-6 イオン結晶

ココをおさえよう！

イオン結晶は，金属結晶をベースにして考える！

これまでは金属結晶の結晶構造について勉強してきましたが，ここからはイオン結晶の結晶構造について勉強していきます。主に出題されるのは，次の3種類の型です。

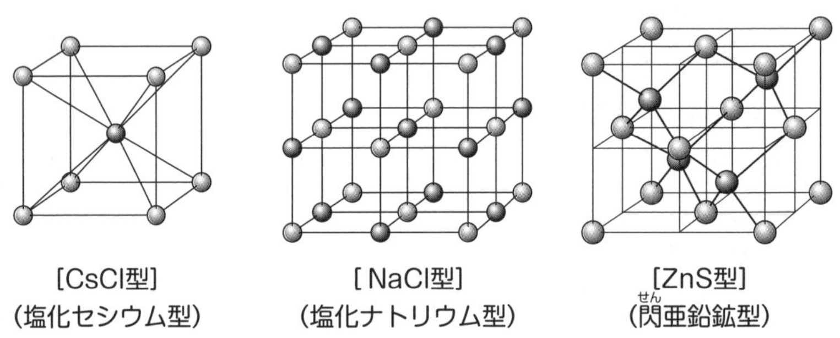

[CsCl型]
(塩化セシウム型)

[NaCl型]
(塩化ナトリウム型)

[ZnS型]
(閃(せん)亜鉛鉱型)

金属結晶の場合，1つの結晶格子中に1種類の元素（Fe，Zn，Cu，Alなど）しか登場しませんが，これから勉強するイオン結晶の場合は基本的に2種類以上の元素が出てくるので，少しだけ話が複雑になります。

しかし，金属結晶で学んだことをベースにすると，イオン結晶の理解は簡単です。
ここからは，金属結晶と対比させながら勉強していきます。

- **CsCl型**…**体心立方格子がベース**。真ん中の原子がCs^+で8つの角がCl^-。

- **NaCl型**…**面心立方格子がベース**。Cl^-が面心立方格子と同じ配置になっていて，その間に，Na^+がある。

- **ZnS型**…**面心立方格子がベース**。S^{2-}が面心立方格子と同じ配置になっていて，隙間にZn^{2+}が配置している（アパートに例えると，1Fでは102号室，103号室に，2Fでは201号室，204号室にZn^{2+}が入る）

それでは，それぞれについて見ていきましょう！

イオン結晶 …金属結晶と違い，２種類の元素が関係。
金属結晶をベースに考えると簡単。

10

[CsCl型]

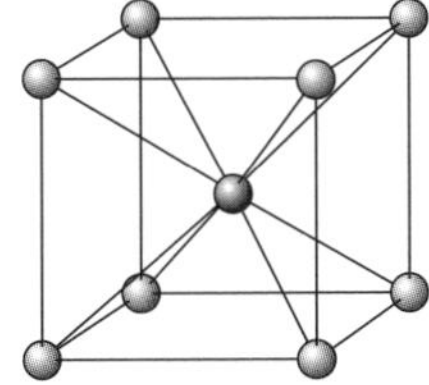

ベースは体心立方格子。
中心が Cs^+ で 8 つの角に Cl^- がある。

[NaCl型]

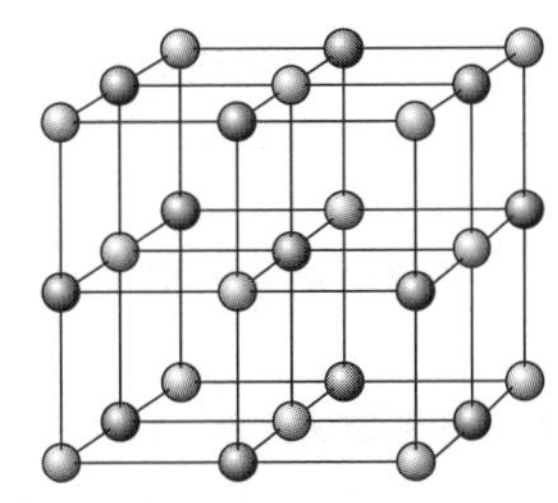

ベースは Cl^- の面心立方格子。
Cl^- の間に Na^+ がある。

[ZnS型]

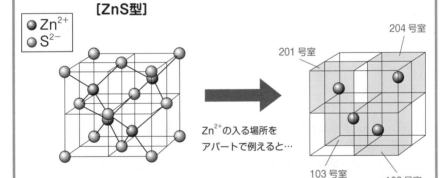

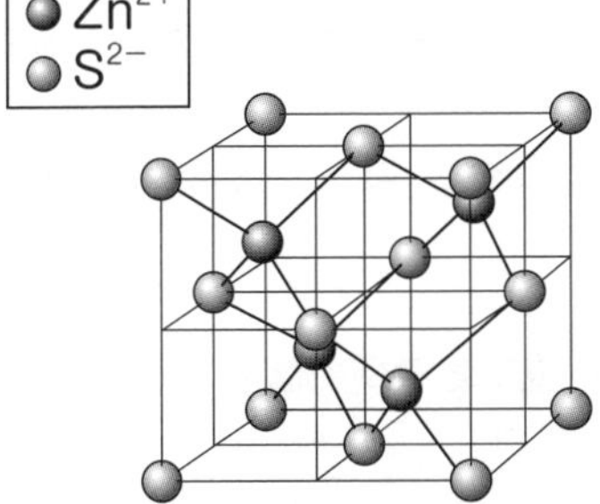

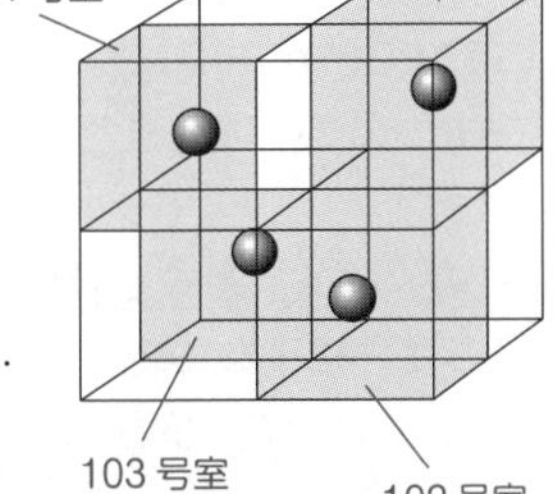

ベースは S^{2-} の面心立方格子。
立方体の隙間に Zn^{2+} がまるまる 1 つずつ 計 4 つ入る。
(Zn^{2+} が入る場所は，
102 号室，103 号室，201 号室，204 号室)

それぞれ
ななめの関係に
なっているね

10-7 イオン結晶［CsCl型］

ココをおさえよう！

体心立方格子がベース！　真ん中がCs^+で8つの角がCl^-

CsCl型は見た目が体心立方格子と同じです。
違いは，真ん中がCs^+で，8つの角にCl^-と異なる元素（イオン）であるということです。
考えかたは体心立方格子とまったく同じです。

• 単位格子中のCs^+，Cl^-はそれぞれ何個か？

Cs^+は，単位格子中に明らかに1個含まれていますね。
CsClはCs^+とCl^-が1：1で結合していることを表しているので，Cl^-も1個含まれています。
（体心立方格子の単位格子には2個の原子が含まれていたから，Cs^+とCl^-が1個ずつ含まれている，と考えてもOKです。）

• Cs^+のまわりのCl^-，Cl^-のまわりのCs^+はそれぞれ何個か？

体心立方格子と同じく，中心のCs^+に注目すると，角の8つに囲まれている構造なので，8つに囲まれています。
ここではCs^+が中心にかかれていますが，Cl^-にとっても同じことがいえるので，Cl^-も8つのCs^+に囲まれています。

• Cl^-の半径r_{Cl^-}とCs^+の半径r_{Cs^+}，単位格子の一辺aとの関係は？

“体”心立方格子なので，立方体の”対”角線で切ります。
すると，Cs^+とCl^-が右ページのようにして接している面が出ます。
ここから$\sqrt{3}a = 2r_{Cs^+} + 2r_{Cl^-}$と求めることができます。

• CsClの結晶1molの体積は何cm^3か？
• CsClの結晶の密度は何g/cm^3か？

これらの問題はp.249と同様に，右ページのように**「体積」「質量」「各イオンの数」の3点を“単位格子”，“1cm^3あたり”，“1molあたり”の3つに分けて書き記した表**を使えば解けます。
問題文で式量や単位格子の辺の長さaなどが与えられますので，わかっているものを書き込んで，比の計算で求めましょう。
別冊で練習してみましょう。

イオン結晶　［CsCl型］

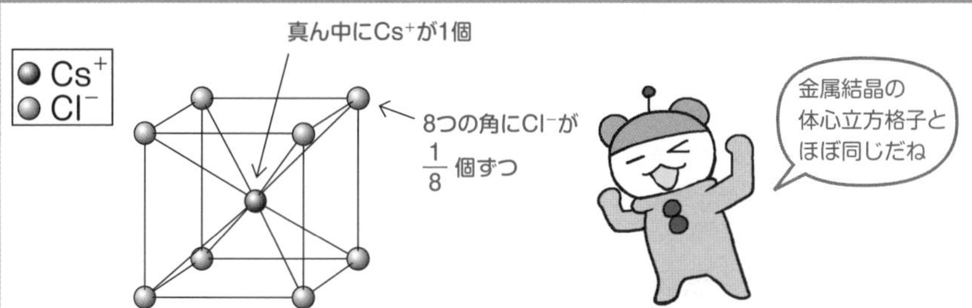
Cs+
Cl−
真ん中にCs+が1個
8つの角にCl−が
1/8 個ずつ
金属結晶の
体心立方格子と
ほぼ同じだね

・ベースは体心立方格子。中心が Cs^+ で 8 つの角に Cl^- がある。

・単位格子中の Cs^+，Cl^- の数は，それぞれ 1 個ずつ。

・Cs^+ のまわりの Cl^-（Cl^- のまわりの Cs^+）の数は，上図より 8 個。

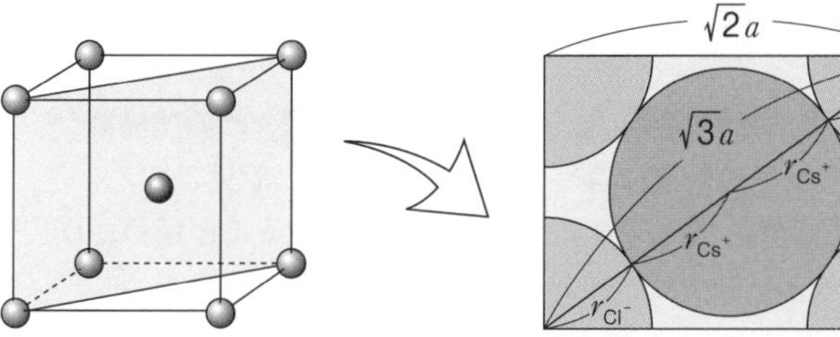
$\sqrt{2}a$
r_{Cl^-}
$\sqrt{3}a$
r_{Cs^+}
a
r_{Cs^+}
r_{Cl^-}

・$\sqrt{3}a = 2r_{Cs^+} + 2r_{Cl^-}$

・CsCl の結晶 1 mol の体積は？

・CsCl の結晶の密度は？

この表は
イオン結晶でも
効果絶大じゃ

	単位格子	1 cm³ あたり	1 mol あたり
体積	a^3	1 cm³ (=1.0×1.0⁻⁶m³)	?
質量	?	?（＝密度）	?（＝式量）
Cs^+（Cl^-）の数	1 個	?	6.0×10^{23} 個

ここまでやったら
別冊 P. 70 へ

10-8 イオン結晶［NaCl型］

ココをおさえよう！

ポイント：“面”心立方格子がベースなので，“面”で切る！

NaCl型は，Cl^-が面心立方格子状に配置しており，その間にNa^+が配置しています。よって，面心立方格子について理解していれば簡単です。

• 単位格子中のNa^+，Cl^-はそれぞれ何個か？

Cl^-が面心立方格子の配置になっているので，単位格子中に4個含まれています。
NaClはNa^+とCl^-が1：1で結合しているので，Na^+も4個含まれています。

• Na^+のまわりのCl^-，Cl^-のまわりのNa^+はそれぞれ何個か？

右ページのようになっているので，6個に囲まれていることがわかります。

• Cl^-の半径r_{Cl^-}とNa^+の半径r_{Na^+}，単位格子の一辺aとの関係は？

Cl^-が“面”心立方格子の配置になっているので，“面”で見ます。
すると，Na^+とCl^-が右ページのようにして接していることがわかります。
ここから，$a=2r_{Na^+}+2r_{Cl^-}$だとわかります。

• NaClの結晶1molの体積は何cm^3か？
• NaClの結晶の密度は何g/cm^3か？

これまで同様に，右ページのような表を作って考えます。
問題文で与えられているものは書き込んで，比の計算から求めましょう。

イオン結晶 ［NaCl型］

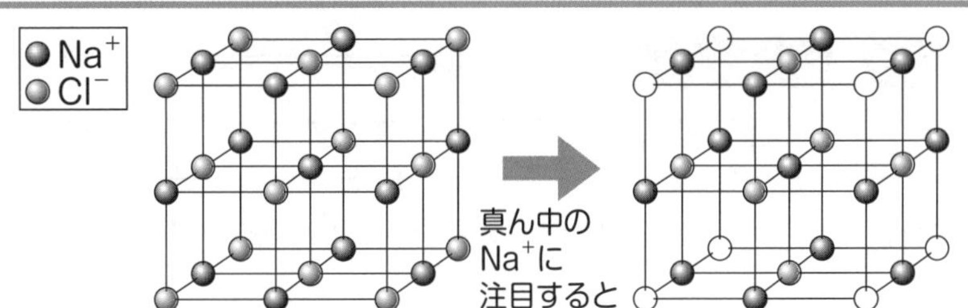

Na^+
Cl^-
真ん中の
Na^+に
注目すると

・ベースは Cl^- の面心立方格子。Cl^- の間に Na^+ がある。

・単位格子中の Cl^- の数は，面心立方格子なので 4 個。
Na^+ の数も同じく 4 個。

・Cl^- のまわりの Na^+（Na^+ のまわりの Cl^-）の数は，右上の図より 6 個。

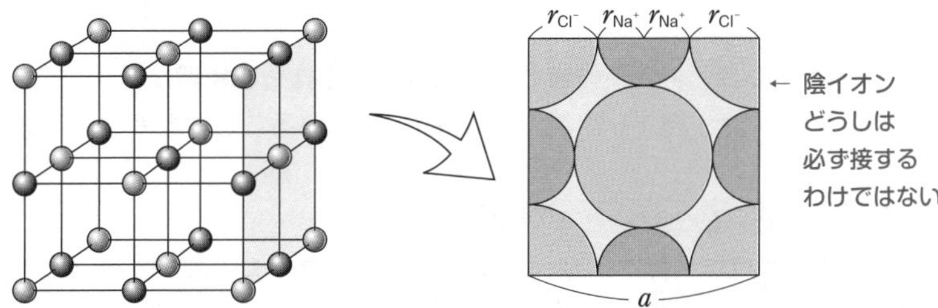

r_{Cl^-} r_{Na^+} r_{Na^+} r_{Cl^-}
← 陰イオンどうしは必ず接するわけではない
a

・$a = 2r_{Na^+} + 2r_{Cl^-}$

・NaCl の結晶 1 mol の体積は？

・NaCl の結晶の密度は？

この表を作るのは
もう慣れたよ

	単位格子	1 cm³ あたり	1 mol あたり
体積	a^3	1 cm³ ($=1.0\times10^{-6}$ m³)	**?**
質量	**?**	**?**（＝密度）	**?**（＝式量）
Na^+（Cl^-）の数	4 個	**?**	6.0×10^{23} 個

ここまでやったら
別冊 P. 72 へ

10-9 イオン結晶［ZnS型］

ココをおさえよう！

ポイント：“面”心立方格子がベースなので，“面”で切る！

ZnS型は，S^{2-}が面心立方格子状に配置しており，その隙間にZn^{2+}が配置しています。

Zn^{2+}が入る隙間は，アパートに例えるなら，1Fの102号室と103号室，2Fの201号室と204号室です。それぞれ隣り合わないよう，対角線上に入室するんですね。

この結晶構造は，**閃(せん)亜鉛鉱型**ともいわれます。

• 単位格子中のZn^{2+}，S^{2-}はそれぞれ何個か？

S^{2-}は面心立方格子で配置されているので，単位格子中に4個含まれています。

ZnSはZn^{2+}とS^{2-}が1：1で結合しているので，Zn^{2+}も4個含まれています。

• Zn^{2+}のまわりのS^{2-}，S^{2-}のまわりのZn^{2+}はそれぞれ何個か？

右ページのようになっているので，4個に囲まれていることがわかります。

• 単位格子の長さaと$r_{Zn^{2+}}$，$r_{S^{2-}}$の関係は？

ZnS型はちょっと特殊な形ですが，注目するところがわかれば難しくありません。

Zn^{2+}が入った1つの小部屋（立方体）に注目します。

この小部屋（立方体）において，原子は右ページのように配置していますので

$$\frac{\sqrt{3}}{2}a \times \frac{1}{2} = r_{Zn^{2+}} + r_{S^{2-}}$$

• ZnSの結晶1molの体積は何cm^3か？

• ZnSの結晶の密度は何g/cm^3か？

これまで同様に，表を作って考えます。

共有結合の結晶であるダイヤモンドCやケイ素Siもこの結晶構造をとります。

ダイヤモンドやケイ素の結晶構造について問われたら，ZnS型のことだと気づけるようにしましょうね。

イオン結晶　［ZnS型］

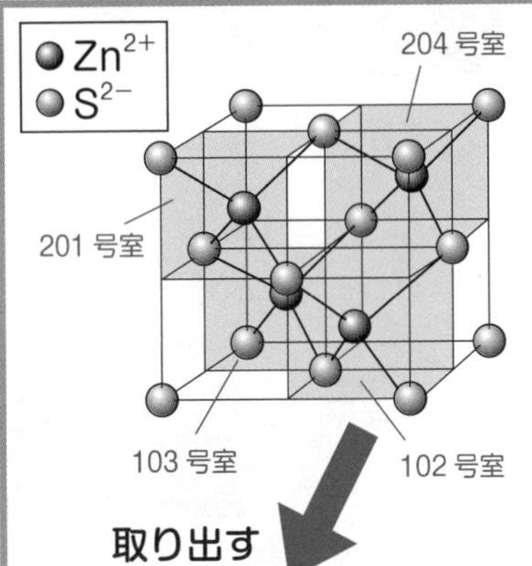

・ベースは S^{2-} の面心立方格子で，隙間に Zn^{2+} がある（102 号室，103 号室，201 号室，204 号室）。

・単位格子中の S^{2-} の数は面心立方格子なので 4 個。Zn^{2+} も同じく 4 個。

取り出す

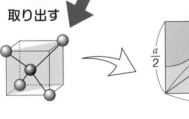

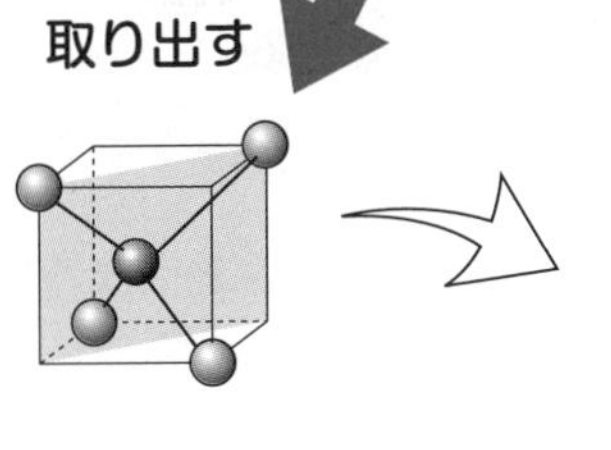

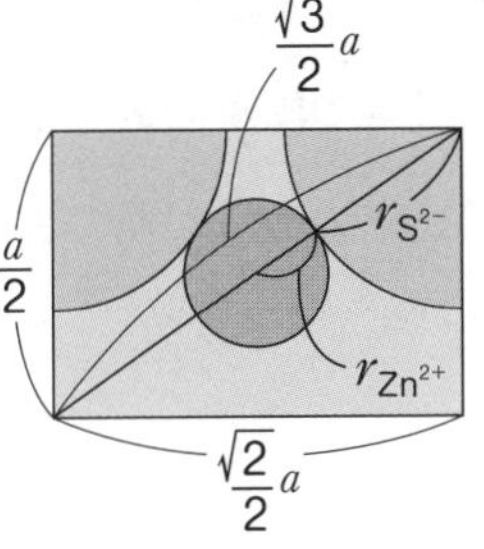

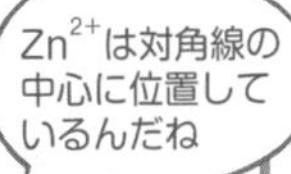

・Zn^{2+} のまわりの S^{2-}（S^{2-} のまわりの Zn^{2+}）の数は，Zn^{2+} の入る小部屋（102 号室）に注目して，4 個。

・右上図より

$$\underbrace{\frac{\sqrt{3}}{2}a \times \frac{1}{2}}_{\frac{\sqrt{3}}{4}a} = r_{Zn^{2+}} + r_{S^{2-}}$$

共有結合の結晶であるダイヤモンド C やケイ素 Si も ZnS 型をとる！

ダイヤモンドやケイ素の
結晶構造を問われる
こともあるぞぃ

ここまでやったら
別冊 P. 73 へ

ハカセの
宇宙一キビしい
チェック!!

理解できたものに，☑チェックをつけよう。

- ☐ 金属結晶の体心立方格子，面心立方格子，六方最密構造の3つの構造の違いを理解している。
- ☐ 結晶格子の単位格子中の原子の数を求めることができる。
- ☐ 結晶格子の配位数を求めることができる。
- ☐ 結晶格子の一辺の長さ（格子定数）aと原子の半径rとの関係を式で表すことができる。
- ☐ 結晶格子の充塡率を求めることができる。
- ☐ “単位格子”と“1cm^{3}あたり”と“1molあたり”を比較する表を作り，比を用いることで体積，質量，原子の数を求めることができる。
- ☐ CsCl型のイオン結晶の構造を，体心立方格子をもとに理解している。
- ☐ NaCl型のイオン結晶の構造を，面心立方格子をもとに理解している。
- ☐ ZnS型のイオン結晶の構造を，面心立方格子をもとに理解している。
- ☐ ダイヤモンドやケイ素の結晶構造はZnS型をとる。

積み木で
遊びたくなったー
たまには
息抜きも
必要じゃな

Chapter

11

気体

Chapter 11 気体

はじめに

ここからは，気体について勉強していきます。

気体は温めると，圧力が上がったり，体積が増えたりします。
逆に，冷やすと，圧力が下がったり，体積が減ったりします。
なんとなく当たり前だと思ってきたこの現象は，
実はある方程式にしたがって起きているのです。
それが，気体の状態方程式 $PV = nRT$ というものなのです。
この方程式が，気体の「温度」，「圧力」，「体積」の関係を表しているのです。

ポテチの袋を富士山にもっていくと，どうしてふくらむのだろう？
冷たいジュースをグラスに注ぐと，どうしてグラスの外側に水滴がつくのだろう？
天気のよい日に洗濯物がよく乾くのは，どうしてなんだろう？……

$PV = nRT$ の意味がわかるように，「ヘンな飛行機」に例えて説明していきましょう。

この章で勉強すること

気体についての基本的な理解をしたあと，
方程式を使って実際に計算問題が解けるようになることが目標です。
気体についての正しい理解や正しいイメージができるようになることで，
方程式の使いかたもよくわかるようになります。

宇宙一
わかりやすい
ハカセの
Introduction
温める
冷やす
気体
気体
気体
気体のこれらの
性質を表す式が
あるぞぃ
Q. 気体ってなに？
PV＝nRT
気体
Potato chips
Potato chips
N2
H2
H2O
O2
Ar
Let's study!!

11-1 気体の性質

ココをおさえよう！

気体は$PV = nRT$という規則にしたがって飛び回る，ヘンな飛行機の集まり。体積がなく，衝突しない。

多くの場合，気体は“分子間に力がはたらかず，気体分子自身の体積を考えない”**理想気体**として考えます。

しかし，「分子間力がなく」，「体積がない」といわれてもイメージしにくいでしょう。
気体の分野で苦労するいちばんの原因は，気体が透明であるため，
ミクロなレベルでなにが起きているかがイメージしにくいことにあります。

そこで，もっと気体をイメージしやすくするため，
気体は$PV = nRT$という規則にしたがって飛び回る，
ヘンな飛行機の集まりだと思ってください。
このVは気体分子の体積ではなく，気体の入っている容器の体積と考えましょう。
この飛行機，どこがヘンなのかというと
「体積がなく」，「飛行機どうしは絶対に衝突しない」のです。

以下に，気体の性質を書きますので，
よく頭の中でイメージできるようにしてください。

① 飛行機は自由に飛び回る（気体は拡散する）。

ここに，O_2航空とN_2航空があるとします。
それぞれの飛行機は，仕切りで隔てられており，別々の空間を飛び回っています。

ここで，その仕切りを取り払うとどうなるでしょう？

飛行機は空間を自由に飛び回ることができるため，
それぞれがぐちゃぐちゃに（均一に）混ざり合います。

これを，**気体の拡散**といいます。

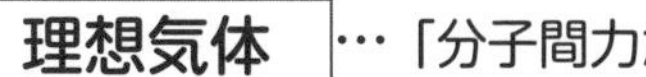
理想気体

理想気体 …「分子間力がなく」，「体積がない」

気体はヘンな飛行機の集まりをイメージしよう

H_2
O_2
Ar
H_2O
H_2O
N_2
Ar
N_2
H_2
O_2
体積がない
飛行機どうしは
衝突しない
安全だけど
誰も乗れないね

① 飛行機は自由に飛び回る（気体は拡散する）。

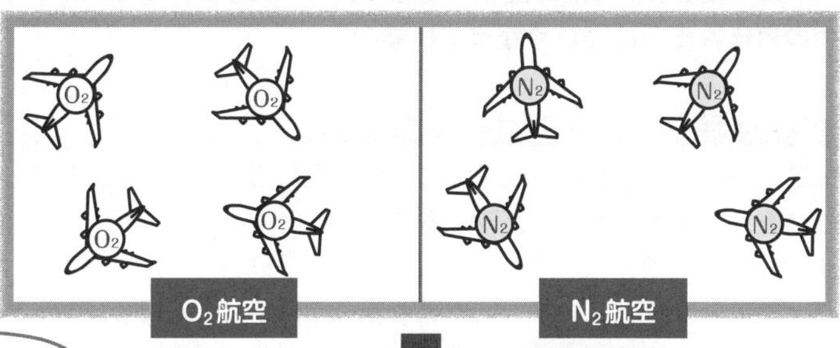

O_2
N_2
O_2航空
N_2航空

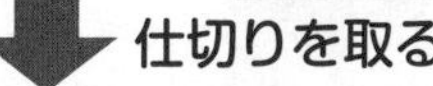
仕切りを取る

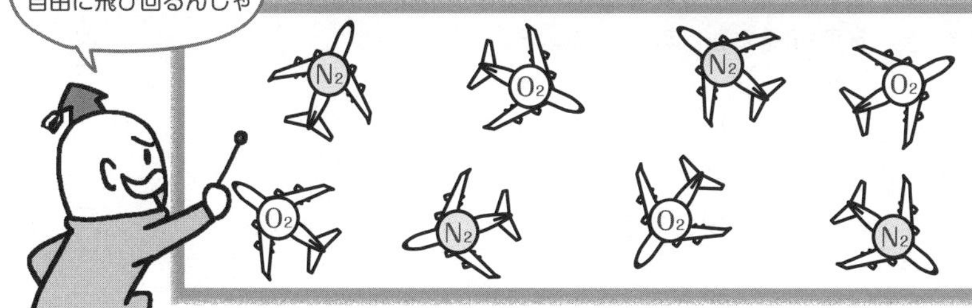

飛行機（気体）は
自由に飛び回るんじゃ
N_2
O_2

② 飛行機が壁にあたることで，圧力が生じる（気体の圧力）。

ここにN_2が入ってふくらんだ袋があるとします。
この袋がふくらんでいるのは，袋のなかの気体（ヘンな飛行機の集まり）が飛び回って袋にあたり，袋を押し広げているからなのです。

これによって生じる，単位面積あたりの力のことを，**気体の圧力**といいます。

飛行機の数が増えたり，温度が上がったり，袋の体積が小さくなると，圧力は上がります。

しかし，飛行機たちは袋を突き破って外に出てきたりはしません。
なぜなら，袋の外にも空気があって，空気を構成する飛行機たちと力関係が等しくなっているからです。

このように，袋や容器の形が変わらずそのままの状態を保っているとき，**外と中の気体の圧力は等しくなっている**のです。

③ 飛行機も飛ばなくなることがある（状態変化）。

H_2O航空（水蒸気）が，ある温度で袋のなかを飛び回っているとします。
この温度を，下げていったらどうなるでしょう？

温度が下がるとフライトすることのできる飛行機が少なくなってくるのです。
実は，ヘンな飛行機は熱のエネルギーを使って空を飛んでいるので，温度が下がって熱エネルギーが減ると，飛ぶことのできる飛行機の数は減ります。

こうして，飛ぶことのできなくなった飛行機たちは，地上で集まってウロウロします。
こうしてできるのが，液体（水）です。

さらに温度を下げていくと，飛行機たちは動き回ることもしなくなります。
こうしてできるのが，固体（氷）なのです。

このような　気体 ⇆ 液体 ⇄ 固体　の変化を**状態変化**といいましたね。

② 飛行機が壁にあたることで，圧力が生じる（気体の圧力）。

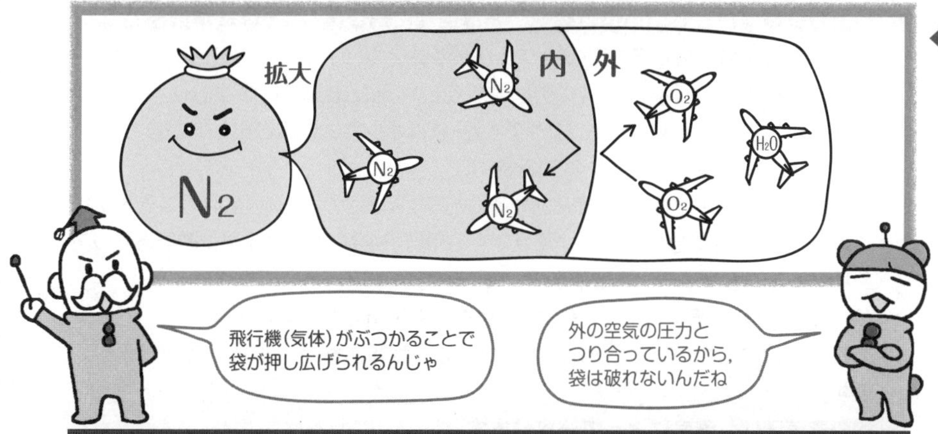

拡大
内
外
N_2
O_2
H_2O
飛行機（気体）がぶつかることで
袋が押し広げられるんじゃ
外の空気の圧力と
つり合っているから，
袋は破れないんだね

③ 飛行機も飛ばなくなることがある（状態変化）。

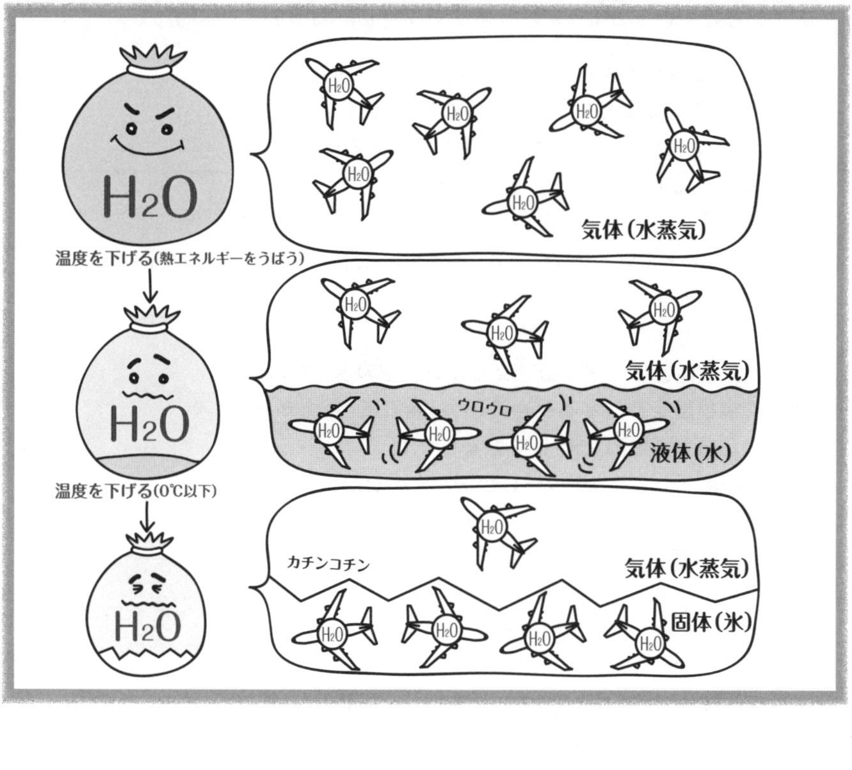

H_2O

気体（水蒸気）

温度を下げる（熱エネルギーをうばう）

H_2O

気体（水蒸気）

ウロウロ

液体（水）

温度を下げる（0℃以下）

H_2O

カチンコチン

気体（水蒸気）

固体（氷）

④ 地上でウロウロしている飛行機も，実は空間に飛び出している（蒸気圧）。

地上でウロウロしている飛行機（つまり，液体となった分子）のうち，
表面に存在する飛行機は，常に勢いよく空間に飛び出しています。
一見するとなにも起きていないようですが，実はポンポンと飛び出しているのです。
同様に，空間を飛び回っている飛行機も，
勢いよく地上に降りてきます（壁にあたる力と同じ大きさの力で地上に降りてきます）。
この“飛び出す飛行機の数”と，“降りてくる飛行機の数”の2つが単位時間あたりでつり合っている状態を，**気液平衡**といいます。
（液体が存在して安定した状態では，必ず気液平衡となっています）
そして，このときのつり合った力（圧力）を，**飽和蒸気圧**，または**蒸気圧**といいます。
飽和蒸気圧は，温度によって決まります。
その関係を表したものが，**蒸気圧曲線**です。
まとめると，以下のようになります（$PV = nRT$ はp.276で説明）。

- **容器中に液体が存在した場合（液体の量に関係なく），圧力は温度によって，1つに決まる（飽和蒸気圧）。**
- **容器中に液体が存在せず，気体だけがある場合，$PV = nRT$ にしたがって圧力が決まる。**

⑤ 温度が上がると，地上でウロウロしている飛行機は積極的に空に飛び出す（沸騰）。

水の温度を上げていくと，蒸気圧は上がっていき，
100℃になるとボコボコと泡立ってきます。
これは，液体として存在しているH_2O航空の飛行機の，
空間に飛び出そうとするときの圧力（蒸気圧）が上がり，
空気の圧力（大気圧）と等しくなることで，
100℃未満では表面の飛行機しか飛び出せなかったのが，
内部のほうからも飛び出し始めた結果，起こる現象なのです。
この現象を**沸騰**といい，そのときの温度が**沸点**です。

Point … 飽和蒸気圧（蒸気圧）

◎ ある温度で液体が存在する場合，圧力は一定のままである。
（そのときの圧力を飽和蒸気圧と呼び，温度との関係は蒸気圧曲線で表すことができる）

④　地上でウロウロしている飛行機も空間に飛び出している（蒸気圧）。

液体が存在する場合

… 圧力は温度によって決まる。
（圧力＝飽和蒸気圧）

液体が存在しない場合

… 圧力は，$PV = nRT$ によって決まる。

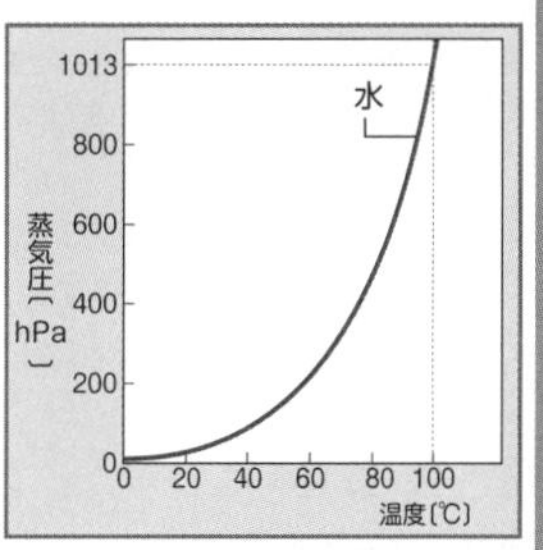

〈水の蒸気圧曲線〉

⑤　温度が上がると，地上でウロウロしている飛行機は積極的に空に飛び出す（沸騰）。

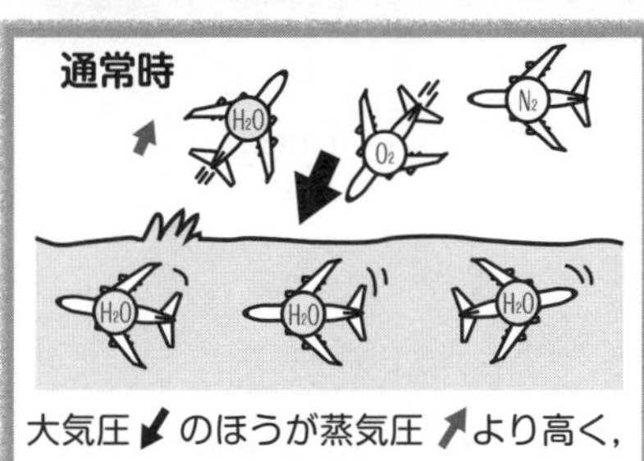

大気圧↙のほうが蒸気圧↗より高く，表面にある飛行機だけが飛び立つ

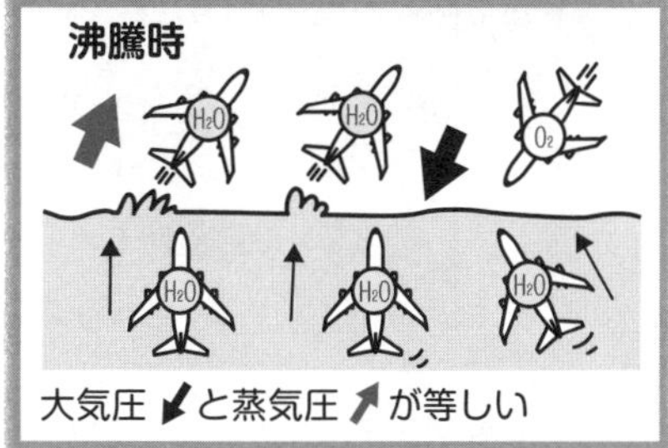

大気圧↙と蒸気圧↗が等しい

ここまでやったら
別冊 P. 75へ

11-2 気体の状態方程式

ココをおさえよう！

液体が存在しないなら，あらゆる気体は状態方程式にしたがう。

空間を飛び回る飛行機が必ずしたがうルール，それが気体の状態方程式です。

気体の状態方程式：$PV = nRT$

それぞれの文字と単位について，Pは圧力のことで，単位はPa（パスカル），Vは体積のことで，単位はL（リットル），Tは絶対温度のことで，単位はK（ケルビン），nは物質量〔mol〕，Rは気体定数8.31×10^3〔Pa・L/(K・mol)〕です。温度がセルシウス温度〔℃〕で与えられた場合は，＋273をして，絶対温度〔K〕に直しましょう。

温度には，セルシウス温度（セ氏温度）と絶対温度という2つの表しかたがあります。セルシウス温度は，広く用いられているもので，〔℃〕で表されます。1気圧（$= 1.013 \times 10^5$Pa）下で，水が氷になる温度を0℃とし，水が沸騰する温度を100℃としています。絶対温度の単位は〔K〕（ケルビン）です。それよりも低い温度が存在しないという温度（－273℃）が0K（絶対零度）で，目盛りの間隔はセルシウス温度と同じです。目盛りの間隔は同じなので，温度差を比べる場合はどちらでも同じです。

飛行機（気体）は必ず，この$PV = nRT$のルールにしたがってフライトするので，問題を与えられたら，とにかくこの式に代入してみてください。

問　47℃，3.2×10^5Paの気体が16.6Lの容器に入っている。
この容器内の気体の物質量は何molか？
ただし，気体定数$R = 8.3 \times 10^3$ Pa・L/(K・mol)とする。

解きかた　$PV = nRT$に値を代入するだけでいいです。

$P = 3.2 \times 10^5$Pa，$V = 16.6$L，$R = 8.3 \times 10^3$ Pa・L/(K・mol)，
$T = 47 + 273 = 320$ Kより

$$3.2 \times 10^5 \times 16.6 = n \times 8.3 \times 10^3 \times 320$$

$$n = \mathbf{2.0mol}$$ …答

p.274でも説明しましたが，気をつけなければいけないのは圧力Pを求めるときです。
容器中に液体が存在せず，気体だけがある場合は
この$PV = nRT$という式で圧力Pを求めます。
液体がある場合は，その温度での飽和蒸気圧が気体の圧力となりますので，
$PV = nRT$からPを求めてはいけません。

11

気体のしたがう
ルールはコレじゃ

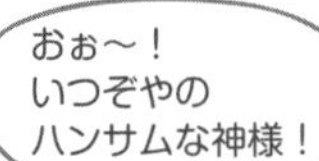
おぉ～！
いつぞやの
ハンサムな神様！

そ, そっくり！

あらゆる気体がしたがうルール

$$PV = nRT$$

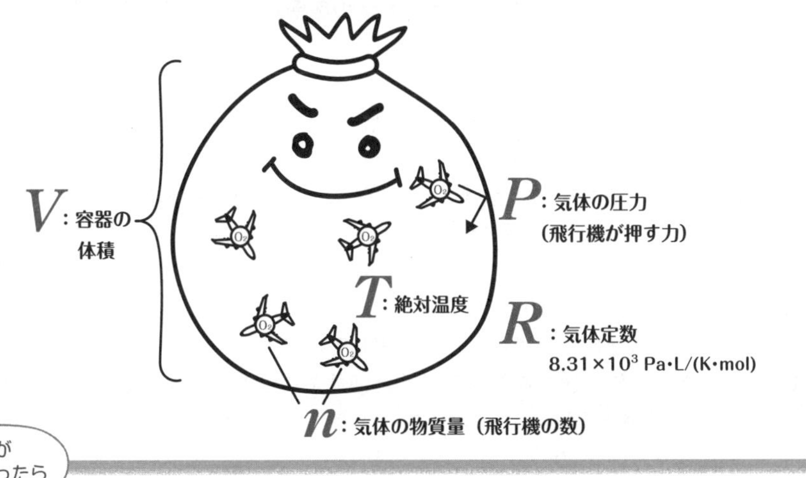
V：容器の
体積
P：気体の圧力
（飛行機が押す力）
T：絶対温度
R：気体定数
8.31×10³ Pa·L/(K·mol)
n：気体の物質量（飛行機の数）

理屈が
わかったら
あとは
トコトン解く
だけじゃ

コラボ
してる…

ここまでやったら
別冊 P. 76 へ

11-3 状態図と蒸気圧曲線

ココをおさえよう！

状態図・蒸気圧曲線の読みかたを理解しよう。

さまざまな温度・圧力のときに，物質がどんな状態であるかを示した図を**状態図**といいます。右ページに，水 H_2O と二酸化炭素 CO_2 の状態図を示しました。
この図から，〝この温度でこの圧力のとき，水は固体である〟などと読み取れますね。

曲線TAは固体と液体の境界を表す**融解曲線**，曲線TBは固体と気体の境界を表す**昇華圧曲線**といい，曲線TCは気体と液体の境界を表す**蒸気圧曲線**です。
p.274で説明した蒸気圧曲線は，状態図の気体と液体の境界を表すものだったのですね。

点Tは固体・液体・気体のすべての状態が共存する点で，**三重点**といいます。
点Cはそれ以上の温度・圧力では液体と気体の区別がなくなる点で，**臨界点**といいます。

右ページの番号に合わせて，状態図を読み取っていきましょう。
まずは水 H_2O です。

❶ 温度一定で，圧力を上げていくと，気体のところから液体のところへと移っていきますね。これはすべて気体（水蒸気）として存在していた H_2O が，蒸気圧以上の圧力下になると液体の水になるということを表しています。

❷ 標準大気圧（1.013×10^5Pa）において，温度を上げていくと，水が固体 → 液体 → 気体と状態変化していく様子を表しています。

❸ 固体である氷に，圧力を加えていくと液体になることを表しています。これは H_2O 特有の現象です。アイススケートではスケート靴のエッジによって強い圧力が加わり，氷が融けることで滑りやすくなっているのですよ。

二酸化炭素の状態図は，形は水と似ていますが，圧力の値（縦軸の値）の桁が違うので注意しましょう。

❹ 標準大気圧（1.013×10^5Pa）においては，二酸化炭素は液体にはならず，固体 → 気体と状態変化する昇華が起こることがわかりますね。

水 H_2O と二酸化炭素 CO_2 の状態図

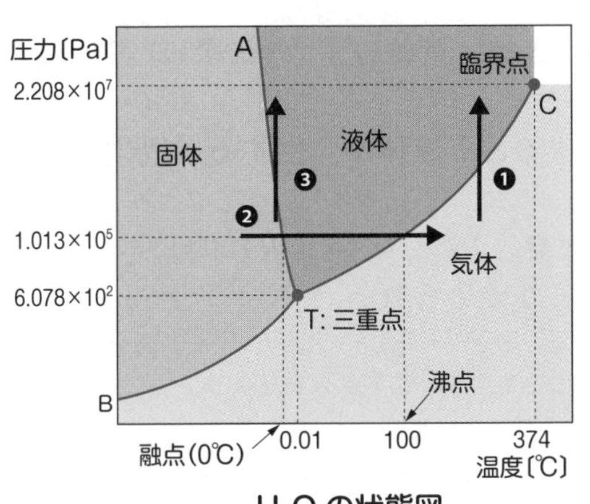

H_2O の状態図

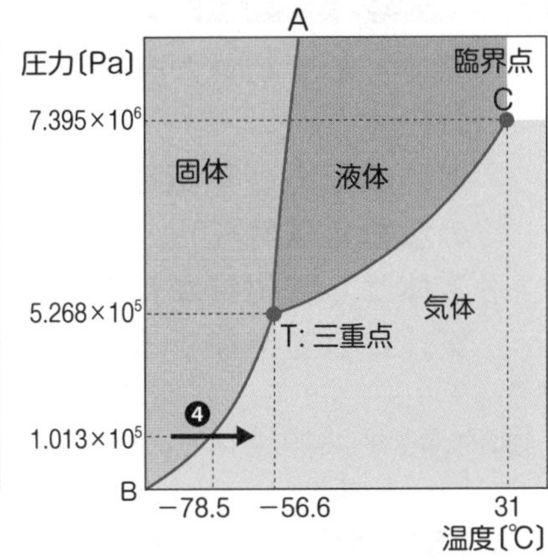

CO_2 の状態図

上の図の❶〜❹は
次のことを表しているぞぃ

❶ 温度一定で圧力が上がっていくと，蒸気圧の値(曲線 TC)を超えたところで，気体が液体になる。

❷ 標準大気圧(1.013×10^5 Pa)では，温度を上げていくと H_2O は 固体 → 液体 → 気体 と状態変化する。

❸ 固体である氷に圧力を加えると，液体になる。

❹ 標準大気圧(1.013×10^5 Pa)では，CO_2 は 固体 → 気体 に状態変化する(昇華)。

ここまでやったら 別冊 P. 77へ

11-4 蒸気圧曲線と気体の状態方程式

ココをおさえよう！

- **液体として物質が存在するときは，気体の圧力＝（飽和）蒸気圧**
- **気体の圧力が蒸気圧まで達すると，液体が発生する（気体の圧力＝蒸気圧）。**
- **液体として物質が存在するとき，$P_{蒸気圧}V'=n'RT$より，気体として存在する物質量n'が求められる。**

気体の蒸気圧曲線と気体の状態方程式について，まとめていきましょう。

p.274でも説明した通り，容器中に液体として物質が存在するとき，その物質の気体の圧力は蒸気圧の値に等しくなります。
$PV=nRT$からPを求めるのではなく，問題文で示された蒸気圧の値や蒸気圧曲線から$P_{蒸気圧}$を読み取るようにしましょう。

問題によっては，「最初はすべて気体の状態で存在していたのに，圧力が増加していって液体が発生する」という場合があります。
前ページの状態図でいうところの❶の変化ですね。
そういった場合は，気体の圧力が蒸気圧と等しくなったとたんに液体が発生したと考えましょう。

最後は容器内に液体として物質が存在する場合，気体の状態方程式はなにを意味しているかを説明します。
容器内に液体が存在する場合，気体の圧力はその温度での蒸気圧($P_{蒸気圧}$)になります。
このとき$P_{蒸気圧}$を用いた気体の状態方程式によって求められるものがあります。
それは，**気体として存在している物質の物質量n'〔mol〕**です。

$$P_{蒸気圧}V'=n'RT$$

もともとn〔mol〕すべてが気体として存在していたとしても，蒸気圧を超えると液体が発生します。
気体として存在する物質量n'〔mol〕を状態方程式から求めると，$(n-n')$〔mol〕が液体になっているというのも導くことができますね。

蒸気圧曲線と気体の状態方程式

・液体として物質が存在するとき，（気体の圧力）＝（蒸気圧）

$P_{H_2O}=P_{蒸気圧}$

・圧力が増加して，$P_{気体}=P_{蒸気圧}$になると，液体が発生。
（それ以降はずっと$P_{気体}=P_{蒸気圧}$）

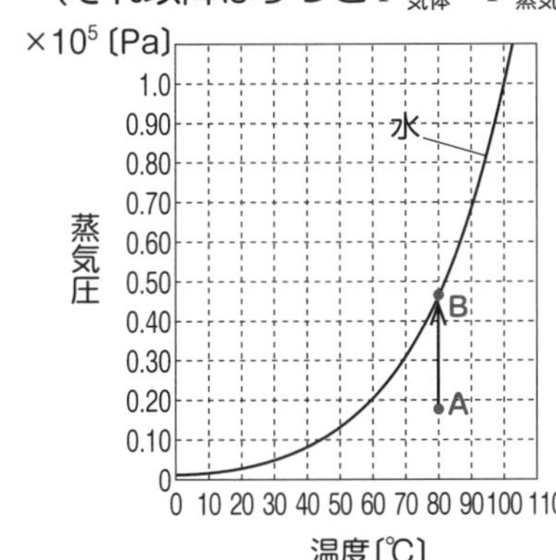

A では液体になっていないので
$PV=nRT$ から P_A を求める。

B では液体が生じるので
$P_B=P_{蒸気圧}$

・$P_{蒸気圧}V'=n'RT$ で，気体として存在する物質量 n' がわかる。

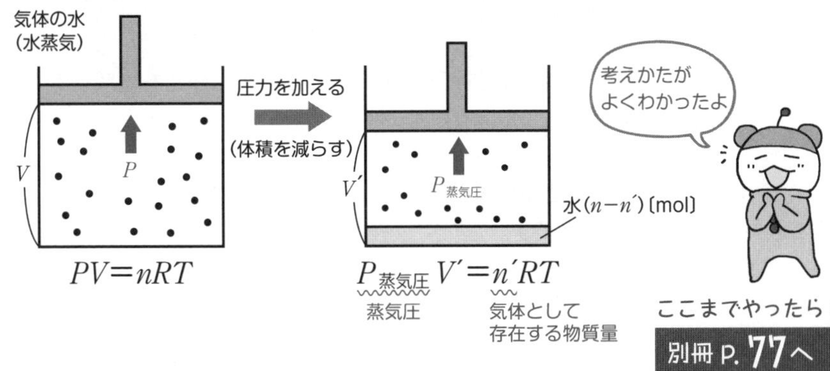

$PV=nRT$

$P_{蒸気圧}V'=n'RT$

蒸気圧　　気体として存在する物質量

ここまでやったら
別冊 P. 77へ

11-5 気体の質量・分子量・密度と状態方程式

ココをおさえよう！

・$PV = nRT$ より $PV = \frac{w}{M}RT$

（w：質量〔g〕，M：モル質量〔g/mol〕）

・$PV = \frac{w}{M}RT$ より $P = \frac{w}{V} \cdot \frac{RT}{M} = \frac{dRT}{M}$　（d：密度〔g/L〕）

気体の問題で，物質量n〔mol〕が与えられず，質量wや分子量M，密度dが与えられる場合があります。

そんなときは$PV = nRT$から式変形をして，2つの式を導きましょう。

1つめはここまで化学を学んできた人なら簡単です。
物質量nを，質量wとモル質量M（分子量に〔g/mol〕をつけたものでしたね）で次のように置き換えましょう。

$$PV = nRT = \frac{w}{M}RT \quad \cdots\cdots ①$$

2つめは①式から導いていきます。
密度d〔g/L〕は単位体積あたりの質量です。
つまり$d = \frac{w}{V}$なので，①式から次のように式変形をしていきます。

$$P = \frac{w}{V} \cdot \frac{RT}{M} = \frac{dRT}{M} \quad \cdots\cdots ②$$

少し面倒ですが，意味を考えずに覚えるよりは，式変形のしかたを理解して，$PV = nRT$から導けるようにしたほうがよいと思います。

1つ注意してほしいのは，密度の単位が〔g/cm^3〕で与えられた場合は，〔g/L〕に直す必要があるということです。
1L＝1000cm^{3}ですから，1L中には1cm^{3}の1000倍の気体が含まれますよね。
密度がd'〔g/cm^3〕だとすると，1000d'〔g/L〕として，②式に代入しましょう。

気体の質量 w〔g〕，分子量 M（モル質量 M〔g/mol〕），密度 d〔g/L〕が与えられて，n〔mol〕が不明の場合どうする？

$n = \dfrac{w}{M}$ だから次のように式変形。

$$PV = nRT = \frac{w}{M}RT \quad \cdots\cdots①$$

$\dfrac{w}{V} = d$ だから，①式を次のように式変形。

$$P = \underbrace{\frac{w}{V}}_{d} \cdot \frac{RT}{M} = \frac{dRT}{M} \quad \cdots\cdots②$$

ちなみに……

密度が d'〔g/cm^3〕で与えられたら ➡ $1000d'$〔g/L〕に。

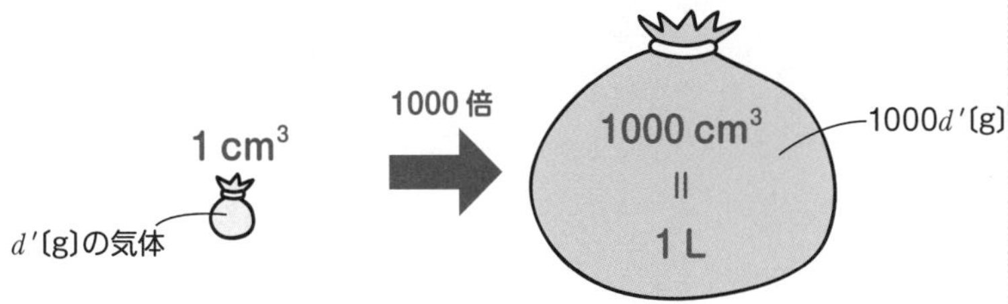

ここまでやったら
別冊 P. 79 へ

11-6 ボイル・シャルルの法則

ココをおさえよう！

変化の前後で，気体の物質量〔mol〕が変わらないとき，ボイル・シャルルの法則を使うと便利。

気体の問題は，$PV=nRT$を使うことで解くことができますが，変化の前後で一定の値のものがある場合，次の3つの法則を用いると簡単に解くことができます。

ボイルの法則：$P_1V_1=P_2V_2$　←物質量nと温度Tが一定のとき

シャルルの法則：$\dfrac{V_1}{T_1}=\dfrac{V_2}{T_2}$　←物質量nと圧力Pが一定のとき

ボイル・シャルルの法則：$\dfrac{P_1V_1}{T_1}=\dfrac{P_2V_2}{T_2}$　←物質量nが一定のとき

ボイル・シャルルの法則は，ボイルの法則とシャルルの法則を組み合わせたものなので，ボイル・シャルルの法則だけ覚えておいてもいいでしょう。
また，nが一定のとき，$PV=nRT$を変形させたものが，ボイル・シャルルの法則になります。
変化前の気体の状態が$P_1V_1=n_1RT_1$，変化後の気体の状態が$P_2V_2=n_2RT_2$を満たしているとき，それぞれ$\dfrac{P_1V_1}{T_1}=n_1R$，$\dfrac{P_2V_2}{T_2}=n_2R$と表せますね。

今，気体の数（n_1とn_2）が等しいので，$\dfrac{P_1V_1}{T_1}=\dfrac{P_2V_2}{T_2}$となります。

では，実際に問題を解いてみましょう。

問　177℃，3.0×10^5Paで5.0Lの気体は，87℃，3.0Lで何Paか？

解きかた　前後で気体の出入りはないので，nは一定です。
つまり，ボイル・シャルルの法則が使えます。
$\dfrac{P_1V_1}{T_1}=\dfrac{P_2V_2}{T_2}$に$P_1=3.0\times10^5$Pa，$V_1=5$L，$T_1=273+177=450$K，
$V_2=3.0$L，$T_2=273+87=360$K　を代入すると

$$\frac{3.0\times10^5\times5.0}{450}=\frac{P_2\times3.0}{360}$$

$$P_2=\underline{\underline{\mathbf{4.0\times10^5\,[Pa]}}}$$ …**答**

このように，気体の量が変わらない操作をし，操作後の状態（体積・圧力・温度）について問われたら，ボイル・シャルルの法則を使うと便利です。

基本は気体の状態方程式

$$PV = nRT$$

11

ボイルの法則

物質量 n と温度 T が一定なら

$$\underset{\text{変化前}}{P_1V_1} = \underset{\text{変化後}}{P_2V_2}$$

シャルルの法則

物質量 n と圧力 P が一定なら

$$\underset{\text{変化前}}{\frac{V_1}{T_1}} = \underset{\text{変化後}}{\frac{V_2}{T_2}}$$

組み合わせると…

ボイル・シャルルの法則

物質量 n が一定なら

$$\underset{\text{変化前}}{\frac{P_1V_1}{T_1}} = \underset{\text{変化後}}{\frac{P_2V_2}{T_2}}$$

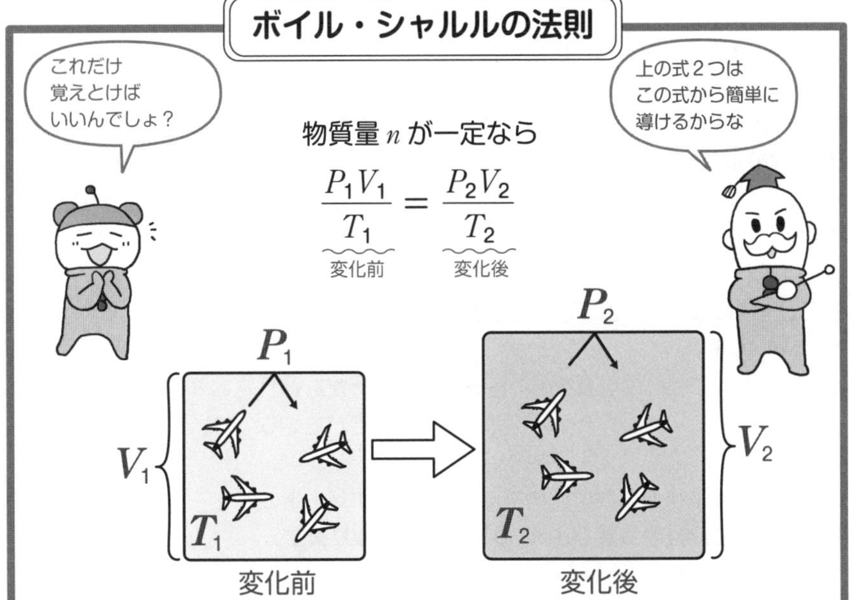
これだけ
覚えとけば
いいんでしょ？
上の式2つは
この式から簡単に
導けるからな
P_1
V_1
T_1
変化前
P_2
V_2
T_2
変化後

ここまでやったら
別冊 P. 80 へ

11-7 分圧

ココをおさえよう！

分圧とは，航空会社別に圧力を考えたもの。
（気体の種類ごとに，圧力を割り出したものが分圧）

分圧という考えがあるのですが，
これについても苦手意識をもつ人は多いのではないかと思います。

分圧というのは，飛行機の例を使うと，
「航空会社ごとに，圧力を考える」ということになります。

例えば，同じ容器中にO_2航空とN_2航空の飛行機が飛んでいるとしましょう。
この状態で全体の圧力を求めるときは，O_2航空とN_2航空を区別せずに，
「飛行機がぜんぶで何台あるか？」を「n」として，状態方程式に代入していました。

しかし，これを，航空会社ごとに考えるのです。
O_2航空の飛行機の数をn_1，圧力をP_1とし，
N_2航空の飛行機の数をn_2，圧力をP_2として，
$P_1V=n_1RT$と$P_2V=n_2RT$を考えるということです。
（同じ容器中の話なので，VとTは同じです）
このとき，それぞれの航空会社の圧力P_1とP_2を**分圧**，全体の圧力Pを**全圧**というのです。

分圧と全圧には，次のような関係があります。

$$P=P_1+P_2$$

つまり，それぞれの航空会社の分圧を別々に求めたあと，
すべて足し合わせれば，全体の圧力を求めることができるのです。

また，分圧は飛行機の数に比例するので，V，Tが一定のとき
全圧・分圧の比は物質量〔mol〕の比と等しくなります。

$$P:P_1:P_2=(n_1+n_2):n_1:n_2$$

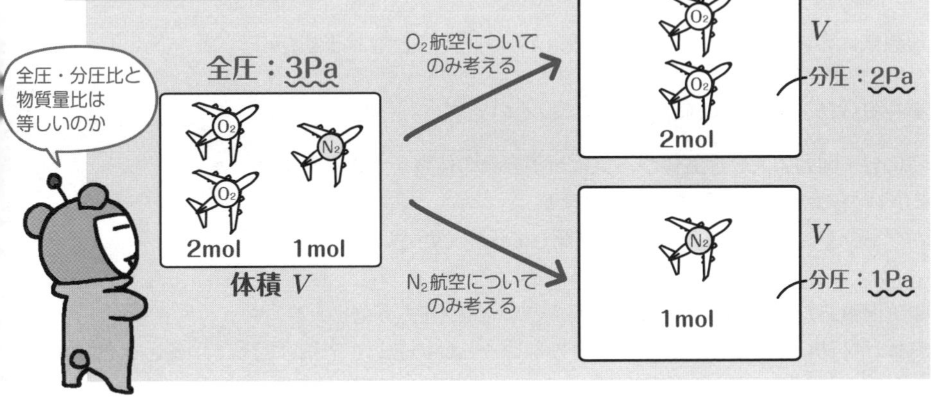

ここまでやったら
別冊 P. 81 へ

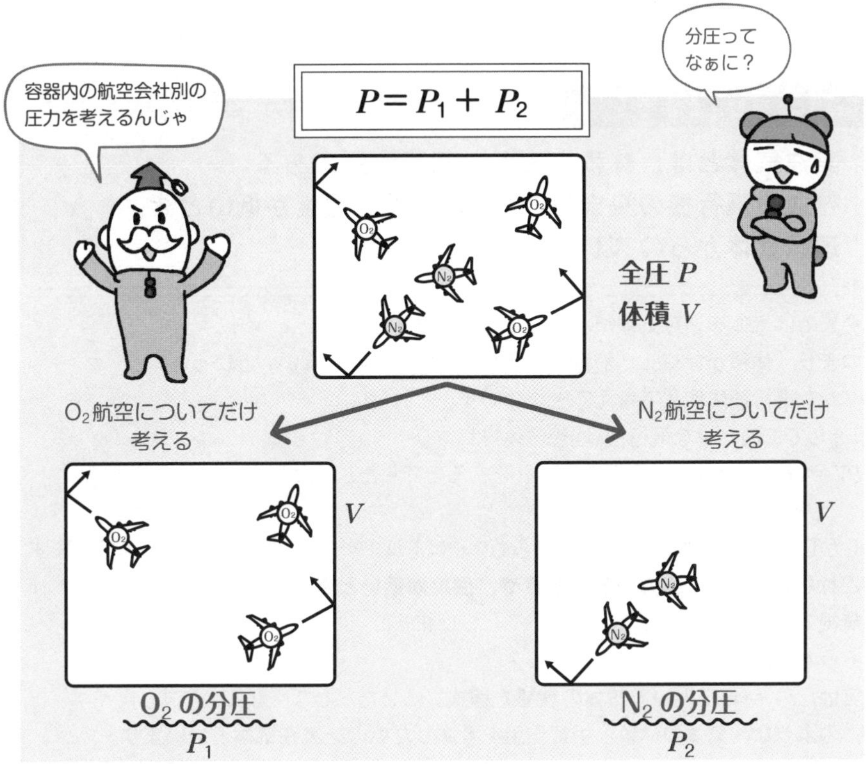

11-8 実在気体

ココをおさえよう！

実在気体とは，体積をもち，相互作用のある普通の飛行機の集まり（圧力が高く，温度が低いとき，理想気体からのズレが大きくなる）。

今までは気体を理想気体だと思って考えてきました。
つまり「体積がなく」，「飛行機どうしは絶対に衝突しない」というヘンな飛行機に例えて考えてきたのです。
（そしてこのヘンな飛行機（理想気体）は，
$PV = nRT$というルールでフライトをするのでした）

しかし，実際の気体は，小さいながらも体積はありますし，分子間力だってはたらきます。
これらの影響は，**圧力が高いときや，温度が低いとき**には無視できないくらいに大きくなってしまいます。
そうすると，どうなるのでしょう？
実は，$PV = nRT$という気体の状態方程式にはしたがわなくなるのです。
このような，気体の体積と相互作用を考慮したものを**実在気体**といいます。

ここで$\boldsymbol{Z = \dfrac{PV}{nRT}}$という式を考えましょう。

理想気体の場合$PV = nRT$ですから，$Z = \dfrac{PV}{nRT} = 1$となりますが，

実在気体は$Z = \dfrac{PV}{nRT}$の値が1からズレるのです。
特に分子間力の大きな気体や，気体分子自身の体積が大きな気体はZが1から大きくズレることになります。
右ページで，各気体のZの曲線を確認してみてくださいね。

単位面積あたりの気体（飛行機）数が少ないとき（圧力が低いとき）や気体（飛行機）が分子間力の影響を受けないくらいの激しさで飛び回っているとき（温度が高いとき）は，体積や分子間力の影響を無視することができるので，理想気体として気体を扱うことができます。
つまり$Z = 1$に近くなり，$PV = nRT$と考えてよいということになります。

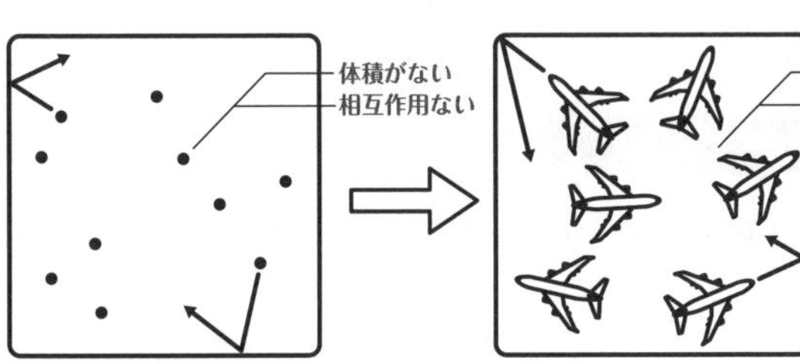

理想気体のしたがうルール

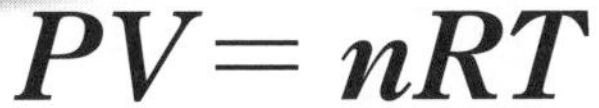

しかしこれは，圧力が低くて，温度が高いときにしか使えない！

実在気体

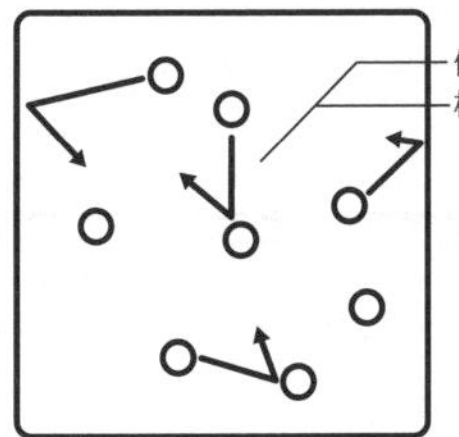

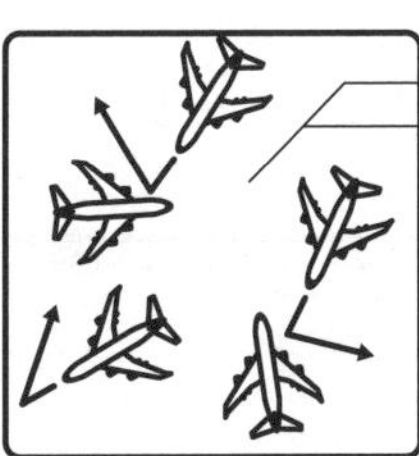

理想気体は $Z = \dfrac{PV}{nRT} = 1$

実在気体は $Z = 1$ からズレる

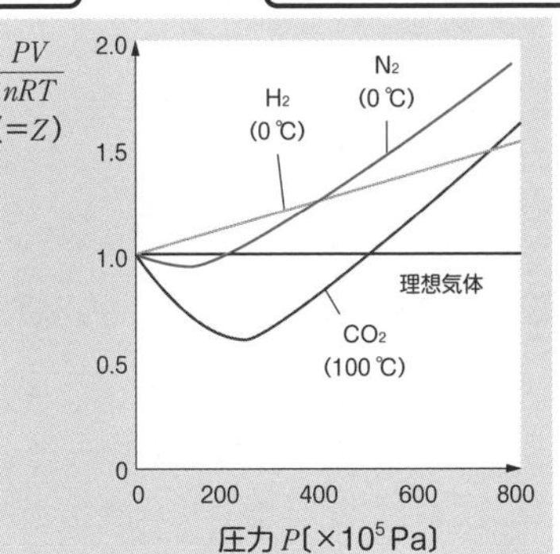

※ CO_2 は 0℃では高圧のとき液体になってしまうので100℃で表している。

ここまでやったら
別冊 P. 83 へ

11-9 実在気体の$\dfrac{PV}{nRT}$

ココをおさえよう！

- **実在気体は分子間力がはたらくため，理想気体に比べて$\dfrac{PV}{nRT}$が小さくなる。**
- **実在気体は圧力を上げていくと（体積を小さくしていくと）粒子の体積の大きさが無視できなくなるため，理想気体に比べて$\dfrac{PV}{nRT}$が大きくなる。**

実在気体は，理想気体とは違ったグラフになることは先ほどお話ししましたが，どうしてこのようなグラフになるか，少し掘り下げてみましょう。

＜重要なポイント＞
グラフを読み取るとき，nRTは定数なので，結局このグラフはP（横軸）とPV（縦軸）の関係を表しているということを念頭におくことがポイントです。
実在気体としてCO_2を取り上げましょう。このグラフのポイントは3つあります。

ポイント❶　圧力が小さいとき$\dfrac{PV}{nRT}$が理想気体より小さいのはなぜか？

グラフの❶の部分を見てみると，理想気体のPVよりも実在気体のPVのほうが小さくなっています。Pが同じなのにPVが小さいのですから，実在気体のほうがVが小さくなるということです。この理由は，実在気体には「分子間力」がはたらいているから。気体どうしが引力で引き合うことで，Vが小さくなっているのです。

※　このとき，圧力が十分に小さい（＝気体の入った容器の体積は大きい）ため，気体自身の体積は無視できます。

ポイント❷　圧力を上げていくと$\dfrac{PV}{nRT}$が理想気体より大きくなるのはなぜか？

次に❷を見ると，実在気体は理想気体よりもPVの値（縦軸）が大きくなっています。Pが同じときにPVが大きくなるということは，実在気体のほうがVが大きいということです。これは「気体自身に大きさがある」ことが大きく影響しています。
圧力Pを大きくすると，気体の入った容器の体積Vが小さくなります。
理想気体では気体分子自身の体積はないと考えていますが，実在気体はそうではありません。容積の体積Vがとても小さくなると，気体分子自身の体積が影響してくるため，理想気体のように体積Vが小さくならないのです。

実在気体のグラフのポイント❶〜❸を理解しよう！

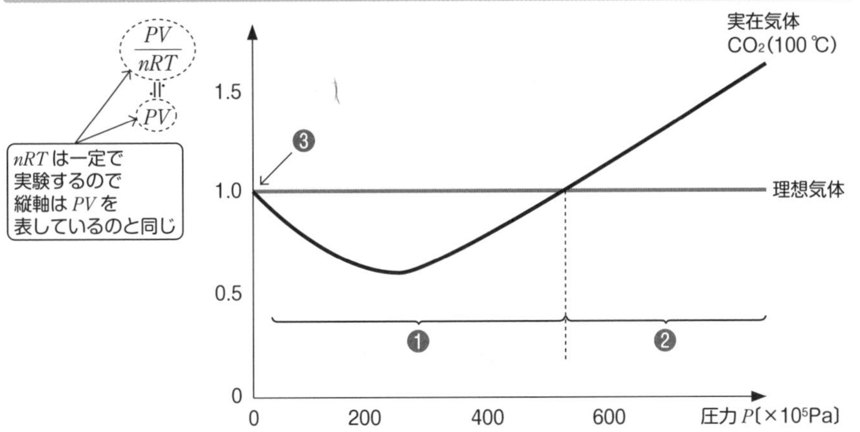

圧力P〔×10^5Pa〕

❶で，理想気体より$\frac{PV}{nRT}$が小さくなるのはなぜ？

➡ 分子間力によって，体積 V が小さくなるから!!

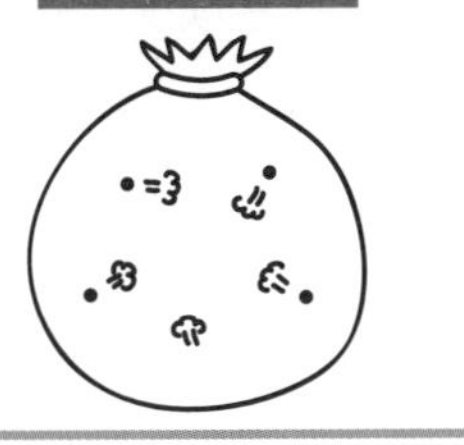

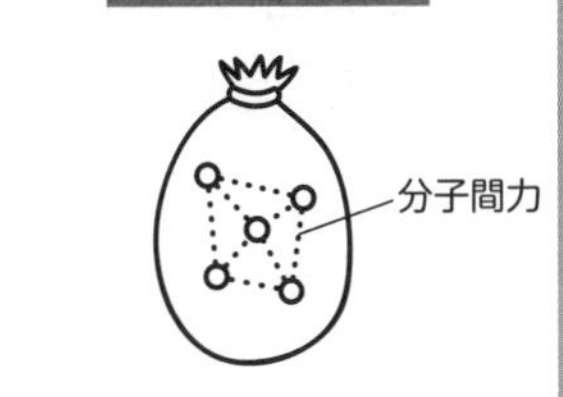

実在気体のほうが
分子どうしが引き合って
広がらないんじゃ

❷で，理想気体より$\frac{PV}{nRT}$が大きくなるのはなぜ？

➡ 気体分子自身の体積が影響するから!!

理想気体
ギュー
大きさがないので
いくらでも小さくなれます
nRTは一定で
実験するので
縦軸はPVを
実在気体

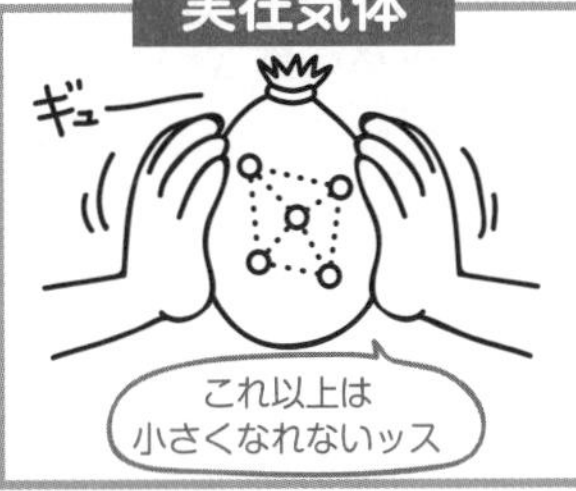

ギュー
これ以上は
小さくなれないッス

実在気体は大きさが
あるから，理想気体より
Vが大きくなるんだね

ポイント❸ 圧力を減らしていくと $\frac{PV}{nRT}$ が理想気体に近づくのはなぜか？

続いて❸のような，圧力の低い状態を見てみると，PVは理想気体の値（＝1）に近いことがわかります。

なぜなら，圧力Pが小さいと体積Vが増え，体積が増えると「気体分子自身の体積」の影響が無視できるだけでなく，分子どうしの距離がどんどん大きくなり「分子間力」の影響も無視できるようになるからです。
実在気体から「気体分子自身の体積」と「分子間力」を除いたら，それは理想気体ですね。

・実在気体の種類による違い

これまで実在気体としてCO_2を例に挙げて解説しましたが，窒素N_2では（温度によりますが），❶の部分におけるグラフの下がり具合が小さいです。なぜでしょう？

その理由は分子間力の大きさの違いです。CO_2とN_2はどちらも無極性分子ですから，分子間力（ファンデルワールス力）は，分子量の大きいCO_2のほうが大きくなります（p.76の分子間力の説明を思い出してくださいね）。
分子間力の強いCO_2のほうが，圧力が小さいとき，理想気体からのズレが大きくなるのです。
また，水素結合を作るアンモニアNH_3はもっと分子間力が大きくなるので，❶の部分の下がり具合がCO_2よりも大きくなりますよ。

・温度が高いほど，理想気体に近づく

実在気体のPと $\frac{PV}{nRT}$ の関係は，温度を一定にした環境下で実験が行われます。
では，温度が高い場合・低い場合で，グラフの形はどのように変わるでしょうか？

気体の温度を上げると，気体の熱運動が激しくなります。すると「分子間力」の影響が小さくなり，より理想気体に近い状態になります。右ページにあるように，メタンCH_4は200Kにあるときと400Kにあるときでは，400Kにあるときのほうが理想気体のグラフに近い形になっていますね。

❸で圧力がとても小さいと $\frac{PV}{nRT}$ が理想気体に近づくのはなぜ？

➡ 圧力 P が小さいと体積 V が増え，“気体分子自身の体積が影響しない”＆“分子どうしの距離が広がり，分子間力も影響しない”から !!

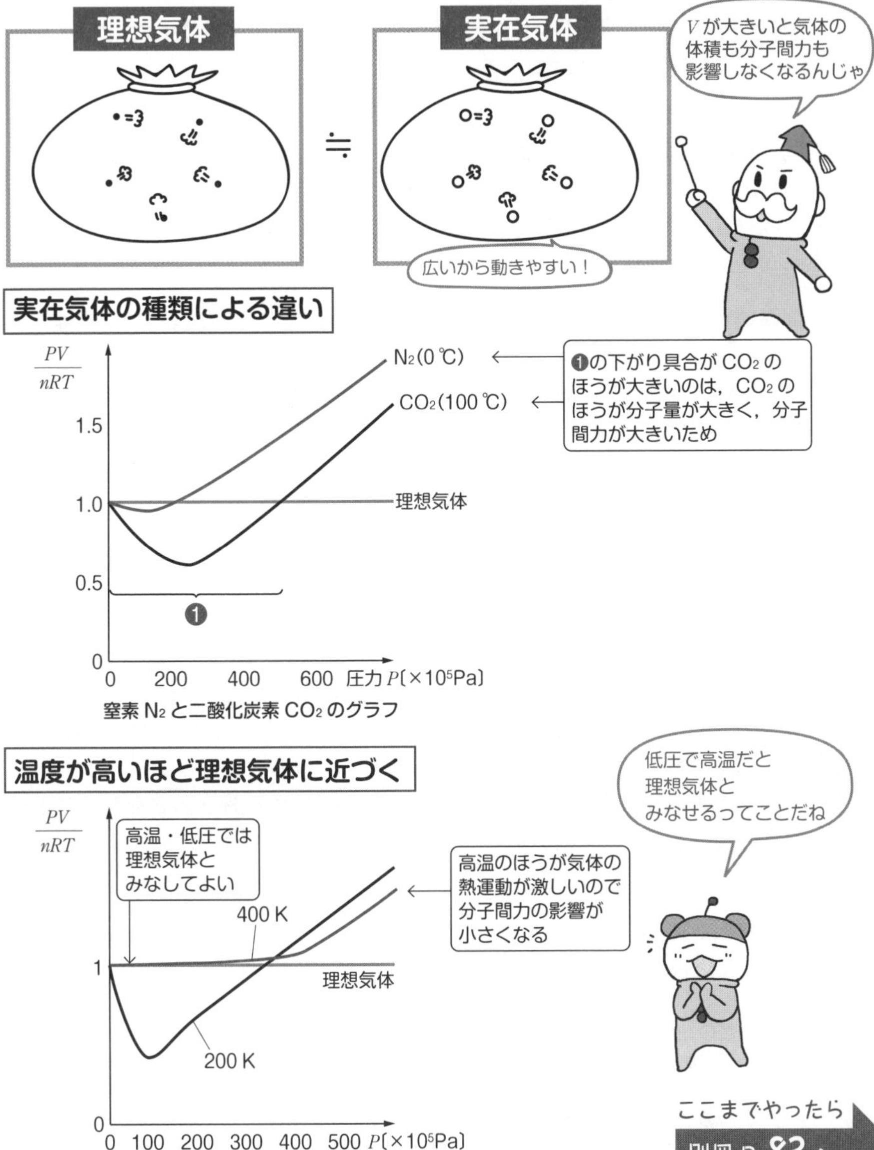

理想気体
実在気体
≒
V が大きいと気体の体積も分子間力も影響しなくなるんじゃ
広いから動きやすい！
実在気体の種類による違い
$\frac{PV}{nRT}$
N_2(0 ℃)
CO_2(100 ℃)
❶の下がり具合が CO_2 のほうが大きいのは，CO_2 のほうが分子量が大きく，分子間力が大きいため
1.5
1.0
理想気体
0.5
❶
0
0 200 400 600 圧力 P〔×10^5Pa〕
窒素 N_2 と二酸化炭素 CO_2 のグラフ
温度が高いほど理想気体に近づく
低圧で高温だと理想気体とみなせるってことだね
$\frac{PV}{nRT}$
高温・低圧では理想気体とみなしてよい
高温のほうが気体の熱運動が激しいので分子間力の影響が小さくなる
400 K
1
理想気体
200 K
0
0 100 200 300 400 500 P〔×10^5Pa〕
メタン CH_4 のグラフ

ここまでやったら 別冊 P. 83 へ

11-10 水銀柱の高さ

ココをおさえよう！

試験管に水銀を満たして水銀の上に立てると，空気に押されて落ちてこず，760mmの高さで止まる。760mmという高さは，試験管の直径によらない。

・なぜ，水銀は下に落ちないのか？

水銀Hgの単体は常温で液体です。金属原子なので，銀色に光っています。
さて，「水槽いっぱいの水銀の中に試験管を沈め，試験管を水銀で満たしてから，垂直に立てたらどうなるでしょう？」

液体は高いところから低いところに落ちようとするので，試験管中の水銀はスルスルと下に降りてくると考えるのが普通です。
しかし実際は降りてこず，水槽の液面から760mmの高さで止まります。
降りてこないのは，試験管中の水銀が水槽のなかにすべて流れこんで広がらないように，何かが上から押して（押さえて）いるからです。では，誰が押して（押さえて）いるのでしょうか？

犯人は空気です。空気にも質量があるので，空気が上から水銀を押して（押さえて）いるのです。これが**大気圧**とよばれるものです。
では空気はどれくらいの強さで押して（押さえて）いるのでしょうか？

・水銀が液面を押す強さと，空気が液面を押す（押さえる）強さは同じ

水銀柱は760mmで止まるので，水銀が水槽中に広がろうと液面を押す強さと，空気がそれを押す（押さえる）強さは同じとなり，つり合っています。
よって，水銀が液面を押す強さを求めれば，空気が液面を押す強さを知ることができます。ここから，少し計算をしますよ。

試験管の面積が1cm^{2}だったとすると，水銀の高さは760mm（=76cm）なので，水銀柱の体積は76cm^{3}です。水銀は密度が13.6g/cm^{3}なので，76〔cm^3〕×13.6〔g/cm^3〕=1033.6gの水銀が液面にずっしりと乗っています。

物理の知識が必要な話になりますが，地球上においては，1kgの質量をもった物質が下に加える力は9.8Nなので，1033.6gの水銀は，1033.6×10^{-3}〔kg〕×9.8〔N/kg〕≒10.1〔N〕の力をかけていることになります。今，水銀は1cm^{2}に対して力をかけているので，10.1N/cm^{2}という強さで水銀は液面を押していることになります。1Pa＝1N/m^{2}なので，10.1N/cm^2＝1.01×10^{5}N/m^2＝1.01×10^{5}Paですね。まさにこの強さ（＝圧力）こそ，空気の圧力，つまり大気圧なのです。

Q 水銀の中に試験管を沈め，垂直に立てたらどうなるでしょう？

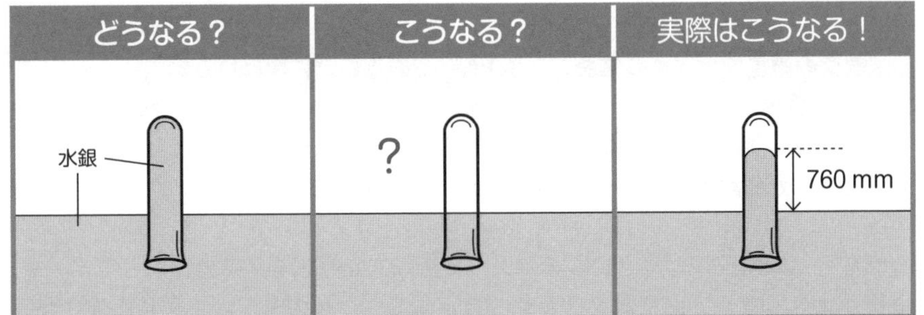
どうなる？
こうなる？
実際はこうなる！
水銀
?
760 mm

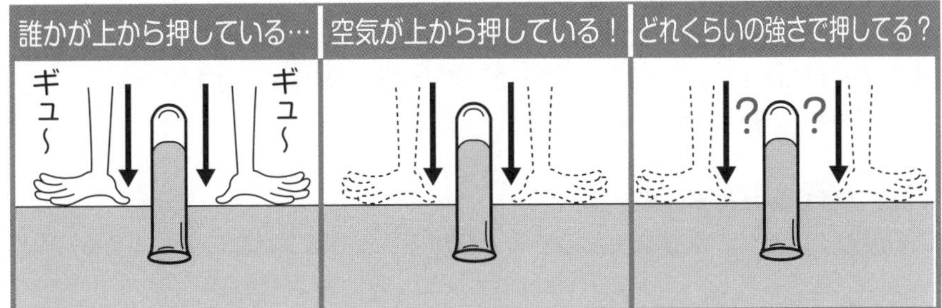
誰かが上から押している…
空気が上から押している！
どれくらいの強さで押してる？
ギュ〜
ギュ〜
?
?

試験管の中の水銀が液面を押す強さと，空気が液面を押す強さは同じ

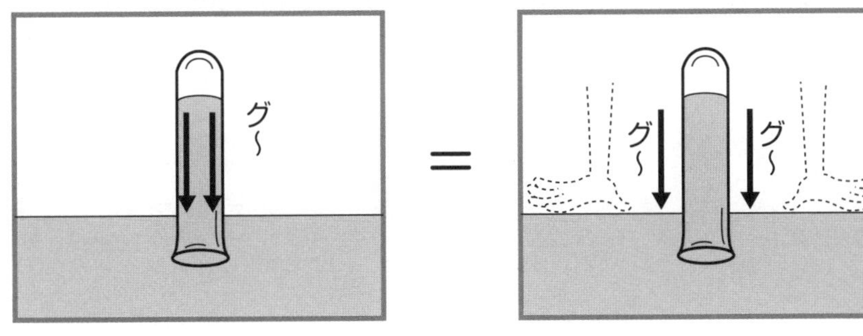
グ〜
=
グ〜
グ〜

同じ強さで押しているから
つり合ってるんじゃ

これが
大気圧なんだね

・試験管の直径を大きくしても，760mmであることに変わりない

よく「試験管の直径を大きくしたら，水銀の高さはどうなるか？」などという問題が出ます。結論からいうと，水銀の高さは変わりません。直径が大きくても小さくても，水銀が押し上げられる高さは760mmなのです。

なぜなら，大気圧（圧力）というのは，一定面積あたりに与える力だからです。
直径が大きくなって面積が大きくなったとしても，その分だけ押される強さが大きくなるので，水銀の高さも変わらないのです。
ですから，大気圧1.01×10^5Paは，水銀柱の高さを使って表すこともできます。
単位はmmHg（ミリメートル水銀柱）で，次のような関係になります。

$$1.01 \times 10^5 \text{Pa} = 760 \text{mmHg}$$

・水で実験するとどうなるか？

この実験ではなぜ，水銀を使うのでしょうか？　水ではダメなのでしょうか？

もちろん，同様のことをすると水も同じように大気圧で押し上げられます。
しかし，水は軽いため実験室にあるような試験管では，どの程度の高さまで押し上げられるかを観察することができません（水は約10.3m押し上げられます）。
水銀が用いられているのは，密度の高い（簡単にいうと重い）液体だからなのです。

試験管の直径を大きくしても，760 mm であることに変わりない

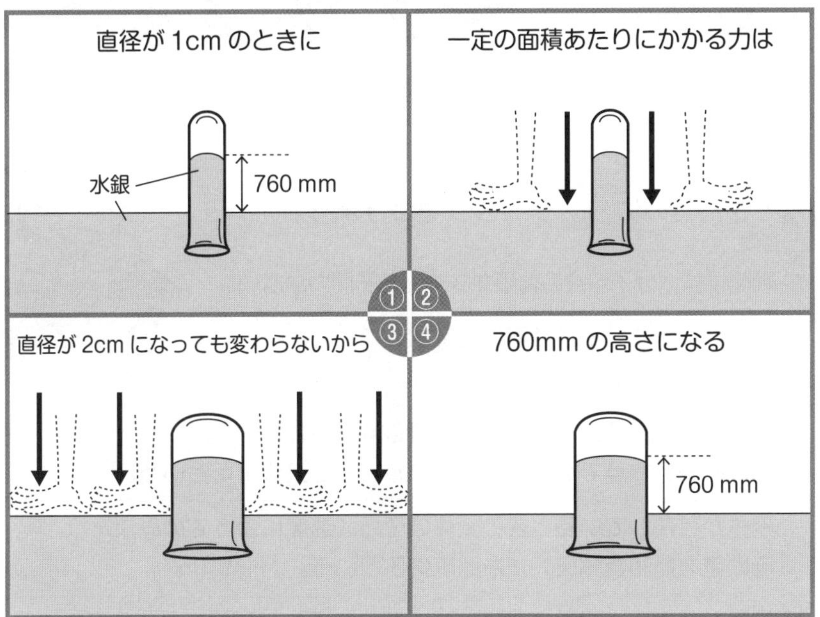

直径が 1cm のときに
水銀
760 mm
一定の面積あたりにかかる力は
①
②
③
④
直径が 2cm になっても変わらないから
760mm の高さになる
760 mm

水で実験するとどうなるか？

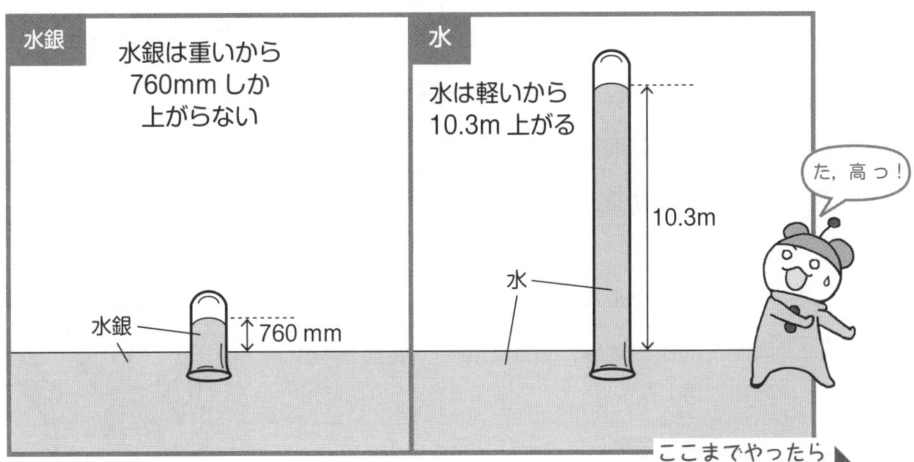

水銀
水銀は重いから
760mm しか
上がらない
水銀
760 mm
水
水は軽いから
10.3m 上がる
10.3m
水
た，高っ！

ここまでやったら
別冊 P. 85 へ

ハカセの宇宙一キビしいチェック!!

理解できたものに，☑チェックをつけよう。

- □ 理想気体は分子自身の体積がなく，分子間力がない。
- □ 気体となった分子が壁面に衝突することにより，圧力が生まれている。
- □ 空間に飛び出す分子と液体中に戻る分子の数が，単位時間あたりで等しくなっている状態を気液平衡という。
- □ 液体が存在しているときの気体の圧力は温度によってのみ決まり，その値を飽和蒸気圧，または蒸気圧という。
- □ 縦軸を蒸気圧，横軸を温度としてグラフで表したものを蒸気圧曲線という。
- □ 液体の温度を上げていくと，ある温度を境に，液中から泡がボコボコと発生するようになる。この現象を沸騰という。
- □ 気体の状態方程式 $PV = nRT$ を使って計算ができる。
- □ 状態図を読み取ることができる。
- □ 液体が存在するとき，気体の状態方程式から気体として存在する物質の物質量がわかる。
- □ ボイル・シャルルの法則を使って計算ができる。
- □ 同温・同圧下では，分圧の比は，物質量〔mol〕の比と等しい。
- □ 実在気体を理想気体とみなせるときの温度と圧力の条件を挙げられる。

地球のクマって
冬眠するんだってね
ふあ〜
いいなぁ

Chapter

12

溶解度

Chapter 12 溶解度

はじめに

Chapter 4でも勉強しましたが，ここでは溶解度についてより深く学んでいきます。
不安な人は，一度Chapter 4に戻って復習しておきましょう。

ここで扱う問題は以下のようなものです。

- ある温度のある量の水に，溶質はどれだけ溶ける？
- ある温度のある量の飽和水溶液をある温度まで冷やすと，どれだけの溶質が析出する？
- 溶質が水和水（H_2O）のついた化合物の場合はどうなる？

今回もChapter 4と同様に「ヘンテコなプール」を使って，
溶解度についての理解を深めていきましょう。

この章で勉強すること

「ヘンテコなプール」のたとえを使って，ある水量である温度のとき，どれだけの溶質が溶けるのかをイメージしやすくします。
また，水和水のついた物質を溶かすときの話もこのイメージ法で説明します。

次に，気体の溶解度・蒸気圧降下・沸点上昇・凝固点降下，浸透圧について学び，
最後にコロイド溶液について考えます。

- ある温度のある量の水に，溶質はどれだけ溶ける？
- ある温度のある量の飽和水溶液をある温度まで冷やすと，どれだけの溶質が析出する？
- 溶質が水和水(H_2O)のついた化合物の場合はどうなる？

ヘンテコなプール

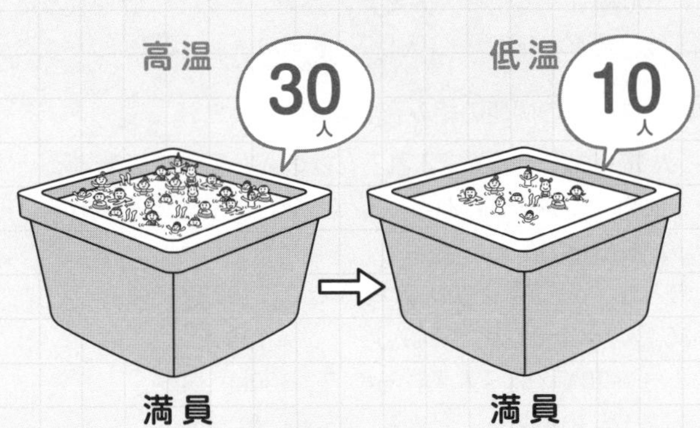

12-1 溶解度

ココをおさえよう！

温度によって入れる人数が変わる
「ヘンテコなプール」について考えれば，溶解度はOK。

まずは，「ヘンテコなプール」の決まりごとについて，おさらいしましょう。
ルール：ヘンテコなプールは，水量と水温に応じて，入れる人数が決まっている。
「今日のヘンテコなプールには，100kgの水に対して，
20℃では3人，40℃では10人，60℃では30人が入ることができます。」

解法の手順は，変化前の人数を求めたあと，変化後の人数を求めて引くことです。
変化前の人数も変化後の人数も，
ヘンテコなプールの決まりごとから比を使って求めます。

Q1. プールには100kgの水が入っていて，60℃になっています。
午前は大盛況で，60℃のときに入れるだけの人が入っていました。
午後には40℃になっていましたが，やはり満員でした。
午前から午後にかけて，何人の人がプールから出たでしょう？

A1. 60℃では30人が入っており，40℃では10人入っているので
30－10＝**20人** …答

Q2. プールを増設し，400kgの水が入るようになりました。
20℃では最大で何人入れますか？

A2. 20℃において，100kgに対して3人入ることができたので，比を使って
100〔kg〕：3〔人〕＝400〔kg〕：x〔人〕　**x＝12人** …答

あとは，この2つのパターンの問題の組み合わせです。

Q3. 400kgに増設したプールに，60℃で入れるだけの人が入っています。
このプールの水を300kgに減らしたあと，温度が20℃に下がったとき，
何人の人がプールから出たでしょう？

A3. 水量が100kgのとき，60℃では30人入れるので，400kgでは
100〔kg〕：30〔人〕＝400〔kg〕：x〔人〕　x＝120人
水量が100kgのとき，20℃では3人入れるので，300kgでは
100〔kg〕：3〔人〕＝300〔kg〕：y〔人〕　y＝9人
よって　120－9＝**111人** …答

ルール

ヘンテコなプールは，水量と水温に応じて，入れる人数が決まっている。

今日のヘンテコなプールには，100kgの水に対して，

20℃：3人，40℃：10人，60℃：30人が入れます。

Q1 60℃，100kgで満員のプールを40℃にしたら，何人プールから出る？

よって，20人がプールから出たことになる。

Q2 20℃，400kgのプールの満員は何人？

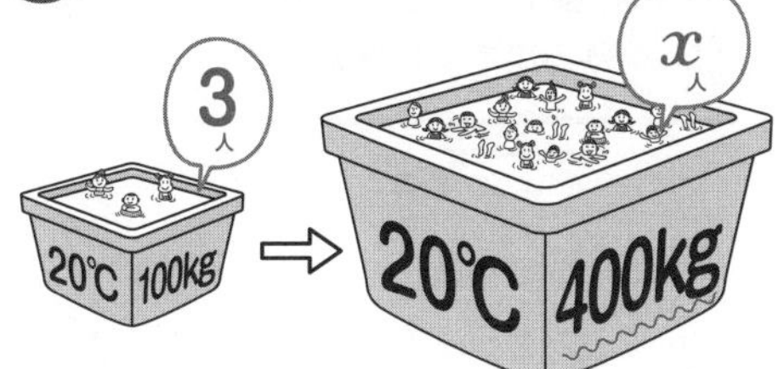

比を使う。

100kg：3人＝400kg：x〔人〕

x＝**12人**

Q3 60℃，400kgで満員のプールを，20℃，300kgにしたら，何人プールから出る？

120－9＝**111人**

（100kg：30人＝400kg：x〔人〕 x＝**120人**）

（100kg：3人＝300kg：y〔人〕 y＝**9人**）

次に，実際に出題される形式の問題を解いていきましょう。
溶解度の問題がプールの問題と本質的には同じであることがわかっていただけると思います。

溶解度についての決まりごとは，これです。
ルール：水の量と水の温度に応じて，溶ける溶質の最大量〔g〕は決まっている。

「塩化カリウムは水100gに対し，60℃で45.5g，40℃で40.0g，20℃で34.0g溶ける」

Q1. 60℃の水100gに，塩化カリウムを溶けるだけ溶かしたあと40℃まで冷却すると，何gの塩化カリウムが析出するか？

A1. 60℃の水100gに，塩化カリウムは45.5g溶けることがわかっています。また，40℃の水100gに対し，塩化カリウムは40.0g溶けることもわかっています。
よって，析出するのは　45.5－40.0＝**5.5g** …答

Q2. 20℃の水400gに，塩化カリウムを最大何g溶かすことができるか？

A2. 20℃の水100gに，塩化カリウムは34.0g溶けるので，比を使って
100〔g〕：34.0〔g〕＝400〔g〕：x〔g〕　　**x＝136g** …答

Q3. 60℃の水400gに塩化カリウムを溶けるだけ溶かしたあと，水だけを蒸発させて水を300gとし，その後20℃まで冷却した。このとき，何gの塩化カリウムが析出するか？

A3. 60℃の水100gに，塩化カリウムは45.5g溶ける。ということは，400gでは
100〔g〕：45.5〔g〕＝400〔g〕：x〔g〕　　x＝182g

一方，20℃の水100gには，34.0g溶けるので，水300gでは
100〔g〕：34.0〔g〕＝300〔g〕：y〔g〕　　y＝102g
よって　182－102＝**80.0g** …答

どうです？　ヘンテコなプールと同じ考えかたで，解くことができたでしょう？

溶解度のルール

水の量と水の温度に応じて，溶ける溶質の最大量〔g〕は決まっている。

塩化カリウムは，水100gに対し，
60℃で45.5g，40℃で40.0g，20℃で34.0g溶ける。

Q1 60℃，100gの水に塩化カリウムが溶けるだけ溶けている。
40℃に冷却すると，何gの塩化カリウムが析出するか？

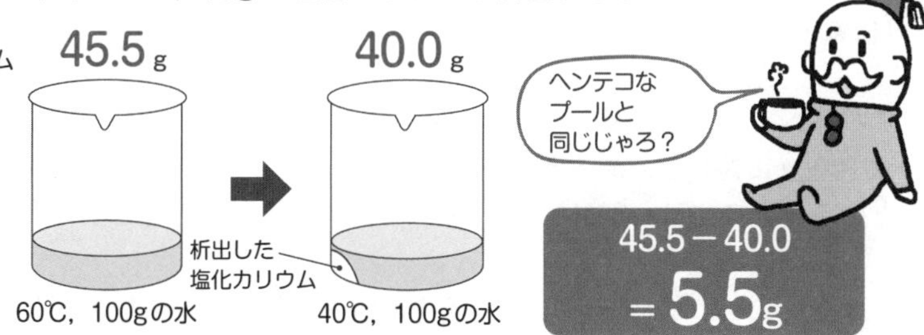

Q2 20℃，400gの水に塩化カリウムは何g溶ける？

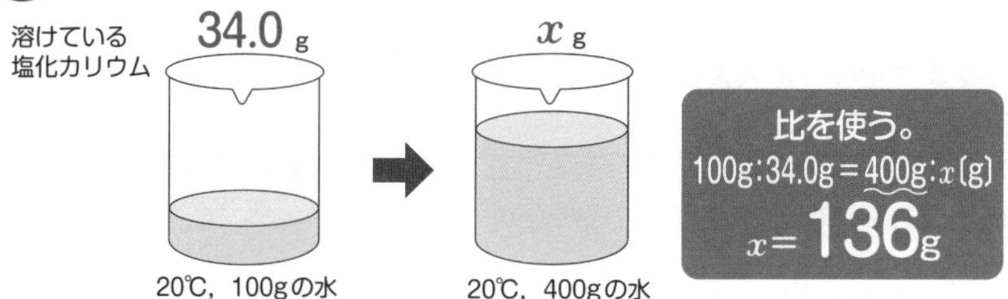

Q3 60℃，400gの水に塩化カリウムが溶けるだけ溶けている。
水を300gとし，20℃にすると，何gの塩化カリウムが析出する？

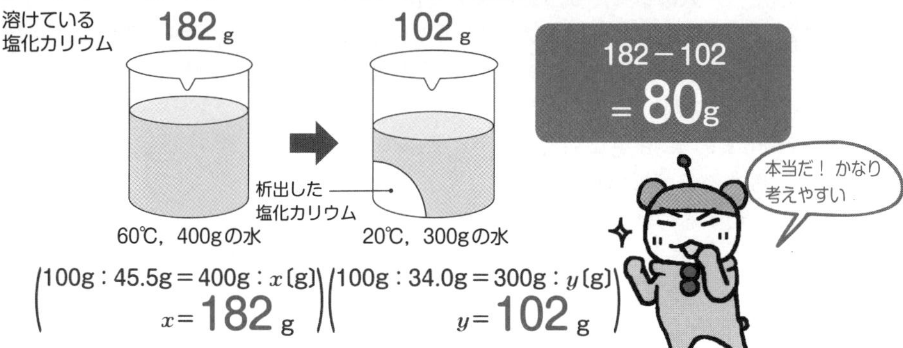

12-2 溶解度曲線の読みかた

ココをおさえよう！

溶解度曲線は，「温度に対して最大何人がプールに入れるのか」を表した曲線のこと。

水100gに対して，ある温度で何gの溶質が溶けるかを表したのが**溶解度曲線**です。
（横軸に温度，縦軸に溶解度をとります）

これをヘンテコなプールでたとえるなら
水100kgに対して，ある温度で何人がプールに入れるかを表した曲線
ということですね（横軸に温度，縦軸に入れる人数を書きます）。

では，「ヘンテコなプール」と実際の問題を比較してみましょう！

（プールの問題）
Q1. 60℃で水量が100kgのプールに，人は最大何人入れるでしょう？
A1. グラフから，30人入れることがわかります。
（溶解度の問題）
Q1. 60℃の水100gに対し，硝酸カリウムKNO_3は何g溶けるでしょう？
A1. グラフを読むと，110g溶けることがわかります。

（プールの問題）
Q2. 80℃で水量が100kgのプールに，人が10人入っています。何℃まで水温を下げたら，人はプールから上がるようになるでしょう？
A2. プールに入れる最大の人数が10人になるのは，グラフから40℃のときです。
（①：温度を下げて　②：グラフと交わるポイントを見つけ　③：温度を読む）
（溶解度の問題）
Q2. 80℃の水100gに対し，KNO_3が63.9g溶けています。何℃まで温度を下げたら，溶質が析出してくるでしょう？
A2. 飽和するのは，グラフから40℃のときです。
（①：温度を下げて　②：グラフと交わるポイントを見つけ　③：温度を読む）

ヘンテコなプール

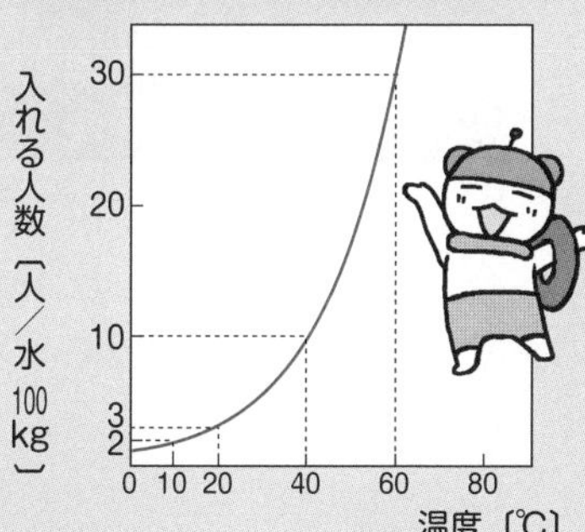

Q1 60℃，100kgに何人入れる？ ⟶ **30人**

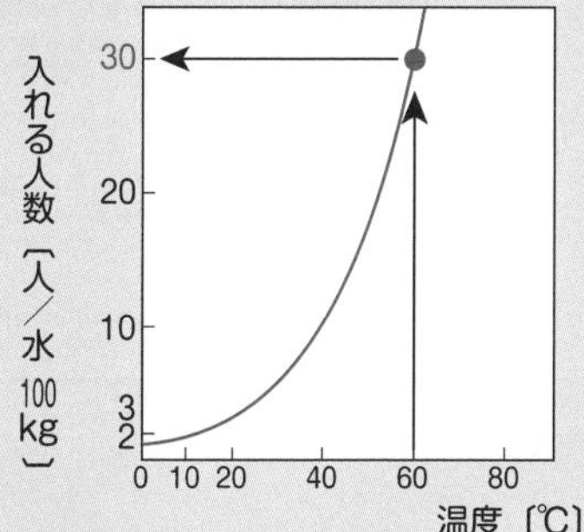

Q2 80℃，100kgに10人。何℃で出てくる？ ⟶ **40℃**

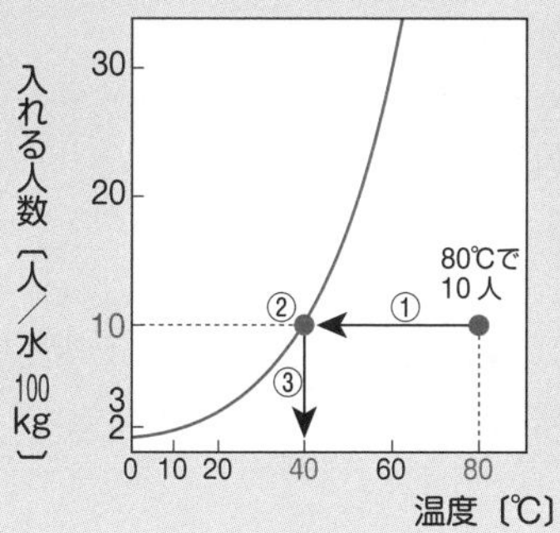

KNO_3の溶解度曲線

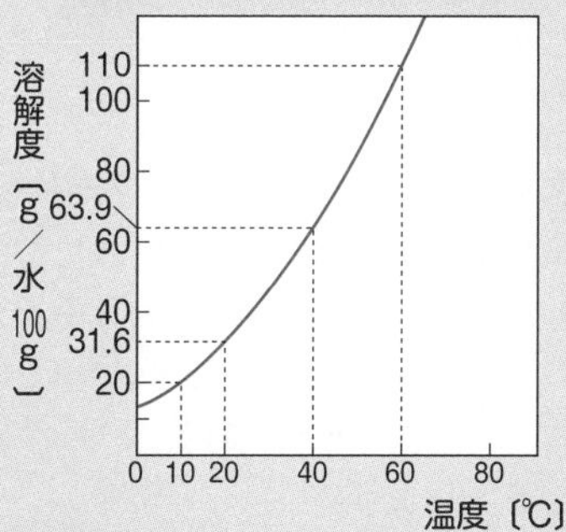

Q1 60℃，100gに何g溶ける？ ⟶ **110g**

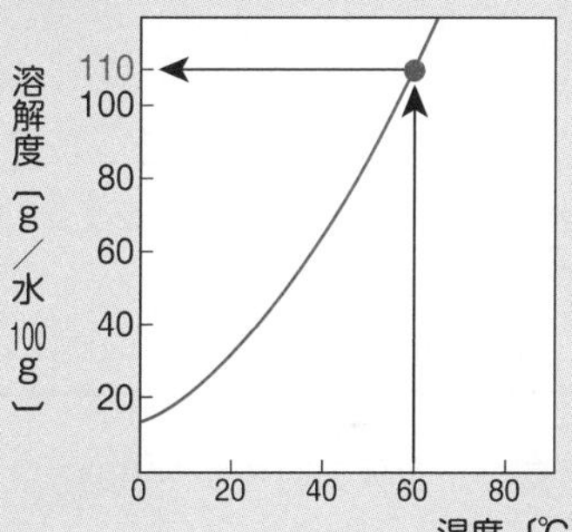

Q2 80℃，100gにKNO_3が63.9g溶けている。何℃で析出する？ ⟶ **40℃**

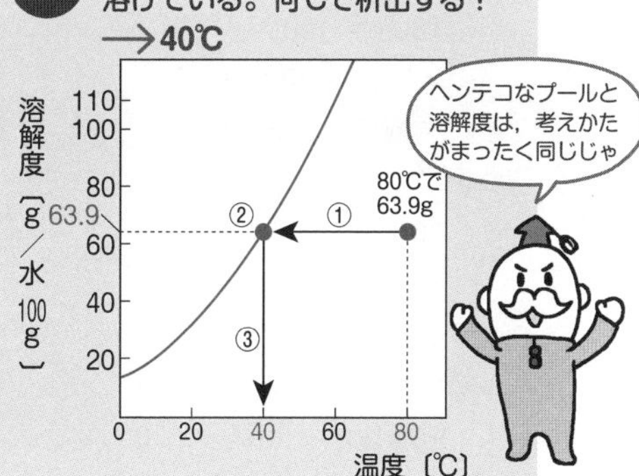

先ほどのヘンテコなプールの曲線を見ながら，問題を解いてみましょう。

（プールの問題）

Q3. 水量のわからない20℃のプールに，体重60kgの人が入れるだけ入ったら，プール全体の重さが1400kgになった。このとき，何人プールに入っているでしょう？また，10℃にすると，何人プールから上がるでしょう？

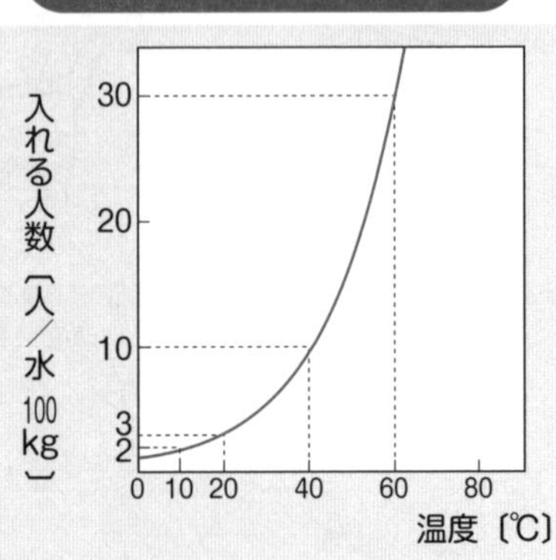

A3. まず，このプールには水がx〔kg〕，人がy〔kg〕入っているとします。

グラフより，水100kgに対して20℃では，人は3人（180kg）入ることができるので，これを比で表すと

100〔kg〕：180〔kg〕＝x〔kg〕：y〔kg〕

$180x = 100y$ ……①

またプール全体の重さが1400kgなので

x〔kg〕＋y〔kg〕＝1400〔kg〕……②

①式と②式を連立方程式として解きます。

$$\begin{cases} 180x = 100y & \cdots\cdots ① \\ x + y = 1400 & \cdots\cdots ② \end{cases}$$

これを解くと，$x = 500$kg，$y = 900$kgとなります。

つまり，500kgのプールに入っている人数は

900〔kg〕÷60〔kg〕＝**15人**…答

グラフより，100kgのプールが10℃のとき，2人しか入れないので，500kgのプールでは

100〔kg〕：2〔人〕＝500〔kg〕：z〔人〕

$z = 10$人

よって，プールから上がる人数は　15－10＝**5人**…答

それでは，p.310で実際の溶解度の問題に挑戦してみましょう。

12

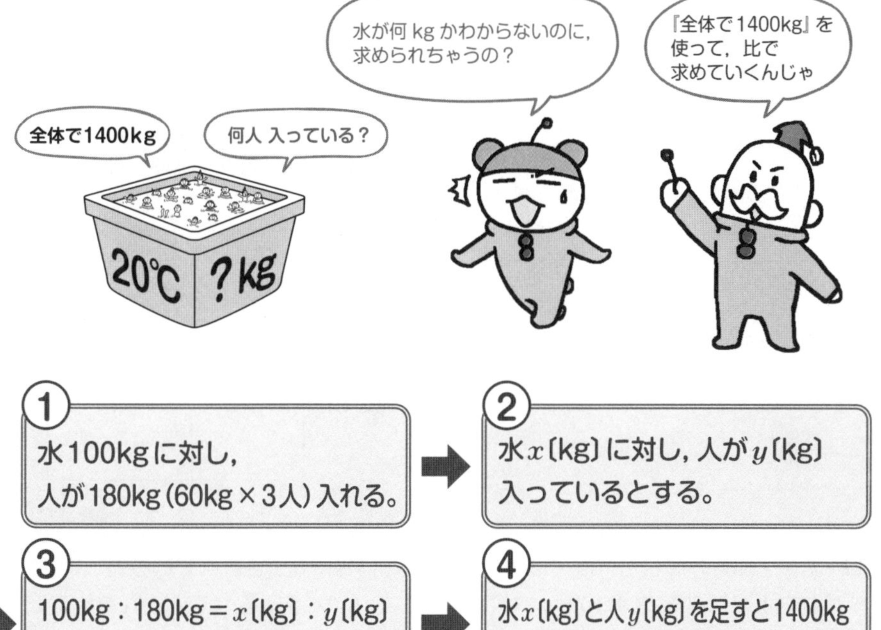
全体で1400kg
何人 入っている？
20℃ ?kg
水が何 kg かわからないのに，
求められちゃうの？
『全体で1400kg』を
使って，比で
求めていくんじゃ

① 水100kgに対し，
人が180kg（60kg × 3人）入れる。

② 水x〔kg〕に対し，人がy〔kg〕
入っているとする。

③ 100kg：180kg＝x〔kg〕：y〔kg〕
$180x = 100y$

④ 水x〔kg〕と人y〔kg〕を足すと1400kg
$x + y = 1400$

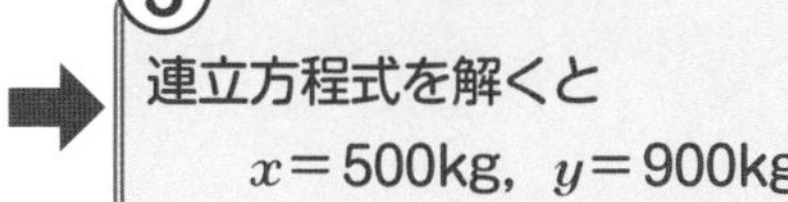

⑤ 連立方程式を解くと
x＝500kg，y＝900kg

⑥ つまり，500kgの水に，
15人（900 ÷ 60）が入っている。

15人
20℃ 500kg

⇨

z人
10℃ 500kg

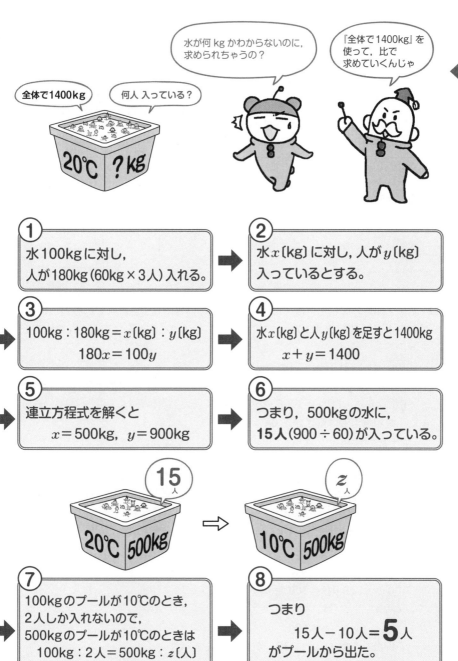

⑦ 100kgのプールが10℃のとき，
2人しか入れないので，
500kgのプールが10℃のときは
100kg：2人＝500kg：z〔人〕
z＝10人しか入れない。

⑧ つまり
15人－10人＝**5**人
がプールから出た。

今度は，KNO_3の溶解度曲線を見ながら実際の問題を解いてみましょう。

（溶解度の問題）

Q3. 60℃の水に，KNO_3を溶けるだけ溶かした溶液（飽和水溶液）は重さが630gでした。何gのKNO_3が溶けているでしょう？　また，10℃にするとKNO_3は何g析出するでしょう？

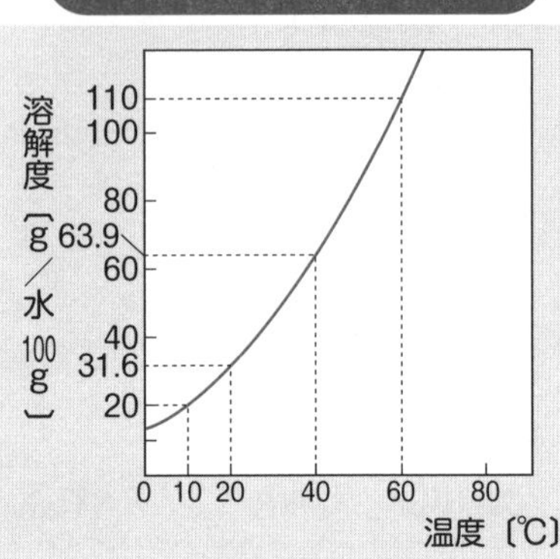

A3. まず，KNO_3の飽和水溶液には水がx〔g〕，KNO_3がy〔g〕含まれているとします。グラフより，60℃の水100gに対してKNO_3は110g溶けるので，これを比で表すと

$$\underset{\text{水の量}}{100\text{〔g〕}} : \underset{KNO_3\text{の量}}{110\text{〔g〕}} = \underset{\text{水の量}}{x\text{〔g〕}} : \underset{KNO_3\text{の量}}{y\text{〔g〕}}$$

$$110x = 100y \quad \cdots\cdots ①$$

また，飽和水溶液は重さが630gなので

$$x + y = 630\text{g} \quad \cdots\cdots ②$$

①式と②式を連立方程式として解きます。

$$\begin{cases} 110x = 100y & \cdots\cdots ① \\ x + y = 630 & \cdots\cdots ② \end{cases}$$

これを解くと，$x = 300$g，$y = 330$gとなります。

つまり，300gの水に，溶けているKNO_3は **330g** …答

次に，10℃の水100gに対してKNO_3は20g溶けることより，

10℃の水300gに溶けるKNO_3の量をz〔g〕とすると

$$\underset{\text{水の量}}{100\text{〔g〕}} : \underset{KNO_3\text{の量}}{20\text{〔g〕}} = \underset{\text{水の量}}{300\text{〔g〕}} : \underset{KNO_3\text{の量}}{z\text{〔g〕}}$$

$$z = 60\text{g}$$

よって析出するKNO_3は　330 − 60 = **270g** …答

Q3

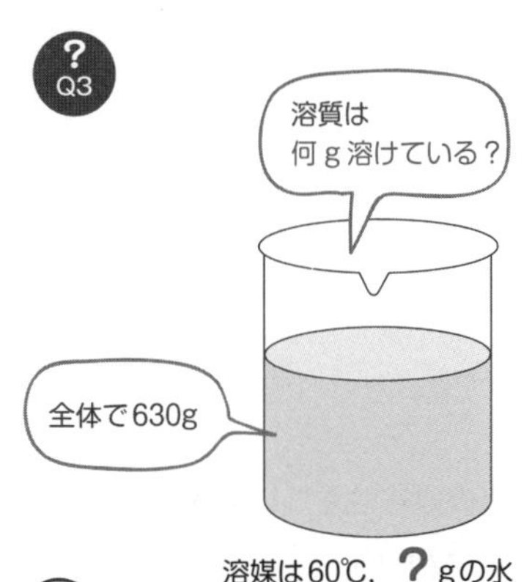
溶質は
何g溶けている？
全体で630g
溶媒は60℃，？gの水

水の質量が
わからないのに
求められるの？

さっきと同じじゃ
『全体で630g』を
使って，比で求め
ればいいんじゃ

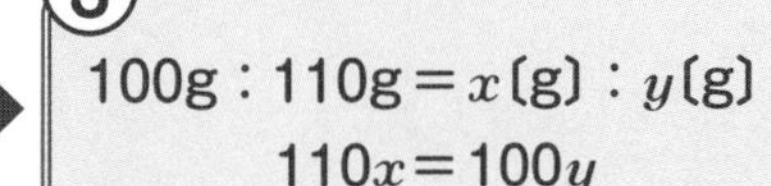

①
水100gに対し，
溶質が110g溶ける。

→ ②
水x〔g〕に対し，溶質がy〔g〕
溶けるとする。

→ ③
100g：110g＝x〔g〕：y〔g〕
$110x = 100y$

→ ④
水x〔g〕と溶質y〔g〕を足すと630gになる。
$x + y = 630$

→ ⑤
連立方程式を解くと
$x = 300$g，$y = 330$g

→ ⑥
つまり，300gの水に，**330g**の
溶質が溶けている。

→ ⑦
10℃の水100gに，溶質は20g
溶けるので，10℃の水300gには
100g：20g＝300g：z〔g〕
$z = 60$g

→ ⑧
つまり
330－60＝**270** g
が析出。

溶質は
330 g
溶質は
z〔g〕
溶媒は60℃，300gの水
溶媒は10℃，300gの水

ここまでやったら
別冊 P.86へ

12-3 水和水のついた物質の溶解

ココをおさえよう！

水筒をもった人がプールに入ると，水量も増える。
（水和水のついた物質を溶かした場合）

水和物とは水分子（H_2O）を含む物質のことでしたね（p.106）。
水和水をもつ硫酸銅（Ⅱ）五水和物（$CuSO_4 \cdot 5H_2O$）の溶解度の問題はよく出題されますが，多くの人が苦手意識をもっているようです。
なぜなら，**この溶質を溶かすと，それにともなって水の量も増えてしまう**ため，
その分についても考慮しなくてはならず，頭がこんがらがってしまうからです。

実はこれも正しくイメージできれば，
p.310のQ3と同様に問題を解くことができるのです。
ここでは，**水筒をもった人がプールに入ることをイメージ**してください。
水筒をもった人たちはプールに入る前に，
持参した水筒の水をプールに入れてから入ります。
1人あたり，水筒に入った10kgの水を入れて入ることにしましょう。

（プールの問題）

Q4. 100kgのプールが60℃のとき，水筒に10kgの水をもった人は何人入ることができるでしょう？　ただし，60℃のとき100kgのプールには，最大5人入れることとします。

A4. 60℃で水100kgのプールには，最大で5人入れることがわかっています。
この問題で重要なのは，プールに入る前に水筒から水を入れる，ということです。
水筒をもった人がx〔人〕入れるとしましょう。すると，プールの水は$10x$〔kg〕だけ追加されている状態になります。つまり，$100+10x$〔kg〕のプールにx〔人〕が入っている状態ですね。ということで

$$\underbrace{100\,[\mathrm{kg}]}_{水の量} : \underbrace{5\,[人]}_{人数} = \underbrace{(100+10x)\,[\mathrm{kg}]}_{水の量} : \underbrace{x\,[人]}_{人数}$$

$$500+50x=100x$$

$$50x=500$$

$$x=\underline{10人}$$ …答

ここで重要なのは，持参している水筒の水をあらかじめプールに加えることで，プールの水量が増加するということです。
それでは，p.314で実際の溶解度の問題に挑戦してみましょう。

$$\underset{\text{水の量}}{\underline{100\text{kg}}} : \underset{\text{人数}}{\underline{5\text{人}}} = \underset{\text{水の量}}{\underline{100+10x\text{〔kg〕}}} : \underset{\text{人数}}{\underline{x\text{〔人〕}}}$$

$x = \underline{\underline{10\text{人}}}$ …答

今度は硫酸銅(Ⅱ)五水和物($CuSO_4 \cdot 5H_2O$)の問題を解いてみましょう。

(溶解度の問題)

Q4. 60℃の水100gに，$CuSO_4 \cdot 5H_2O$は何g溶けるか？　ただし，硫酸銅(Ⅱ)($CuSO_4$)の溶解度は，水100gに対して40gとする。また，$CuSO_4 \cdot 5H_2O$のモル質量は250g/mol，$CuSO_4$の式量は160とする。

A4. まずは，$CuSO_4 \cdot 5H_2O$がどれだけの水を水筒にもっているか，を調べなくてはなりません。$CuSO_4 \cdot 5H_2O$はモル質量が250g/molで，$CuSO_4$の部分が160g/mol，$5H_2O$の部分が90g/molなので，$CuSO_4 \cdot 5H_2O$全体がx〔g〕溶けるとすると

$$x \times \frac{90}{250}〔\mathrm{g}〕$$

の水をもっていることになります。

まずはこれをプールの水に足してしまいましょう。
すると，プールの水は全部で

$$100 + x \times \frac{90}{250}〔\mathrm{g}〕$$

ここに，$CuSO_4$ $\left(x \times \frac{160}{250}〔\mathrm{g}〕\right)$ の溶質が溶けるので

$$\underbrace{100〔\mathrm{g}〕}_{\text{水の量}} : \underbrace{40〔\mathrm{g}〕}_{CuSO_4\text{の量}} = \underbrace{\left(100 + x \times \frac{90}{250}\right)〔\mathrm{g}〕}_{\text{水の量}} : \underbrace{x \times \frac{160}{250}〔\mathrm{g}〕}_{CuSO_4\text{の量}}$$

$$40 \times \left(100 + x \times \frac{90}{250}\right) = 100 \times \left(x \times \frac{160}{250}\right)$$

x ≒ **80.6g** …答

どうですか？　水筒をイメージすることで，だいぶわかりやすくなりましたね。

まずは水筒に入った水が何gかを求めて，それをプールに加え，全部で水が何gになるかを求める。
このイメージができるようになったら，
他の問題も簡単にできるようになるはずです。

12

$CuSO_4 \cdot 5H_2O$ が x〔g〕溶けるとすると……

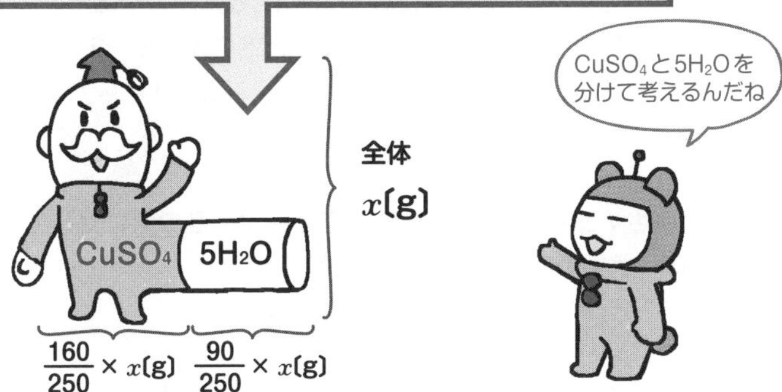

Q4 $CuSO_4 \cdot 5H_2O$ は60℃の水100gに何g溶けるか？

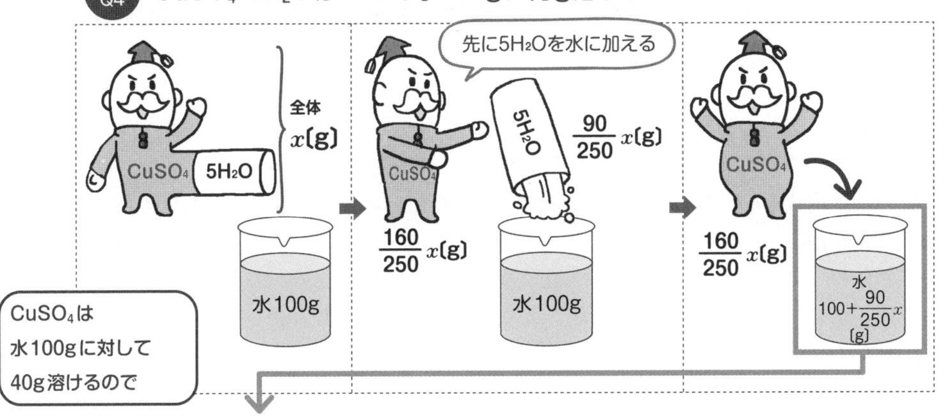

水 $\left(100+\frac{90}{250}x\right)$〔g〕に，$CuSO_4$ $\left(\frac{160}{250}x\right)$〔g〕を溶かすと考える。

$$\underset{\text{水の量}}{100\text{g}} : \underset{CuSO_4\text{の量}}{40\text{g}} = \underset{\text{水の量}}{\left(100+\frac{90}{250}x\right)\text{〔g〕}} : \underset{CuSO_4\text{の量}}{\frac{160}{250}x\text{〔g〕}}$$

$x \fallingdotseq 80.6$g

ここまでやったら 別冊 P. 88 へ

12-4 気体の溶解度

ココをおさえよう！

圧力に比例して，水に溶ける気体の数〔mol〕は増える！

袋のなかに，水と酸素（O_2航空）が入っているとします。
このとき，少しだけO_2航空の飛行機は水に溶けているのですが，
温度が一定で一定量の水に溶けるO_2航空の飛行機の数は，
圧力（分圧）に比例するという法則があります。
つまり，圧力を上げれば，その分だけ水に溶ける気体の量は増えるということです。
（ちなみに，水の温度を上げると，溶ける飛行機の数は減ります。
冷えているコーラのほうが炭酸がキツイということですね）

正式には
「溶解度の小さい気体では，一定の温度で一定の量の水に対して溶ける気体の物質量〔mol〕は，気体の圧力（分圧）に比例する。」
という法則です。これを**ヘンリーの法則**といいます。

アンモニアNH_3や塩化水素HClは溶解度が大きいため，ヘンリーの法則は成立しません。

水に溶ける「飛行機の数」つまり，水に溶ける気体の物質量〔mol〕で考えることが，
重要なポイントです。
なぜなら，水に溶ける気体の「体積」で考えると，頭が混乱してしまうからです。
水に溶けた気体の体積は，
標準状態（0℃，1.0×10^5Pa）に換算したときの体積を考えると，
圧力に比例するのですが，溶かしたときの条件（そのときの温度，そのときの圧力）
で考えると，一定となるのです。
まぎらわしいですよね？
つまり圧力が1.0×10^5Paのときに，a〔mol〕，V〔L〕の気体が溶けるとすると，
圧力が2.0×10^5Paのときには，$2a$〔mol〕の気体が溶けますが，
その圧力下では$2a$〔mol〕の気体はV〔L〕の体積なのです。

これを考えてしまうと頭がごちゃごちゃしてしまうので，
『溶ける**飛行機の数（溶ける気体の物質量〔mol〕）**は圧力と水の量に比例する』
を使って計算していきましょう。

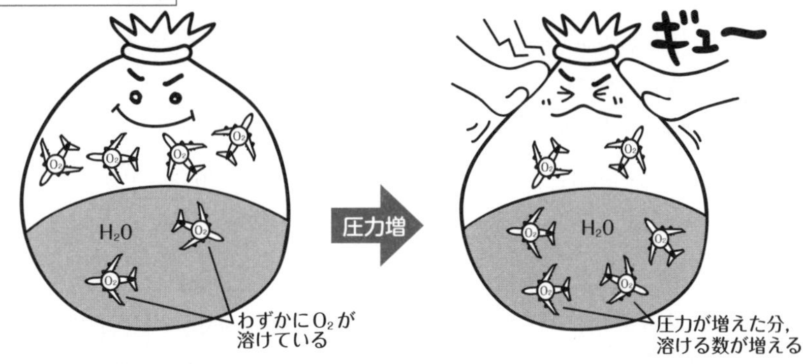

ヘンリーの法則

溶解度の小さい気体では，一定の温度で一定の量の水に対して溶ける気体の物質量〔mol〕は，気体の圧力（分圧）に比例する。

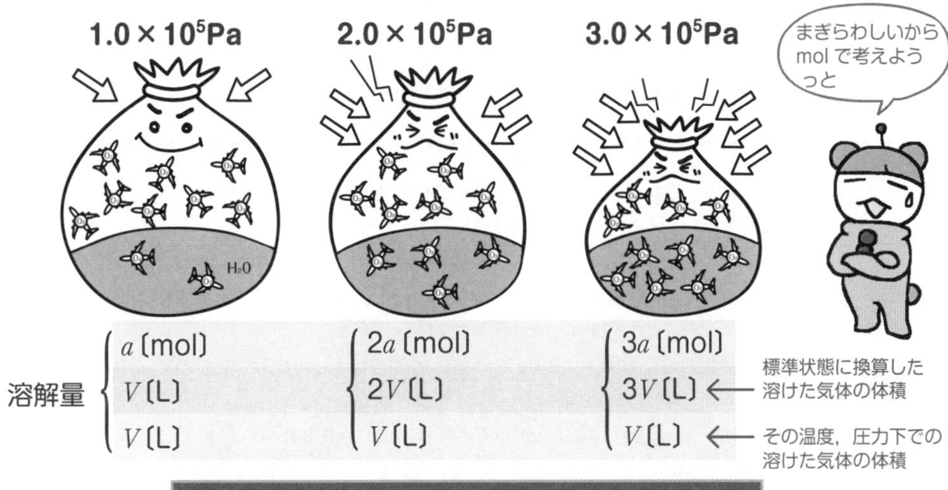

体積で考えると間違えやすいので，
溶解する物質量〔mol〕で考えること!!

気体の溶解度は標準状態（0℃，1.0×10^5Pa）に直した気体の体積で示されることが多いです。標準状態で，1molの気体の体積は22.4Lでしたね (p.94)。
ですので, 溶解度÷22.4をすることで, 溶けた気体の物質量〔mol〕がわかります。

問 水素H_2の0℃，40℃の溶解度は，0.021，0.016である（0℃，1.0×10^5Paの条件に換算した, 1Lの水に溶ける体積L)。次の各問いに答えよ。ただし, H＝1.0とする。

(1) 0℃，4.0×10^5Paで10Lの水に溶ける水素の物質量を求めよ。

(2) 0℃，4.0×10^5Paで10Lの水に溶ける水素の体積を求めよ。

(3) 0℃，4.0×10^5Paで10Lの水に溶ける水素の，0℃，1.0×10^5Paでの体積を求めよ。

(4) 0℃，1.0×10^5Paで10Lの水に水素を溶かしたのち，圧力を一定に保ちながら温度を40℃に上昇させたところ，溶けていた水素が気体となって出ていった。出ていった水素の質量を求めよ。

解きかた 0℃で1Lの水に溶ける水素の体積は標準状態に直すと0.021L,
40℃で1Lの水に溶ける水素の体積は標準状態に直すと0.016Lということです。
それぞれを物質量に直すと $\dfrac{0.021}{22.4}$〔mol〕, $\dfrac{0.016}{22.4}$〔mol〕ですね。

(1) 圧力が4倍になり，水の量が10倍になっていますから

$$4 \times 10 \times \frac{0.021}{22.4} = 0.0375 \text{〔mol〕}$$

3.8×10^{-2}mol …答

(2) これは引っかかりやすい問題です。前ページで見たように，気体の体積はその圧力・温度下で計算した場合，いつでも一定です。
0℃，1.0×10^5Paで1Lの水に溶ける水素の体積は0.021Lで，4.0×10^5Paでも体積は不変です。水が10Lになった部分だけが影響します。

0.021〔L〕× 10 = **0.21L** …答

(3) 0℃，1.0×10^5Paでは気体の体積は1molで22.4Lなので，(1)で求めた，溶けている物質量に22.4を掛けましょう。

0.0375〔mol〕× 22.4〔L/mol〕= **0.84L** …答

または，(2)を4倍にしたのが0℃，1.0×10^5Paでの体積になるとしてもかまいません。 **0.84L** …答

(4) 1Lの水で温度を0℃ → 40℃と変化させると

$$\frac{0.021 - 0.016}{22.4} \text{〔mol〕}$$

の水素が，水に溶けていられずに発生します。10Lの水の話なので，この10倍の水素が発生し，H_2は1molあたり2.0gなので

$$10 \times \frac{0.021 - 0.016}{22.4} \times 2.0 \fallingdotseq 0.00446 \text{〔g〕}$$

4.5×10^{-3}g …答

気体の溶解度 …その温度において，1L の水に溶ける気体を，標準状態（0 ℃，1.0×10^5Pa）に直したときの体積で示される。

標準状態で1molの気体は22.4Lなので

$\dfrac{\text{溶解度}}{22.4}$ でその温度において，1L の水に溶ける気体の物質量〔mol〕に直せる！

問 水素 H_2 の 0 ℃での溶解度は 0.021L（0℃，1.0×10^5Pa の条件に換算した体積）

(1) 0 ℃，4.0×10^5Pa，10L の水に溶ける H_2 の物質量は？

圧力が 4 倍，水は 10 倍（10L）なので

$$4 \times 10 \times \frac{0.021}{22.4} \fallingdotseq 3.8 \times 10^{-2} \text{〔mol〕}$$

(2) 0 ℃，4.0×10^5Pa，10L の水に溶ける H_2 の体積は？

(3) 0 ℃，4.0×10^5Pa，10L の水に溶ける H_2 の，0 ℃，1.0×10^5Pa での体積は？

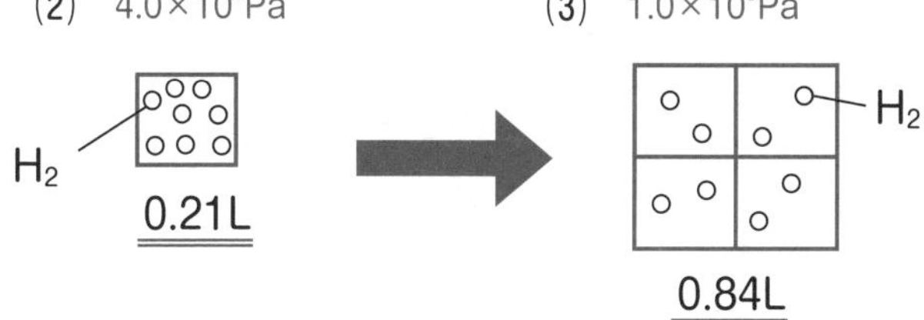
(2) 4.0×10^5Pa
(3) 1.0×10^5Pa
H_2
0.21L
H_2
0.84L

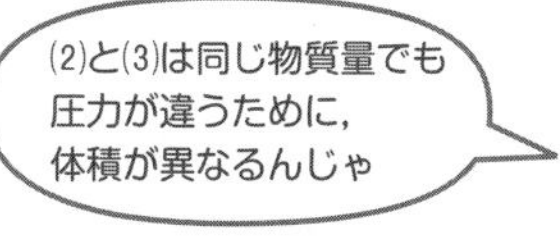
(2)と(3)は同じ物質量でも
圧力が違うために，
体積が異なるんじゃ

ここまでやったら 別冊 P. 89へ

12-5 蒸気圧降下と沸点上昇

ココをおさえよう！

**荷物運搬車がジャマをして，飛び立つ飛行機の数が減る。
（不揮発性物質が溶けている場合）**

**「不揮発性の物質が溶けている溶液の蒸気圧は，
同温の純粋な溶媒の蒸気圧よりも低い。」**
これを，**蒸気圧降下**といいます。
不揮発性とは，蒸発しにくい性質のことです。
蒸気圧が大気圧と等しくなるときに，沸騰が起こるのでしたね（p.274）。
つまり，不揮発性の物質が溶けると，沸点が高くなるのです。
これを，**沸点上昇**といいます（より高い温度にしないと沸騰しないのですね）。

「なんとなくいっていることはわかるけど，イメージができないなぁ……。」
そんな人が多いと思います。
そこで，今回も飛行機のたとえを使って，イメージしていきましょう。

袋のなかに，液体の水（H_2O航空）があり，
そこに不揮発性の不純物として尿素（$CO(NH_2)_2$）荷物運搬車が溶けているとします。
この$CO(NH_2)_2$荷物運搬車は，液体のH_2O航空と一緒に地上でウロウロしています。

さて，温度が上がると，空に飛び立つ飛行機の数が増えていく（蒸気圧が上がっていく）ことは，p.274で説明した通りです。
しかし今回は，地上に$CO(NH_2)_2$荷物運搬車があり，
飛行機が空に飛び立つジャマをしてしまいます。
すると，$CO(NH_2)_2$荷物運搬車がいなかったときに比べて，
飛び立つ飛行機の数が減ってしまうのです。
気体の圧力（蒸気圧）は気体の量に比例するので，$CO(NH_2)_2$荷物運搬車のせいで
飛び立つ飛行機の数が減ると，蒸気圧が下がってしまうのです（**蒸気圧降下**）。

また，純粋にH_2O航空だけが存在している場合，100℃で沸騰するのですが，
$CO(NH_2)_2$荷物運搬車があると，もっと温度を上げないと，沸騰しなくなります。
尿素$CO(NH_2)_2$の妨害を振り切るだけの熱エネルギーを
余計に加えなくてはいけないということです。
これが，**沸点上昇**なのです。

・ 水だけの場合(H_2O 航空のみのとき)

H2O

蒸気圧：大

飛行機は活発に
空間に飛び出して
いるよ

・ 水に尿素が入っている場合
(H_2O 航空と $CO(NH_2)_2$ 荷物運搬車が存在)

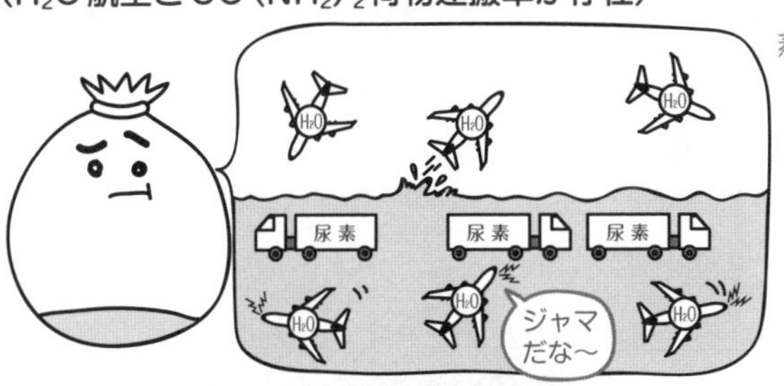
尿素
ジャマ
だな～

蒸気圧：小

こっちは尿素に
妨害されて
飛び出しにくく
なっておるぞぃ

➡ 蒸気圧降下

水だけの場合

100℃
沸騰

尿素入りの場合

100℃以上
沸騰

尿素

尿素の妨害を振り切って沸騰するだけの
熱エネルギーを，余分に加えなくてはならない。

➡ 沸点上昇

12

12-6 沸点上昇と凝固点降下の計算

ココをおさえよう！

不純物による沸点や凝固点の温度変化は，質量モル濃度に比例する。

水は0℃で凝固しますが，グルコースなどの溶質を溶かすと0℃でも凝固しなくなります。このように純粋な溶媒と比べて，溶液の凝固点が下がる現象を，**凝固点降下**といいます。

さて，**不純物が含まれていることによる沸点や凝固点の温度変化は，不純物の質量モル濃度に比例する**ことがわかっています。
質量モル濃度：「溶媒1kg中に溶けている溶質の物質量のこと。単位はmol/kg」

この質量モル濃度という値は，沸点上昇と凝固点降下の計算のときにしか使わないものです。p.96で習ったモル濃度（体積モル濃度）と混同しないようにしましょう。どちらも分子は溶質の物質量ですが，モル濃度の分母は溶液の体積〔L〕で，質量モル濃度の分母は溶媒の質量〔kg〕です。

沸点上昇や凝固点降下における温度の変化量を式で書くと次のようになります。温度変化（Δt）が質量モル濃度（m）に比例していることを確認してください。

沸点上昇度 $\Delta t = K_b \cdot m$
（ただし，Δtは上昇した沸点の変化量〔K〕，K_bは比例定数で**モル沸点上昇**といい，単位は〔K・kg/mol〕，mは質量モル濃度〔mol/kg〕）

凝固点降下度 $\Delta t = K_f \cdot m$
（ただし，Δtは降下した凝固点の変化量〔K〕，K_fは比例定数で**モル凝固点降下**といい，単位は〔K・kg/mol〕，mは質量モル濃度〔mol/kg〕）

K_bやK_fは問題文で与えられますので，この式を使えばいいだけです。
ただし，NaClのような電解質（陽イオンと陰イオンに電離する物質）を溶かす場合は，注意してください。この場合，mの質量モル濃度を水溶液中に電離して存在するすべての溶質の粒子について考えなくてはいけません。例えば，1mol/kgのNaClは，$NaCl \longrightarrow Na^+ + Cl^-$のように電離するので，イオンの質量モル濃度は$Na^+$が1mol/kg，$Cl^-$が1mol/kgで，あわせて2mol/kgとなり，これを式にあてはめます。
このこともふまえて，さっそく練習問題を解いてみましょう。

沸点の上昇や凝固点の降下の度合いは，不純物の質量モル濃度が関係しておるぞぃ

12

質量モル濃度〔mol/kg〕

溶媒1kg中に溶けている溶質の物質量

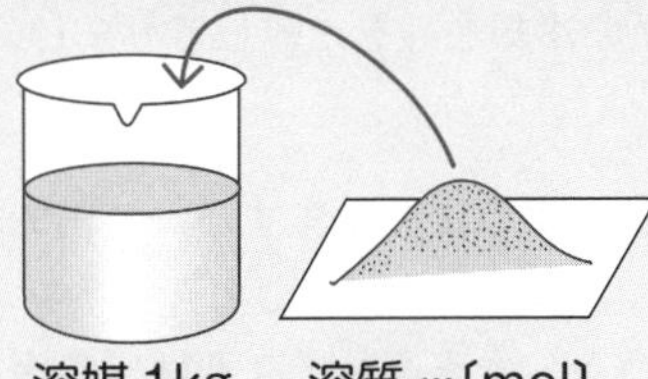

⇒質量モル濃度：m〔mol/kg〕

（p.96のモル濃度〔mol/L〕との違いに注意。モル濃度は溶液1L中に溶けている溶質の物質量）

沸点上昇による温度変化Δtは
質量モル濃度mに比例する。
（つまりΔt〔K〕だけ沸点が上昇する）

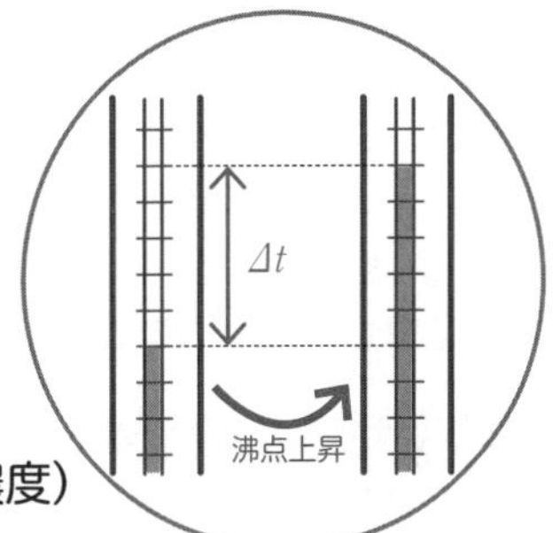

$$\Delta t = K_b \cdot m$$

（K_bは比例定数〔K･kg/mol〕，mは質量モル濃度）

凝固点降下による温度変化Δtは
質量モル濃度mに比例する。
（つまりΔt〔K〕だけ凝固点が降下する）

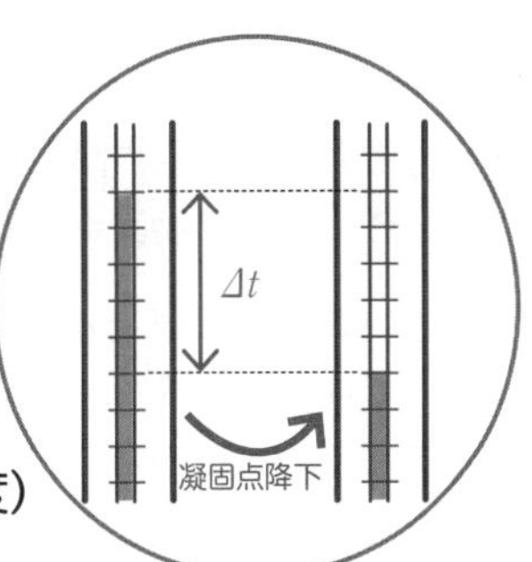

$$\Delta t = K_f \cdot m$$

（K_fは比例定数〔K･kg/mol〕，mは質量モル濃度）

ここまでやったら
別冊 p. 91へ

12-7 冷却曲線の読み取り

ココをおさえよう！

- 不純物が含まれていると，凝固点以降の曲線が下がる。
- 凝固点は「左に延長して交わった点」。

ここでは，純粋な溶媒と，溶液（＝溶媒＋溶質）の冷却曲線を比較してみましょう。

・純粋な溶媒の冷却曲線

純粋な溶媒の冷却曲線は右ページの上のグラフのようになりますが，特徴的な部分がありますね（凹んだ部分）。
ここではどのような状態になっているかというと，本来固体になるはずの温度より低いにもかかわらず，液体のままになっています。この現象を**過冷却**といいます。温度が最も下がったところで急激に固体化が進み，凝固エンタルピー（p.226）が発生して温度が上がります。このとき，液体と固体が共存した状態になります。

このグラフの凝固点は，t_1です。
凝固点とは「液体が固体に変わる瞬間の温度」のことですが，過冷却は無視します。“もし，過冷却がなかったら…”と考えて「液体と固体が混合した状態」の曲線を左に延長し，「液体のみの状態」の曲線と交わった点が凝固点の温度になるのです。

・溶液（＝溶媒＋溶質）の冷却曲線

一方，溶媒に溶質を加えたものを冷却していくと，右ページの真ん中のグラフのようになります。
純粋な溶媒の冷却曲線と違い「液体と固体が混合した状態」になっても，温度がズルズルと下がり続けます。これは，溶媒だけが凝固して，残りの溶液の濃度が高くなるため，凝固点降下が起こり，溶液の凝固点が低くなっていくからです。
では，この溶液の凝固点はどこだと考えるのがよいのでしょうか？

先ほどと同じく，過冷却のない場合を考えます。つまり「液体と固体の状態が混合した状態」の曲線を左に延長して，「液体のみの状態」の曲線と交わる点で考えるのでしたね。この温度t_2が，凝固点なのです。「左に延長して交わった点が凝固点」と覚えておくとよいでしょう。

・2つのグラフを重ね合わせると，凝固点降下度 Δtが見えてくる

2つのグラフを合わせてみましょう。すると，凝固点に差があり，溶液のほうが低くなっているはずです。この現象が凝固点降下で，その差t_1-t_2が凝固点降下度Δtなのです。

純粋な溶媒と，溶液（溶媒＋溶質）の冷却曲線の比較

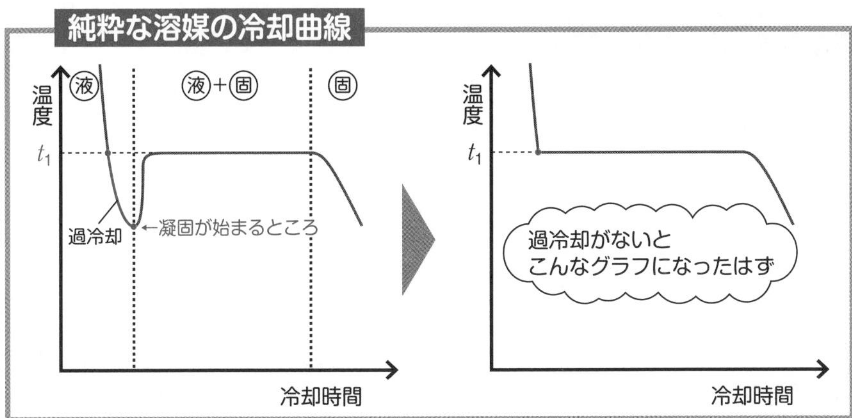

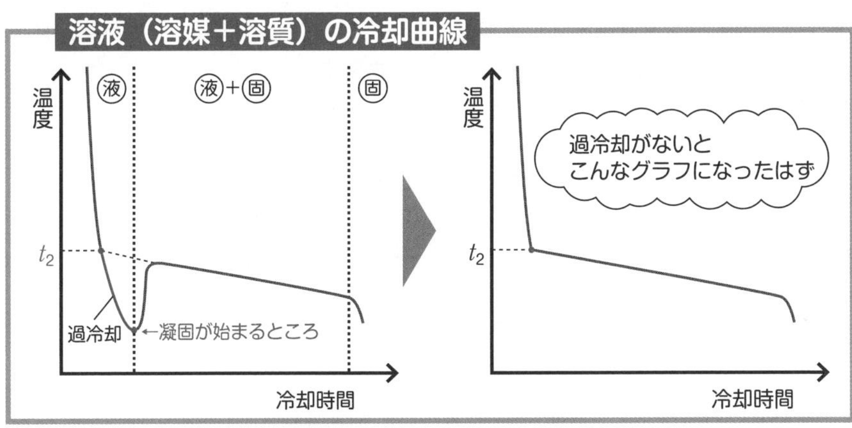

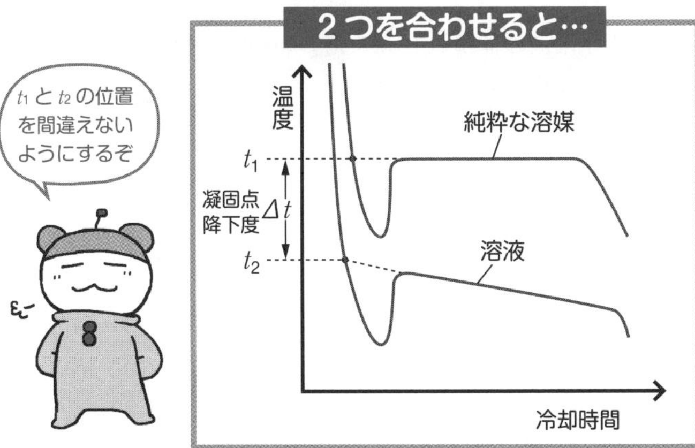

ここまでやったら 別冊 P. 92 へ

12

12-8 浸透圧

ココをおさえよう！

浸透圧を表す式は，気体の状態方程式とソックリ！

セロハン膜で仕切られた，2つの水溶液があります。
片方の溶液は純粋な水，もう片方にはデンプンが溶けた水が入っています。
セロハン膜は半透膜※で，水は通しますがデンプンは通しません。
これをしばらく放置しておくと，デンプンの入ったほうの溶液が上昇してきます。

どうして このような現象が起こるか，というのは，H_2O航空が$CO(NH_2)_2$荷物運搬車によって飛び立つことが妨げられたこと（p.320）を思い出すと，理解できると思います。

デンプンの入った溶液のほうに注目してみると，H_2O航空はデンプン荷物運搬車によって，半透膜を通過することをジャマされます。
その結果，水はデンプンの存在するほうにたまっていくのです。

さて，この上がった溶液をもとに戻すことを考えましょう。
ある程度力をかけてグッと押すと，同じ水面の高さになります。

このときにかけた圧力を，**浸透圧**といいます。
そして，浸透圧は次のような式で表すことができます。
この関係を**ファントホッフの法則**といいます。

$$\Pi V = nRT$$

（Π：浸透圧〔Pa〕，V：水溶液の体積〔L〕，n：溶質の物質量〔mol〕，
R：定数〔Pa・L/(K・mol)〕，T：温度〔K〕）

はて，どこかで見たことがあるような式ですね？
右ページで，クマは気づいたようですよ。

※ 半透膜とは，ある粒子は通すが，他の粒子は通さない膜のこと。

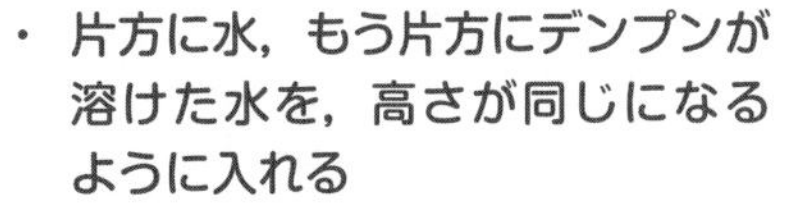

・片方に水，もう片方にデンプンが溶けた水を，高さが同じになるように入れる

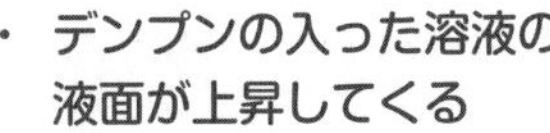

・デンプンの入った溶液の液面が上昇してくる

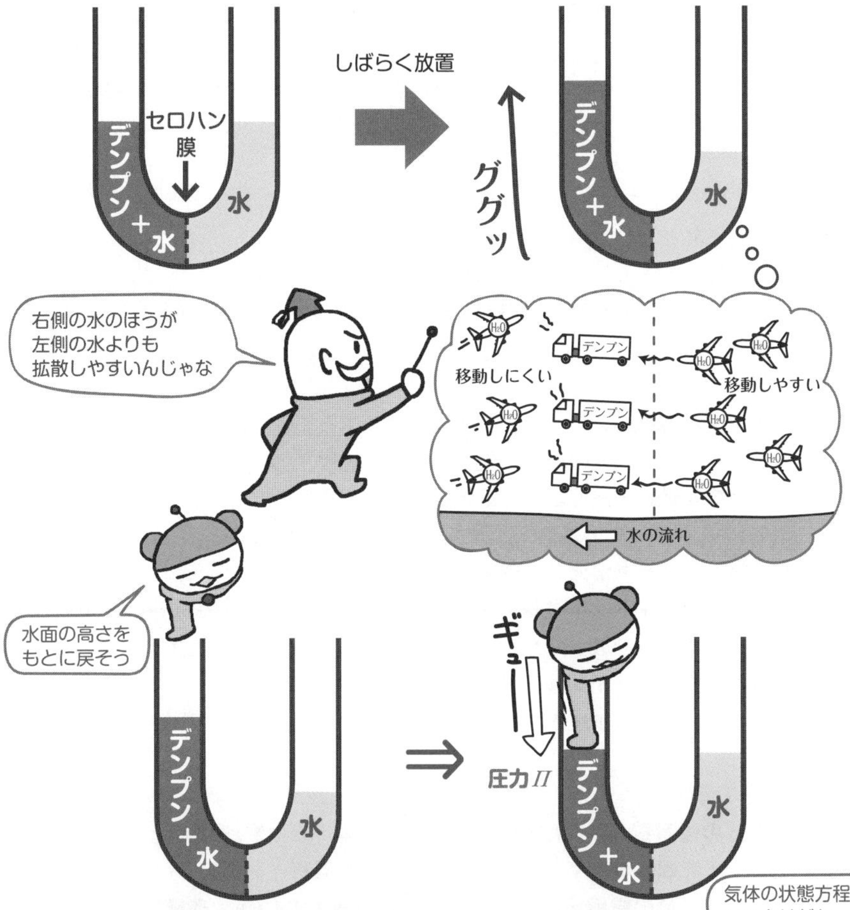

セロハン膜

デンプン＋水

水

しばらく放置

ググッ

右側の水のほうが左側の水よりも拡散しやすいんじゃな

移動しにくい

移動しやすい

デンプン

H_2O

水の流れ

水面の高さをもとに戻そう

ギュー

圧力 Π

このときにかけた圧力を**浸透圧**という

浸透圧は次の式で決まる

$$\Pi V = nRT$$

Π：浸透圧〔Pa〕
V：水溶液の体積〔L〕
n：溶質の物質量〔mol〕
R：定数〔Pa・L／(K・mol)〕
T：温度〔K〕

気体の状態方程式とソックリだね

ここまでやったら 別冊 P. 94 へ

12-9 コロイド

ココをおさえよう！

身の回りにある微粒子，コロイド粒子。

デンプンなど, 直径が10^{-9} m ～ 10^{-7} m程度の大きさの粒子を**コロイド粒子**といい,
コロイド粒子が均一に分散している状態を，**コロイド**といいます。

なぜ，わざわざ10^{-9} m ～ 10^{-7} m程度の大きさの粒子に,
コロイド粒子などという名前をつけるのでしょうか？
それは，この大きさの粒子が，特別な性質をもっているからです。
ちょうどよい大きさのため，コロイド粒子には次のような性質があります。

〈コロイドの性質〉

- **チンダル現象**…コロイド粒子が光を散乱することで,
  光の経路が光って見える現象。
- **ブラウン運動**…熱運動する溶媒分子と衝突することで,
  コロイド粒子が不規則な運動をすること。
- **透析**(とうせき)…コロイド溶液を半透膜の袋に入れておくと,
  コロイドは半透膜を透過しないが，小さなイオンは透過するので,
  イオンを取り除くことができる。
- **電気泳動**…コロイドは帯電しているため,
  直流電圧をかけるとどちらかの電極に向かって移動する。

〈コロイドの分類〉

- **少量の電解質**（陽イオンと陰イオンに電離する物質）を加えると沈殿するコロイドを**疎水**(そすい)**コロイド**といい，この現象を**凝析**(ぎょうせき)といいます。
  一方，少量の電解質を加えるだけでは沈殿しないが，**多量の電解質**を加えることで沈殿するコロイドを**親水コロイド**といい，この現象を**塩析**(えんせき)といいます。

- 疎水コロイドの溶液に親水コロイドの溶液を加えると,
  疎水コロイドが親水コロイドに囲まれて凝析しにくくなります。
  このような作用のある親水コロイドを**保護コロイド**といいます。

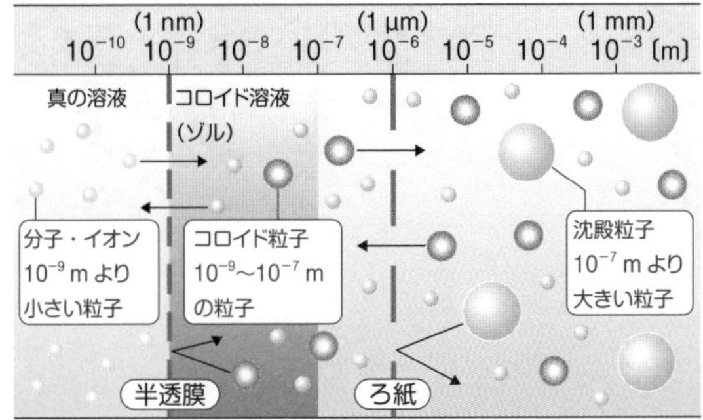

コロイドの性質

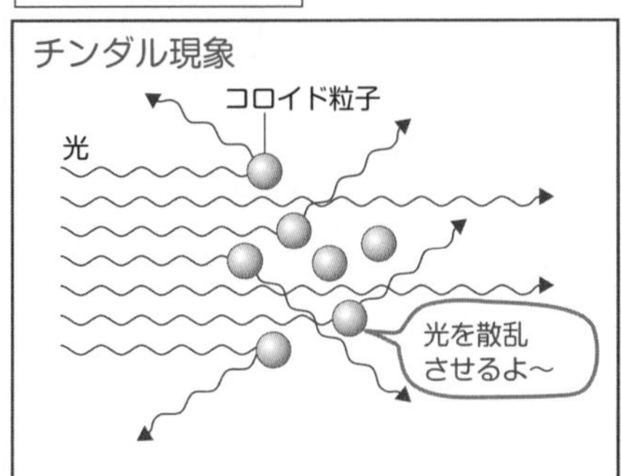

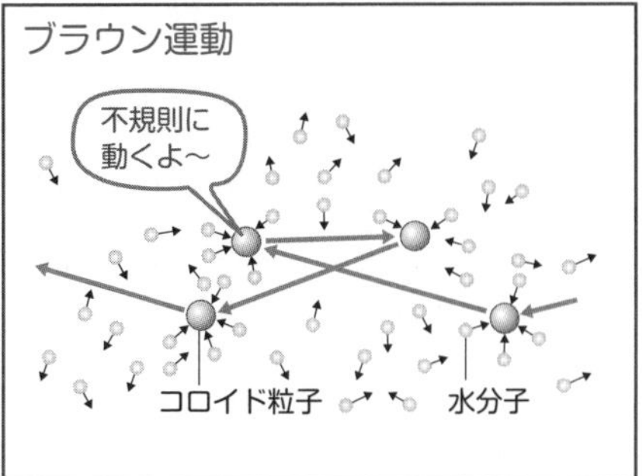

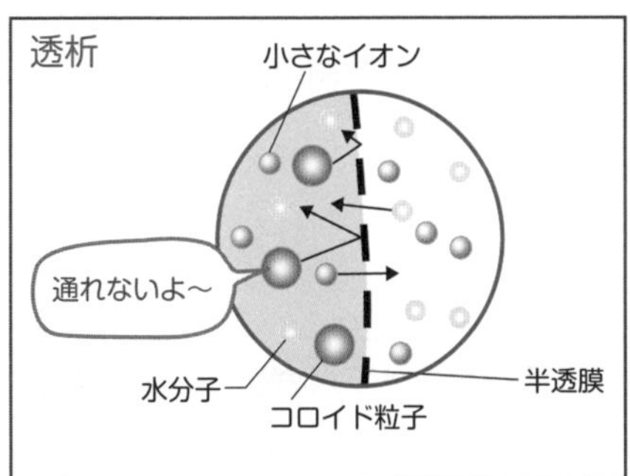

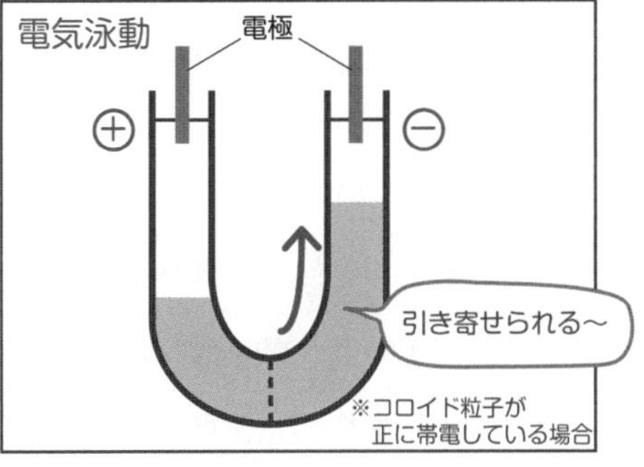

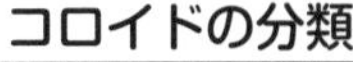

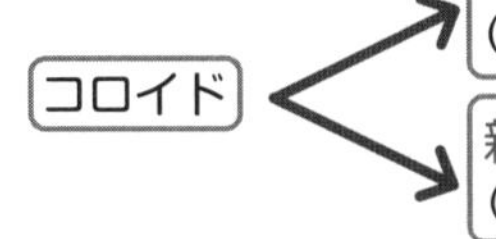

疎水コロイド
(少量の電解質で沈殿；凝析)

親水コロイド
(多量の電解質で沈殿；塩析)

加える

保護コロイド
(凝析しにくくする)

ここまでやったら
別冊 P. 95へ

理解できたものに，☑チェックをつけよう。

- [ ] 溶解度曲線は，水（溶媒）100gに対して，ある温度で何gの溶質が溶けるかを表したもの。
- [ ] 温度を下げて固体が析出するときの析出量を求めることができる。
- [ ] ある温度の水に対して溶ける溶質の質量を，比を用いて求めることができる。
- [ ] 飽和水溶液の質量だけが与えられているとき，水の質量と溶質の質量に分けることができる。
- [ ] 水和水のついた溶質を溶解する問題を解くことができる。
- [ ] ヘンリーの法則について説明できる。
- [ ] 水に溶ける気体の体積は，溶かしたときの圧力条件下において考えると，常に一定となる。
- [ ] 不揮発性の物質が溶けている溶液の蒸気圧や凝固点は下がり，沸点は上がる。
- [ ] 質量モル濃度の公式が書ける。
- [ ] 沸点上昇度と凝固点降下度を，質量モル濃度を使って求めることができる。
- [ ] 純粋な溶媒の冷却曲線と溶液の冷却曲線から，凝固点降下度を読み取れる。
- [ ] ファントホッフの法則を理解している。
- [ ] コロイドの性質（チンダル現象，ブラウン運動，透析，電気泳動）について説明することができる。

次の Chapter まで昼寝しよう……

Chapter

13

反応速度

反応速度

はじめに

今まで，さまざまな反応について勉強してきましたが，
「その反応がどれくらいのスピードで進むのか？」
については触れてきませんでした。

「そんなの興味ないや」
そう思う人の気持ちもわかります。
実際，この分野からの出題はそれほど多くないので，
どのようにイメージしたらいいのかを中心とした軽い解説にとどめましょう。

何年もかかって進む反応もあれば，一瞬にして完了してしまう反応もあります。

もし，酸素がもっと速い速度で体中の細胞と反応し，酸化してしまったら，
私たちはこれほど長く生きていることはできなかったかもしれません……。

そんなことを考えてみると，反応速度って実はすごく重要だと思いませんか？

この章で勉強すること

反応速度がどのように計算されるのか，どのような条件が反応速度に影響を及ぼすのか，について解説したあと，活性化エネルギーについて解説していきます。

宇宙一
わかりやすい
ハカセの
Introduction

化学反応が
どれくらいの
スピードで進むか
知りたくないか？
興味はあるよ

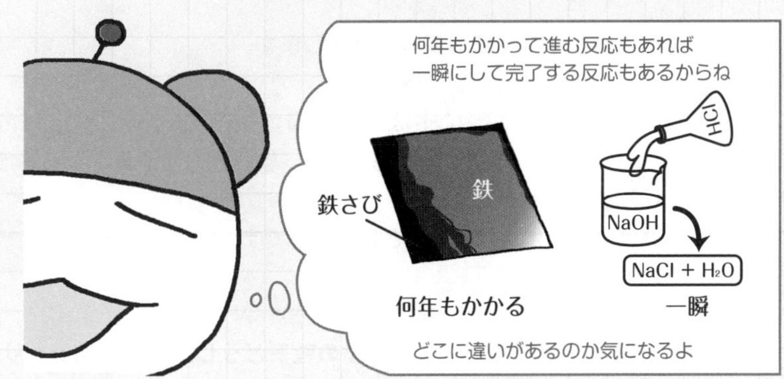
何年もかかって進む反応もあれば
一瞬にして完了する反応もあるからね
鉄さび
鉄
HCl
NaOH
NaCl + H2O
何年もかかる
一瞬
どこに違いがあるのか気になるよ

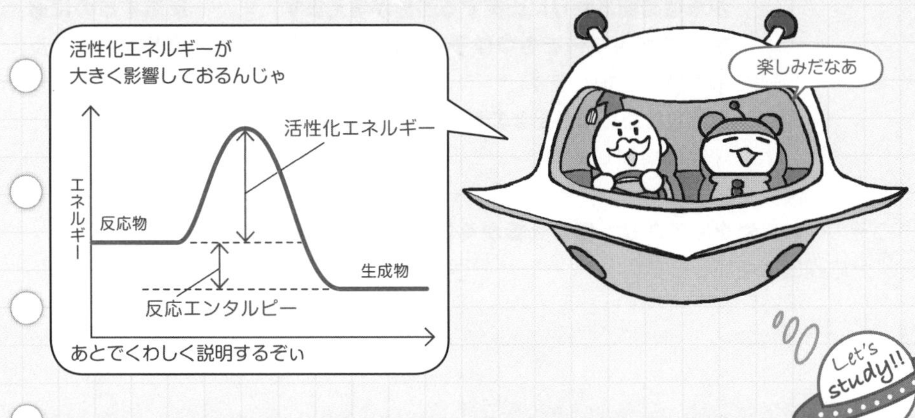
活性化エネルギーが
大きく影響しておるんじゃ
活性化エネルギー
エネルギー
反応物
生成物
反応エンタルピー
あとでくわしく説明するぞい
楽しみだなあ
Let's study!!

13-1 反応速度とは？

ココをおさえよう！

反応速度は，化学反応式の係数に比例し，
濃度・温度・触媒の影響を受ける。

反応速度というのは
「ある時間あたりに，どれだけの物質が合成されるか（または，消費されるか）」
を表すものです。
ですから，反応速度vは，次のような式で表されます。

$$v = \frac{\text{生成物の濃度の増加量}}{\text{反応時間}} \quad \text{または} \quad v = \frac{\text{反応物の濃度の減少量}}{\text{反応時間}}$$

そして，**反応速度は化学反応式の係数に比例します。**
例えば，$N_2 + 3H_2 \longrightarrow 2NH_3$ という反応の場合，
N_2が1mol消費されたなら，同時にH_2は3mol消費されていますし，NH_3は2mol合成されています。よって，N_2が消費される速度がvなら，H_2が消費される速度は$3v$，NH_3が生成される速度は$2v$となる，ということです。
これが，反応速度は係数に比例する，ということです。

また，反応速度は，濃度・温度・触媒などの影響を受けて変化します。

- **濃度**…**濃度が大きくなると，反応物の粒子どうしが単位時間あたりに衝突する回数が増える**ので，反応速度は増加します。
- **温度**…**温度を上げると，粒子の運動が激しくなるので，反応物の粒子どうしが単位時間あたりに衝突する回数が増えます。**また，**反応するのに必要なエネルギーをもつ粒子も増えます。**よって，温度が上がると反応速度は増加します。
- **触媒**…**反応するために必要なエネルギーを下げる**ので，触媒が存在すると反応速度は増加します。

その他に，**光をあてたり，固体を細かくしたり，撹拌（かくはん）速度を上げたり**しても，
反応速度は増加します。

13

反応速度 v の定義

$$v=\frac{\text{生成物の濃度の増加量}}{\text{反応時間}} \quad \text{または} \quad v=\frac{\text{反応物の濃度の減少量}}{\text{反応時間}}$$

ポイント①「反応速度は，化学反応式の係数に比例する」

	N_2	+	$3H_2$	⟶	$2NH_3$
単位時間あたり：	1mol 消費		3mol 消費		2mol 生成
反応速度：	v		$3v$		$2v$

ポイント②「反応速度は，温度・触媒・濃度などの影響を受ける」

- **濃度**…濃度が大きいと，反応速度は増加する。
- **温度**…温度を上げると，反応速度は増加する。
- **触媒**…触媒が存在すると，反応速度は増加する。

反応速度が増加する
理由は左ページに
書いてあるぞぃ

理由がわかれば
覚えやすいね

13-2 反応速度の計算

ココをおさえよう！

反応速度は，実際に実験してみないとわからない！

さて，反応速度は主に濃度・温度・触媒によって左右されるといいました。
ここでは，温度を一定とし，触媒は使わないとします。
このとき，**反応速度は濃度によってのみ影響を受けます。**

対象とする反応を　A＋B ⟶ C＋D　とすると
「単位時間あたりにどれだけAとBが衝突するか」ということに反応速度は依存するので，反応速度vは，次のような式になります。
[A]や[B]はそれぞれの物質のモル濃度〔mol/L〕を表します。

$$v = k[\mathrm{A}]^a[\mathrm{B}]^b$$

この式を**反応速度式**といい，比例定数kを**反応速度定数**といいます。
kだけでなく，指数のaとbも，実際に実験をしてみないと，決定することはできません。

また，化学反応の速度vが，反応物の濃度（[A]や[B]）の何乗に比例するかを表したものを**反応次数**といいます。これは簡単にいえば$a+b$の値のことです。

vが[A]に比例し，[B]は反応に関係しない場合，$a=1$，$b=0$と考えられるので
　$v=k[\mathrm{A}]$　⇒　**1次反応**
vが[A]，[B]に比例する場合，$a=1$，$b=1$と考えられるので
　$v=k[\mathrm{A}][\mathrm{B}]$　⇒　**2次反応**
vが$[\mathrm{A}]^2$に比例し，[B]は反応に関係しない場合，$a=2$，$b=0$と考えられるので
　$v=k[\mathrm{A}]^2$　⇒　**2次反応**
vが$[\mathrm{A}]^2$，[B]に比例する場合，$a=2$，$b=1$と考えられるので
　$v=k[\mathrm{A}]^2[\mathrm{B}]$　⇒　**3次反応**
などと表します。

別冊の確認問題で解きかたを身につけましょう！

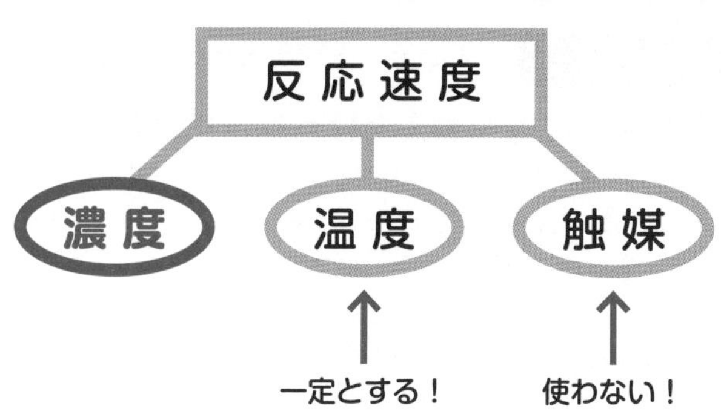
反応速度
濃度
温度
触媒
一定とする！
使わない！

反応速度は，濃度にのみ依存する。

反応　A＋B ⟶ C＋D　の反応速度 v は

$$v = k[\mathrm{A}]^a[\mathrm{B}]^b$$

たしかに
v は濃度に関係する
式になっているね

比例定数 k や a や
b は実験結果から
求めなくては
いけないんじゃ

ここまでやったら
別冊 P. 96 へ

13-3 活性化エネルギー

ココをおさえよう！

活性化エネルギーの峠を越えなければ反応は起こらない！

反応する際には，あるエネルギー以上のエネルギーをもっていないといけません。
そのエネルギーを，**活性化エネルギー**といいます。
活性化エネルギーというエネルギーの峠を越えないと，
目的とする物質になることはできないのです。

また，反応物と生成物のエネルギーの差が**反応エンタルピー**です。
生成物のほうがエネルギーが低ければ発熱反応，
生成物のほうがエネルギーが高ければ吸熱反応です。
Chapter 9で学びましたね。

さて，話を活性化エネルギーに戻しましょう。
活性化エネルギーを越えられれば，反応は進むということですが，
活性化エネルギーを越えるのは大変です。
そこで，反応を起こしやすくする方法，
つまり，活性化エネルギーを越えやすくする方法を2つご紹介しましょう。

1つめは「温度を上げる」です。
温度が上がると，粒子どうしが衝突する回数が増えるというのもあるのですが，
この活性化エネルギーを越えるエネルギーをもった粒子が増える
ということが，特に大きく影響しています。

2つめは「触媒を加える」です。
触媒は，活性化エネルギーを下げる役目を果たしています。
つまり，より低いエネルギーでも，反応は進むのです。

注意すべきことは，触媒はあくまで「活性化エネルギーを下げる」役割なので
反応物と生成物のエネルギー差（つまり反応エンタルピー）は，変化しないということです。

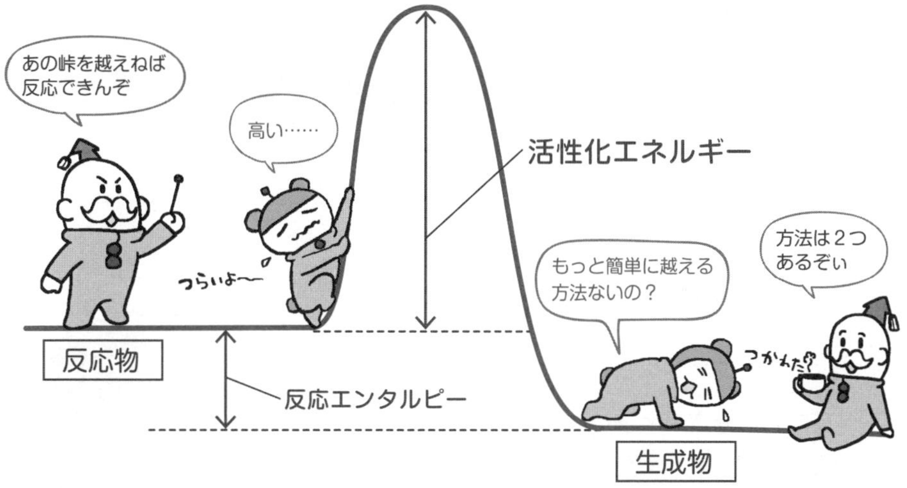

活性化エネルギーを
越えやすくする方法①

温度を上げる

活性化エネルギーを越えられる
だけの運動エネルギーをもつ
粒子が増える！

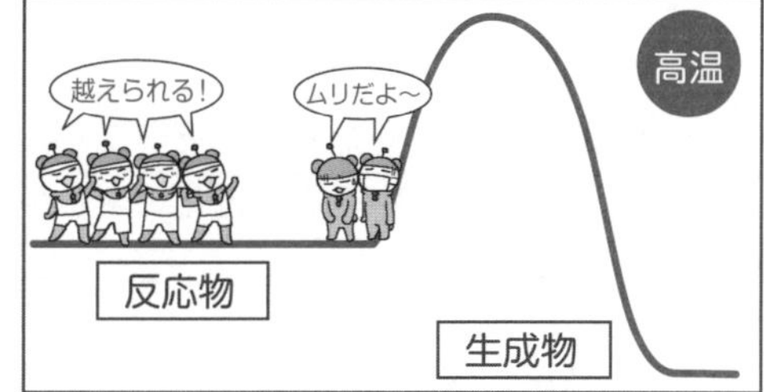

活性化エネルギーを
越えやすくする方法②

触媒を使う

活性化エネルギーが下がるので
より多くの粒子が反応できる！

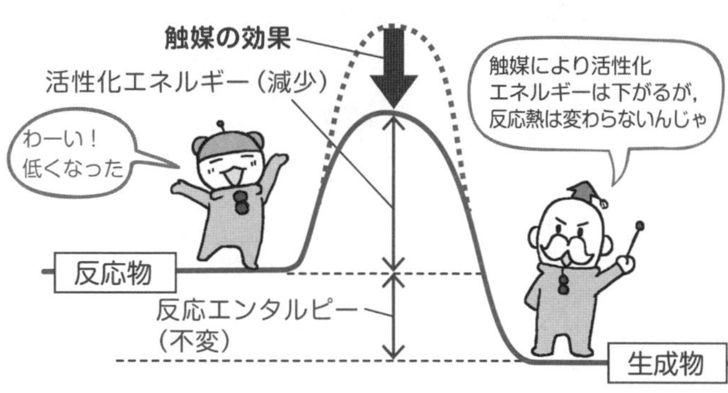

ここまでやったら
別冊 P. 101 へ

ハカセの
宇宙一キビしい
チェック!!

理解できたものに，☑チェックをつけよう。

- □ 反応速度は化学反応式の係数に比例する。
- □ 反応物の濃度が大きくなることで反応速度が増加することを理解しており，その理由を説明できる。
- □ 温度を上げることで反応速度が増加することを理解しており，その理由を説明できる。
- □ 触媒を使うことで反応速度が増加することを理解しており，その理由を説明できる。
- □ 反応が起こるためには高いエネルギー状態を経る必要があり，このエネルギーを活性化エネルギーという。
- □ 反応物と生成物のエネルギーの差が反応エンタルピーである。
- □ 触媒は活性化エネルギーを下げるが，反応エンタルピーを変化させることはない。

起きんか！
次が最後の
Chapter だぞ
また寝とるのか！
う～ん
あと５分……
ピピピ

Chapter

14

化学平衡

Chapter 14 化学平衡

はじめに

とうとう最後のChapterになりましたね。
ここでは，最後にして最大の難関ともいえる，平衡（化学平衡）について学習していきます。

平衡とは，反応の速度と逆反応の速度が等しくなることで，
一見すると反応が止まったように見える状態のことです。

- 平衡って，どんなことが起きている状態かわからないから
  イメージできないな…。
- 平衡定数ってなに…？
- 計算が苦手…。
- ルシャトリエの原理ってなに…？

これらを「天使と悪魔の話」を使って，わかりやすく解説していきましょう。

この章で勉強すること

平衡についての概念を，「天使と悪魔の話」を用いて説明していきます。
特に，計算問題で使うバランスシートの書きかたや，
近似のしかたをていねいに解説していきます。
平衡定数，圧平衡定数，ルシャトリエの原理，電解質溶液の平衡，
緩衝(かんしょう)液，溶解度積の順に学習していきます。

宇宙一わかりやすいハカセのIntroduction

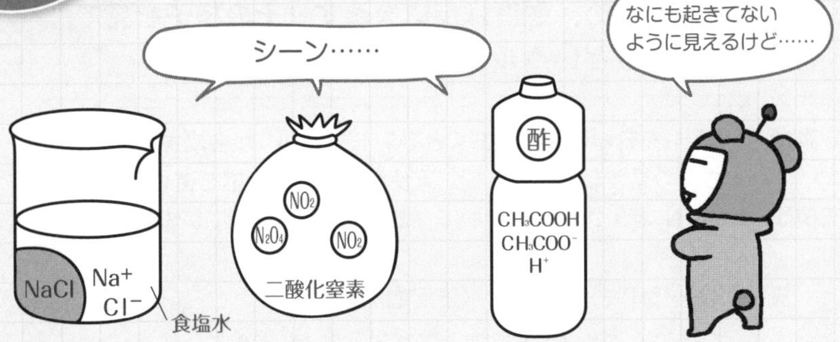

シーン……

なにも起きてないように見えるけど……

NaCl
Na+
Cl−
食塩水

NO_2
N_2O_4
NO_2
二酸化窒素

酢
CH_3COOH
CH_3COO^-
H^+

生成物を作らなきゃ

反応物に戻してやる！

ムギュー

ギー

実は……

N_2 H_2 H_2 H_2

NH_3

$$N_2 + 3H_2 \rightleftarrows 2NH_3$$

反応物　　生成物

天使が生成物を作り，悪魔がそれを反応物に分解している！
その速度がつり合っている状態を平衡状態という。

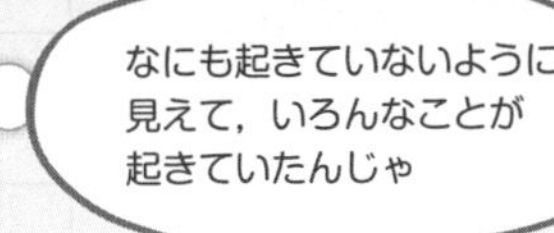

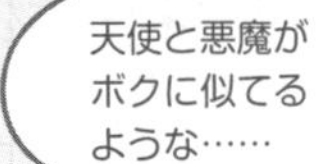

14-1 化学平衡とは？

ココをおさえよう！

天使は反応を進め，悪魔は反応を戻す。その様子を見て，神様は平衡定数というルールを作った。

窒素N_2と水素H_2を容器に入れておくとアンモニアNH_3が合成されますが，実は，みなさんの見えないところで，天使がせっせと反応を進めているのです※。天使は，1つのN_2と3つのH_2を用いて，2つのNH_3を作っています。

天使：$N_2 + 3H_2 \longrightarrow 2NH_3$ （正反応）

それを陰で見ていた悪魔は，イジワルがしたくなりました。
そして，せっかく天使の作ったNH_3を，もとのN_2とH_2に戻し始めてしまったのです。

悪魔：$2NH_3 \longrightarrow N_2 + 3H_2$ （逆反応）

つまり，天使がせっせとNH_3を作るかたわら，悪魔がNH_3をN_2とH_2に戻しているので，N_2とH_2とNH_3の3つの物質が存在した状態になっています。

だんだん時間が経つと，天使がNH_3を作る速度と，悪魔がN_2とH_2に戻す速度が等しくなり，**見かけ上は反応が進んでいないように見える**ようになります。

$N_2 + 3H_2 \rightleftarrows 2NH_3$

この状態が化学平衡の状態（**平衡**状態）です。平衡状態が成り立っているときというのは，次のような関係が成り立っているときです。

$$\frac{[NH_3]^2}{[N_2][H_2]^3} = K\text{（定数）}$$

Kを**平衡定数**といい，一定温度における平衡定数は1つに決まっています。
この式は，天使と悪魔の様子を見ていた神様の作った式なのです。

※ もちろん，わかりやすく説明するためのフィクションです。

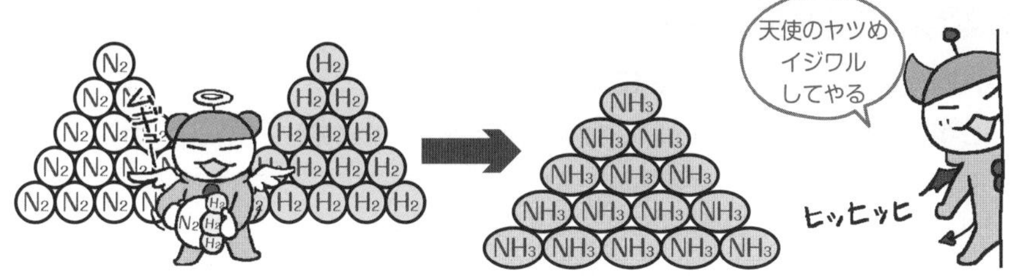

$N_2 + 3H_2 \longleftarrow 2NH_3$ (逆反応)

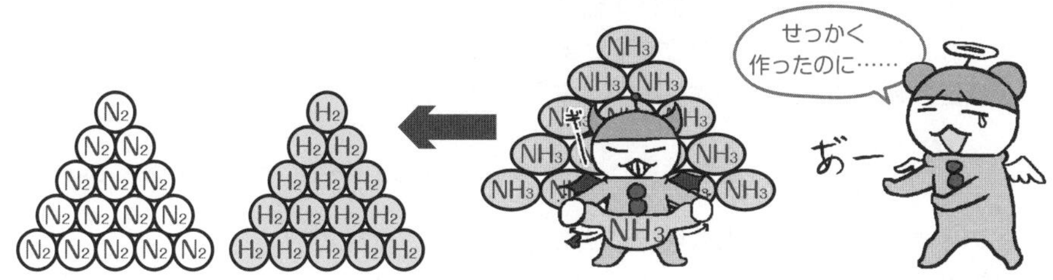

天使の仕事の速さ ＝ 悪魔の仕事の速さ ➡

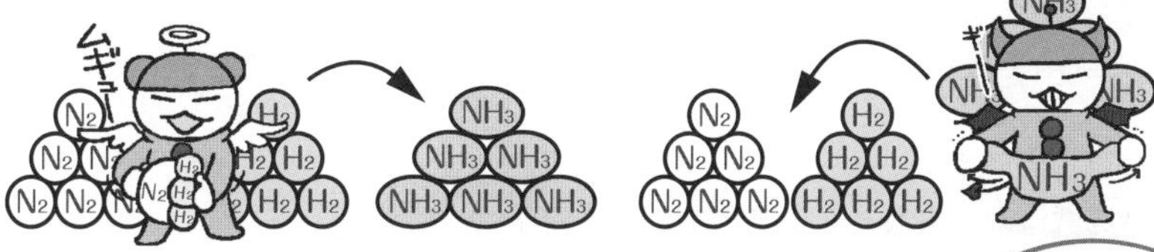

$N_2 + 3H_2 \rightleftarrows 2NH_3$

$$\frac{[NH_3]^2}{[N_2][H_2]^3} = K \text{ (定数)}$$

K：平衡定数

14-2 平衡定数について

ココをおさえよう！

平衡定数 K の値が一定になるように，
化学反応式にしたがって分母・分子の化合物が反応する。

一般に，次のような可逆反応（右にも左にも進む反応）

$$a\mathrm{A} + b\mathrm{B} \rightleftarrows c\mathrm{C} + d\mathrm{D}$$ （A，B，C，D：物質の化学式　a，b，c，d：係数）

が平衡状態にあるとき（天使が反応を進める速度と，悪魔が反応を戻す速度が同じとき），次のような式が成り立っています。この関係を**化学平衡の法則**といいます。平衡定数は，温度が一定の場合，１つに決まります。

$$\frac{[\mathrm{C}]^c[\mathrm{D}]^d}{[\mathrm{A}]^a[\mathrm{B}]^b} = K\text{（定数）}$$ （［A］，［B］，［C］，［D］はそれぞれの物質のモル濃度〔mol/L〕）

このとき，モル濃度の指数は反応式の係数と必ず一致します。
（実験によって指数がわかる反応速度式（p.336）とは異なるので注意しましょう！）
例えば

$$N_2 + 3H_2 \rightleftarrows 2NH_3$$

という可逆反応が平衡状態になっているときには

$$\frac{[\mathrm{NH_3}]^2}{[\mathrm{N_2}][\mathrm{H_2}]^3} = K\text{（定数）}$$

という式が成り立つのですね。
では，平衡定数の式はなにを表しているのでしょうか？

……と，その前に，
『平衡定数がなにを表しているか』を考えるうえで重要なことを説明しておきます。それは実は，誰でも知っている，次のような分数の特性なのです。

『分数は，分母が大きくなると値が小さくなり，逆に分母が小さくなると値が大きくなります。また，分子が大きくなると値が大きくなり，分子が小さくなると値も小さくなります。』

これこそ平衡定数を考えるときに重要なのです（これだけといっても過言ではありません）。当たり前のことですが，大事なので書いておきました。

$$a\mathbf{A} + b\mathbf{B} \rightleftarrows c\mathbf{C} + d\mathbf{D}$$

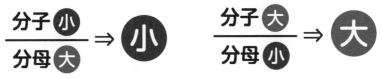

$$\frac{[\mathrm{C}]^c[\mathrm{D}]^d}{[\mathrm{A}]^a[\mathrm{B}]^b} = K\text{（定数）}$$

……とその前に，当たり前のことだけど，頭に入れておこう！

$$\frac{\text{分子 小}}{\text{分母 大}} \Rightarrow \text{小}$$

$$\frac{\text{分子 大}}{\text{分母 小}} \Rightarrow \text{大}$$

それでは，平衡定数が表していることを，読み解いていきましょう。

① 平衡定数の大小が表していること。

平衡定数が比較的大きいということは，分母に比べて分子のほうが大きいということです。**つまり，分子（生成物）のほうが分母（反応物）に比べて多い状態で平衡に達する，ということを表しています。**

逆に，平衡定数が比較的小さいということは，分子（生成物）のほうが分母（反応物）に比べて少ない状態で平衡に達することを表しています。

例えば，平衡定数が 1.0×10^{5} の場合，比較的大きい値なので分子（生成物）側に平衡が偏っており，1.0×10^{-5} の場合，比較的小さい値なので分母（反応物）側に平衡が偏っています。

② NH_3 が追加されると，各化合物の濃度はどう変化するか？

$N_2 + 3H_2 \rightleftarrows 2NH_3$ ……①

という平衡が成り立っている状態だとします。

そこに，NH_3 が反応とは関係なく，新たに追加されました。

つまり，$[NH_3]$（NH_3 濃度）が増えたということですね。

すると，各化合物の濃度はどう変化するでしょう？

これを，平衡定数の式を使って考えてみましょう。

$$\frac{[NH_3]^2}{[N_2][H_2]^3} = K\text{（定数）}$$

$[NH_3]$ が増えた，ということは，平衡定数の分子の $[NH_3]$ が大きくなったということですが，このままではいけません。

なぜなら，**このままだと平衡定数の値 K が，神様の作った定数の値にならない**からです。

そこで，K が一定になるように（$[NH_3]$ が増える前と同じ値のまま変化しないように），分子の $[NH_3]$ が減り，分母の $[N_2]$ と $[H_2]$ が増えるような反応が起きます。

つまり，反応式①の平衡は左に移動します。

一方，例えば分母の $[N_2]$ が増えたときには，分母の $[N_2]$ や $[H_2]$ が減り，

分子の $[NH_3]$ が増えることで，やはり K の値が一定になるように調整されます。

このときは，反応式①の平衡は右に動きますね。

① 平衡定数の大小が表していること。

例えば，$K = 1.0 \times 10^5$（大きな平衡定数）なら，

$\frac{[\text{生成物}]}{[\text{反応物}]} = K$ 大 だから，$\frac{[\text{生成物}]\ \text{大}}{[\text{反応物}]\ \text{小}}$ ということ。

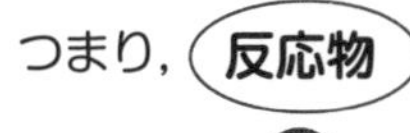

という，生成物側に偏った平衡。

② NH_3が追加されると，各化合物の濃度はどう変化するか？

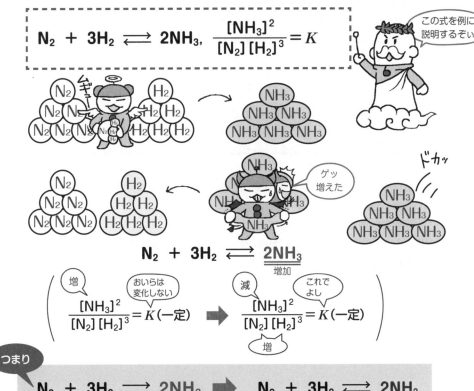

$$N_2 + 3H_2 \rightleftarrows 2NH_3,\quad \frac{[NH_3]^2}{[N_2][H_2]^3} = K$$

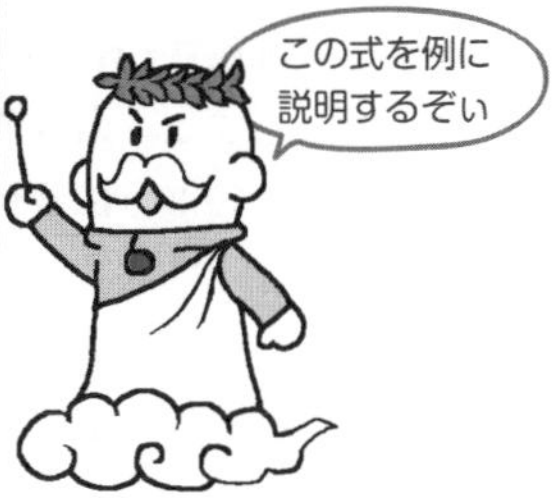

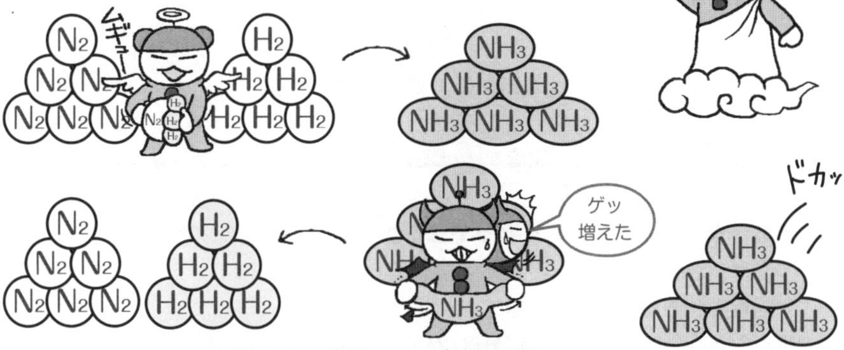

$$N_2 + 3H_2 \rightleftarrows \underline{\underline{2NH_3}}$$

増加

$$\frac{[NH_3]^2}{[N_2][H_2]^3} = K\text{（一定）} \Rightarrow \frac{[NH_3]^2}{[N_2][H_2]^3} = K\text{（一定）}$$

p.348に引き続き平衡定数について見ていきましょう。

③　触媒は平衡定数には影響しない。

触媒を使った反応でも，平衡定数Kの値は変わりません。
触媒を使うと反応速度が変化しますが，左から右への反応速度も，
右から左への反応速度も同様に変化するためです。
天使と悪魔の「やり合い」がより活発に行われるだけで，
平衡定数は変わらないのです。

④　温度と平衡定数の関係。

温度が一定の場合，平衡定数の値Kは一定です。
しかし，**温度変化があると，平衡定数の値Kは変わります。**
どのように変化するでしょうか？

それは，その反応が発熱反応か，吸熱反応かによって違いがあります。
そして，**温度変化を妨げる方向に，平衡は偏ります**。

例えば発熱反応の場合，温度を上げると平衡定数は小さくなります。
（逆反応が活発になる）
反応が進んでこれ以上熱くなってはたまらないという感じです。
つまり，温度が上がったときには温度が上がらない側に
平衡状態が偏るようになるのです。
生成物（分子）は減り，反応物（分母）が増える状態で平衡に達するようになります。
ゆえに，平衡定数Kの値は小さくなるのです。

このように考えていけば，発熱反応で温度が低くなったときや，
吸熱反応の場合には平衡定数がどうなるのかも，わかるはずです。

Point・・・温度が変化すると，平衡定数も変化する！

◎　発熱反応→温度を上げると，平衡定数は小さくなる。
　　　　　　→温度を下げると，平衡定数は大きくなる。
◎　吸熱反応→温度を上げると，平衡定数は大きくなる。
　　　　　　→温度を下げると，平衡定数は小さくなる。

③ 触媒は平衡定数には影響しない。

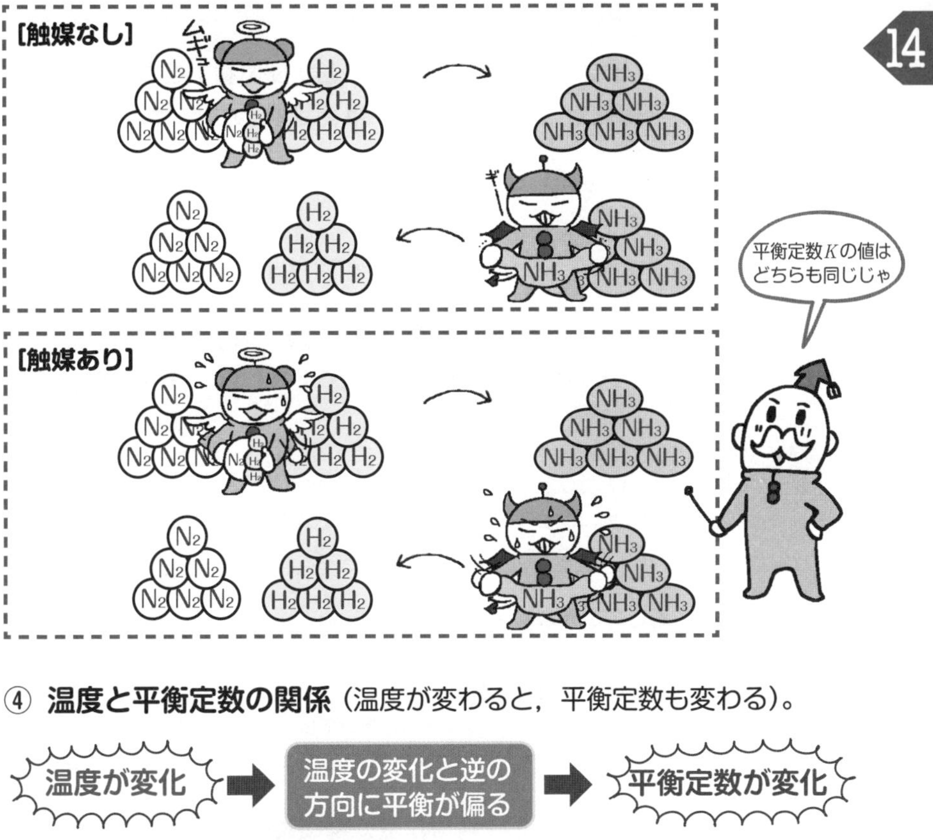

[触媒なし]

ムギュー

N_2 H_2 → NH_3

ギー

N_2 H_2 ← NH_3

[触媒あり]

N_2 H_2 → NH_3

N_2 H_2 ← NH_3

平衡定数Kの値はどちらも同じじゃ

14

④ 温度と平衡定数の関係（温度が変わると，平衡定数も変わる）。

温度が変化 ➡ 温度の変化と逆の方向に平衡が偏る ➡ 平衡定数が変化

例えば，発熱反応（A → B　$\Delta H = -Q$ kJ）のとき

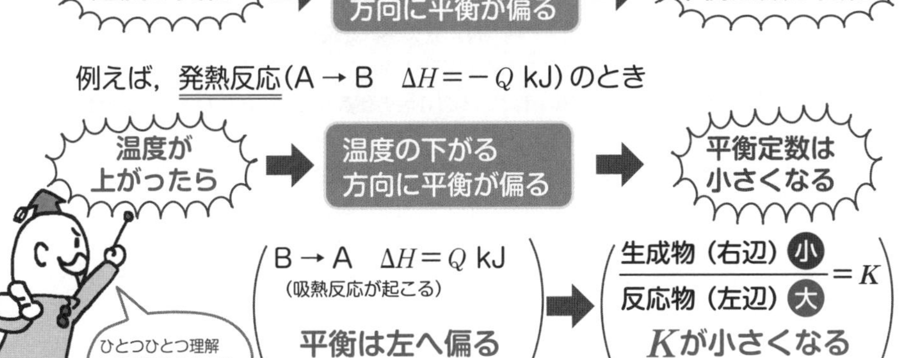
温度が上がったら
温度の下がる方向に平衡が偏る
平衡定数は小さくなる
B → A　$\Delta H = Q$ kJ
（吸熱反応が起こる）
平衡は左へ偏る
$\dfrac{\text{生成物（右辺）小}}{\text{反応物（左辺）大}} = K$
Kが小さくなる
ひとつひとつ理解しながら進めるんじゃ

14-3 化学平衡の計算

ココをおさえよう！

バランスシートは,「反応前」と「変化」と「反応後」を書くだけ！
「反応後」は平衡になっているから，平衡定数の式に代入しよう。

平衡定数の式が表していることがわかったところで，
実際にどのように平衡定数の式が出題されるのかを，解説していきましょう。
平衡定数の式を使った問題というのは，主に以下の2パターンとなっています。

(1) 『すでに平衡状態になっているときの条件を使って，平衡定数を求める。』
(2) 『平衡になっていない状態が平衡状態になったらどのようになるか，を求める。』

問 ((1)についての問題)
水素H_2 1.0molとヨウ素I_2 1.0molを4.0Lの容器に入れ，800℃に保ったところ
H_2(気)＋I_2(気) $\rightleftarrows$ 2HI(気) の反応が平衡に達し，1.6molのヨウ化水素HIが生成した。
800℃における，この反応の平衡定数を求めよ。

次の3ステップで解いていきましょう。

解きかた
ステップ①：「反応前」を書く。
まずは反応式を書きます。そしてその下に，反応前の状態を書きます。
今回の場合，H_2とI_2が1.0molずつ存在している，というのが反応前の状態ですね。

ステップ②：「変化」を書く（反応式の係数を使って！）。
どれだけ変化したかを書きます。1.6molのHIが生成した，ということですので，反応式 $H_2+I_2 \rightleftarrows 2HI$ の係数から，H_2とI_2がそれぞれ0.8molずつ減った，ということですね。

ステップ③：「反応後」を書く。そして，平衡定数の式に代入する。
「反応前」と「変化」から，「反応後」が決まります。
この反応後の状態が平衡状態に達しているので，（濃度に変えたあと，）
平衡定数の式に代入すれば平衡定数が求まります。（K＝**64** …答 ）

ここでは(1)のタイプの問題を解いてみました。
p.354では(2)の問題を解いてみましょう。

天使と悪魔と神様の
話で，平衡について
わかってきたよ

次は実際の問題の
解きかたを見て
いくぞい

ステップ① 「反応前」を書く。

	H_2	+	I_2	$\rightleftarrows$	$2HI$	
反応前	1.0		1.0		0	〔mol〕

ステップ② 「変化」を書く。

	H_2	+	I_2	$\rightleftarrows$	$2HI$	
反応前	1.0		1.0		0	〔mol〕
変化	−0.8		−0.8		+1.6	〔mol〕

HIが1.6mol生成されたので，H_2とI_2は0.8mol使われた

ステップ③ 「反応後」を書く。

	H_2	+	I_2	$\rightleftarrows$	$2HI$	
反応前	1.0		1.0		0	〔mol〕
変化	−0.80		−0.80		+1.6	〔mol〕
反応後	0.20		0.20		1.6	〔mol〕
➡	$\frac{0.20}{4.0}$		$\frac{0.20}{4.0}$		$\frac{1.6}{4.0}$	〔mol/L〕

足す

濃度に変える

代入 ➡

$$K=\frac{[HI]^2}{[H_2][I_2]}=\frac{\left(\frac{1.6}{4.0}\right)^2}{\frac{0.20}{4.0}\times\frac{0.20}{4.0}}=\underline{\underline{64}}\cdots\text{答}$$

反応後が平衡状態に
なっているんだから
平衡定数の式に代入
すればいいんだな

平衡定数の式を使った問題は，次の2パターンでしたね。

(1)『すでに平衡状態になっているときの条件を使って，平衡定数を求める。』

(2)『平衡になっていない状態が平衡状態になったらどのようになるか，を求める。』

p.352で(1)の問題の解きかたは説明しましたので，今度は(2)について説明します。

問 ((2)についての問題)

H_2(気)＋I_2(気) $\rightleftarrows$ 2HI(気) の反応について，ヨウ化水素HI3.0molを4.0Lの容器に入れ，800℃にし，十分に時間が経ったときヨウ素I_2は何mol生成するか求めよ。ただし800℃におけるこの反応の平衡定数は$K=64$とする。

先ほどと同様，3ステップで解いていきましょう。

解きかた

ステップ①：「反応前」を書く。

まずは反応式を書きます。そしてその下に，反応前の状態を書きます。

今回の場合，HIが3.0mol存在している，というのが反応前の状態ですね。

ステップ②：「変化」を書く。

どれだけ変化したかを書きます。今回の場合，何mol変化したのかはわかりません。

しかし，HIがH_2とI_2に変化する，ということはわかっています。

HIを，悪魔がH_2とI_2に分解するからです。

ここで，HIがx〔mol〕分解したとします。

すると，H_2とI_2はどれだけできるでしょうか？

反応式は，$H_2+I_2 \rightleftarrows 2HI$ なので，x〔mol〕のHIからは，H_2とI_2がそれぞれ$\frac{x}{2}$〔mol〕できます。これが，「変化」です。

ステップ③：「反応後」を書く。そして，平衡定数の式に代入する。

「反応前」と「変化」から，「反応後」が決まります。

この反応後の状態が平衡状態に達しているので，平衡定数の式に代入すれば，どのようなxで平衡状態になるのかがわかりますね。

右ページのように，平衡定数の式に代入して計算すると，xが求まります。

このようにして，平衡定数の問題は解くことができるのです！

$\left(\frac{x}{2}=\right.$ **0.30mol** …答$\left.\right)$

ステップ① 「反応前」を書く。

	H_2	+ I_2	$\rightleftarrows$	$2HI$	
反応前	0	0		3.0	〔mol〕

ステップ② 「変化」を書く。

	H_2	+ I_2	$\rightleftarrows$	$2HI$	
反応前	0	0		3.0	〔mol〕
変化	$+\frac{x}{2}$	$+\frac{x}{2}$		$-x$	〔mol〕

HIがx〔mol〕減ったので，H_2とI_2は$+\frac{x}{2}$〔mol〕できる

ステップ③ 「反応後」を書く。

	H_2	+ I_2	$\rightleftarrows$	$2HI$	
反応前	0	0		3.0	〔mol〕
変化	$+\frac{x}{2}$	$+\frac{x}{2}$		$-x$	〔mol〕
反応後	$\frac{x}{2}$	$\frac{x}{2}$		$3.0-x$	〔mol〕
➡	$\frac{x}{2\times4.0}$	$\frac{x}{2\times4.0}$		$\frac{3.0-x}{4.0}$	〔mol/L〕

足す

濃度に変える

$$\frac{[HI]^2}{[H_2][I_2]}=64 \quad \overset{代入}{\Rightarrow} \quad \frac{\left(\frac{3.0-x}{4.0}\right)^2}{\frac{x}{8.0}\times\frac{x}{8.0}}=64$$

$$\left(\frac{3.0-x}{4.0}\right)^2=64\times\frac{x}{8.0}\times\frac{x}{8.0}$$

$$5x^2+2x-3=0$$

$$(5x-3)(x+1)=0$$

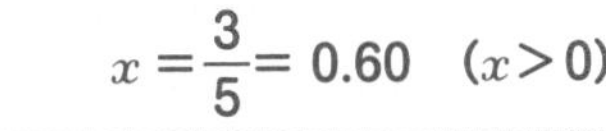

$$x=\frac{3}{5}=0.60 \quad (x>0)$$

あとは反応後の値を平衡定数の式に代入すればいいんだな

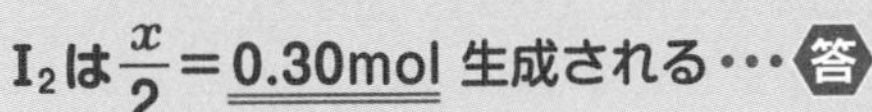

I_2は$\frac{x}{2}$＝0.30mol 生成される…答

ここまでやったら 別冊 P. 102へ

14-4 圧平衡定数

ココをおさえよう！

圧力についても平衡定数の式が成り立つ。

ここまで平衡定数について学んできましたが，気体の反応のときにだけ成り立つ平衡定数の考えかたもあります。

一般に，反応物A，Bおよび，生成物C，Dがいずれも気体であり，
次のような可逆反応

$$a\mathrm{A}+b\mathrm{B} \rightleftarrows c\mathrm{C}+d\mathrm{D}$$

（A，B，C，D：物質の化学式　a，b，c，d：係数）

が平衡状態にあるとき，A，B，C，Dの分圧をそれぞれP_{A}，P_{B}，P_{C}，P_{D}とすると，
次のような関係が成り立ちます。

$$\frac{{P_{\mathrm{C}}}^{c}\cdot{P_{\mathrm{D}}}^{d}}{{P_{\mathrm{A}}}^{a}\cdot{P_{\mathrm{B}}}^{b}}=K_{\mathrm{P}}\ \textbf{(定数)}$$

このK_{P}を**圧平衡定数**といい，一定温度において1つに決まる値です。平衡定数の式と同じように，分圧の指数は反応式の係数と必ず一致します。
なぜこれが成り立つかを説明すると，A，B，C，Dはすべて気体なので
$P_{\mathrm{A}}V=n_{\mathrm{A}}RT$，$P_{\mathrm{B}}V=n_{\mathrm{B}}RT$，$P_{\mathrm{C}}V=n_{\mathrm{C}}RT$，$P_{\mathrm{D}}V=n_{\mathrm{D}}RT$が成り立ちます。

よって　$P_{\mathrm{A}}=\underbrace{\frac{n_{\mathrm{A}}}{V}}_{[\mathrm{A}]}RT$，$P_{\mathrm{B}}=\underbrace{\frac{n_{\mathrm{B}}}{V}}_{[\mathrm{B}]}RT$，$P_{\mathrm{C}}=\underbrace{\frac{n_{\mathrm{C}}}{V}}_{[\mathrm{C}]}RT$，$P_{\mathrm{D}}=\underbrace{\frac{n_{\mathrm{D}}}{V}}_{[\mathrm{D}]}RT$となるので

$$\frac{{P_{\mathrm{C}}}^{c}{P_{\mathrm{D}}}^{d}}{{P_{\mathrm{A}}}^{a}{P_{\mathrm{B}}}^{b}}=\frac{([\mathrm{C}]RT)^{c}([\mathrm{D}]RT)^{d}}{([\mathrm{A}]RT)^{a}([\mathrm{B}]RT)^{b}}=\underbrace{\frac{[\mathrm{C}]^{c}[\mathrm{D}]^{d}}{[\mathrm{A}]^{a}[\mathrm{B}]^{b}}}_{K}\times\underbrace{(RT)}_{T\text{が一定なら定数}}{}^{(c+d)-(a+b)}=K_{\mathrm{P}}$$

となり，定数になるのです。

分圧の比は，物質量の比（モル比）と等しいので，
バランスシートは今まで通りに物質量〔mol〕で作り，
圧平衡定数の式に代入する直前に分圧に換算して考えます。

つまり，圧平衡定数に関する問題の解きかたは，先ほどの平衡定数のやりかたと同じなのです。ですから，ここでは解説はしません。
（最後，分圧に換算する手間が1つ増えるだけです）

別冊の確認問題を通して，理解を深めましょう。

14

aA ＋ bB ⇄ cC ＋ dD について

今までの平衡定数の式

$$\frac{[\mathrm{C}]^c[\mathrm{D}]^d}{[\mathrm{A}]^a[\mathrm{B}]^b} = K$$

濃度を使用　　K：平衡定数

もしA, B, C, Dのすべてが気体なら

圧平衡定数の式

$$\frac{P_\mathrm{C}{}^c P_\mathrm{D}{}^d}{P_\mathrm{A}{}^a P_\mathrm{B}{}^b} = K_\mathrm{P}$$

分圧を使用　　K_P：圧平衡定数

すべてが気体のときは
分圧がこのような式を
満たすぞい

例

$2SO_2 + O_2 \rightleftarrows 2SO_3$

	$2SO_2$	O_2	$2SO_3$	
反応前	4.0	2.0	0	〔mol〕
変化	$-2x$	$-x$	$+2x$	〔mol〕
反応後	$4.0-2x$	$2.0-x$	$2x$	〔mol〕

ここまではまったく同じやりかた

分圧＝モル分率×全圧 だから

$$SO_2\text{の分圧} = \frac{SO_2\text{の物質量}}{\text{すべての物質量}} \times \text{全圧}$$

$$= \frac{4.0-2x}{(4.0-2x)+(2.0-x)+(2x)} \times \text{全圧}$$

O_2の分圧，SO_3の分圧も同様に計算して圧平衡定数の式に代入する

ここまでやったら 別冊 P. 106 へ

14-5 ルシャトリエの原理

ココをおさえよう！

天使と悪魔，どっちがより一生懸命にはたらくか？ を考える。

可逆的な化学反応が平衡状態にあるとき，
天使と悪魔によって化合物が生成・分解される速度は，等しくなっています。

しかし，化合物の「濃度」，「圧力」，「温度」などの条件を変化させると，
今までの平衡状態とは違った状態で，平衡に達するようになります。

では，これらの変化に対し，平衡状態はどちらの方向に移動するのでしょう？
つまり，天使と悪魔のどちらがよりはたらくようになるでしょう？

それについての原理が，**ルシャトリエの原理**です。

ルシャトリエの原理
『化学反応が平衡状態にあるとき，**濃度・圧力・温度などの条件を変化させると，その変化をやわらげる方向に反応が進み，新しい平衡状態になる。**』

再び，$N_2 + 3H_2 \rightleftarrows 2NH_3$ が平衡状態にある場合を想定して，
考えていきましょう。

① 濃度を変化させると

例えば**N_2濃度を増加させると**，
天使の側にたくさんの反応物N_2がくることになります。
そうすると，天使はそれを生成物に変えようと，必死になります。
そうして，平衡状態になります。つまり，**平衡は右に移動**するのです。

逆に，**N_2濃度を減少させると**，NH_3に比べて，N_2が少ないので，悪魔が頑張ります。
よって，**平衡は左に移動**します。

これは，平衡定数の式を用いて考えたときも同じ結論にいたりましたね。
P.348をもう一度見直してみてください。

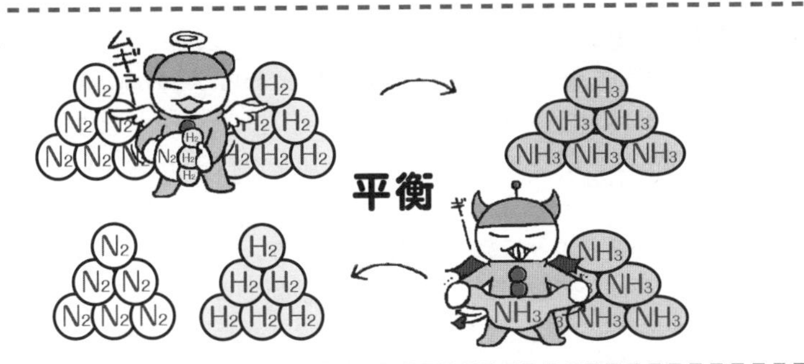

「濃度」,「圧力」,「温度」を変化

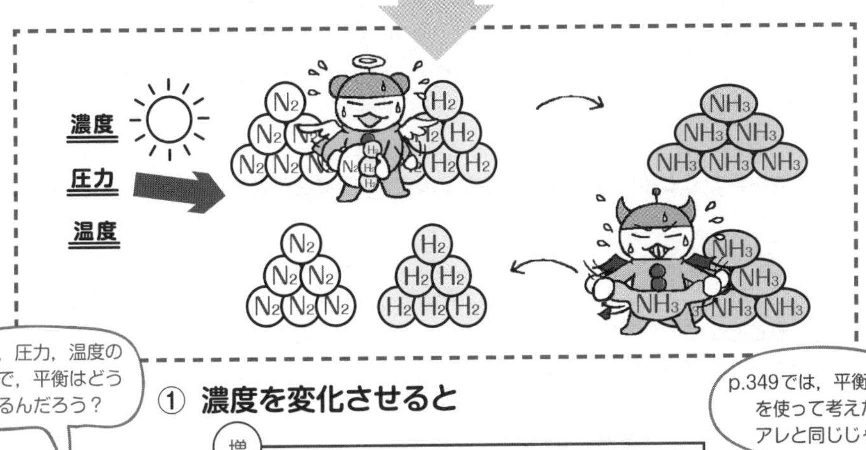

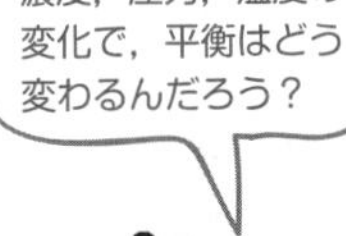

濃度,圧力,温度の変化で,平衡はどう変わるんだろう?

① 濃度を変化させると

p.349では,平衡定数を使って考えたアレと同じじゃ

増

$$N_2 + 3H_2 \rightleftarrows 2NH_3$$

平衡は右へ移動する

増

$$\rightarrow N_2 + 3H_2 \rightleftarrows 2NH_3$$

減

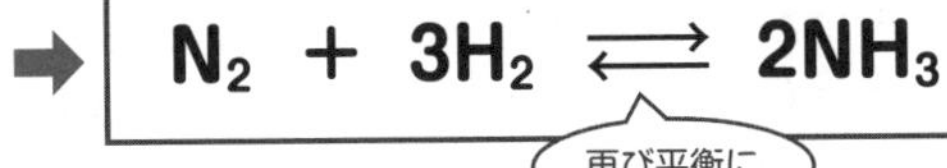

$$\rightarrow N_2 + 3H_2 \rightleftarrows 2NH_3$$

再び平衡に

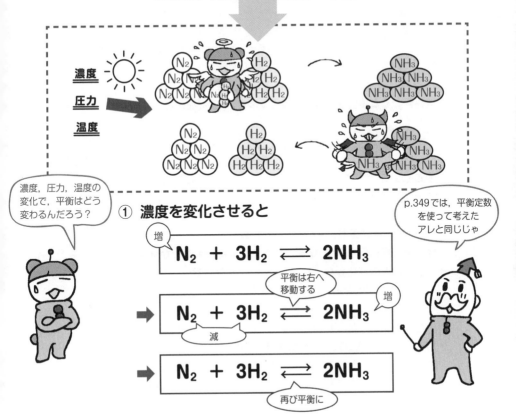

② 圧力を変化させると

気体の反応で圧力を大きくすると，圧力増加をやわらげる方向に反応は進みます。
$N_2 + 3H_2 \rightleftarrows 2NH_3$ という反応は，左辺の反応物が4分子なのに対し，
右辺の生成物が2分子であるため，圧力増加をやわらげる方向，つまり

左辺（4分子）$\longrightarrow$ 右辺（2分子）

の方向に反応が進むようになります。すなわち，平衡は右に移動します。
逆に，圧力を下げた場合には，平衡は左に移動します。

③ 温度を変化させると

与えられた反応は，$N_2 + 3H_2 \longrightarrow 2NH_3 \quad \Delta H = -92\text{kJ}$ということで，
発熱反応になっています。
もし温度を上げると，温度の上昇がやわらぐ方向に平衡が移動します。
平衡が右に移動すると，発熱してしまうので，その逆の左に平衡が移動します。
逆に，温度を下げると，平衡は右に移動します。
吸熱反応の場合は発熱反応の場合と逆の結果になります。
温度が変わると平衡定数の値も変化します。p.350を復習してみてくださいね。

④ Arを加えると

よく，Arを加えて，どちらに平衡が移動するかを答えさせる問題が出題されます。
ややこしいので，ここで $N_2 + 3H_2 \rightleftarrows 2NH_3$ の反応に
Arを加えた場合について解説します。

- **「全圧を一定に保ち，Arを加える」場合**
  全圧を一定に保ちつつArを加えれば，体積が大きくなります。
  すると，温度変化がなければPV＝(一定) なので
  N_2，H_2，NH_3の分圧が下がることになります。
  つまり，この問題をいい換えると，「圧力を下げたとき」となるので，
  圧力の上がる方向に平衡は移動します。すなわち，**平衡は左に移動する**のです。
- **「体積を一定に保ち，Arを加える」場合**
  体積一定のところにArを加えるので，Arの分だけ圧力が高くなります。
  しかし，N_2，H_2，NH_3の分圧は変わらないので，**平衡は移動しません！**
  分圧は，各航空会社の飛行機だけが飛んでいると考えたときの圧力なので，
  体積が一定の容器内にAr航空が新たに飛び始めても，
  N_2，H_2，NH_3の分圧は変わらない，ということです。

② 圧力を変化させると

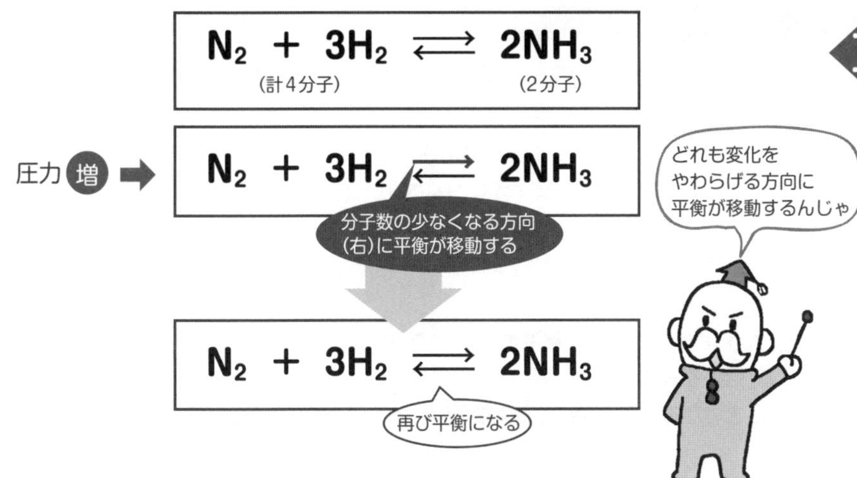
$N_2 + 3H_2 \rightleftarrows 2NH_3$
(計4分子)
(2分子)
圧力 増
分子数の少なくなる方向
(右)に平衡が移動する
再び平衡になる
どれも変化を
やわらげる方向に
平衡が移動するんじゃ

③ 温度を変化させると

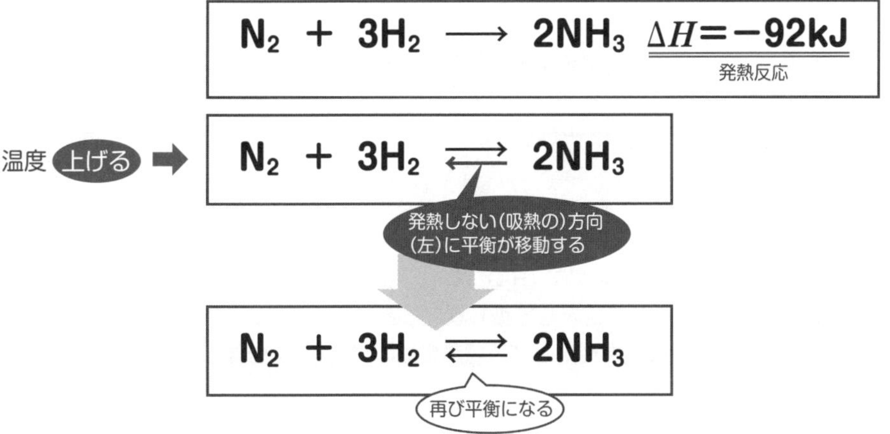
$N_2 + 3H_2 \longrightarrow 2NH_3 \quad \Delta H = -92kJ$
発熱反応
温度 上げる
発熱しない(吸熱の)方向
(左)に平衡が移動する
再び平衡になる

④ Arを加えると

・「全圧を一定に保つとき」➡ 各分子の分圧が下がる。

➡ **圧力(分子数)の上がる(増える)方向(左)に移動。**

・「体積を一定に保つとき」➡ 各分子の分圧は変わらない。

➡ **平衡は移動しない。**

ここまでやったら 別冊 P. 110へ

14-6 電離平衡と電離定数

ココをおさえよう！

酸や塩基が電離するときも，平衡状態は存在する。

酢酸CH_3COOHを水に溶かすと酢酸分子の一部が電離して，
酢酸イオンCH_3COO^-と水素イオンH^+に分かれ，次のような平衡状態に達します。

$$CH_3COOH \rightleftarrows CH_3COO^- + H^+$$

このような化学平衡を**電離平衡**といいます。
そして電離平衡も，平衡定数の式が成り立つときに，平衡になっているのです。
このときの平衡定数を特に，**電離定数**といい，一定温度において1つに決まる値です。

$$\frac{[CH_3COO^-][H^+]}{[CH_3COOH]} = K_a$$

同じく，アンモニア水などの塩基の電離平衡も，平衡定数の式が成り立ちます。

$$NH_3 + H_2O \rightleftarrows NH_4^+ + OH^-$$

$$\frac{[NH_4^+][OH^-]}{[NH_3][H_2O]} = K$$

ただし，この反応前後において$[H_2O]$はほとんど変化しないので，一定とみなします。
（$[H_2O]$ はこのように一定として扱われることが多いので覚えておきましょう）
つまり，次のように式を変形して，電離定数の式としています。

$$\frac{[NH_4^+][OH^-]}{[NH_3]} = K[H_2O] \Longleftrightarrow \frac{[NH_4^+][OH^-]}{[NH_3]} = K_b$$

補足 K_aのaはacid（酸），K_bのbはbase（塩基）を意味しています。

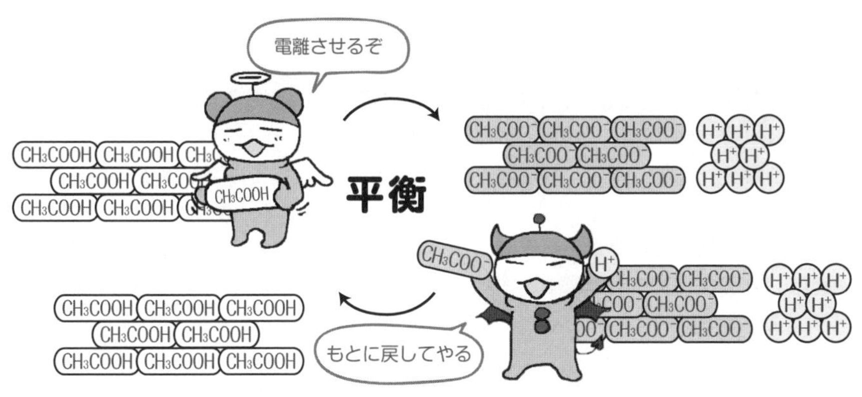

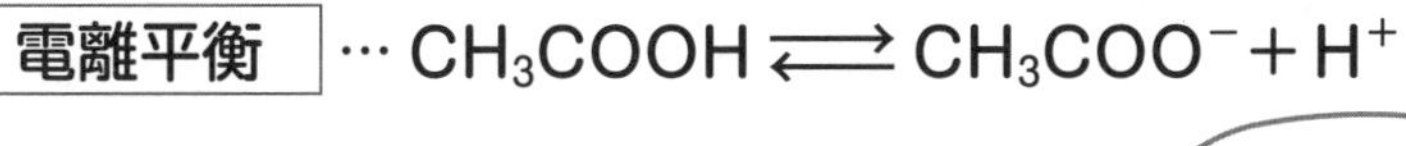

電離平衡 … $CH_3COOH \rightleftarrows CH_3COO^- + H^+$

電離定数 … $\dfrac{[CH_3COO^-][H^+]}{[CH_3COOH]} = K_a$

他にも……

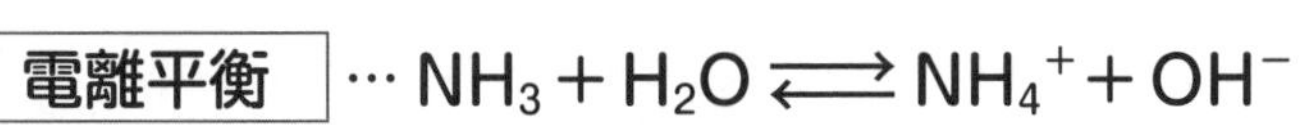

電離平衡 … $NH_3 + H_2O \rightleftarrows NH_4^+ + OH^-$

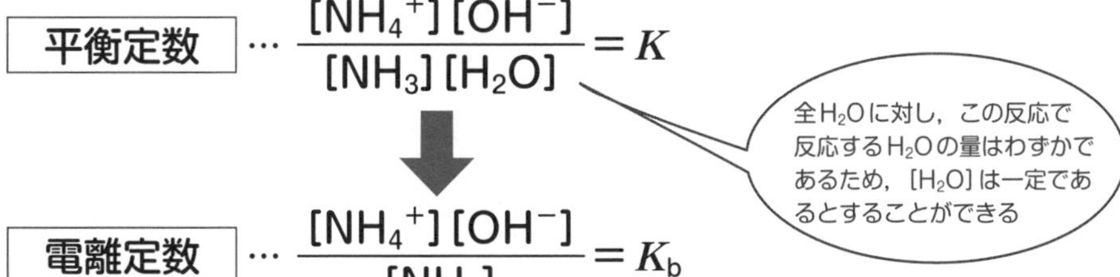

平衡定数 … $\dfrac{[NH_4^+][OH^-]}{[NH_3][H_2O]} = K$

電離定数 … $\dfrac{[NH_4^+][OH^-]}{[NH_3]} = K_b$

全H_2Oに対し，この反応で
反応するH_2Oの量はわずかで
あるため，$[H_2O]$は一定であ
るとすることができる

酸や塩基のように水に溶けて電離するものを**電解質**というのですが，
「水に溶かした全電解質のうち，どれだけが電離したか」
という割合を表したものが，**電離度**αです（p.130を見返してみましょう）。

電離度は，電離定数に関するバランスシートを作るときにとても役に立ちます。
例えば，酢酸CH_3COOHの電離について，バランスシートを作ってみましょう。
バランスシートはやはり，3ステップで作ることができます。

c〔mol/L〕の酢酸水溶液の電離度をαとして，さっそく作っていきましょう。

ステップ①：「反応前」を書く。

反応前は，CH_3COOHがc〔mol/L〕あります。

ステップ②：「変化」を書く。

c〔mol/L〕のCH_3COOHが，αの割合で電離をします。
ということは，$c\times\alpha$〔mol/L〕のCH_3COOHが電離をする（そして，CH_3COO^-とH^+になった）ということです。つまり，右ページのようになります。

ステップ③：「反応後」を書く。そして，電離定数の式に代入する。

反応後を電離定数の式に代入します。すると，分母に$1-\alpha$が出てきます。
ここで，αは酢酸の電離度でしたが，
酢酸は弱酸で，電離度は小さいことが知られています。
どれくらい小さいかというと，$1-\alpha \fallingdotseq 1$としてしまっていいくらい，小さいのです。
つまり，0.999で割るのと1で割るのは，ほとんど同じだから，1とみなしてしまおう，ということです。
これを利用すると，酸の電離定数は

$$K_a = c\alpha^2 \left(\text{つまり}\ \alpha = \sqrt{\frac{K_a}{c}}\right) \qquad [H^+] = c\alpha = \sqrt{cK_a}$$

となります。

これで$[H^+]$が求まったので，$pH = -\log_{10}[H^+]$を使って，
酸のpHを求めることもできますね。

14

ステップ① 「反応前」を書く。

	CH_3COOH	$\rightleftarrows$	CH_3COO^-	+	H^+	
反応前	c		0		0	〔mol/L〕

ステップ② 「変化」を書く。

	CH_3COOH	$\rightleftarrows$	CH_3COO^-	+	H^+	
反応前	c		0		0	〔mol/L〕
変化	$-c\alpha$		$+c\alpha$		$+c\alpha$	〔mol/L〕

c〔mol/L〕のうち，αの割合で電離するから$-c\alpha$

生じるCH_3COO^-，H^+は$c\alpha$になる

ステップ③ 「反応後」を書く。

	CH_3COOH	$\rightleftarrows$	CH_3COO^-	+	H^+	
反応前	c		0		0	〔mol/L〕
変化	$-c\alpha$		$+c\alpha$		$+c\alpha$	〔mol/L〕
反応後	$c(1-\alpha)$		$c\alpha$		$c\alpha$	〔mol/L〕

1－αは，ほとんど1だから，1と考えてよいんじゃ

$$K_a=\frac{[CH_3COO^-][H^+]}{[CH_3COOH]}=\frac{c\alpha\times c\alpha}{c(1-\alpha)}$$

$1-\alpha \fallingdotseq 1$

$$\fallingdotseq\frac{c^2\alpha^2}{c}$$

よって　$K_a=c\alpha^2$

$K_a = c\alpha^2$ ➡ $\alpha=\sqrt{\frac{K_a}{c}}$　よって　$[H^+]=c\alpha=\sqrt{cK_a}$

（$pH=-\log_{10}[H^+]$より，pHも求められる。くわしくは別冊の確認問題で）

ここまでやったら
別冊 P. 111 へ

14-7 緩衝液

ココをおさえよう！

酸を加えても塩基を加えても，pHの変化が小さい緩衝液（かんしょう）！

多くの溶液は，酸や塩基を少量でも加えるとpHが大きく変わってしまいます。
それは，加えられた酸や塩基が，ほとんどすべて電離してしまうからです。

しかし，**緩衝液**と呼ばれる溶液は，酸や塩基が加えられても
pHがほぼ一定に保たれます（この作用を**緩衝作用**といいます）。

では，どのような溶液が緩衝液なのでしょうか？　それは一般に

- **弱酸とその塩**（CH_3COOH と CH_3COONa など）
- **弱塩基とその塩**（NH_3 と NH_4Cl など）

を含む水溶液です。これらの溶液が緩衝液としてはたらくのは，
加えられた酸や塩基を無効にしてしまうしくみができているからです。

酢酸 CH_3COOH（弱酸）と酢酸ナトリウム CH_3COONa（弱酸の塩）を混合させて作った
緩衝液を例にとり，解説しましょう。
溶液中では，それぞれ次のような電離が起きています。

CH_3COOH（大量）$\rightleftarrows$ CH_3COO^-（少量）＋ H^+（少量）
【CH_3COOH は弱酸なので，電離度が小さく，多くがそのまま残っている。】

CH_3COONa（ほぼなし）$\rightleftarrows$ CH_3COO^-（大量）＋ Na^+（大量）
【CH_3COONa はイオン結晶なので，溶液中ではほとんどが電離してしまっている。】

つまり，この緩衝液中には**CH_3COOH と CH_3COO^- が大量に存在している**のです。
CH_3COOH と CH_3COO^- の両方が存在することにより，
酸 H^+ が加えられても塩基 OH^- が加えられても，pHはほとんど変化しないのです。

酸 H^+ や塩基 OH^- が加えられた場合の反応については，p.368で見ていきましょう。

緩衝液の例

- 弱酸とその塩（CH_3COOHとCH_3COONaなど）
- 弱塩基とその塩（NH_3とNH_4Clなど）

緩衝液の中身について（CH_3COOHとCH_3COONaが混合した緩衝液の場合）

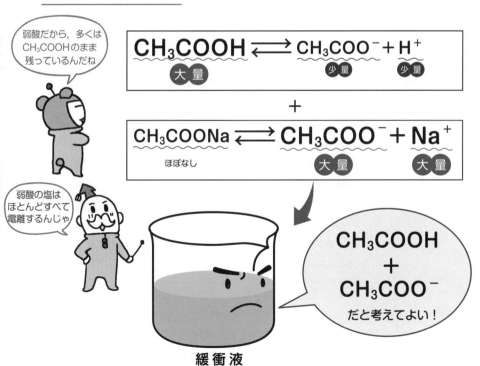

弱酸だから，多くはCH_3COOHのまま残っているんだね

$$CH_3COOH \rightleftarrows CH_3COO^- + H^+$$

CH_3COOH：大量　CH_3COO^-：少量　H^+：少量

＋

$$CH_3COONa \rightleftarrows CH_3COO^- + Na^+$$

CH_3COONa：ほぼなし　CH_3COO^-：大量　Na^+：大量

弱酸の塩はほとんどすべて電離するんじゃ

CH_3COOH ＋ CH_3COO^- だと考えてよい！

緩衝液

酸H^+が加えられた場合には，CH_3COO^-の出番です。

$$CH_3COO^- + H^+ \longrightarrow CH_3COOH$$

という反応が進むことで，H^+はなくなり，pHは変化しません。

一方，塩基OH^-が加えられた場合には，CH_3COOHの出番です。

$$CH_3COOH + OH^- \longrightarrow CH_3COO^- + H_2O$$

という反応が起こり，こちらの場合もOH^-がなくなり，pHは変化しません。

これが，緩衝液のpHが変わりにくいしくみなのです。

では，緩衝液でよく出題される問題に取り組んでみましょう。
緩衝液のpHを問う問題が頻出ですが，
解答のように2ステップで求めることができます。

問 酢酸と酢酸ナトリウムの水溶液があり，酢酸の濃度も酢酸ナトリウムの濃度も0.10 mol/Lであった。酢酸の電離定数を2.8×10^{-5}mol/Lとし，この混合水溶液のpHを求めよ。ただし，$\log_{10} 2.8 = 0.4$とする。

解きかた

ステップ①：まずは，酢酸の電離定数が与えられているので，酢酸の電離平衡の式を書きます。

$CH_3COOH \rightleftarrows CH_3COO^- + H^+$　なので

$$\frac{[CH_3COO^-][H^+]}{[CH_3COOH]} = K_a$$

ステップ②：ここに，条件で与えられたものを書き出し，代入します。

酢酸はCH_3COOHのまま，ほぼ電離しません。

酢酸ナトリウムは，$CH_3COONa \longrightarrow CH_3COO^- + Na^+$にほぼ電離しますから

$$[CH_3COOH] = [CH_3COO^-] = 0.10\text{mol/L}$$

$K_a = 2.8 \times 10^{-5}$mol/Lなので，代入すると

$$\frac{0.10 \times [H^+]}{0.10} = 2.8 \times 10^{-5}$$

$$[H^+] = 2.8 \times 10^{-5} \text{〔mol/L〕}$$

よって　$pH = -\log_{10}[H^+] = -\log_{10}(2.8 \times 10^{-5})$

$$= 5 - \log_{10} 2.8 = 5 - 0.4 = \underline{\underline{4.6}}$$ …答

・もし，酸 H^+ が加えられたら…

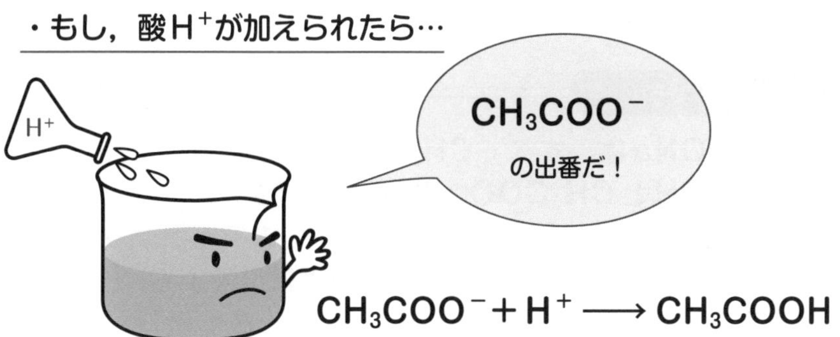

$$CH_3COO^- + H^+ \longrightarrow CH_3COOH$$

・もし，塩基 OH^- が加えられたら…

OH⁻

CH_3COOH
の出番だ！

$$CH_3COOH + OH^- \longrightarrow CH_3COO^- + H_2O$$

例題

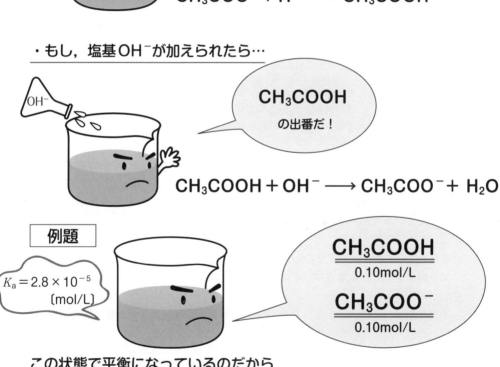

$K_a = 2.8 \times 10^{-5}$ 〔mol/L〕

CH_3COOH
0.10mol/L
CH_3COO^-
0.10mol/L

この状態で平衡になっているのだから

$$\frac{[CH_3COO^-][H^+]}{[CH_3COOH]} = K_a$$

に代入すれば $[H^+]$ がわかる！ **pH ＝ 4.6** …答

ここまでやったら
別冊 P. 112 へ

14-8 中途半端な中和反応でできる緩衝液

ココをおさえよう！

- **CH_3COONaは，すべてCH_3COO^-になる。**
- **CH_3COOHとCH_3COO^-が存在する場合，「$CH_3COOH \rightleftarrows CH_3COO^- + H^+$」の平衡が成り立っている（この平衡に関する電離定数の式に代入する）。**

14-8と14-9はちょっと難易度が高い内容です。
文字式だけを見ているとなにをやっているのかわからなくなりますので，具体的な数値を使いながら見ていきましょう。

〈問〉 0.10mol/Lの酢酸水溶液10mLに，0.10mol/Lの水酸化ナトリウム水溶液7.0mLを加えた。この水溶液のpHを小数第1位まで求めよ。ただし，酢酸の電離定数は$K_a=2.8 \times 10^{-5}$mol/Lとし，$\log_{10}1.2=0.079$とする。

まず問題を見たときに気づかなければならないことは「0.10mol/Lの酢酸水溶液が10mLあったとしたら，それを完全に中和させるには0.10mol/Lの水酸化ナトリウム水溶液は10mL必要なはずだ」ということです。しかし，今回は7.0mLしか加えていません。

これを“中途半端な中和反応”と呼ぶことにしましょう。このような中途半端な中和反応をすると，水溶液中はどのような状態になっているのでしょうか？

それを知るためには，まず，**ステップ①：中和のバランスシートを書きます。**（右ページ）
中和なので単位はmolで考えますよ。

このように，CH_3COOHが3.0×10^{-4}mol，CH_3COONaが7.0×10^{-4}mol存在している，ということがわかりました。
これは緩衝液ができているということですね。

p.368では，CH_3COOHとCH_3COONaを混同した水溶液をテーマに緩衝液を扱いましたが，このように中途半端な中和を行っても，緩衝液ができあがるのです。

中途半端な中和反応の考えかた

- CH_3COONa は，すべて電離して CH_3COO^- になる。
- $CH_3COOH \rightleftarrows CH_3COO^- + H^+$ の電離定数の式を用いる。

問 0.10mol/L の酢酸水溶液 10mL に，0.10mol/L の水酸化ナトリウム水溶液 7.0mL を加えた水溶液の pH は？
（酢酸の電離定数は $K_a = 2.8 \times 10^{-5}$mol/L とする）

ステップ① 中和のバランスシートを書く（単位は mol）。

$$CH_3COOH + NaOH \rightleftarrows CH_3COONa + H_2O$$

	CH_3COOH	NaOH	CH_3COONa	H_2O	
反応前	1.0×10^{-3}	7.0×10^{-4}	0	—	〔mol〕
変化	-7.0×10^{-4}	-7.0×10^{-4}	$+7.0\times10^{-4}$	—	〔mol〕
反応後	3.0×10^{-4}	0	7.0×10^{-4}	—	〔mol〕

CH₃COOH と CH₃COONa が含まれているから緩衝液じゃ
中途半端に中和すると緩衝液ができることもあるんだね

続いて，**ステップ②：平衡のバランスシートを書きましょう。**（右ページ）
CH_3COONaというのはCH_3COO^-にほとんど変化する」ので（p.366），
CH_3COONaが出てきたら，すべてCH_3COO^-のことだと考えてください。
そして，CH_3COOHとCH_3COO^-が含まれているときは，
「$CH_3COOH \rightleftarrows CH_3COO^- + H^+$」の平衡を考えます。

反応前はH^+がないので，CH_3COOHがx〔mol〕だけ電離してH^+が生成されます。

そして，**ステップ③：単位をモル濃度に直して平衡のバランスシートを書きます。**
（右ページ）
CH_3COOH水溶液10mLと，NaOH水溶液7.0mLなので，水溶液の体積は17mL＝0.017Lとして，単位をモル濃度に直します。

CH_3COOHはほぼ電離しないのでxはとても微量です。
そのため，$3.0 \times 10^{-4} - x$の$-x$と，$7.0 \times 10^{-4} + x$の$+x$は無視します。

あとは，これを**ステップ④：電離定数の式に代入しましょう。**（右ページ）
計算がややこしいですが，頑張ってくださいね。
計算より$x = 2.04 \times 10^{-7}$〔mol〕となるのでH^+は2.04×10^{-7}〔mol〕水溶液中に存在するということです。
$[H^+]$はモル濃度なので，17mL＝0.017Lで割りましょう。

$$[H^+] = 2.04 \times 10^{-7} \div 0.017 = 1.2 \times 10^{-5} \text{mol/L}$$

$pH = -\log_{10}[H^+]$で，問題文より$\log_{10}1.2 = 0.068$とされているので

$$pH = -\log_{10}[H^+] = -\log_{10}(1.2 \times 10^{-5}) = 5 - \log_{10}1.2$$
$$= 4.921 \fallingdotseq \underline{\underline{\mathbf{4.9}}} \cdots \text{答}$$

ステップ② 平衡のバランスシートを書く（単位は mol）。

- CH_3COONa はすべて CH_3COO^- として存在する。
- CH_3COOH は，すごく微量な x〔mol〕だけ電離する。

	CH_3COOH	$\rightleftarrows$	CH_3COO^-	+	H^+	
反応前	3.0×10^{-4}		7.0×10^{-4}		0	〔mol〕
変化	$-x$		$+x$		$+x$	〔mol〕
反応後	$3.0\times10^{-4}-x$		$7.0\times10^{-4}+x$		x	〔mol〕

ステップ③ 平衡のバランスシートの単位をモル濃度に直す。

- 水溶液は酢酸水溶液 10mL，水酸化ナトリウム水溶液 7.0mL で 17mL（0.017L）。
- x はとても微量のため，$-x$ や $+x$ は無視する。

	CH_3COOH	$\rightleftarrows$	CH_3COO^-	+	H^+	
反応後	$\dfrac{3.0\times10^{-4}}{0.017}$		$\dfrac{7.0\times10^{-4}}{0.017}$		$\dfrac{x}{0.017}$	〔mol/L〕

ステップ④ 電離定数の式に代入する。

$$\frac{[CH_3COO^-][H^+]}{[CH_3COOH]}=\frac{\dfrac{7.0\times10^{-4}}{0.017}\times\dfrac{x}{0.017}}{\dfrac{3.0\times10^{-4}}{0.017}}=\underbrace{2.8\times10^{-5}}_{K_a}$$

$$\frac{7}{3}x=2.8\times10^{-5}\times0.017$$

$$x=2.04\times10^{-7}\text{〔mol〕}$$

$$[H^+]=\frac{2.04\times10^{-7}}{0.017}=1.2\times10^{-5}\text{〔mol/L〕}$$

$$pH=-\log_{10}[H^+]=5-\underbrace{\log_{10}1.2}_{\text{問題文より }0.079}$$

$$\fallingdotseq \underline{\underline{4.9}}$$ …答

さて，前ページではひとつひとつ，ていねいにpHの計算をしました。

理解しながら計算していくことが大事なので，先ほどの方法を身につけることが第一です。
ただし，他の問題集では次のように$[H^+]$を求めていることもあります。
電離定数の式 $\dfrac{[CH_3COO^-][H^+]}{[CH_3COOH]}=K_a$ は覚えなければいけないですが，この式を変形をすれば

$$[H^+]=\frac{[CH_3COOH]}{[CH_3COO^-]}K_a$$

となります。

もし反応後の$[CH_3COOH]$，$[CH_3COO^-]$，K_aがわかっていれば，この式に値を代入して$[H^+]$を求めることができるのです。

上記を理解したうえで，計算のときに $[H^+]=\dfrac{[CH_3COOH]}{[CH_3COO^-]}K_a$の式を使うとラクができます。
緩衝液では，この公式が使えることを覚えておきましょうね。

$CH_3COOH \rightleftarrows CH_3COO^- + H^+$ において

$$\frac{[CH_3COO^-][H^+]}{[CH_3COOH]} = K_a$$ を式変形すると

$$[H^+] = \frac{[CH_3COOH]}{[CH_3COO^-]} K_a$$

平衡後の$[CH_3COOH]$,
$[CH_3COO^-]$, K_a が
わかっていたら, この式に
代入すれば$[H^+]$が
求まるな

14

p.368 の〈問〉では…

$$[H^+] = \frac{[CH_3COOH]}{[CH_3COO^-]} K_a = \frac{0.10}{0.10} \times 2.8 \times 10^{-5} = 2.8 \times 10^{-5} \text{〔mol/L〕}$$

p.372 のステップ④では…

$$[H^+] = \frac{[CH_3COOH]}{[CH_3COO^-]} K_a = \frac{\frac{3.0 \times 10^{-4}}{0.017}}{\frac{7.0 \times 10^{-4}}{0.017}} \times 2.8 \times 10^{-5} = \frac{3}{7} \times 2.8 \times 10^{-5} = 1.2 \times 10^{-5} \text{〔mol/L〕}$$

計算の回数が
減っていいね！

丸暗記するのでなく
電離定数の式を式変形
するとよいぞい

ここまでやったら
別冊 P. 113 へ

14-9 塩の水溶液のpHの求めかた

ココをおさえよう！

- CH_3COO^-だけが水中に存在する場合，「$CH_3COO^- + H_2O \rightleftarrows CH_3COOH + OH^-$」という平衡が成り立つ。
- 「$CH_3COO^- + H_2O \rightleftarrows CH_3COOH + OH^-$」の平衡定数は，酢酸の電離定数と水のイオン積を使って導き出す。

14-8では“不完全な中和反応”が題材でしたが，ここでは“完全な中和反応”によって生成された塩の水溶液のpHの求めかたについて勉強しましょう。
化学平衡の最難関テーマですので，頑張ってついてきてくださいね。

p.136で，弱酸＋強塩基の中和でできた正塩が溶けている水溶液は，塩基性になるという話をしましたね（中和反応が終わったあとは，塩の水溶液になっています）。
酢酸と水酸化ナトリウムのような「弱酸・強塩基の中和反応」では中和反応後，塩基性になりますが，どれくらいのpHになるのでしょうか？　4ステップで解いていきます。

問　0.40mol/Lの酢酸水溶液100mLと0.40mol/Lの水酸化ナトリウム水溶液100mLを反応させたあとの水溶液のpHを求めよ。ただし，酢酸の電離定数を$K_a = 2.0 \times 10^{-5}$mol/L，水のイオン積を $[H^+][OH^-] = 1.0 \times 10^{-14} (mol/L)^2$　とする。

ステップ①：中和反応のバランスシートを作りましょう。（右ページ）
中和反応なので単位はmolにしています。
CH_3COOHは完全に反応しているので，この水溶液は緩衝液ではありません。
CH_3COONaの水溶液になっています。

さて，「**CH_3COONaは，水中ではすべてCH_3COO^-になる**」ので，
CH_3COO^-が4.0×10^{-2}mol存在しているということになります。

では，次のステップへ進みましょう。

14

覚えて
おるかのぅ？

正塩の水溶液の性質(p.136)のおさらい

弱酸

弱酸＋強塩基でできる正塩 →水溶液は塩基性

〈問〉 0.40mol/Lの酢酸水溶液100mLと，0.40mol/Lの水酸化ナトリウム水溶液100mLを反応させた水溶液のpHは？

（酢酸の電離定数は$K_a = 2.0 \times 10^{-5}$ mol/L,
水のイオン積は $[H^+][OH^-] = 1.0 \times 10^{-14} (mol/L)^2$とする。）

ステップ① 中和のバランスシートを書く（単位は mol）。

	CH_3COOH ＋	$NaOH$ $\rightleftarrows$	CH_3COONa ＋	H_2O	
反応前	4.0×10^{-2}	4.0×10^{-2}	0	―	〔mol〕
変化	-4.0×10^{-2}	-4.0×10^{-2}	$+4.0 \times 10^{-2}$	―	〔mol〕
反応後	0	0	4.0×10^{-2}	―	〔mol〕

ここまでの手順は
p.371 と同じじゃよ
CH3COONa は
ぜんぶ CH3COO⁻に
なるんだったよね！

ステップ②：CH_3COO^-とH_2Oの反応式の平衡のバランスシートを作ります。
（右ページ）
これまで，酢酸の平衡といったら次のようなものを考えていました。

$$CH_3COOH \rightleftarrows CH_3COO^- + H^+$$

しかし今は「CH_3COO^-が水の中に存在している」ので，次のような平衡となります。

$$\mathbf{CH_3COO^- + H_2O \rightleftarrows CH_3COOH + OH^-}$$

この平衡の式を作ることができるかが，この問題のポイントです。
この反応は，塩CH_3COONaに水を加えて分解しているので，これを**塩の加水分解**といいます。

水H_2Oがx〔mol〕だけ電離していると考え，バランスシートを作りましょう。

ステップ③：単位をモル濃度に直して平衡のバランスシートを書きます。（右ページ）
CH_3COOH水溶液100mLと，NaOH水溶液100mLなので，水溶液の体積は200mL＝0.20Lとして，モル濃度に直します。

ここで水H_2Oはほぼ電離せず，H^+とOH^-に分かれる量はとても微量です。
x〔mol〕はとても微量と考えられるため$4.0 \times 10^{-2} - x$の$-x$は無視します。

これを平衡定数の式に代入したいのですが，平衡定数の式が問題文では与えられていません。
次ページではこの平衡定数の式を，酢酸の電離定数K_aと水のイオン積$[H^+][OH^-] = 1.0 \times 10^{-14}$から導いていきます。

これを塩の加水分解と
いうぞい

ステップ② CH_3COO^-とH_2Oの反応の平衡式を立て，バランスシートを作る。

$$CH_3COO^- + H_2O \rightleftarrows CH_3COOH + OH^-$$

	CH_3COO^-	H_2O	CH_3COOH	OH^-	
反応前	4.0×10^{-2}	—	0	0	〔mol〕
変化	$-x$	—	$+x$	$+x$	〔mol〕
反応後	$4.0\times10^{-2}-x$	—	x	x	〔mol〕

（$H_2O \longrightarrow H^+ + OH^-$という反応はごくわずかしか起こらないので$x$はとても小さい値）

ステップ③ 平衡のバランスシートの単位をモル濃度に直す。

$$CH_3COO^- + H_2O \rightleftarrows CH_3COOH + OH^-$$

	CH_3COO^-	H_2O	CH_3COOH	OH^-	
反応後	$\dfrac{4.0\times10^{-2}}{0.20}$	—	$\dfrac{x}{0.20}$	$\dfrac{x}{0.20}$	〔mol/L〕

$-x$は無視

14-8と14-9は
ハイレベルな内容じゃから
大変じゃろう？
でも手順は
とてもよく似ているね

ステップ④：この式の平衡定数（加水分解定数K_h）を，酢酸の電離定数K_aと水のイオン積$[H^+][OH^-]=1.0\times10^{-14}(mol/L)^2$を用いて求めます。

$CH_3COO^- + H_2O \rightleftarrows CH_3COOH + OH^-$ の反応を塩の加水分解といいましたが，この式の平衡定数を加水分解定数といいK_hで表します。
つまりこういうことです。

$$\frac{[CH_3COOH][OH^-]}{[CH_3COO^-]}=K_h \quad \cdots\cdots(A)$$

p.362と同様，反応式の左辺にある$[H_2O]$は考えないということに注意しましょう。

問題を解くためにK_hの値を知りたいのですが，問題文で値が与えられていません。
そこで，酢酸の電離定数$K_a=2.0\times10^{-5}$mol/L，
水のイオン積$[H^+][OH^-]=1.0\times10^{-14}(mol/L)^2$を使います。
$CH_3COOH \rightleftarrows CH_3COO^- + H^+$ の電離定数がK_aですから

$$\frac{[CH_3COO^-][H^+]}{[CH_3COOH]}=K_a$$

これを**ひっくり返して逆数にすると，K_hに近づくな**と感じますね。

$$\frac{[CH_3COOH]}{[CH_3COO^-][H^+]}=\frac{1}{K_a}$$

この両辺に水のイオン積$[H^+][OH^-]$を掛けると，K_hと同じになりますね。

$$\frac{1}{K_a}\times[H^+][OH^-]=\frac{[CH_3COOH]}{[CH_3COO^-][H^+]}\times[H^+][OH^-]$$

$$=\frac{[CH_3COOH][OH^-]}{[CH_3COO^-]}=K_h$$

よって，K_hの値が$K_h=\frac{1}{K_a}\times[H^+][OH^-]=\frac{1.0\times10^{-14}}{2.0\times10^{-5}}=5.0\times10^{-10}$

とわかったので，p.379のバランスシートの値とKhを(A)式に代入して計算すると右ページのようになります。

xはOH^-の物質量なので，モル濃度$[OH^-]$を求めるのに200mL＝0.20Lで割ります。
$[OH^-]$を求められたら，水のイオン積$[H^+]$ $[OH^-]=1.0\times10^{-14}$ $(mol/L)^2$から，
$[H^+]$を求めましょう。

新しい知識と，紛らわしい式変形と，面倒な計算があったので，大変でしたね。
p.376～381は誰もが難しく感じるところです。あきらめずに理解してください。

ステップ④ この式の平衡定数(加水分解定数K_h)を酢酸の電離定数K_aと水のイオン積$[H^+][OH^-]=1.0\times10^{-14}(mol/L)^2$を用いて求める。

14

$$K_h=\frac{[CH_3COOH][OH^-]}{[CH_3COO^-]}\cdots\cdots(A)$$ ← 目指す形

$[H_2O]$は無視

目指す形に似ている

$$K_a=\frac{[CH_3COO^-][H^+]}{[CH_3COOH]}\ \text{より}\quad \frac{1}{K_a}=\frac{[CH_3COOH]}{[CH_3COO^-][H^+]}$$

$$\frac{1}{K_a}\times[H^+][OH^-]=\frac{[CH_3COOH]}{[CH_3COO^-]\cancel{[H^+]}}\times\cancel{[H^+]}[OH^-]$$

$$=\frac{[CH_3COOH][OH^-]}{[CH_3COO^-]}\ (=K_h)$$ ← ゴール

$$\frac{1.0\times10^{-14}}{2.0\times10^{-5}}=5.0\times10^{-10}=K_h$$

バランスシートの濃度とKhを(A)に代入。

$$\frac{\frac{x}{0.20}\times\frac{x}{0.20}}{\frac{4.0\times10^{-2}}{0.20}}=5.0\times10^{-10}$$

$x^2=4.0\times10^{-12}$ より　$x=2.0\times10^{-6}(x>0)$

$$[OH^-]=\frac{x}{0.20}=1.0\times10^{-5}\text{〔mol/L〕}$$

ゆえに$[H^+]=1.0\times10^{-9}$〔mol/L〕　pH=9 …答

14-9の最後に，文字式でp.376～381の内容を表すとどうなるかを説明しておきます。まず，水のイオン積 $[H^+][OH^-] = 1.0 \times 10^{-14}\ (mol/L)^2 = K_w$ と表すことを知っておいてください。

p.380より　$\dfrac{1}{K_a} \times [H^+][OH^-] = K_h$　ですから　$\dfrac{K_w}{K_a} = K_h$　……（＊）

続いて加水分解について。p.378で水 H_2O はほぼ電離しないという話をしました。
つまり塩の加水分解される度合いはとても小さいということです。
この塩が加水分解される度合いを**加水分解度**といい，h で表されることが多いです。
（酸の電離度 α と同じようなものと思ってください）

塩 CH_3COONa の水溶液の濃度（＝CH_3COO^- の濃度）を c〔mol/L〕，加水分解度を h とすると，右ページのようなバランスシートが作れます（p.365とよく似ていますね）。

これはp.379の x が ch に変わったものです。やっていることは同じで，文字での表しかたが変わっただけですよ。

p.380より　$\dfrac{1}{K_a} \times [H^+][OH^-] = K_h$　ですから，$\dfrac{K_w}{K_a} = K_h$ ですね。
バランスシートの値を代入すると $K_h = ch^2$ なので，

$$h = \sqrt{\frac{K_h}{c}} = \sqrt{\frac{K_w}{cK_a}}$$

となります。

ここから　$[OH^-] = ch = \sqrt{\dfrac{cK_w}{K_a}}$　……（＊＊）

$[H^+][OH^-] = K_w$ なので

$$[H^+] = \frac{K_w}{[OH^-]} = K_w\sqrt{\frac{K_a}{cK_w}} = \sqrt{\frac{K_aK_w}{c}} \quad \cdots\cdots (\ast\ast\ast)$$

p.379の値をこれにあてはめると，p.381の結果をすぐに求めることができます。
ただ，公式として文字だけを覚えようとすると，ワケがわからなくなります。
p.376～381までの計算の流れ，p.382・383の式の導出の流れを理解して，何をしているのか，ちゃんとわかるようになりましょうね。

水のイオン積$[H^+][OH^-]=1.0\times10^{-14}(mol/L)^2$を$K_w$と表すと

p.381より $K_h=\dfrac{K_w}{K_a}$ ……(∗)

CH_3COO^-の濃度をc〔mol/L〕，加水分解する割合をh($h\ll1$)としたとき，$[OH^-]$は？

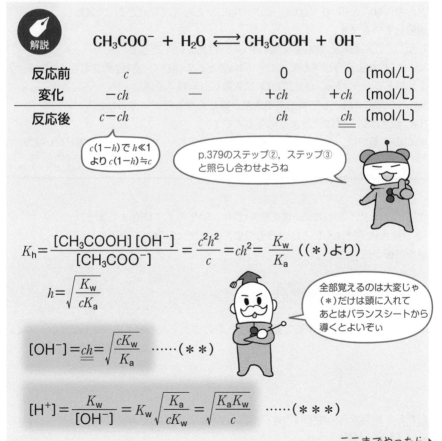

解説

$$CH_3COO^- + H_2O \rightleftarrows CH_3COOH + OH^-$$

	CH_3COO^-	H_2O	CH_3COOH	OH^-	
反応前	c	—	0	0	〔mol/L〕
変化	$-ch$	—	$+ch$	$+ch$	〔mol/L〕
反応後	$c-ch$		ch	ch	〔mol/L〕

$c(1-h)$で$h\ll1$より$c(1-h)\fallingdotseq c$

p.379のステップ②，ステップ③と照らし合わせようね

$$K_h=\frac{[CH_3COOH][OH^-]}{[CH_3COO^-]}=\frac{c^2h^2}{c}=ch^2=\frac{K_w}{K_a}\ ((∗)より)$$

$$h=\sqrt{\frac{K_w}{cK_a}}$$

全部覚えるのは大変じゃ
(∗)だけは頭に入れて
あとはバランスシートから
導くとよいぞぃ

$$[OH^-]=ch=\sqrt{\frac{cK_w}{K_a}}\ \cdots\cdots(∗∗)$$

$$[H^+]=\frac{K_w}{[OH^-]}=K_w\sqrt{\frac{K_a}{cK_w}}=\sqrt{\frac{K_aK_w}{c}}\ \cdots\cdots(∗∗∗)$$

ここまでやったら
別冊 p. 115へ

14-10 溶解度積とは？

ココをおさえよう！

溶液に溶け切らない固体の表面は，平衡状態になっている！

水に塩化ナトリウムNaClを溶かしていくとしましょう。
最初は，水に溶けて水溶液は透明になります。
しかし，ある量を溶かしたところを境に，NaClが溶け切らなくなりますよね。

これをミクロなレベルで観察してみると，まずはじめにNaClを水に溶かしたときは，水の中にNa^+とCl^-が少ないために，NaClがどんどんNa^+とCl^-に電離し，溶解していきます。
しかし，だんだんと溶液中にNa^+やCl^-が増えていくことで，Na^+とCl^-が出会う確率が高くなり，NaClとして存在する割合が増えていきます。
そしてとうとう，NaClがNa^+とCl^-に電離し，溶解する速度と，Na^+とCl^-がNaClとして析出する速度が等しくなる時点に達したとき，NaClは溶け切らずに残るようになるのです。
NaClの表面では，次のような平衡が成り立っており，これを**溶解平衡**といいます。

$$\mathrm{NaCl\,(固)} \rightleftarrows \mathrm{Na^+ + Cl^-}$$

さて，次は水に溶けにくい塩化銀AgClについて考えていきましょう。
AgClは水に溶けにくいとはいうものの，わずかに電離して溶けており，溶解平衡が成り立っています。

$$\mathrm{AgCl\,(固)} \rightleftarrows \mathrm{Ag^+ + Cl^-}$$

そしてこの溶解平衡の平衡定数の式は，例のごとく次のように表されます。

$$\frac{[\mathrm{Ag^+}][\mathrm{Cl^-}]}{[\mathrm{AgCl\,(固)}]} = K$$

ただし，飽和水溶液中では［AgCl（固）］は一定とみなしてよいので

$$[\mathrm{Ag^+}][\mathrm{Cl^-}] = K_{sp}$$

という式が成り立ちます。このK_{sp}を**溶解度積**といい，
温度が一定のときは１つの値に決まるのです。

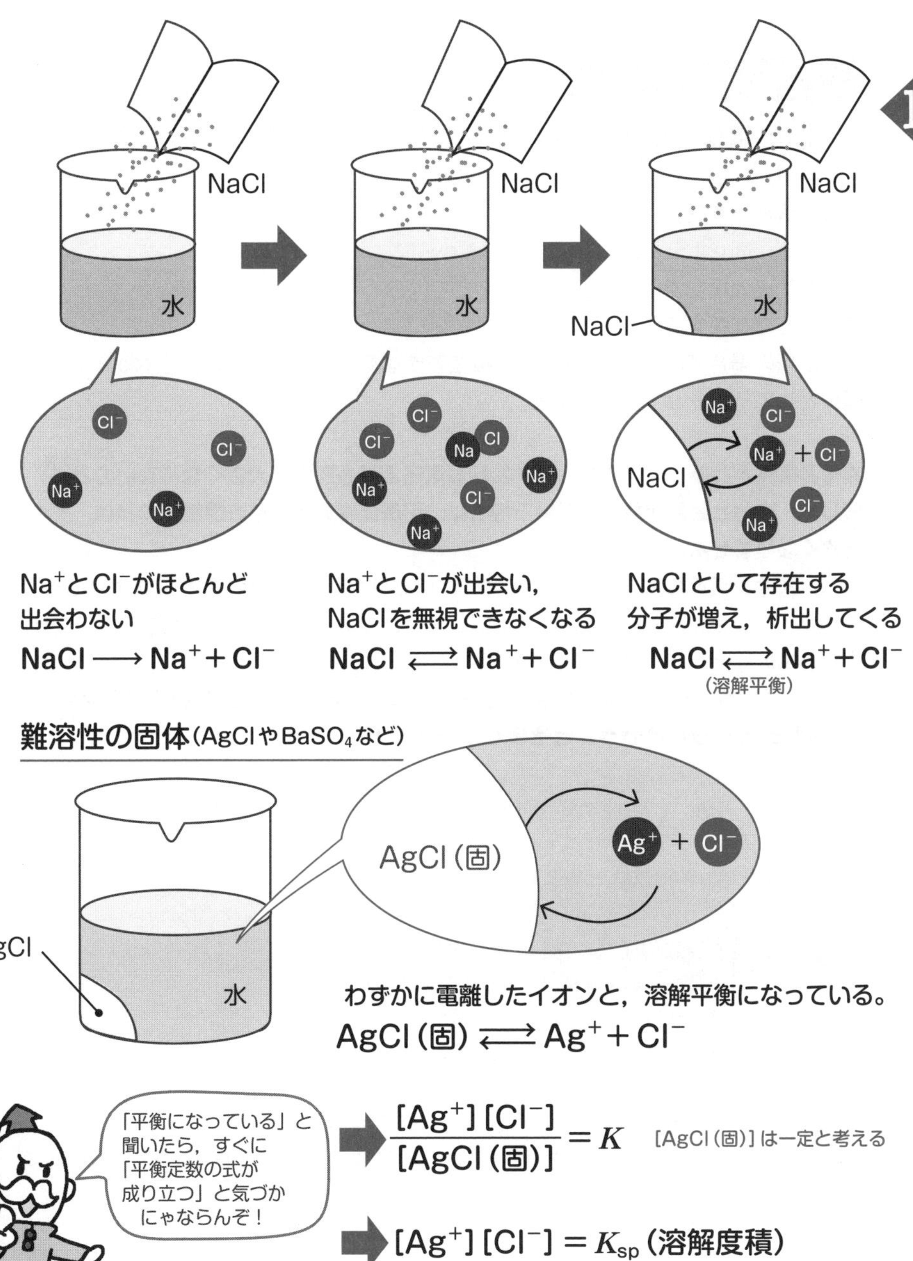
NaCl
水
NaCl
水
NaCl
水
NaCl
Cl⁻
Cl⁻
Na⁺
Na⁺
Cl⁻
Cl⁻
Na
Cl
Na⁺
Na⁺
Cl⁻
Na⁺
Na⁺
Cl⁻
NaCl
Na⁺ + Cl⁻
Cl⁻
Na⁺
Na⁺とCl⁻がほとんど
出会わない
NaCl ⟶ Na⁺ + Cl⁻
Na⁺とCl⁻が出会い，
NaClを無視できなくなる
NaCl ⇄ Na⁺ + Cl⁻
NaClとして存在する
分子が増え，析出してくる
NaCl ⇄ Na⁺ + Cl⁻
（溶解平衡）
難溶性の固体（AgClやBaSO₄など）
AgCl
水
AgCl（固）
Ag⁺ + Cl⁻
わずかに電離したイオンと，溶解平衡になっている。
AgCl（固）⇄ Ag⁺ + Cl⁻
「平衡になっている」と
聞いたら，すぐに
「平衡定数の式が
成り立つ」と気づか
にゃならんぞ！
[Ag⁺][Cl⁻] / [AgCl（固）] = K
[AgCl（固）]は一定と考える
[Ag⁺][Cl⁻] = Ksp（溶解度積）

14-11 溶解度積の計算

ココをおさえよう！

溶解度積は，沈殿が生じるか生じないかの指標にもなる！

溶解度積と飽和蒸気圧に関する考えかたや感覚は，すごく似ています。
なぜなら，同じような現象が起きているからです。
飽和蒸気圧の場合では，「空中に存在できなくなった，余分のH_2O（気）が
液体として存在する」のに対し，
溶解度積の場合では，「イオンとして存在できなくなった，余分のイオンが，
固体として析出」しているのです。

液体と気体が共存している場合に，飽和蒸気圧よりも圧力が大きくならないのと同じく，液体と固体が共存している場合は，溶解度積の値よりも溶解度の積は大きくなりません。
もし，イオン濃度の積（例えば $[Ag^+][Cl^-]$）を計算して，溶解度積（K_{sp}）よりもその値が大きくなったら，その大きくなってしまった分は，イオンとして存在できない分，すなわち固体として存在している分です。
つまり，「計算上イオン濃度の積が溶解度積より大きくなる」，ということは，「固体が析出する」ということを表しているのです。

問 Fe^{2+}とPb^{2+}をそれぞれ0.10mol/Lずつ含む水溶液がある。これに硫化水素を通じたとき，沈殿は生じるか？　ただし，硫化水素によって生じるS^{2-}は1.0×10^{-22}mol/Lであり，硫化物の溶解度積$(mol/L)^2$は，FeS：5.0×10^{-18}，PbS：3.6×10^{-28}とする。

解きかた 「沈殿が生じるか？」と聞かれたら，
とにかく溶解度積の計算をしてみましょう。
沈殿が生じるとしたらFeSかPbSなので，
それぞれについて溶解度積を計算します。

・FeSについて：$[Fe^{2+}][S^{2-}] = 0.10\times1.0\times10^{-22} = 1.0\times10^{-23}$
これは，FeSの溶解度積5.0×10^{-18}よりも小さいので，沈殿は生じていません。
・PbSについて：$[Pb^{2+}][S^{2-}] = 0.10\times1.0\times10^{-22} = 1.0\times10^{-23}$
これは，PbSの溶解度積3.6×10^{-28}よりも大きいですね。しかし，このようなことは起こりえないので，一部がPbSとして沈殿していることがわかります。

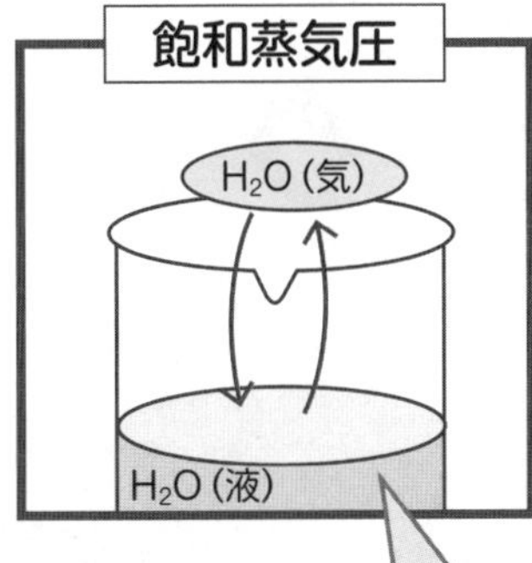

気体として存在できない分は，
液体として存在している。

なぜなら，
気体として存在できる数は
限られているから。

それを表したのが
飽和蒸気圧(曲線)

$PV = nRT$からPを計算して，
Pが飽和蒸気圧よりも
大きい場合，それは
液体の水が生じている
ことを表している。

飽和蒸気圧の圧力の
分しか気体として存在
できないんじゃ

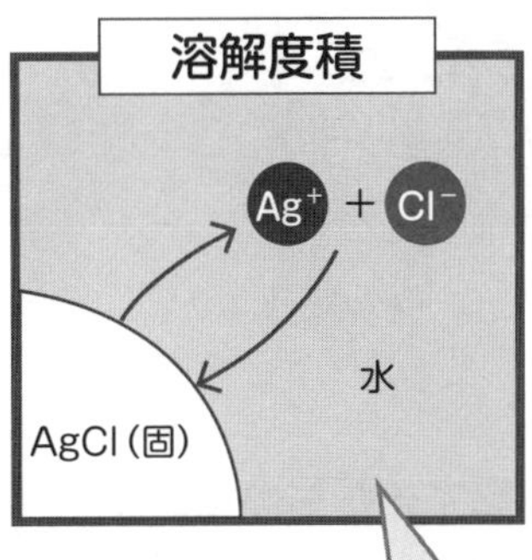

イオンとして存在できない分は，
固体として存在している。

なぜなら，
イオンとして存在できる数は
限られているから。

それを表したのが
溶解度積

イオン濃度の積を計算して，
(例えば $[Ag^+][Cl^-]$)
これが，溶解度積K_{sp}よりも
大きい場合，それは固体が
析出していることを表している。

イオンとして存在できる数が限られ
ているから，決められた数よりも
イオンが多いと，その分は固体に
ならざるをえないんだね

ここまでやったら
別冊 P. 117へ

理解できたものに，☑チェックをつけよう。

- [ ] 平衡状態とは，正反応と逆反応の速さが等しくなっている状態をいう。
- [ ] 可逆反応において，温度が決まると平衡定数の値も1つに決まる。
- [ ] 平衡定数が比較的大きいということは，平衡が生成物側に偏っており，平衡定数が比較的小さいということは，平衡が反応物側に偏っていることを意味している。
- [ ] 触媒は平衡定数には影響しない。
- [ ] 発熱反応の場合，温度が上がると平衡定数は小さくなる。
- [ ] 吸熱反応の場合，温度が上がると平衡定数は大きくなる。
- [ ] バランスシートの書きかたがわかる。
- [ ] 二酸化硫黄 SO_2 と酸素 O_2 の反応を例にとり，圧平衡定数の式を書くことができる。
- [ ] ルシャトリエの原理を用いて，平衡状態にある化学反応の濃度・圧力・温度を変えたとき，それぞれの変化に対して平衡がどちらに移動するかがわかる。
- [ ] 酢酸の電離を例にとり，電離定数の式を書くことができる。
- [ ] 緩衝液のpHが変化しにくい理由を説明できる。
- [ ] 緩衝液のpHを求めることができる。
- [ ] 塩の水溶液のpHを求めることができる。
- [ ] 溶解度積を用いて，固体が析出するかどうかが判断できる。

特別講義　有効数字について

【1】有効数字とは？

突然ですが，次の2つの数値の違いがわかりますか？

机に向かって受験勉強をしていると忘れてしまいがちですが，化学や物理，生物，地学といった科学という学問は実験を伴うものです。
ですので，数値というのは，実験を意識せねばなりません。
実験のときに寸分違わずに値がピッタリと計測されることは，まずありません。
5.1Lという数値は，5.05L ≦実験値＜5.15Lと計測されたと考えられますし，
5.10Lという数値は5.095L ≦実験値＜5.105Lと計測されたと考えられます。
つまり5.1Lと5.10Lでは同じ値を表しているようでも，正確さが異なるのです。

「最後の桁に誤差が含まれている」とした数値を**有効数字**といいます。
5.1Lは最後の「1」に誤差が含まれているので有効数字2桁，
5.10Lは最後の「0」に誤差が含まれているので有効数字3桁です。

と，しっかりと説明しましたが，問題文から読み取るときは与えられた数値の数字の数を読み取ればOKです。
「×10●」があるときは，その前の数値の数字の数を読み取りましょう。

例　0.250mol ⟶ 有効数字3桁　　1.5×10^5g ⟶ 有効数字2桁
120mL ⟶ 有効数字3桁　　1.2×10^{-4}L ⟶ 有効数字2桁

【2】有効数字の計算のきまり

続いて，問題に答えるときの，有効数字の計算のきまりについて知りましょう。

①	**問題文中に出てくる数値をすべて「$a\times 10^{●}$」の形に直す。**
②-1	**「有効数字○桁で答えよ」と指示されている場合は，その有効数字+1桁で計算。**
②-2	**有効数字の指示がない場合は，最も小さい桁数+1桁で計算。**
③	**四捨五入して，指示通りの桁数にして答えを出す。**
④	**結果を次の問題に使う場合，四捨五入する前の値を使う。**

では，このきまりを確認するために，簡単な問題を解いてみましょう。

問　4.50×10^{-2}mol/LのNaCl水溶液が23mLある。この水溶液に水を加え，体積を250mLとした。このときの濃度を求めよ。

①　まずは，問題文で出てきた値をすべて「$a\times 10^{●}$」の形にしましょう。

m（ミリ）は10^{-3}ですね。

ふつう$a\times 10^{●}$で答えるときのaは整数部分が1桁の数字にします。

23mL ⟶ 23×10^{-3}L ⟶ 2.3×10^{-2}L

250mL ⟶ 250×10^{-3}L ⟶ 2.50×10^{-1}L

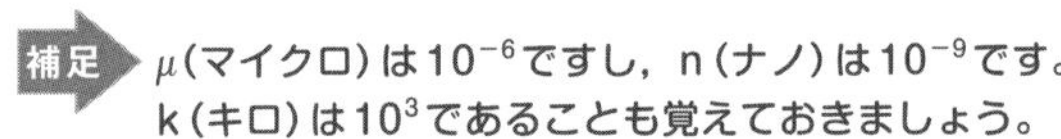

補足　μ（マイクロ）は10^{-6}ですし，n（ナノ）は10^{-9}です。k（キロ）は10^{3}であることも覚えておきましょう。

②　有効数字の桁数を読み取ります。

「有効数字○桁で答えよ」という指示がないので，与えられた数値から読み取ります。

4.50×10^{-2}mol/Lは3桁，23mLは2桁，250mLは3桁なので，いちばん桁数の小さいものに合わせて，有効数字2桁で答えます。

計算では3桁めまでを使いますよ。**4桁めは切り捨てましょう。**

まずは4.50×10^{-2}mol/LのNaCl水溶液23mLに含まれるNaClの物質量を求めます。

4桁めは切り捨て

$$4.50 \times 10^{-2}\,[\text{mol/L}] \times 2.3 \times 10^{-2}\,[\text{L}] = 10.35 \times 10^{-4}\,[\text{mol}]$$
$$= \mathbf{1.03 \times 10^{-3}\,[mol]}$$

そして，体積で割ることでモル濃度を求めます。

$$1.03 \times 10^{-3}\,[\text{mol}] \div 2.50 \times 10^{-1}\,[\text{L}] = 0.412 \times 10^{-2}\,[\text{mol/L}]$$
$$= \mathbf{4.12 \times 10^{-3}\,[mol/L]}$$

3桁めまでを使う

③　**3桁めを四捨五入して，有効数字2桁で答えます。**

4.1×10^{-3}mol/L …答

計算のきまりがわかったでしょうか？ **「途中までは3桁で計算し，最後に3桁めを四捨五入して2桁にするんだ」**とわかっていれば難しくありませんよね。

④　**結果を次の問題に使う場合，四捨五入する前の値を使う。**

こうして求められた数値を次の問題でも使う場合があります。そんなときは，四捨五入する前の4.12×10^{-3}mol/Lを使いましょう。

今まではなんとなく
計算してたけど，
ルールがわかった！
このルールを
しっかり覚えておくんじゃ！

化学の計算では，掛け算と割り算が多いのですが，ごくたまに足し算や引き算をしないといけない場合もあります。

そんなときは，足し算・引き算の結果を末位の高いものに合わせます。

例　$20.5 + 0.173 = 20.673 \fallingdotseq 20.7$

20.5：小数第1位　0.173：小数第3位　20.7：小数第1位に合わせる

$$3.5 \times 10^{-3} + 2.8 \times 10^{-4} = (35 + 2.8) \times 10^{-4} = 37.8 \times 10^{-4}$$
$$= 3.78 \times 10^{-3}$$
$$\fallingdotseq 3.8 \times 10^{-3}$$

3.5×10^{-3}：こちらのほうが末位が高い

$(35 + 2.8) \times 10^{-4}$：計算しやすいように「$\times 10^{-4}$」でそろえた

3.8×10^{-3}：末位が高いほうにそろえる

【3】有効数字の計算のルールは何のため？

例えば2.057という有効数字4桁の数値と，4.3という有効数字2桁の数値を掛け算すると，
有効数字2桁で答えることになるので

2.057 × 4.3 = 8.8451 ≒ 8.8

となります。
この計算結果を見ると「単純に掛け算した答えとけっこう値が違うな」とか「細かく計算の値が出ているのにもったいないな」と感じる人も多いでしょう。
桁数の小さい数字に合わせて，有効数字の桁数を決めるというルールに納得がいかない人のために，説明をします。
【1】で，**与えられた数値の最後の桁には誤差が含まれているとの話をしました。誤差が含まれている部分を○で囲むと，こうなりますね。**

2.05⑦　　4.③

では，この誤差が含まれた数値どうしを掛け算すると，どれくらいアバウトな数値になってしまうかを見てみましょう。

なんと，誤差が関係していないのは最上位の数値だけで，2桁め以降は誤差に左右されているとわかります。
有効数字の桁数が小さい（2桁の）数値を掛け算すると，このようにほぼアバウトな数値になってしまいます。（1桁めから誤差が関係してしまう場合もあります）
つまり，わかっていただきたいことは，有効数字の桁数が大きい数値に合わせて，細かく答えを出してもあまり意味がないということです。

大学に進学したら，実験のときにまた有効数字を気にすることになります。
高校の段階では，先ほどの計算ルールをしっかり理解すればOKですよ。

やったー！
よしっ！
これで終わりじゃ！

よし!
これで「理論化学」の
整理は終わったぞ
最初は
どうなることかと
思ったが
やったぁ!
本も完成だね!
おぬしがよく
頑張ったおかげじゃ
ほれ
ご褒美にドーナツを
たくさん用意したぞ
わーい!!
やれやれ……
お?
ピッ
プルル
もしもし
先生!
本はできあがり
ましたか?
ぱっ
本は先ほど
完成したぞぃ
そろそろそちらへ
帰るつもりじゃ
それはよかった!
お帰りをお待ちして
おります
……クマは
どうでした?
思っていた以上に
よくはたらいてくれた
昼寝も
多かったが…
それはよかった……そうだ!
今さらなのですが
クマにはドーナツを与えすぎ
ないように
クマはドーナツを
たくさん食べると……
エ?

どーん!
げっ!!
それでは原稿
お待ちしてますねっ
ブツン
タントウめ……
もっと早く
教えてくれれば…
おいしい～
もうドーナツは終わりじゃ
帰るぞぃ！
え～
もっと食べたいのに～
ぎゅぎゅぎゅ
また地球に
来ようね
ぎゅう
ああ
そうじゃのぅ……

ボクらの本が地球に置かれるなんて夢みたい！
わしも地球の人々の役にも立ってうれしいわい
地球は楽しかったなぁ
ヘンなプールに入ったり神様や天使と悪魔に会ったり……
遊んでただけじゃないよ
ジャーン！
理論化学のことよくわかるようになったんだ
ちゃんとハカセに満点もらえたもん！
100
フム フム
宇宙一キビしいわしのチェックをよく合格した
これでおぬしも立派なカガックマじゃ
やったー！
コレコレはしゃぐでない
機体がゆれるわい

ビービー!!
んんっ!?
なんじゃどうしたんじゃ!?
ガガガ
なにー?!
ガガガ
重量オーバー
あちゃー
ちょっと
食べすぎた
かなぁ
ガガガ
ちょっと
なんかじゃ
ないわい!
このままでは
地球から
帰れんぞ!
うわ————————————!
星に帰れなかった
ハカセとカガックマ
みなさんも地球のどこかで
この2人(1人と1匹)に
会えるかもしれませんね
ハカセ…
ごめん…
無機化学編につづくよ!

さくいん

た行

な行

は行

装丁 名和田耕平デザイン事務所
中面デザイン オカニワトモコ デザイン
イラスト 水谷さるころ

データ作成 株式会社四国写研
印刷所 株式会社リーブルテック

編集協力 秋下　幸恵・内山とも子
佐々木貴浩・杉山　主水
登尾　　博・右田　啓哉
服部　篤樹・渡辺　泰葉
株式会社U-Tee
株式会社オルタナプロ
株式会社メビウス
株式会社ダブルウイング

シリーズ企画 宮﨑　　純

企画・編集 徳永　智哉・荒木　七海

この本の製作に
携わってくれたみなさん
ありがとう！

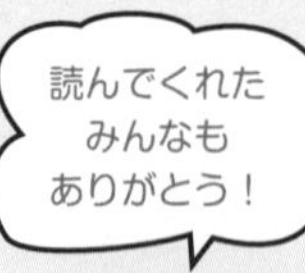
読んでくれた
みんなも
ありがとう！

別冊

問題集

物質の成り立ちと構成

確認問題 1　1-2 に対応

次の (1) ～ (4) の操作を行うのに，最も適当な方法を (a) ～ (d) から，そのときに使用する装置を (あ) ～ (え) から選べ。

(1) 海水から純水を得る。
(2) 不純物として塩化ナトリウムを含む硝酸ナトリウムから，純粋な硝酸ナトリウムを得る。
(3) 鉄粉の混ざったヨウ素から，純粋なヨウ素を得る。
(4) 砂の混ざった硫酸銅(Ⅱ)水溶液から，純粋な硫酸銅(Ⅱ)水溶液を得る。

方法； (a) ろ過　(b) 再結晶　(c) 蒸留　(d) 昇華法

装置；

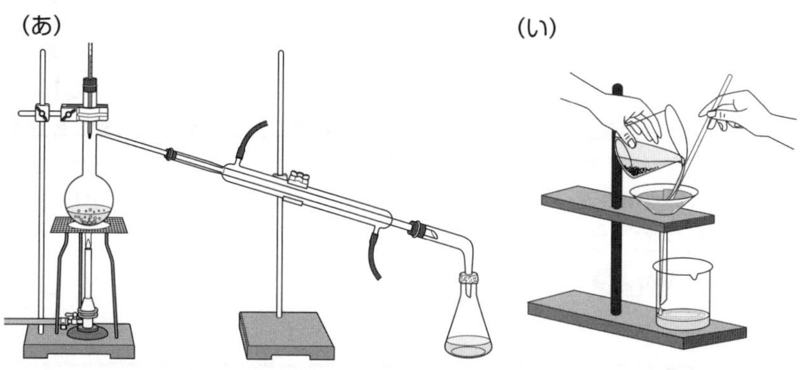

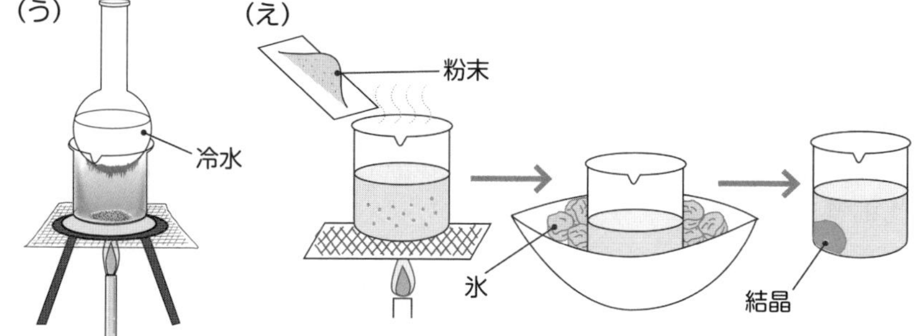

(1) は**「純粋な液体(水)がほしいんだけど，不純物として固体(塩化ナトリウムなど)が溶けている」**ので，(c) の**蒸留**です。蒸留は，液体を蒸発させて気体にしたあと，冷却して液体に戻す必要があります。そのためのリービッヒ冷却器がついている，(あ) の図が正解です。

(1)；**(c)，(あ)** 答

(2) は**「純粋な固体(硝酸ナトリウム)がほしいのだけれど，不純物として固体(塩化ナトリウム)が含まれている」**ので，(b) の**再結晶**です。再結晶は，溶質の溶解度と温度の関係を利用します。(え) の図が正解です。

「蒸留」，「昇華」，「再結晶」などと
文字だけで与えられても，
どんなことをするための操作なのか，
イメージできることが大事じゃ

(2)；**(b)，(え)** 答

(3) は**「固体どうし(鉄粉とヨウ素)が混じっていて，ほしい固体(ヨウ素)が昇華性をもっている」**ので，(d) の**昇華法**です。図は一目瞭然，(う) ですね。

(3)；**(d)，(う)** 答

(4) は**「液体(硫酸銅(Ⅱ)水溶液)と，その液体に溶けない固体(砂)を分離したい」**ので，(a) の**ろ過**ですね。ろ過は純粋な液体ではない「～水溶液」などでも，用いられる操作です。ろ過は，ろうととろ紙を使って固体と液体を分けるので，(い) の図が正解です。

(4)；**(a)，(い)** 答

確認問題 2　1-3 に対応

右図は－90℃の氷を一様に加熱したときの時間と温度の関係を示したものである。これについて，次の各問いに答えよ。

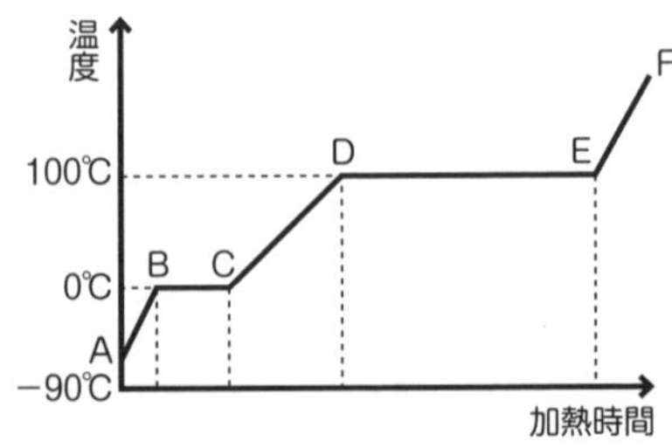

(1) 固体と液体が共存しているのはどの区間か。
(2) 液体だけが存在しているのはどの区間か。
(3) BC間とDE間で温度が上昇していないのはなぜか。
(4) DE間のほうがBC間より長時間加熱しており，多くの熱量が加えられている。DE間のほうがBC間より熱量を多く必要とする理由を簡潔に答えよ。

(1) 2つの状態が共存しているときは温度が上昇しません。固体と液体が共存しているときは0℃なので，**BC間** 答

(2) 液体だけが存在しているときは，0℃から100℃まで温度が上昇しているときです。よって，**CD間** 答

(3) **加えられた熱量のすべてが状態変化に使われるため。** 答

(4) **融解させるには分子間の結合をゆるめて動けるようにするだけの熱量を加えたらよいが，蒸発させるには分子間の結合を振り切って自由に飛び回れるだけの熱量を加える必要があるから。** 答

確認問題 3 1-1，1-4 に対応

次の (1) ～ (15) の物質を純物質と混合物に分類せよ。また，純物質は単体と化合物に分類せよ。さらに，同素体の関係になっている組をすべて挙げよ。

(1) 塩酸	(2) 酸素	(3) 二酸化炭素	(4) ナトリウム
(5) 空気	(6) 銅	(7) 石油	(8) 黒鉛
(9) 一酸化炭素	(10) 石灰水	(11) コンクリート	(12) ダイヤモンド
(13) 海水	(14) オゾン	(15) 水	

純物質か混合物かの見分けかたは，1つの化学式で表せるかどうかです。
例えば，塩酸は塩化水素 HCl と水 H_2O の混じったもの (化学式が2つ) なので**混合物**，二酸化炭素は CO_2 という化学式1つで表せるので，**純物質**です。

純物質：(2) (3) (4) (6) (8) (9) (12) (14) (15)

混合物：(1) (5) (7) (10) (11) (13) 答 

純物質は単体と化合物に分類することができます。**単体**は1種類の元素からなる物質，**化合物**は2種類以上の元素からなる物質でしたね。

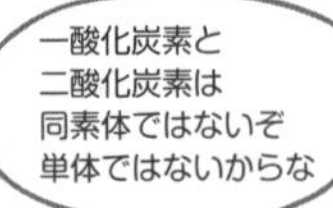
一酸化炭素と
二酸化炭素は
同素体ではないぞ
単体ではないからな

単体：(2)(4)(6)(8)(12)(14) 答

化合物：(3)(9)(15)

同素体とは，同じ元素からなる**単体**のことで，性質や結合のしかたが異なっています。

同素体：(2)と(14)，(8)と(12) 答

確認問題 4　1-4 に対応

同素体について，次の (1) ～ (5) のうち，正しいものを2つ選べ。

(1) メタンCH_4やエタンC_2H_6は，同じ元素からなる化合物なので，同素体である。
(2) 斜方硫黄と単斜硫黄は同素体である。
(3) 同素体どうしの，融点や沸点は等しい。
(4) 一酸化炭素と二酸化炭素は，同素体ではない。
(5) 黄リンと赤リンは化学的な性質が異なるので，同素体ではない。

解説

同素体とは，**同じ元素からなる単体**で**性質の異なる物質**です。

(1) メタンCH_4やエタンC_2H_6は化合物なので，同素体ではありません。よって×。
(2) 斜方硫黄と単斜硫黄は，ともに硫黄Sからなる単体で，性質も異なります。よって○。
(3) 同素体どうしの，融点や沸点などの性質は異なります。よって×。
(4) 化合物どうしは同素体とは呼びません。よって○。
(5) 黄リンと赤リンは，ともにリンPからなる同素体です。よって×。

代表的な同素体は
硫黄S，炭素C，酸素O，
リンPの単体なので，
SCOP（スコップ）と
覚えよう

(2)，(4) 答

確認問題 5 1-5に対応

次の文中の下線部は，単体と元素のどちらを意味しているか答えなさい。

(1) 水は<u>水素</u>と酸素からなる。
(2) <u>水素</u>と酸素を反応させると水ができる。
(3) 地殻中には<u>酸素</u>やケイ素が含まれている。
(4) 空気中には約78%の<u>窒素</u>が含まれている。
(5) 牛乳には<u>カルシウム</u>が多く含まれる。
(6) 温泉地は<u>硫黄</u>のにおいがする。
(7) ^{1}Hと^{2}Hは<u>水素</u>の同位体である。
(8) 酸素とオゾンは<u>酸素</u>の同素体である。
(9) <u>酸素</u>とオゾンは酸素の同素体である。

解説

(1) この文は「水H_2Oの一部が水素である」という内容なので，H_2そのものではなく，化合物中のHということです。だから元素です。
(2) この文は「水素H_2という物質を酸素と反応させると水になる」という内容なので，気体であるH_2の単体そのものを指しています。だから単体です。
(3) 酸素の単体O_2は，通常は気体の状態です。地殻に単体の酸素O_2が入っているというのはおかしいですね。地殻中に化合物の状態でOが含まれているということなので元素です。
(4) 空気中には気体のN_2が78%程度存在しますので，単体です。
(5) カルシウムの単体は銀色の金属です。金属のまま含まれるわけではないので元素です。
(6) 温泉地のにおいはH_2Sなどの硫黄化合物のにおいで，単体のSは実は無臭です。つまりこの硫黄は化合物中の状態を指しているので，元素です。
(7) 水素H_2の単体と考えると，文としておかしいですね。これは種類としてのHを指しているので，元素です。
(8) (7)と同様です。これは種類としてのOを指しているので，元素です。
(9) (8)と同じ文章ですが，「酸素O_2とオゾンO_3は酸素Oの同素体である」という意味で，物質そのものを指しています。だから単体です。

(1) **元素** (2) **単体** (3) **元素** (4) **単体** (5) **元素** (6) **元素**
(7) **元素** (8) **元素** (9) **単体** 答

原子の構成とイオン化

確認問題 6 2-1に対応

次の各問いに答えよ。

(1) 次の各原子の，陽子の数，中性子の数，電子の数，質量数はそれぞれいくつか。
(a) $^{15}_{7}N$ (b) $^{18}_{8}O$ (c) $^{37}_{17}Cl$

(2) 中性子の数が10である原子はどれか。
(a) $^{14}_{7}N$ (b) $^{17}_{8}O$ (c) $^{18}_{8}O$ (d) $^{12}_{6}C$ (e) $^{14}_{6}C$

(3) 同位体について，次の(a)～(c)のうち正しいものはどれか。
(a) 原子番号と質量数が異なるが，化学的性質はよく似ている。
(b) 原子番号も質量数も同じで，化学的性質は異なる。
(c) 原子番号が同じで化学的性質がよく似ており，質量数が異なる。

解説

(1) ・ 陽子の数：原子番号と同じです。
$^{15}_{7}N$：7，$^{18}_{8}O$：8，$^{37}_{17}Cl$：17 答
・ 中性子の数：質量数から陽子の数を引いたものです。
$^{15}_{7}N$：15－7＝8，$^{18}_{8}O$：18－8＝10，$^{37}_{17}Cl$：37－17＝20 答
・ 電子の数：陽子の数と同じです。
$^{15}_{7}N$：7，$^{18}_{8}O$：8，$^{37}_{17}Cl$：17 答
・ 質量数：元素記号の左上の肩に書いてある数字です。
$^{15}_{7}N$：15，$^{18}_{8}O$：18，$^{37}_{17}Cl$：37 答

(2) **中性子の数は，質量数から陽子の数（原子番号）を引いた数**です。よって，18－8＝10で$^{18}_{8}O$が正解。
(c) 答

(3) 同位体とは，**「同じ原子番号で，質量数の違う原子どうし」**のことであり，化学的性質はよく似ています。よって，(c)が正解。

(c) 答

陽子，中性子，電子，質量数が数えられれば，
この手の問題はすべて解ける

確認問題 7　2-1，2-2，2-3に対応

$_{16}S$について，次の各問いに答えよ。

(1) この原子のもつ電子の数はいくつか。
(2) この原子の価電子数はいくつか。
(3) この原子が安定なイオンになったとき，どの貴ガスと同じ電子配置になっているか。

解説

(1) 電子の数＝陽子の数＝原子番号でしたね。よって，原子番号を答えればよいです。

16 答

(2) **価電子数**とは，**いちばん外側の電子殻にある電子の数のことです（ただし，貴ガスの価電子数は0とする）**。電子は，内側の電子殻から，2個，8個，18個，……と埋まっていきます。$_{16}S$は，K殻に2個，L殻に8個の電子が入り，K殻とL殻はすべて埋まってしまっているので，M殻が最外殻です。$_{16}S$の電子の数16から2＋8を引いて，価電子数は6 答

(3) **いちばん外側の電子殻であるM殻の電子の数が8になると安定なイオンになります**。よって，電子が2つ加わったS^{2-}が安定な状態です。電子配置は，アルゴンArと同じになっています。**最も原子番号の近い貴ガスと同じ電子配置になるのですね。**

Ar 答

確認問題 8 2-4 に対応

次の文章中の（ あ ）～（ か ）にあてはまる語を答えよ。また，問1・2に答えよ。

周期表を縦に見た列のことを（ あ ）といい，横に見た行のことを（ い ）という。
(1)周期表を縦に見ると，下のほうの元素ほど，原子半径は（ う ）くなる。
(2)周期表を横に見ると，右のほうの元素ほど，原子半径は（ え ）くなる。
また，(3)貴ガスであるアルゴンArと同じ電子配置になっている，S^{2-}，Cl^{-}，K^{+}，Ca^{2+}の4つのイオンのうち，イオン半径が最も小さいものは（ お ）で，最も大きいものは（ か ）である。

問1 下線部(1)について，その理由を簡潔に答えよ。
問2 下線部(2)について，その理由を簡潔に答えよ。
問3 下線部(3)について，その理由を簡潔に答えよ。

（ あ ）**族** （ い ）**周期** （ う ）**大き** （ え ）**小さ**
（ お ）**Ca^{2+}** （ か ）**S^{2-}** 答

問1 **原子番号が大きいほど，原子核からより遠い電子殻が最外殻となるため。**

問2 **同一周期では最外殻は同じであるが，原子番号が大きいほど，陽子の数が増えて，原子核が電子を引きつける力が強くなるため。** 答

問3 **電子配置が同じなので最外殻も同じであるが，原子番号が大きいほど陽子の数が増えて，原子核が電子を引きつける力が強くなるため。** 答

確認問題 9 2-5に対応

(1) 次の文章中の(　あ　)～(　さ　)に適切な語句または化学式を答えよ。

イオン化エネルギーとは，原子から(　あ　)を1個取り去るのに必要なエネルギーのことで,(　い　)族元素で極大となる。また,同一周期において,原子番号が増えると,最外殻は同じであるのに,(　う　)の数は増えるため,原子核が(あ)を引っ張る力が大きくなる。すると,(あ)を1つ取り去って(　え　)イオンにするのに必要なエネルギーは(　お　)くなる。そのため,同一周期において原子番号が増えると，イオン化エネルギーが(　か　)くなる。

一方，同一族では，原子番号が増えると最外殻が外側に広がっていくため,原子核が(あ)を引っ張る力が弱まり，(あ)1個を取り去って1価の(え)イオンにするのに必要なエネルギーは(　き　)くなる。つまり，周期表の下にいくほどイオン化エネルギーが(　く　)くなっていく。

電子親和力とは，原子が電子を受け取って(　け　)イオンになる際に放出するエネルギーのことである。つまり，電子親和力が大きい元素は，電子を受け取ったあとに放出するエネルギーが(　こ　)く，より安定しやすいということなので，FやClなどの(　さ　)は電子親和力が大きくなる。一方，(い)族元素では電子親和力が小さくなる。

(2) 次のグラフ(ア)，(イ)は原子番号1－18の元素の，イオン化エネルギー，または電子親和力の周期的な変化を表したものである。(ア)のグラフはどちらを表したものか答えよ。

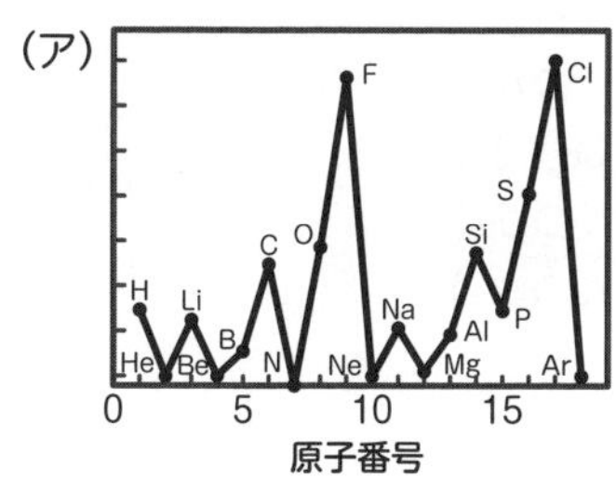

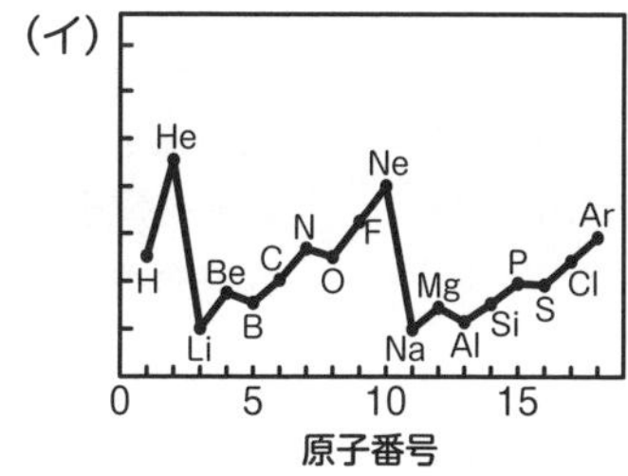

(1) (　あ　) **電子**　(　い　) **18**　(　う　) **陽子**　(　え　) **陽**
(　お　) **大き**　(　か　) **大き**　(　き　) **小さ**　(　く　) **小さ**
(　け　) **陰**　(　こ　) **大き**　(　さ　) **ハロゲン**(または**17族元素**)

(2) イオン化エネルギーのグラフの特徴は，貴ガス元素で極大化するということです。なぜなら，イオン化エネルギーは1価の陽イオンにするために加えるエネルギーであり，貴ガス元素は電荷0の状態で安定しているからです。また，1族元素で極小化します。よって，イオン化エネルギーのグラフは(イ)になります。

電子親和力のグラフの特徴は，ハロゲンで極大化するということです。なぜなら，電子親和力とは電子を1つ受け取って1価の陰イオンになるときに放出するエネルギーのことなので，1価の陰イオンになりやすい元素ほど，大きくなるからです。また，貴ガス元素で極小化します。よって電子親和力のグラフは(ア)になります。

電子親和力 答

Chapter 3 化学結合

確認問題 10　3-3 に対応

次の(1)～(6)の原子または分子の電子式をそれぞれかけ。
また，それぞれの原子または分子について，【　】の中の問いに答えよ。

(1) O(原子)　【不対電子はいくつか。】
(2) Ne　【不対電子はいくつか。】
(3) Cl_2　【非共有電子対はいくつか。】
(4) NH_3　【共有電子対はいくつか。】
(5) CO_2　【非共有電子対はいくつか。】
(6) HCl　【非共有電子対はいくつか。】

電子式を書くときのルールを思い出し，それにしたがって電子をかき入れていきましょう。

電子式のルール

① 原子の周りに，2×4個の席があり，そこに最外殻電子たちが入っていく。

② まずは隣り合わないように入っていく。

③ HとHeは，席が2個しかない。

(1) $\overset{\cdot}{\underset{\cdot}{:\mathrm{O}:}}$ 不対電子→**2個** 答

(2) $\overset{\cdot\cdot}{\underset{\cdot\cdot}{:\mathrm{Ne}:}}$ 不対電子→**0個** 答

(3) $:\overset{\cdot\cdot}{\underset{\cdot\cdot}{\mathrm{Cl}}}:\overset{\cdot\cdot}{\underset{\cdot\cdot}{\mathrm{Cl}}}:$ 非共有電子対→**6対** 答

(4) $\mathrm{H}:\overset{\cdot\cdot}{\underset{\cdot\cdot}{\mathrm{N}}}:\mathrm{H}$（下にH） 共有電子対→**3対** 答

(5) $:\overset{\cdot\cdot}{\mathrm{O}}::\mathrm{C}::\overset{\cdot\cdot}{\mathrm{O}}:$ 非共有電子対→**4対** 答

(6) $\mathrm{H}:\overset{\cdot\cdot}{\underset{\cdot\cdot}{\mathrm{Cl}}}:$ 非共有電子対→**3対** 答

確認問題 11 3-4 に対応

次の(1)～(5)の分子の構造式をそれぞれかけ。

(1) CH_4　(2) H_2S　(3) H_2O

(4) CO_2　(5) N_2

解説

まずは電子式をかき，それから「共有電子対1組に対して1本の線」をかいていきます。非共有電子対は省略します。

(1) H−C−H（Cの上下にH）　(2) H−S−H　(3) H−O−H

(4) O=C=O　(5) N≡N 答

確認問題 12 3-6，3-7 に対応

次の (1) ～ (4) の錯イオンについて，配位数，形状，水溶液の色，名称をそれぞれ答えよ。

(1) $[Ag(CN)_2]^-$　　(2) $[Zn(NH_3)_4]^{2+}$

(3) $[Cu(H_2O)_4]^{2+}$　　(4) $[Fe(CN)_6]^{3-}$

配位数，形状，水溶液の色は暗記する必要があります。名称は

「配位数」→「配位子の名称」

→「金属イオンの元素名＋(酸化数)」

のルールにしたがって書いていきます。

暗記すべきところは
しっかり暗記
するんじゃぞ！

	配位数	形状	色	名称
(1)	**2**	**直線形**	**無色**	**ジシアニド銀(Ⅰ)酸イオン**
(2)	**4**	**正四面体形**	**無色**	**テトラアンミン亜鉛(Ⅱ)イオン**
(3)	**4**	**正方形**	**青色**	**テトラアクア銅(Ⅱ)イオン**
(4)	**6**	**正八面体形**	**黄色**	**ヘキサシアニド鉄(Ⅲ)酸イオン**

確認問題 13 3-8 に対応

次の文章の①～⑥に適する語をそれぞれ選べ。

原子が共有電子対を引き寄せる強さを表す数値を電気陰性度という。電気陰性度の（①　大きい　小さい）原子ほど，結合したときに電子を強く引き寄せる。電気陰性度は，周期表の各周期では原子番号が増えるにつれて（②　大きく　小さく）なる。また，各族では原子番号が（③　大きい　小さい）ほど大きい。つまり，電気陰性度は周期表の右側・上側の元素ほど（④　大きく　小さく）なる。ただし，電気陰性度が定義されていない（⑤　ハロゲン　貴ガス）は除く。
例えばSiとNを比較した場合，Siのほうが電気陰性度は（⑥　大きい　小さい）。

原子どうしで，電子をめぐって綱引きをするのでしたね。
電気陰性度の違う原子が結合することで，共有する電子対に偏りが生じます。
このように結合の間に電荷の偏りがあることを結合に極性があるといいます。

① **大きい**　② **大きく**　③ **小さい**　④ **大きく**　⑤ **貴ガス**　⑥ **小さい**

確認問題 14　3-9，3-10 に対応

次の (1) ～ (4) の物質はそれぞれ，a：極性分子，b：無極性分子のいずれであるか，記号で答えよ。また，分子間に水素結合が生じる物質を (1) ～ (4) から選べ。

(1)　H_2
(2)　H_2O
(3)　NH_3
(4)　CO_2

極性分子かどうかは，次のような基準で判断するのでした。

・**極性分子**

① 二原子分子の化合物の場合(例：HCl，NOなど)
② 多原子分子のうち，分子全体で電子を引っ張る力がつり合わない場合(例：H_2O，NH_3など)

・**無極性分子**

① 同種の二原子分子からなる単体の場合(例：N_2，Br_2など)
② 多原子分子のうち，分子全体で電子を引っ張る力がつり合う場合（例：CO_2，CH_4など)

(1) **b**　(2) **a**　(3) **a**　(4) **b**
水素結合が生じる物質：**(2)，(3)**

確認問題 15 3-1，3-2，3-11，3-12に対応

次の (1) ～ (4) の結晶について，A，B，C群から，それぞれにあてはまるものを1つずつ選べ。

(1) イオン結晶　(2) 共有結合の結晶　(3) 金属結晶　(4) 分子結晶

＜A群＞
(a) 電子の共有による結合。
(b) 自由電子による結合。
(c) 分子間力（ファンデルワールス力など）による結合。
(d) 静電気力による結合。

＜B群＞
(あ) 結晶は電気を通さないが，加熱融解したり，水に溶かしたりすると電気を通す。
(い) やわらかくてもろい。
(う) 展性・延性が大きい。
(え) 極めて硬い結晶を形成する。

＜C群＞
(i) アルミニウムAl
(ii) 塩化ナトリウムNaCl
(iii) ヨウ素I_2
(iv) ダイヤモンドC

結晶の性質と具体例を
覚えないといけないんだね
できなかった人は，
該当ページに戻って復習しよう

(1) **(d) - (あ) - (ii)**，(2) **(a) - (え) - (iv)**，
(3) **(b) - (う) - (i)**，(4) **(c) - (い) - (iii)** 

原子量と分子量・式量

確認問題 16　4-2 に対応

銅には^{63}Cuと^{65}Cuの同位体が存在し，その存在比は^{63}Cuが69.2%，^{65}Cuが30.8%である。相対質量を^{63}Cu＝63，^{65}Cu＝65としたとき，銅の原子量を求めよ。

解説

原子量は，**「(同位体の相対質量) × (存在比)」**を足し合わせたものになります。よって

$$63\times\frac{69.2}{100}+65\times\frac{30.8}{100}=63.616\fallingdotseq\underline{\mathbf{63.6}}$$ 答

確認問題 17　4-1，4-3，4-4 に対応

次の (1) ～ (5) の図は，標準状態における各物質の原子・分子の個数，体積，物質量，質量の対応を表している。図中の空欄①～⑭に入る数字を答えよ。
ただし，原子量は，H＝1.0，C＝12，N＝14，O＝16とする。

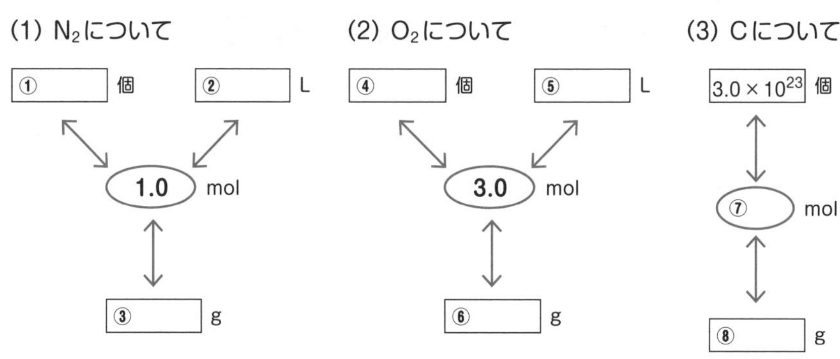

(4) NH_3について

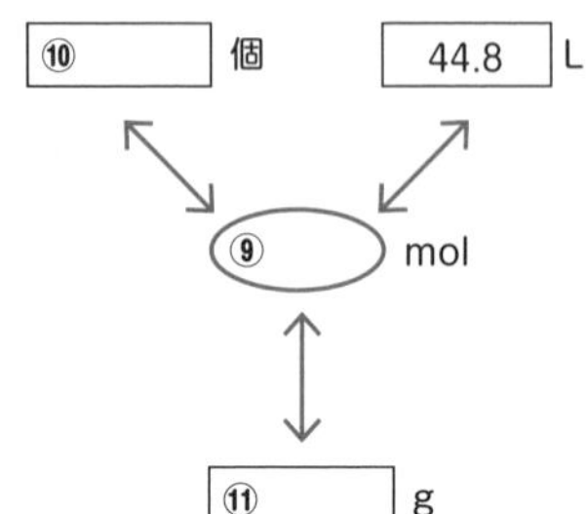

(5) CH_4について

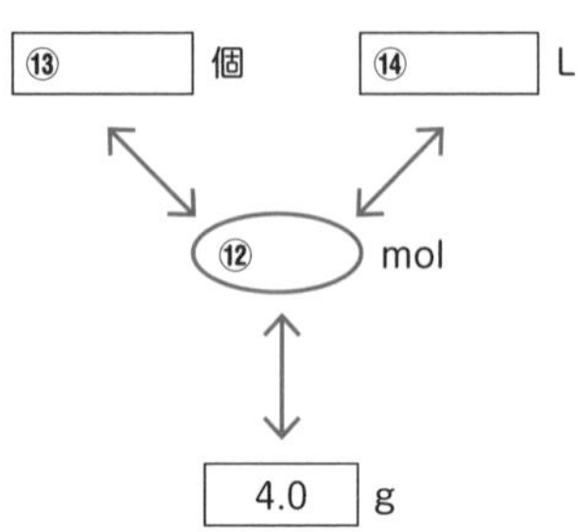

解説

原子・分子の個数，体積〔L〕，物質量〔mol〕，質量〔g〕を自由自在に変換するための問題です。
この手の問題は，物質量〔mol〕を中心に考えれば，簡単に解くことができます。
この図を使って考えることもオススメします。

(1) 1.0molは① **6.0×10^{23}**，② **22.4**
N_2は1.0molで28 g ③ **28** 答

(2) 3.0molは④ **1.8×10^{24}**，⑤ **67.2**
O_2は1.0molで32gなので (32g/mol)，3.0molでは
⑥ 32〔g/mol〕× 3〔mol〕= 96〔g〕 **96** 答

(3) 6.0×10^{23}個で1.0molなので，3.0×10^{23}個は，⑦ **0.5**
Cは1.0molで12gなので (12g/mol)，0.5molでは
⑧ 12〔g/mol〕× 0.5〔mol〕= 6.0〔g〕 **6.0** 答

(4) 22.4Lで1.0molなので，44.8Lは2.0mol ⑨ **2.0**
1molで6.0×10^{23}個なので，2.0molで⑩ **1.2×10^{24}**
NH_3は1.0molで17gなので (17g/mol)，2.0molでは
⑪ 17〔g/mol〕× 2.0mol = 34〔g〕 **34** 答

(5) CH_4は，1.0molで16gなので⑫ 4.0gは0.25〔mol〕 **0.25**
1.0molで6.0×10^{23}個なので，⑬ 0.25molは1.5×10^{23}〔個〕 **1.5×10^{23}**
1.0molで22.4Lなので，⑭ 0.25molは5.6〔L〕 **5.6** 答

炭素は沸点がとても高いので気体として考えることは少ないです。
1molの体積が標準状態で22.4Lというのは，気体に限った話なので，
(3) はその部分を除いて問題を作ってあります。

確認問題 18 4-5，4-6に対応

次の各問いに答えよ。ただし，原子量はH＝1.0，C＝12，O＝16とする。

(1) 尿素4.0gを水76gに溶かした水溶液の質量パーセント濃度は何%か。

(2) グルコース$C_6H_{12}O_6$ 6.0gを水に溶かして200mLにした水溶液は何mol/Lか。

(3) 水酸化ナトリウム60gを水に溶かして全量を500mLにした水酸化ナトリウム水溶液がある。この水溶液の密度が1.2g/cm^{3}であるとすると，この水溶液の質量パーセント濃度は何%か。

解説

分子と分母の値をそれぞれ計算し，公式に代入して計算するだけです。**3ステップ**で計算しましょう。

$$\text{質量パーセント濃度〔\%〕} = \frac{\text{溶質の質量〔g〕}}{\text{溶液の質量〔g〕}} \times 100$$

$$\text{モル濃度〔mol/L〕} = \frac{\text{溶けている溶質の物質量〔mol〕}}{\text{溶液の体積〔L〕}}$$

密度が出てきても
あせらないことじゃ
体積を質量に変えるために
使うということを，
しっかりと頭に入れておけば
大丈夫

(1) 用いるのは質量パーセント濃度の公式です。

ステップ①：「公式の分子を計算する」

分子は「溶質の質量〔g〕」ですね。溶質は尿素で4.0gです。

ステップ②：「公式の分母を計算する」

分母は「溶液の質量〔g〕」ですね。溶質と溶媒の質量を足し合わせたものなので　4.0g＋76g＝80gです。

ステップ③：「公式に代入する」

分子・分母の値をそれぞれ公式に代入して計算します。

よって $\frac{4.0\,〔g〕}{80\,〔g〕}\times 100 = \underline{\mathbf{5.0\%}}$ 答

(2) 用いるのはモル濃度の公式です。

ステップ①：「公式の分子を計算する」

分子は「溶けている溶質の物質量〔mol〕」ですね。

グルコース$C_6H_{12}O_6$の分子量を計算すると180なので，モル質量は180 g/molです。よって，溶質6.0gは$\frac{6.0\,〔g〕}{180\,〔g/mol〕}=\frac{1}{30}$〔mol〕

ステップ②：「公式の分母を計算する」

分母は「溶液の体積〔L〕」ですね。溶液は200mLなので，0.20Lです。

ステップ③：「公式に代入する」

公式に代入します。

$$\frac{\frac{1}{30}\,〔mol〕}{0.20\,〔L〕}=0.166\cdots\cdots \fallingdotseq \underline{\mathbf{0.17\,〔mol/L〕}}$$ 答

(3) 用いるのは質量パーセント濃度の公式です。

ステップ①：「公式の分子を計算する」

分子は「溶質の質量〔g〕」ですね。溶質は水酸化ナトリウムで，60gです。

ステップ②：「公式の分母を計算する」

分母は「溶液の質量〔g〕」ですね。溶液は500mLとありますが，その質量は書いてありません。しかし，密度が$1.2\,g/cm^3$ということはわかっています。$500\,mL = 500\,cm^3$なので，密度に掛けて質量を求めましょう。

$$1.2\,〔g/cm^3〕\times 500\,〔cm^3〕= 600\,〔g〕$$

ステップ③：「公式に代入する」

あとは，公式に代入して計算するだけです。

よって $\frac{60\,〔g〕}{600\,〔g〕}\times 100 = \underline{\mathbf{10\%}}$ 答

確認問題 19 4-5，4-6 に対応

次の各問いに答えよ。ただし，H＝1.0，O＝16，Na＝23とし，40%の水酸化ナトリウム水溶液の密度を1.4g/cm^3，10%の水酸化ナトリウム水溶液の密度を1.1g/cm^{3}とする。

(1) 0.84mol/Lの水酸化ナトリウムNaOH水溶液を500mL作るのに，40%の水酸化ナトリウム水溶液は何mL必要か。
(2) 40%の水酸化ナトリウムNaOH水溶液を水に薄め，10%の水酸化ナトリウム水溶液280mLを作りたい。40%の水酸化ナトリウム水溶液何mLを水に薄めればよいか。
(3) 10%の水酸化ナトリウムNaOH水溶液を用いて，0.20mol/Lの水酸化ナトリウム水溶液400mLを作りたい。10%の水酸化ナトリウム水溶液が何g必要か。

濃度Aの水溶液から濃度Bの水溶液を作る問題なので，それぞれの水溶液に含まれる溶質の物質量〔mol〕(または質量〔g〕)をイコールで結びましょう。
〔mL〕=〔cm^3〕であることは，もう大丈夫ですね。

(1) 0.84mol/Lの水酸化ナトリウム水溶液500mLに含まれる水酸化ナトリウムの物質量は

$$0.84\,〔\mathrm{mol/L}〕\times 0.50\,〔\mathrm{L}〕=0.42\,〔\mathrm{mol}〕\quad \cdots\cdots①$$

40%の水酸化ナトリウム水溶液がx〔mL〕必要だったとすると，その水酸化ナトリウム水溶液の質量は，密度が1.4g/cm^{3}であることから

$$x\,〔\mathrm{cm^3}〕\times 1.4\,〔\mathrm{g/cm^3}〕=1.4x\,〔\mathrm{g}〕$$

そのうちの40%が溶質なので，溶質の質量は

$$1.4x\,〔\mathrm{g}〕\times \frac{40}{100}=0.56x\,〔\mathrm{g}〕$$

NaOHの式量は40より，モル質量は40g/molです。

よって，溶質$0.56x$〔g〕を物質量に直すと $\dfrac{0.56x}{40}$〔mol〕 ……②

①と②が等しいので

$$0.42=\frac{0.56x}{40}$$

$x=30$ よって **30mL** 答

(2)　10%の水酸化ナトリウム水溶液280mLの質量は，密度が1.1g/cm³であることから

$$280\,[\mathrm{cm^3}] \times 1.1\,[\mathrm{g/cm^3}]$$

このうちの10%が溶質の質量なので，この水溶液に含まれる水酸化ナトリウムの質量は

$$280\,[\mathrm{cm^3}] \times 1.1\,[\mathrm{g/cm^3}] \times \frac{10}{100} \quad \cdots\cdots③$$

続いて，40%の水酸化ナトリウム水溶液を考えます。
y〔mL〕要したとすると，その水溶液の質量は，密度が1.4g/cm³であることから

$$y\,[\mathrm{cm^3}] \times 1.4\,[\mathrm{g/cm^3}] = 1.4y\,[\mathrm{g}]$$

そのうちの40%が溶質の質量なので，この水溶液に含まれる水酸化ナトリウムの質量は

$$1.4y \times \frac{40}{100}\,[\mathrm{g}] \quad \cdots\cdots④$$

③と④が等しいので

$$280 \times 1.1 \times \frac{10}{100} = 1.4y \times \frac{40}{100}$$

$$y = 55$$

よって　**55mL** 答

(3)　0.20mol/Lの水酸化ナトリウム水溶液400mLに含まれる水酸化ナトリウムの物質量は

$$0.20\,[\mathrm{mol/L}] \times 0.40\,[\mathrm{L}] = 0.080\,[\mathrm{mol}] \quad \cdots\cdots⑤$$

続いて10%の水酸化ナトリウム水溶液を考えますが，体積ではなく質量を問われていますね。密度を使う必要がありません。
10%の水酸化ナトリウム水溶液z〔g〕に含まれる溶質の質量は

$$z \times \frac{10}{100} = 0.10z\,[\mathrm{g}]$$

NaOHのモル質量は40g/molなので，
溶質の質量を物質量に直すと　$\frac{0.10z}{40}$〔mol〕　……⑥

⑤と⑥が等しいので

$$0.080 = \frac{0.10z}{40}$$

$$z = 32$$

よって　**32g** 答

確認問題 20　4-5，4-6，4-7 に対応

次の各問いに答えよ。ただしHClの分子量を36.5とする。

(1) 2.10mol/Lの希塩酸HClの質量パーセント濃度を求めよ。ただし2.10mol/Lの希塩酸の密度を1.05g/cm^3とする。

(2) 36.5%の濃塩酸HClのモル濃度を求めよ。ただし，36.5%の濃塩酸の密度を1.18g/cm^3とする。

(1)も(2)も，1L＝1000cm^3の水溶液を想定して答えましょう。

(1) 本冊(p.102)と同じ手順で解きますよ。

① 2.10mol/Lの溶液(希塩酸)1Lを想定する。

② 1L中の溶質の質量を求める。

1L中に溶質が何mol溶けているかというと2.10molですね。
HClの分子量は36.5なので，モル質量は36.5g/molです。
溶けている溶質HClの質量は

$$2.10\,[\mathrm{mol}] \times 36.5\,[\mathrm{g/mol}] = 76.65\,[\mathrm{g}]$$

③ 1L(＝1000cm^3)の溶液の質量を求める。

密度が1.05g/cm^3なので，質量は

$$1000\,[\mathrm{cm^3}] \times 1.05\,[\mathrm{g/cm^3}] = 1050\,[\mathrm{g}]$$

④ ②と③より質量パーセント濃度を求める。

$\dfrac{溶質の質量}{溶液の質量}\times 100$で質量パーセント濃度が求められます。

$$\frac{76.65}{1050} \times 100 = \underline{7.30\%}$$ 答

(2) これも本冊(p.104)と同じ手順で解いていきますよ。

① 36.5%の溶液(濃塩酸)1Lを想定する。

② 1L(＝1000cm^3)の溶液の質量を求める。

密度は1.18g/cm^3なので

$$1000\,[\mathrm{cm^3}] \times 1.18\,[\mathrm{g/cm^3}] = 1180\,[\mathrm{g}]$$

③ $36.5\% = \dfrac{36.5}{100}$ を使って，②より溶質の質量 x〔g〕を求める。

$$\frac{x}{1180} = \frac{36.5}{100}$$

$$x = 36.5 \times 11.8 \text{〔g〕}$$

④ ③の溶質の質量をmolに直す。

③で溶液1Lに36.5×11.8〔g〕の溶質HClが溶けていることがわかりました。

HClのモル質量は36.5g/molなので，溶質の質量を物質量に直すと

$$\frac{36.5 \times 11.8}{36.5} = 11.8 \text{〔mol〕}$$

よって，1L中に11.8mol溶けているとわかったのでモル濃度は

11.8mol/L 答

確認問題 21 4-8に対応

次の硫酸銅(Ⅱ)水溶液に関して，A.モル濃度，B.質量パーセント濃度をそれぞれ求めよ。ただし，硫酸銅(Ⅱ)水溶液の密度はいずれも1.10g/cm^{3}とし，H＝1.00，O＝16.0，S＝32.0，Cu＝64.0とする。

(1) 硫酸銅(Ⅱ)五水和物$CuSO_4 \cdot 5H_2O$ 75.0gを水に溶かし，硫酸銅(Ⅱ)水溶液の体積が200cm^{3}になった。

(2) 硫酸銅(Ⅱ)五水和物$CuSO_4 \cdot 5H_2O$ 150gを水に溶かし，硫酸銅(Ⅱ)水溶液の質量が550gになった。

(3) 硫酸銅(Ⅱ)五水和物$CuSO_4 \cdot 5H_2O$ 50.0gを170gの水に溶かして硫酸銅(Ⅱ)水溶液を作った。

解説

硫酸銅(Ⅱ)五水和物$CuSO_4 \cdot 5H_2O$の式量は250よりモル質量は250g/mol，$CuSO_4$の式量は160よりモル質量は160g/molであることは，共通して使用します。

(1) A. モル濃度

① 問題文で与えられた水溶液をイメージする。

溶けた$CuSO_4 \cdot 5H_2O$が75.0g，体積200cm^3，密度1.10g/cm^{3}の硫酸銅(Ⅱ)水溶液をイメージします。

② 水和物のモル質量を求め，溶けた水和物の物質量を求める。

$CuSO_4 \cdot 5H_2O$のモル質量は250g/molと求めたので，75.0gは

$\frac{75.0}{250} = 0.300\text{mol}$　にあたります。

③ 溶質の物質量〔mol〕を求める。

水和物($CuSO_4 \cdot 5H_2O$) 1molにつき，$CuSO_4$は1molなので，0.300mol。

④ 溶液の体積〔L〕を求める。

200cm^{3}なので0.200Lです。

⑤ ③と④よりモル濃度〔mol/L〕を求める。

$\frac{0.300\,[\text{mol}]}{0.200\,[\text{L}]} = \underline{\mathbf{1.50\,[mol/L]}}$ 答

B. 質量パーセント濃度

① 問題文で与えられた水溶液をイメージする。

② 水和物のモル質量を求め，溶けた水和物の物質量を求める。

ここまではA.と同じです。溶けた水和物は0.300molです。

③ 溶質の質量〔g〕を求める。

水和物($CuSO_4 \cdot 5H_2O$) 1molにつき，$CuSO_4$は1molなので，溶けている溶質$CuSO_4$の物質量は0.300mol

$CuSO_4$のモル質量は160g/molなので

$160\,[\text{g/mol}] \times 0.300\,[\text{mol}] = 48.0\,[\text{g}]$

④ 溶液の質量〔g〕を求める。

水溶液の体積が200cm^{3}で，密度が1.10g/cm^{3}なので

$200\,[\text{cm}^3] \times 1.10\,[\text{g/cm}^3] = 220\text{g}$

⑤ ③と④より質量パーセント濃度〔%〕を求める。

$\frac{48.0\,[\text{g}]}{220\,[\text{g}]} \times 100 \fallingdotseq \underline{\mathbf{21.8\,[\%]}}$ 答

(2) A. モル濃度

① 問題文で与えられた水溶液をイメージする。

溶けた$CuSO_4 \cdot 5H_2O$が150g，溶液の質量が550g，密度1.10g/cm^{3}の硫酸銅(Ⅱ)水溶液をイメージします。

② 水和物のモル質量を求め，溶けた水和物の物質量を求める。

$CuSO_4 \cdot 5H_2O$のモル質量は250g/molと求めたので，150gは

$$\frac{150}{250}=0.600\text{mol}$$　にあたります。

③　溶質の物質量〔mol〕を求める。

水和物($CuSO_4 \cdot 5H_2O$) 1molにつき，$CuSO_4$は1molなので，0.600mol。

④　溶液の体積〔L〕を求める。

問題文で与えられているのは溶液の質量550gですから，これを体積に直していきます。

550gの溶液の体積がx〔cm^3〕だとすると

$$x\,[\text{cm}^3] \times 1.10\,[\text{g/cm}^3] = 550\,[\text{g}]$$

$$x=\frac{550\,[\text{g}]}{1.10\,[\text{g/cm}^3]}=500\,[\text{cm}^3]$$

よって，0.500Lとわかります。

⑤　③と④よりモル濃度〔mol/L〕を求める。

$$\frac{0.600\,[\text{mol}]}{0.500\,[\text{L}]}=\mathbf{1.20\,[mol/L]}$$ 答

B.質量パーセント濃度

①　問題文で与えられた水溶液をイメージする。

②　水和物のモル質量を求め，溶けた水和物の物質量を求める。

ここまではA.と同じです。溶けた水和物は0.600molです。

③　溶質の質量〔g〕を求める。

水和物 ($CuSO_4 \cdot 5H_2O$) 1molにつき，$CuSO_4$は1molなので，溶けている溶質$CuSO_4$の物質量は0.600mol

$CuSO_4$のモル質量は160g/molなので

$$160\,[\text{g/mol}] \times 0.600\,[\text{mol}] = 96.0\,[\text{g}]$$

④　溶液の質量〔g〕を求める。

問題文にある通り，550gです。

⑤　③と④より質量パーセント濃度〔%〕を求める。

$$\frac{96.0\,[\text{g}]}{550\,[\text{g}]}\times 100 \fallingdotseq \mathbf{17.5\,[\%]}$$ 答

(3)　この問題文では，溶液の体積や質量が明示されていません。
しかし，溶かした物質が50.0g，水が170gといわれているので，溶液は50.0+170＝220gになるとわかりますね。

A.モル濃度

①　問題文で与えられた水溶液をイメージする。

溶けた$CuSO_4 \cdot 5H_2O$が50.0g，溶液の質量が220g，密度1.10g/cm^3の硫酸銅(Ⅱ)水溶液をイメージします。

② 水和物のモル質量を求め，溶けた水和物の物質量を求める。

$CuSO_4$・$5H_2O$ のモル質量は250g/molと求めたので，50.0gは

$$\frac{50.0}{250}=0.200\text{mol}$$ にあたります。

③ 溶質の物質量〔mol〕を求める。

水和物（$CuSO_4$・$5H_2O$）1molにつき，$CuSO_4$は1molなので，0.200mol。

④ 溶液の体積〔L〕を求める。

問題文から計算した溶液の質量は220gですから，これを体積に直していきます。

220gの溶液の体積が x〔cm³〕だとすると

$$x\,[\text{cm}^3]\times 1.10\,[\text{g/cm}^3]=220\,[\text{g}]$$

$$x=\frac{220\,[\text{g}]}{1.10\,[\text{g/cm}^3]}=200\,[\text{cm}^3]$$

よって，0.200Lとわかります。

⑤ ③と④よりモル濃度〔mol/L〕を求める。

$$\frac{0.200\,[\text{mol}]}{0.200\,[\text{L}]}=\mathbf{1.00\,[mol/L]}$$ 答

B. 質量パーセント濃度

① 問題文で与えられた水溶液をイメージする。

② 水和物のモル質量を求め，溶けた水和物の物質量を求める。

ここまではA.と同じです。溶けた水和物は0.200molです。

③ 溶質の質量〔g〕を求める。

水和物（$CuSO_4$・$5H_2O$）1molにつき，$CuSO_4$は1molなので，溶けている溶質$CuSO_4$の物質量は0.200mol

$CuSO_4$のモル質量は160g/molなので

$$160\,[\text{g/mol}]\times 0.200\,[\text{mol}]=32.0\,[\text{g}]$$

④ 溶液の質量〔g〕を求める。

問題文から計算した溶液の質量は220gですね。

⑤ ③と④より質量パーセント濃度〔%〕を求める。

$$\frac{32.0\,[\text{g}]}{220\,[\text{g}]}\times 100\fallingdotseq\mathbf{14.5\,[\%]}$$ 答

確認問題 22　4-9 に対応

水100gに対する硝酸カリウムの溶解度は，25℃で36g，60℃で110gである。硝酸カリウム水溶液について，次の各問いに答えよ。

(1) 水100gを60℃にし，そこに溶けるだけの硝酸カリウムを溶かした。この溶液を25℃まで冷やしたとき，析出する硝酸カリウムは何gか。

(2) 60℃の硝酸カリウム飽和水溶液が500gある。これを25℃まで冷やしたとき，析出する硝酸カリウムは何gか。

本冊のp.112〜115で勉強した，塩化カリウムについての問題とやりかた・考えかたは同じです。

(1) これは，「60℃で1トンの水が入っているプールに，人が入れるだけ入っていたところ，25℃に水温が下がった。何人がプールから上がったでしょう？」というイメージで解くことができます。
60℃，100gの水に硝酸カリウムは110g溶けて，25℃，100gの水では36g溶けます。
よって，110〔g〕－36〔g〕＝74gが析出します。
74g

(2) 60℃の飽和水溶液が500gということはわかっていますが，何gの水に，何gの溶質が溶けているのかはわかっていません。そこで，まずは計算してこれらを求めなくてはなりません。
そのためには，比を使って計算していきます。

60℃の水100gに対し，硝酸カリウムは110g溶けるので，x〔g〕の水に対して（500－x）gの硝酸カリウムが飽和状態で溶けているときは，次のような比が成り立ちます。

$$100\,[\mathrm{g}] : 110\,[\mathrm{g}] = x\,[\mathrm{g}] : (500 - x)\,[\mathrm{g}]$$

$$110x = 100 \times (500 - x)$$

$$210x = 50000$$

$$x \fallingdotseq 238\mathrm{g}$$

つまり，60℃の飽和水溶液500gというものの正体は，水238gに硝酸カリウムが262g溶けているものだったのです。

あとは，25℃の水238gに，硝酸カリウムがどれだけ溶けるかがわかれば，析出してくる硝酸カリウムの量が求まるということです。

プールのイメージで解くとわかりやすかったー

25℃の水100gに対し，硝酸カリウムは36g溶けるので，水238gに対して硝酸カリウムがy〔g〕溶けるとすると，次の比が成り立ちます。

$$100〔g〕:36〔g〕=238〔g〕:y〔g〕$$

$$100y=238\times 36$$

$$y\fallingdotseq 85.7$$

ゆえに，析出する硝酸カリウムは

262〔g〕－85.7〔g〕＝176.3〔g〕≒ **176〔g〕** 

60℃で硝酸カリウム110gが100gの水に溶け切っている状態を考えるとこの飽和水溶液の質量は210gです。

この飽和水溶液を25℃に冷却することを考えると，36gしか溶け切らなくなるので

$$110-36=74g$$

の硝酸カリウムが析出します。

つまり，60℃で210gの飽和水溶液を25℃に冷却すると，74g析出するということです。

これを60℃で500gの飽和水溶液にあてはめて

（飽和水溶液）:（冷却して析出する硝酸カリウム）

の比で考えても解くことができます。

60℃で500gの飽和水溶液を25℃に冷却したときの析出する量をz〔g〕とすると

$$210〔g〕:74〔g〕=500〔g〕:z〔g〕$$

$$210z=74\times 500$$

$$z\fallingdotseq 176〔g〕$$

としても(2)は求めることができます。

確認問題 23　4-10 に対応

次の化学式の（ア）～（タ）にあてはまる係数を答えよ。係数が1の場合も省略せずに答えよ。

(1)　(ア) H_2 + (イ) O_2 ⟶ (ウ) H_2O

(2)　(エ) Al + (オ) HCl ⟶ (カ) $AlCl_3$ + (キ) H_2

(3)　(ク) C_3H_8 + (ケ) O_2 ⟶ (コ) CO_2 + (サ) H_2O

(4)　(シ) Cu + (ス) HNO_3 ⟶ (セ) $Cu(NO_3)_2$ + (ソ) NO + (タ) H_2O

解説

(1)　(ア) H_2 + (イ) O_2 ⟶ (ウ) H_2O

登場回数はHもOも2回ずつなので，原子の数がいちばん多いH_2Oの係数を1として，係数をそろえていきます。

(ア) H_2 + (イ) O_2 ⟶ $1H_2O$

↓

$1H_2$ + (イ) O_2 ⟶ $1H_2O$

↓

$1H_2 + \frac{1}{2}O_2 \longrightarrow 1H_2O$

↓

$2H_2 + O_2 \longrightarrow 2H_2O$

(ア) **2**　(イ) **1**　(ウ) **2**　答

(2)　(エ) Al + (オ) HCl ⟶ (カ) $AlCl_3$ + (キ) H_2

登場回数はAlもHもClも2回ずつなので，原子の数がいちばん多い$AlCl_3$の係数を1として，係数をそろえていきます。

(エ) Al + (オ) HCl ⟶ $1AlCl_3$ + (キ) H_2

↓

$1Al + 3HCl \longrightarrow 1AlCl_3$ + (キ) H_2

↓

$1Al + 3HCl \longrightarrow 1AlCl_3 + \frac{3}{2}H_2$

↓

$2Al + 6HCl \longrightarrow 2AlCl_3 + 3H_2$

(エ) **2**　(オ) **6**　(カ) **2**　(キ) **3**　答

(3) (ク) C_3H_8＋(ケ) O_2 ⟶ (コ) CO_2＋(サ) H_2O

登場回数はCとHが2回ずつ，Oが3回なので，CとHで構成されているC_3H_8の係数を1として，係数をそろえていきます。

$1C_3H_8$＋(ケ) O_2 ⟶ (コ) CO_2＋(サ) H_2O

↓

$1C_3H_8$＋(ケ) O_2 ⟶ $3CO_2$ ＋ $4H_2O$

↓

$1C_3H_8$＋ $5O_2$ ⟶ $3CO_2$ ＋ $4H_2O$

↓

C_3H_8＋ $5O_2$ ⟶ $3CO_2$ ＋ $4H_2O$

(ク) **1**　(ケ) **5**　(コ) **3**　(サ) **4** 答

(4) (シ) Cu＋(ス) HNO_3 ⟶ (セ) $Cu(NO_3)_2$＋(ソ) NO＋(タ) H_2O

登場回数はCuとHが2回ずつ，Nが3回，Oが4回ですが，CuとHで構成されている物質はありませんね。そこで，原子の数がいちばん多い$Cu(NO_3)_2$の係数を1として，係数をそろえていきます。

(シ) Cu＋(ス) HNO_3 ⟶ $1Cu(NO_3)_2$＋(ソ) NO＋(タ) H_2O

↓

1Cu ＋(ス) HNO_3 ⟶ $1Cu(NO_3)_2$＋(ソ) NO＋(タ) H_2O

さて，ここで困ってしまいます。Cuの係数を合わせることはできましたが，Nは3回，Oは4回も登場しているので，すぐに係数を決定できません。ここで，(ス)＝a，(ソ)＝b，(タ)＝cとおいて，N，O，Hに関する連立方程式を立てて，係数を求めます。このやりかたを，未定係数法といいます。

$1Cu + aHNO_3 \longrightarrow 1Cu(NO_3)_2 + bNO + cH_2O$

Hについて　：　$a \times 1 = c \times 2$

$a = 2c$　……①

Nについて　：　$a \times 1 = 2 + b \times 1$

$a = b + 2$　……②

Oについて　：　$a \times 3 = 6 + b \times 1 + c \times 1$

$3a = b + c + 6$　……③

すべてcだけの式にしていくことを目指します。

①と②より　$2c = b + 2$なので，$b = 2c - 2$　……④

①と④を③に代入して

$3 \times 2c = 2c - 2 + c + 6$

$c = \dfrac{4}{3}$

よって　$a = \dfrac{8}{3}$，$b = \dfrac{2}{3}$

これにより

$$1Cu + \frac{8}{3}HNO_3 \longrightarrow 1Cu(NO_3)_2 + \frac{2}{3}NO + \frac{4}{3}H_2O$$

$$\downarrow$$

$$3Cu + 8HNO_3 \longrightarrow 3Cu(NO_3)_2 + 2NO + 4H_2O$$

(シ) **3**　(ス) **8**　(セ) **3**　(ソ) **2**　(タ) **4** 答

確認問題 24　4-11 に対応

標準状態で8.96LのメタンCH_4と，標準状態で13.44Lの酸素O_2を容器に入れ，完全に燃焼させたところ，二酸化炭素CO_2と水H_2Oが発生したので，その後，室温になるまでしばらく放置した。このとき，次の各問いに答えよ。ただしH＝1.0，C＝12，O＝16とし，反応後の容器内にある水はすべて液体になっているとする。

(1) この反応の化学反応式を答えよ。
(2) 容器内に存在する水の質量を答えよ。
(3) 容器内に存在する気体と，その物質量を答えよ。

(1) まずはそのままの形で式を書き，あとから係数をそろえていきましょう。

$$CH_4 + O_2 \longrightarrow CO_2 + H_2O$$

CとHの登場回数が2回ずつ，Oが3回なので，CとHで構成されているCH_4の係数を1として，他の係数をそろえていきましょう。

$$1CH_4 + O_2 \longrightarrow CO_2 + H_2O$$

$$\downarrow$$

$$1CH_4 + O_2 \longrightarrow 1CO_2 + 2H_2O$$

$$\downarrow$$

$$1CH_4 + 2O_2 \longrightarrow 1CO_2 + 2H_2O$$

よって，**$CH_4 + 2O_2 \longrightarrow CO_2 + 2H_2O$** 答

(2) メタンCH_4も酸素O_2も気体なので，標準状態で1molは22.4Lの体積です。CH_4は8.96Lなので，0.40mol存在し，O_2は13.44Lなので0.60mol存在します。

ここで(1)の化学反応式を見ると，1molのCH_4に対して，2molのO_2が

反応することになります。ということは，CH_4が0.40molすべて反応するためには0.80molのO_2が必要なのですが，O_2は0.60molしかありません。よって，CH_4が0.30mol，O_2が0.60mol反応することになります。
(1)の化学反応式よりCH_4が1mol反応するとH_2Oは2mol発生するので，CH_4が0.30mol反応したときにできるH_2Oの物質量は0.60mol
H_2Oのモル質量は18g/molなので，発生する水の質量は

0.60〔mol〕× 18〔g/mol〕= 10.8 ≒ **11〔g〕** 答

(3) (2)において，メタンは0.30mol反応し，0.10mol残っていることがわかりました。
O_2は0.60molすべて反応するのでしたね。
また，(1)の化学反応式より，1molのCH_4が反応すると1molのCO_2が発生するとわかるので，容器内にはCO_2が0.30molあるとわかります。
メタンCH_4が0.10mol，二酸化炭素CO_2が0.30mol 

酸と塩基

確認問題 25 5-1に対応

次の下線部の物質は，ブレンステッド・ローリーの定義から考えて，酸・塩基のどちらに相当するか答えよ。

(1) $NH_3 + \underline{H_2O} \longrightarrow NH_4^+ + OH^-$
(2) $\underline{CH_3COOH} + H_2O \longrightarrow CH_3COO^- + H_3O^+$
(3) $CH_3COOH + \underline{HCO_3^-} \longrightarrow CH_3COO^- + H_2CO_3$
(4) $\underline{CH_3COO^-} + H_2O \longrightarrow CH_3COOH + OH^-$

ブレンステッド・ローリーの定義によると，**酸とはH^+を与える物質であり，塩基とはH^+を受け取る物質**です。よって，(1)と(2)が酸，(3)と(4)が塩基となります。
(1) **酸**　(2) **酸**　(3) **塩基**　(4) **塩基** 答

確認問題 26 5-2，5-4に対応

次の(1)～(9)にあてはまる物質を，下の語群からそれぞれ1つずつ選べ。

(1) 1価の強酸　(2) 2価の強酸　(3) 3価の弱酸
(4) 1価の弱塩基　(5) 2価の強塩基　(6) 3価の弱塩基
(7) 1価の弱酸　(8) 2価の弱酸　(9) 1価の強塩基

<語群>

酢酸，水酸化バリウム，硫酸，シュウ酸，水酸化ナトリウム，塩化水素，リン酸，アンモニア，水酸化アルミニウム

解説

酸(塩基)の化学式中から，H^+ (OH^-) になることができるH(OH)の数を，酸(塩基)の価数といいます。
価数と，酸・塩基の強弱は別モノですので，注意しましょう。

強酸，強塩基を
暗記するんじゃ
それ以外はすべて
弱酸，弱塩基だぞ

それぞれの化学式は酢酸CH_3COOH，水酸化バリウム$Ba(OH)_2$，硫酸H_2SO_4，シュウ酸$(COOH)_2$，水酸化ナトリウム$NaOH$，塩化水素(塩酸)HCl，リン酸H_3PO_4，アンモニアNH_3，水酸化アルミニウム$Al(OH)_3$です。化学式がわかると酸・塩基の価数もわかりますので，書けるようにしましょう。

(1) **塩化水素**　(2) **硫酸**　(3) **リン酸**　(4) **アンモニア**
(5) **水酸化バリウム**　(6) **水酸化アルミニウム**　(7) **酢酸**
(8) **シュウ酸**　(9) **水酸化ナトリウム** 答

確認問題 27 5-5，5-6 に対応

次の (1) ～ (5) にあてはまる物質を (a) ～ (e) からそれぞれ1つずつ選べ。

(1) 水溶液が酸性を示す正塩　(2) 水溶液が中性を示す正塩
(3) 水溶液が酸性を示す酸性塩　(4) 水溶液が塩基性を示す酸性塩
(5) 水溶液が塩基性を示す正塩

(a) Na_2CO_3　(b) $AlCl_3$　(c) $Ba(NO_3)_2$　(d) $NaHSO_4$　(e) $NaHCO_3$

解説

(a) 塩にはHもOHも含まれていないから正塩。水酸化ナトリウム$NaOH$（強塩基）と炭酸H_2CO_3（弱酸）の塩だから，水溶液は塩基性。よって，塩基性を示す正塩。

正塩の水溶液の性質は
何が反応してできた
塩かを考えることで
わかるんだったね

(b) 塩にはHもOHも含まれていないから正塩。水酸化アルミニウム$Al(OH)_3$（弱塩基）と塩酸HCl（強酸）の塩だから，水溶液は酸性。よって，酸性を示す正塩。

(c) 塩にはHもOHも含まれていないから正塩。水酸化バリウム$Ba(OH)_2$（強塩基）と硝酸HNO_3（強酸）の塩だから，水溶液は中性。よって，中性を示す正塩。

(d) 塩にはHが含まれているから，酸性塩。酸性塩は代表的なものを覚えるんでしたね。$NaHSO_4$は酸性を示す酸性塩。

(e) 塩にはHが含まれているから，酸性塩。$NaHCO_3$は塩基性を示す酸性塩。

(d)の$NaHSO_4$と(e)の$NaHCO_3$はセットで問われやすいので，硫酸H_2SO_4（強酸）との組み合わせでは酸性，炭酸H_2CO_3（弱酸）との組み合わせでは塩基性と，違いをおさえて覚えておきましょう。

(1) **(b)**　(2) **(c)**　(3) **(d)**　(4) **(e)**　(5) **(a)** 答

確認問題 28 5-8 に対応

次の各問いに答えよ。

(1) 0.050mol/Lで20mLの塩酸HClを過不足なく中和するのに必要な0.020mol/Lの水酸化バリウム$Ba(OH)_2$水溶液は何mLか。

(2) 酸化カルシウムCaO 2.8gを溶かし，1.0Lの水溶液とした。その水溶液の20mLを過不足なく中和するのに必要な0.050mol/Lの塩酸は何mLか。ただし，CaOの式量を56とする。

酸化カルシウム CaO は
水に溶けて水酸化カルシウム
Ca(OH)₂ になるぞい

中和問題の解きかたは，4つのステップを踏みます。

ステップ①：「何mLか？」「何gか？」と問われたら，それをxとおく。

ステップ②：OH^-の物質量を求める。

ステップ③：H^+の物質量を求める。

ステップ④：(H^+の物質量)＝(OH^-の物質量)を計算する。

(1)

ステップ①：中和するのに必要な$Ba(OH)_2$水溶液をx〔mL〕とおきます。

ステップ②：$Ba(OH)_2$は，$0.020\,〔mol/L〕\times\left(\frac{x}{1000}\right)〔L〕=2.0x\times10^{-5}〔mol〕$

OH^-は，$2.0x\times10^{-5}\times2=4.0x\times10^{-5}〔mol〕$　($Ba(OH)_2$は2価の塩基なので)

ステップ③：塩酸HClは，$0.050\,〔mol/L〕\times\left(\frac{20}{1000}\right)〔L〕=1.0\times10^{-3}〔mol〕$

よって，H^+も1.0×10^{-3}mol　(HClは1価の酸なので)

ステップ④：(H^+の物質量)＝(OH^-の物質量)より

$1.0\times10^{-3}〔mol〕=4.0x\times10^{-5}〔mol〕$　　$x=$ **25mL** 答

(2)

ステップ①：中和するのに必要な塩酸HClをx〔mL〕とおきます。

ステップ②：酸化カルシウムCaOは1molで56g。よってCaO2.8gは，

$\frac{2.8}{56}=0.050$mol。1.0Lのうち，使ったのが20mLなので

$0.050\,[\mathrm{mol/L}] \times \left(\dfrac{20}{1000}\right)[\mathrm{L}] = 1.0 \times 10^{-3}\mathrm{mol}$

CaOは水中で水酸化カルシウム$Ca(OH)_2$になるので，OH^-は

$1.0 \times 10^{-3}\,[\mathrm{mol}] \times 2 = 2.0 \times 10^{-3}\,[\mathrm{mol}]$　（$Ca(OH)_2$は2価の塩基なので）

ステップ③：塩酸HClは，$0.050\,[\mathrm{mol/L}] \times \left(\dfrac{x}{1000}\right)[\mathrm{L}] = 5.0x \times 10^{-5}\,[\mathrm{mol}]$

よって，H^+も$5.0x \times 10^{-5}\mathrm{mol}$　（HClは1価の酸なので）

ステップ④：（H^+のmol）＝（OH^-のmol）より

$5.0x \times 10^{-5}\,[\mathrm{mol}] = 2.0 \times 10^{-3}\,[\mathrm{mol}]$　　$x =$ **40mL** 答

確認問題 29　5-3，5-9 に対応

次の各水溶液のpHを求めよ。ただし，$\log_{10}2 = 0.3$とする。

(1) $1.0 \times 10^{-2}\mathrm{mol/L}$の塩酸HClを純水で100倍に希釈した水溶液。

(2) $1.0 \times 10^{-2}\mathrm{mol/L}$の酢酸$CH_3COOH$水溶液。ただし，酢酸の電離度を0.020とする。

(1) $1.0 \times 10^{-2}\mathrm{mol/L}$の塩酸HClを100倍に希釈すると，濃度は

$1.0 \times 10^{-4}\mathrm{mol/L}$

HClは強酸（電離度$\alpha \fallingdotseq 1$）なので，H^+の濃度も

$[H^+] = 1.0 \times 10^{-4}\mathrm{mol/L}$

よって，pHは

$-\log_{10}[H^+] = -\log_{10}(1.0 \times 10^{-4}) =$ **4.0** 答

酸の濃度→H⁺の濃度
→pHという流れで，
pHを求めればいいんだね

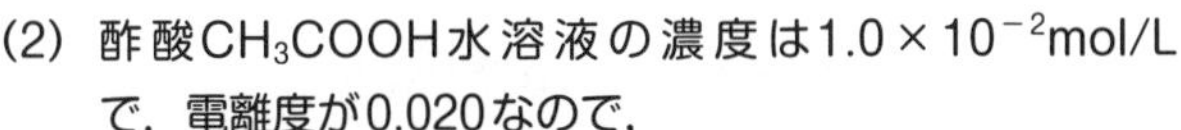
(2) 酢酸CH_3COOH水溶液の濃度は$1.0 \times 10^{-2}\mathrm{mol/L}$で，電離度が0.020なので，

H^+の濃度は$1.0 \times 10^{-2}\,[\mathrm{mol/L}] \times 0.020 = 2.0 \times 10^{-4}\,[\mathrm{mol/L}]$

よって　$\mathrm{pH} = -\log_{10}[H^+] = -\log_{10}(2.0 \times 10^{-4})$

$= 4 - \log_{10}2 = 4 - 0.3 =$ **3.7** 答

「100倍に希釈する」や「水で薄めて～ mLにする」などという場合，物質量〔mol〕は変わらないことに注意しましょう。
0.01mol/Lの溶液を100倍に希釈するなら，
0.01mol/Lの1Lの溶液を100Lにすると考えればいいのです。
0.01mol/Lの1Lの溶液には物質が0.01mol溶けているので，100Lにしたときのモル濃度は

$$0.01 \div 100 = 1.0 \times 10^{-4}\ \text{〔mol/L〕}$$

となります。
つまり，もともとのモル濃度を100で割れば求められるということです。

確認問題 30　5-10，5-11 に対応

次の文中の（①）～（④）に入る名称や数字を答えよ。

濃度不明の酢酸 CH_3COOH 水溶液20.0mLを（①）を用いて正確にはかり取り，コニカルビーカーに入れ，これに指示薬である（②）を1～2滴加えてから，（③）に入れてある0.40mol/Lの水酸化ナトリウム $NaOH$ 水溶液を滴下したら，10.0mL加えたところで中和点に達した。これにより，酢酸 CH_3COOH 水溶液の濃度が（④）mol/Lであることがわかった。

① 水溶液を一定体積だけ正確にはかり取る器具なので，**ホールピペット**。
② 酢酸 CH_3COOH 水溶液（弱酸）と水酸化ナトリウム $NaOH$ 水溶液（強塩基）の反応なので，**中和点は塩基性側に寄ります**。
　よって，**フェノールフタレイン**。
③ 溶液を滴下し，滴下量を読み取る器具なので，**ビュレット**。
④ CH_3COOH の濃度を x〔mol/L〕とすると，酢酸は

$$x\text{〔mol/L〕} \times \left(\frac{20}{1000}\right)\text{〔L〕} = 2.0x \times 10^{-2}\text{〔mol〕}$$

また，$NaOH$ は $0.40\text{〔mol/L〕} \times \left(\frac{10}{1000}\right)\text{〔L〕} = 4.0 \times 10^{-3}\text{〔mol〕}$

CH_3COOH も $NaOH$ もともに1価の酸・塩基なので，
それぞれの濃度が H^+，OH^- の濃度となります。よって，

$$2.0x \times 10^{-2} = 4.0 \times 10^{-3} \qquad x = 0.20\text{mol/L}$$

① **ホールピペット**　② **フェノールフタレイン**
③ **ビュレット**　④ **0.20** 答

確認問題 31　5-12に対応

食酢中の酢酸 CH_3COOH の濃度を求めるために，次の実験を行った。
実験：メスフラスコにシュウ酸二水和物 $(COOH)_2 \cdot 2H_2O$ を2.52g入れ，純水を加えて溶かし，全量100mLのシュウ酸標準液(A液)を作った。
別のメスフラスコに水酸化ナトリウムNaOH約0.500gを入れ，純水を加えて溶かし，全量200mLの水酸化ナトリウム水溶液(B液)を作った。
ホールピペットを用いてA液10.0mLをコニカルビーカーに取り，(a)指示薬を数滴加えた。次にB液をビュレットに入れて少しずつ滴下したところ，中和点までに40.0mL必要であった。
食酢を正確に10倍に薄めた水溶液を作り，ホールピペットを用いて，その水溶液20.0mLをコニカルビーカーに取った。指示薬を数滴加え，ビュレットに入れたB液を少しずつ滴下したところ，中和点までに12.0mL必要であった。
次の各問いに答えよ。ただし，原子量はH＝1.0，C＝12，O＝16とし，食酢の密度を $1.02 g/cm^3$ とする。

(1) シュウ酸標準液(A液)のモル濃度を求めよ。
(2) 下線部(a)の指示薬について，メチルオレンジとフェノールフタレインのどちらを使うのが適しているか答えよ。
(3) 水酸化ナトリウム水溶液(B液)のモル濃度を求めよ。
(4) 10倍に薄める前の食酢中の酢酸のモル濃度を求めよ。
(5) 10倍に薄める前の食酢中の酢酸の質量パーセント濃度を，小数第1位まで求めよ。
(6) 実験で用いた器具が純水で濡れており，十分に乾いていなかったとする。メスフラスコ，ホールピペット，コニカルビーカー，ビュレットのうち，共洗いすべき器具をすべて答えよ。

解説

(1) シュウ酸二水和物 $(COOH)_2 \cdot 2H_2O$ のモル質量は

$$(12+16+16+1.0)\times 2+2\times 18=126 g/mol$$

よって，シュウ酸二水和物2.52gの物質量は

$$\frac{2.52}{126}=0.0200\text{mol}$$

これが溶けて100mL＝0.100Lになっているので，モル濃度は

$$\frac{0.0200\,[\text{mol}]}{0.100\,[\text{L}]}=\mathbf{0.200\,[mol/L]}$$ 答

(2) シュウ酸は弱酸で，水酸化ナトリウムは強塩基です。
そのため中和でできる塩の水溶液は塩基性なので，中和点での水溶液は塩基性に寄ることになります。
よって適する指示薬は**フェノールフタレイン** 答

(3) 水酸化ナトリウムには潮解性があるので「約0.500g」という数値を使って濃度を求めてはいけないんでしたね。よって，この数値は無視します。
シュウ酸との中和から求めましょう。
シュウ酸は2価の酸なので，シュウ酸標準液（A液）10.0mLに含まれるH^+の物質量は

$$2\times0.200\,[\text{mol/L}]\times\frac{10.0}{1000}\,[\text{L}]=4.00\times10^{-3}\,[\text{mol}]$$

水酸化ナトリウムは1価の塩基なので，水酸化ナトリウム水溶液（B液）40.0mLに含まれるOH^-の物質量が，このH^+の物質量と同じになります。
B液のモル濃度をx〔mol/L〕とすると

$$x\,[\text{mol/L}]\times\frac{40.0}{1000}\,[\text{L}]=4.00\times10^{-3}\,[\text{mol}]$$

$$x=\mathbf{0.100\,[mol/L]}$$ 答

(4) 10倍に薄めた食酢＝酢酸水溶液と考えましょう。
濃度のわからない酢酸CH_3COOH水溶液20.0mLを中和するのに，(3)で濃度が判明した0.100〔mol/L〕の水酸化ナトリウム水溶液12.0mLを要したということです。
酢酸も水酸化ナトリウムもともに1価の酸・塩基なので，酢酸水溶液の濃度をy〔mol/L〕として（H^+の物質量）＝（OH^-の物質量）の式を立てると

$$y\,[\text{mol/L}]\times\frac{20.0}{1000}\,[\text{L}]=0.100\,[\text{mol/L}]\times\frac{12.0}{1000}\,[\text{L}]$$

$$y=0.0600\,[\text{mol/L}]$$

これは10倍に薄めた食酢に含まれる酢酸のモル濃度なので，薄める前の酢酸のモル濃度は**0.600mol/L** 答

(5) モル濃度→質量パーセント濃度への変換ですね。
1L＝1000cm^3の食酢をイメージしましょう。
(4)より，薄める前の食酢1L中には0.600molのCH_3COOHが溶けているとわかり，CH_3COOHのモル質量は60g/molなのでその質量は

$$0.600\times60=36.0\,[\text{g}]$$

1L＝1000cm^{3}の食酢の質量は，密度が1.02g/cm^{3}であることから

$$1000〔cm^3〕\times 1.02〔g/cm^3〕= 1020〔g〕$$

よって，質量パーセント濃度は

$$\frac{36.0〔g〕}{1020〔g〕}\times 100 \fallingdotseq \underline{\mathbf{3.5〔\%〕}}$$ 答

(6) **ホールピペット，ビュレット** 答

確認問題 32 5-13に対応

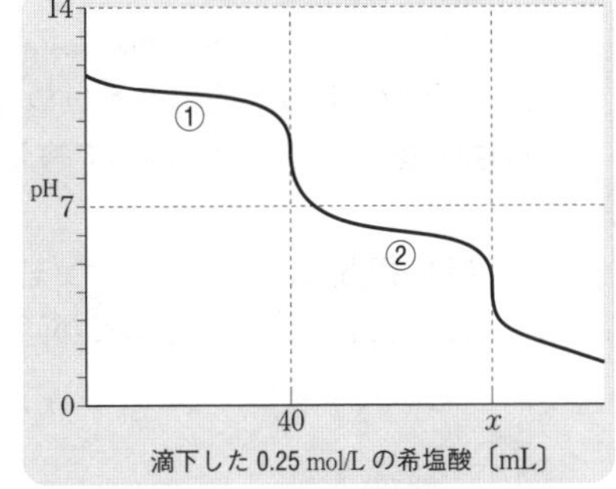

右図はある濃度の炭酸ナトリウムNa_2CO_3水溶液10mLに，0.25mol/Lの塩酸HClを滴下したときの滴定曲線である。次の各問いに答えよ。

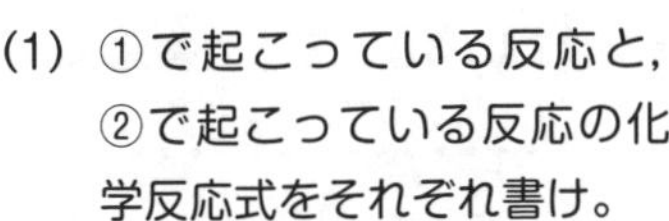

(1) ①で起こっている反応と，②で起こっている反応の化学反応式をそれぞれ書け。

(2) 図中のxの値を答えよ。

(3) ②の反応の完了を知るために用いる指示薬の名称を答えよ。

(4) 実験に用いた炭酸ナトリウム水溶液のモル濃度を求めよ。

(5) 滴定後の容器に入った水溶液に含まれるNaClの物質量を答えよ。

解説

(1) ① **$Na_2CO_3 + HCl \longrightarrow NaHCO_3 + NaCl$** 答

② **$NaHCO_3 + HCl \longrightarrow NaCl + H_2O + CO_2$** 答

(2) ①までの量と同じ量だけHClを要するので，**x＝80** 答

(3) **メチルオレンジ** 答

(4) ①の反応式より，Na_2CO_3とHClは1：1の物質量比で反応することがわかります。求める炭酸ナトリウムNa_2CO_3水溶液のモル濃度をy〔mol/L〕とすると，この水溶液10mLが0.25mol/Lの塩酸40mLと反応するので

$$y〔mol/L〕\times \frac{10}{1000}〔L〕= 0.25〔mol/L〕\times \frac{40}{1000}〔L〕$$

$$y = \underline{\mathbf{1.0mol/L}}$$ 答

(5) 1.0mol/LのNa_2CO_3水溶液10mLに含まれるNa_2CO_3の物質量は

$$1.0\,[\mathrm{mol/L}] \times \frac{10}{1000}\,[\mathrm{L}] = 0.010\mathrm{mol}$$

①，②の二段階の中和より，$Na_2CO_3$1molあたり，NaClは2molできるとわかる。

よって，滴定後の溶液に含まれるNaClの物質量は**0.020mol** 答 

確認問題 33 5-14 に対応

ある食品17.5mgに含まれている窒素NをすべてアンモニアNH_3として発生させ，そのすべてを0.025mol/Lの硫酸$H_2SO_4$15.0mLに吸収させた。この溶液を0.050mol/Lの水酸化ナトリウムNaOH水溶液で滴定したところ，13.0mLが必要であった。次の各問いに答えよ。ただしH＝1.0，N＝14とする。

(1) 硫酸に吸収させたアンモニアは何mgか。

(2) この食品には窒素Nが何%含まれているか，整数で答えよ。

解説

この手の問題は，十分な量だけ用意された酸H^+に塩基OH^-を反応させます（今回の実験では，アンモニアを吸収させています）。アンモニアがどれだけ発生したかは，未反応の酸H^+がどれくらいだったかを知ることでわかりますので，水酸化ナトリウム水溶液を滴定しています。

硫酸のH^+〔mol〕	
アンモニアのOH^-〔mol〕	水酸化ナトリウムのOH^-〔mol〕

(1) まず，用意されたH^+はどれくらいかを調べていきます，硫酸H_2SO_4の物質量は

$$0.025\,[\mathrm{mol/L}] \times \frac{15.0}{1000}\,[\mathrm{L}] = 3.75 \times 10^{-4}\,[\mathrm{mol}]$$

ですが，硫酸H_2SO_4は2価の酸なので，発生するH^+は2倍あります。よって，硫酸に含まれていたH^+の物質量は

$$3.75 \times 10^{-4} \times 2 = 7.5 \times 10^{-4}\,[\mathrm{mol}]$$

一方，滴定した水酸化ナトリウムNaOHの物質量は

$$0.050\,[\mathrm{mol/L}] \times \frac{13.0}{1000}\,[\mathrm{L}] = 6.5 \times 10^{-4}\,[\mathrm{mol}]$$

で，水酸化ナトリウムNaOHは1価の塩基なので，水酸化ナトリウムに含まれるOH^-の物質量は

6.5×10^{-4}〔mol〕

これより，アンモニアNH_3が出したOH^-の物質量は

$$\underbrace{7.50 \times 10^{-4}〔\text{mol}〕}_{\text{硫酸の}H^+} - \underbrace{6.50 \times 10^{-4}〔\text{mol}〕}_{\text{水酸化ナトリウムの}OH^-} = \underbrace{1.00 \times 10^{-4}〔\text{mol}〕}_{\text{アンモニアの}OH^-}$$

ということになります。

アンモニアNH_3は1価の塩基なので，吸収されたアンモニアNH_3は同様に1.0×10^{-4}molです。

問われているのは質量〔mg〕なので，アンモニアNH_3のモル質量（17g/mol）を掛ければ求められます。

1.0×10^{-4}〔mol〕$\times 17$〔g/mol〕$= 17 \times 10^{-4}$〔g〕$= 1.7 \times 10^{-3}$〔g〕

$=$ **1.7〔mg〕** 答

(2) さて，(1) から発生したアンモニアNH_3が1.0×10^{-4}molだということがわかりました。1個のアンモニアNH_3に対して，1個のNが含まれていますから，ある食品17.5mgに含まれていたNも1.0×10^{-4}molということになります。

Nのモル質量は14g/molなので，食品17.5mgに含まれている窒素Nの質量は

1.0×10^{-4}〔mol〕$\times 14$〔g/mol〕$= 1.4 \times 10^{-3}$〔g〕

食品全体の質量は17.5〔mg〕$= 17.5 \times 10^{-3}$〔g〕なので

$$\frac{1.4 \times 10^{-3}〔\text{g}〕}{17.5 \times 10^{-3}〔\text{g}〕} \times 100 = \mathbf{8.0〔\%〕}$$ 答

Chapter 6 酸化と還元

確認問題 34 6-3，6-4 に対応

次の化学反応 (1) ～ (4) について，左辺に記された元素のうち酸化される元素と還元される元素を元素記号で書き，それぞれの酸化数がどのように変化するかを示せ。

(1) $3Cu + 8HNO_3 \longrightarrow 3Cu(NO_3)_2 + 2NO + 4H_2O$

(2) $I_2 + SO_2 + 2H_2O \longrightarrow H_2SO_4 + 2HI$

(3) $4HCl + MnO_2 \longrightarrow MnCl_2 + Cl_2 + 2H_2O$

(4) $2H_2O_2 \longrightarrow 2H_2O + O_2$

解説

(1) $3\underline{Cu} + 8H\underline{N}O_3 \longrightarrow 3\underline{Cu}(NO_3)_2 + 2\underline{N}O + 4H_2O$

(0) (+5) (+2) (+2)

酸化される元素：Cu (0→+2)，**還元される元素：N (+5→+2)** 答 

(2) $\underline{I}_2 + \underline{S}O_2 + 2H_2O \longrightarrow H_2\underline{S}O_4 + 2H\underline{I}$

(0) (+4) (+6) (−1)

酸化される元素：S (+4→+6)，

還元される元素：I (0→−1) 答

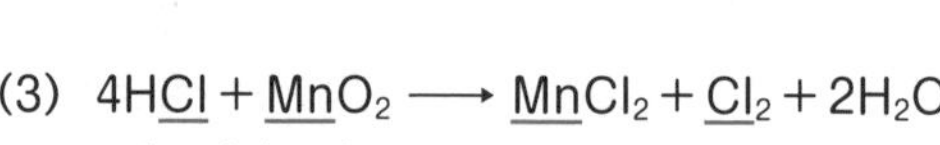

(3) $4H\underline{Cl} + \underline{Mn}O_2 \longrightarrow \underline{Mn}Cl_2 + \underline{Cl}_2 + 2H_2O$

(−1) (+4) (+2) (0)

酸化される元素：Cl (−1→0)，

還元される元素：Mn (+4→+2) 答 

(4)では，過酸化水素
H_2O_2 が酸化剤にも還元剤にも
なっているんじゃ！

(4) $2H_2\underline{O}_2 \longrightarrow 2H_2\underline{O} + \underline{O}_2$

(−1) (−2) (0)

酸化される元素：O (−1→0)，**還元される元素：O (−1→−2)** 答

確認問題 35 6-5 に対応

次の(ア)～(キ)の反応のうち，酸化還元反応であるものをすべて選び答えよ。

(ア) $2KI + Br_2 \longrightarrow 2KBr + I_2$

(イ) $MnO_2 + 4HCl \longrightarrow MnCl_2 + 2H_2O + Cl_2$

(ウ) $NH_4Cl + KOH \longrightarrow KCl + NH_3 + H_2O$

(エ) $2H_3PO_4 + 3Ca(OH)_2 \longrightarrow Ca_3(PO_4)_2 + 6H_2O$

(オ) $SO_2 + H_2O_2 \longrightarrow H_2SO_4$

(カ) $Fe_2O_3 + CO \longrightarrow 2FeO + CO_2$

(キ) $NH_3 + H_2O \longrightarrow NH_4^+ + OH^-$

酸化数が変化している原子が1つでもあれば，酸化還元反応です。
まず，簡単な判断方法として「反応の前後に単体があれば酸化還元反応」というものがあります。単体は酸化数が0なので，単体が化合物に変わった場合，または，化合物が単体に変わった場合は，酸化数が変化しているので酸化還元反応です。
(ア) にはBr_2やI_2という単体がありますし，(イ) にはCl_2という単体がありますから，(ア)，(イ) は酸化還元反応であるとすぐにわかるのです。

(ア)　$2K\underset{(-1)}{\underline{I}} + \underset{(0)}{\underline{\underline{Br}}}_2 \longrightarrow 2K\underset{(-1)}{\underline{\underline{Br}}} + \underset{(0)}{\underline{I}}_2$

(イ)　$MnO_2 + 4H\underset{(-1)}{\underline{Cl}} \longrightarrow MnCl_2 + 2H_2O + \underset{(0)}{\underline{Cl}}_2$

(ウ) は弱塩基の遊離反応です。これは，イオン結合でできた化合物どうしの，イオンの交換がされているだけなので，どの原子も酸化数は変化していません。
(エ) はリン酸H_3PO_4が酸で，$Ca(OH)_2$が塩基の中和反応です。中和反応もイオンの交換が起こるだけなので，酸化数は変化しません。
(オ) 1つでも酸化数が変化している原子があれば酸化還元反応です。Sに注目すると，SO_2のSの酸化数は＋4，H_2SO_4のSの酸化数は＋6なので，変化しています。だから酸化還元反応です。

(オ)　$\underset{(+4)}{\underline{S}}O_2 + H_2O_2 \longrightarrow H_2\underset{(+6)}{\underline{S}}O_4$

(カ) Feに注目するとFe_2O_3のFeの酸化数は＋3，FeOのFeの酸化数は＋2なので，変化しています。だから酸化還元反応です。

(カ)　$\underset{(+3)}{\underline{Fe}}_2O_3 + \underset{(+2)}{\underline{\underline{C}}}O \longrightarrow 2\underset{(+2)}{\underline{Fe}}O + \underset{(+4)}{\underline{\underline{C}}}O_2$

(キ) これはアンモニアNH_3の電離ですね。それぞれの原子の酸化数は変わらないので，酸化還元反応ではありません。

(ア)，(イ)，(オ)，(カ) 答

確認問題 36　6-6，6-7 に対応

次の (1) ～ (4) の酸化剤や還元剤の半反応式を書け。

(1)　塩素Cl_2　(酸化剤)

(2) 過マンガン酸イオンMnO_4^- (酸化剤，酸性溶液中)
(3) 硫化水素H_2S (還元剤)
(4) 過酸化水素H_2O_2 (還元剤)

半反応式は，**4ステップ**で作ることができたのでしたね。
半反応式を作るときの4ステップ：**【暗記】→【水】→【H⁺】→【e⁻】**

(1)
ステップ①：【暗記】
反応後の形は暗記です。塩素Cl_2の反応後の形はCl^-です。

$$Cl_2 \longrightarrow 2Cl^-$$

ステップ②：【水】
この反応式にはOが出てこないので，ここは飛ばします。

ステップ③：【H^+】
この反応式にはHが出てこないので，ここも飛ばします。

ステップ④：【e^-】
両辺の電荷をそろえるために，e^-を加えます。
今回は左辺に$2e^-$を加えることで，両辺の電荷が－2でそろいますね。

$$\mathbf{Cl_2 + 2e^- \longrightarrow 2Cl^-}$$ 答

(2)
ステップ①：【暗記】
反応後の形は暗記です。MnO_4^-の反応後の形は，酸性溶液中ではMn^{2+}です。

$$MnO_4^- \longrightarrow Mn^{2+}$$

ステップ②：【水】
両辺のOの数をそろえるために，右辺に$4H_2O$を加えます。

$$MnO_4^- \longrightarrow Mn^{2+} + 4H_2O$$

ステップ③：【H^+】
両辺のHの数をそろえるために，左辺に$8H^+$を加えます。

$$MnO_4^- + 8H^+ \longrightarrow Mn^{2+} + 4H_2O$$

ステップ④：【e^-】

両辺の電荷をそろえるために，e^-を加えます。

今回は左辺の電荷が＋7，右辺の電荷が＋2なので，左辺に$5e^-$を加えて完成です。

$$MnO_4^- + 8H^+ + 5e^- \longrightarrow Mn^{2+} + 4H_2O$$ 答

(3)

ステップ①：【暗記】

反応後の形は暗記です。硫化水素H_2Sの反応後の形はSです。

$$H_2S \longrightarrow S$$

ステップ②：【水】

この反応式にはOが出てこないので，ここは飛ばします。

ステップ③：【H^+】

Hの数をそろえるために，右辺に$2H^+$を加えます。

$$H_2S \longrightarrow S + 2H^+$$

ステップ④：【e^-】

両辺の電荷をそろえるために，e^-を加えます。

今回は右辺に$2e^-$を加えることで，両辺の電荷が0でそろいますね。

$$H_2S \longrightarrow S + 2H^+ + 2e^-$$ 答

(4)

ステップ①：【暗記】

反応後の形は暗記です。過酸化水素H_2O_2の還元剤としての反応後の形はO_2です。

$$H_2O_2 \longrightarrow O_2$$

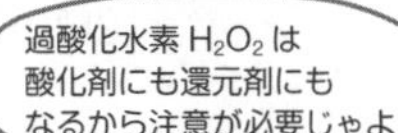

過酸化水素 H_2O_2 は
酸化剤にも還元剤にも
なるから注意が必要じゃよ

ステップ②：【水】

この反応式では両辺のOの数はそろっているので，ここは飛ばします。

ステップ③：【H^+】

Hの数をそろえるために，右辺に$2H^+$を加えます。

$$H_2O_2 \longrightarrow O_2 + 2H^+$$

ステップ④：【e^-】

両辺の電荷をそろえるために，e^-を加えます。

今回は右辺に$2e^-$を加えることで，両辺の電荷が0でそろいますね。

$$H_2O_2 \longrightarrow O_2 + 2H^+ + 2e^-$$ 答

確認問題 37　6-8，6-9，6-10に対応

次の各問いに答えよ。

(1) 硫酸酸性の過マンガン酸カリウム水溶液$KMnO_4$に，ヨウ化カリウム水溶液KIを加えたときの反応を化学反応式で書け。ただし，次の半反応式を用いよ。

$$MnO_4^- + 8H^+ + 5e^- \longrightarrow Mn^{2+} + 4H_2O \cdots (a)$$

$$2I^- \longrightarrow I_2 + 2e^- \cdots (b)$$

(2) 濃度不明なヨウ化カリウム水溶液20.0mLに，硫酸酸性水溶液のもとで0.20mol/Lの過マンガン酸カリウム水溶液を滴下したところ，滴下量が12.0mLを超えると水溶液が無色から褐色になった。このヨウ化カリウム水溶液の濃度は何mol/Lか。

(1) e^-の数をそろえて足せば，イオン反応式が完成するので，

(a)式×2＋(b)式×5より

$$2MnO_4^- + 16H^+ + 10I^- \longrightarrow 2Mn^{2+} + 8H_2O + 5I_2$$

これではまだ化学反応式になっていません。

化学反応式にするために，まずはH^+をすべてH_2SO_4に変えましょう（硫酸酸性水溶液なので）。つまり，両辺に$8SO_4^{2-}$を加えます。

$$2MnO_4^- + 8H_2SO_4 + 10I^- \longrightarrow 2MnSO_4 + 8H_2O + 5I_2 + 6SO_4^{2-}$$

どれもカリウム塩なので，両辺に$12K^+$を加えて完成です。

反応式：$2KMnO_4 + 8H_2SO_4 + 10KI$

$\longrightarrow 2MnSO_4 + 8H_2O + 5I_2 + 6K_2SO_4$ 

(2) (1) の式からわかったように，2molの$KMnO_4$と10molのKIが反応します。この比の関係を使って，問題を解いていくのです。

過マンガン酸カリウムの物質量〔mol〕は

$$0.20\,〔mol/L〕\times\frac{12.0}{1000}\,〔L〕=2.4\times10^{-3}\,〔mol〕$$

一方，ヨウ化カリウム水溶液の濃度をx〔mol/L〕とすると，ヨウ化カリウムの物質量〔mol〕は

$$x\,〔mol/L〕\times\frac{20.0}{1000}\,〔L〕=2.0x\times10^{-2}\,〔mol〕$$

これらが2：10の比で反応するので

$$2:10=2.4\times10^{-3}:2.0x\times10^{-2}$$

$$x=\frac{10\times2.4\times10^{-3}}{2\times2.0\times10^{-2}}$$

$x=$ **0.60〔mol/L〕** 答

確認問題 38 6-11 に対応

次の水溶液中での反応のうち，矢印の方向に進む反応はどちらか。

(1) $2Ag^{+}+Fe\longrightarrow2Ag+Fe^{2+}$

(2) $Zn^{2+}+Pb\longrightarrow Zn+Pb^{2+}$

イオン化傾向を考えましょう。

イオン化傾向の大きい金属と，イオン化傾向の小さい金属イオンは反応が進みます。イオン化傾向はZn>Fe>Pb>Agなので，(1) の反応が進みます。

(1) 答

電池

確認問題 39 7-1に対応

次の(1)～(3)の組み合わせで，導線でつないだ2種の金属を希硫酸中に入れて電池としたとき，負極になるのはどちらか。

(1) ZnとPb　(2) NiとCu　(3) PbとFe

イオン化傾向って
すごく大事なんだね

イオン化傾向の大きいほうの金属が陽イオン化し，e^-を放出します。
e^-を放出する側の極が負極です。

(1) **Zn**　(2) **Ni**　(3) **Fe** 答

放出されたe^-は
導線を伝わり
反対の極へ移るんじゃ

確認問題 40 7-2に対応

ボルタ電池について，次の各問いに答えよ。

(1) 正極・負極で起こる反応を，それぞれ半反応式で書け。また，それが酸化反応か還元反応かも答えよ。

(2) ボルタ電池は発電するとすぐ，電流が流れなくなってしまう。これは正極の電極表面に水素ガスが付着することなどによる。この現象をなんというか。

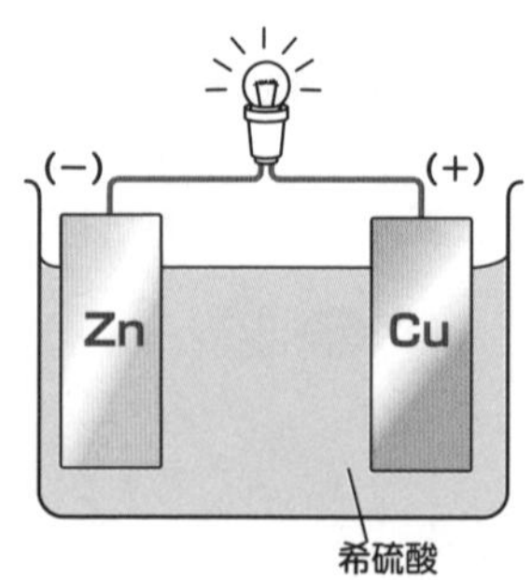

(3) (2) の現象を抑えるために加える酸化剤をなんというか。

(1) **正極（銅板）ではH^+がe^-を受け取って還元され，H_2になります。**
負極（亜鉛板）ではZnが酸化されてZn^{2+}となり，e^-を放出します。
正極：$2H^+ + 2e^- \longrightarrow H_2$ （還元反応）
負極：$Zn \longrightarrow Zn^{2+} + 2e^-$（酸化反応） 答

(2) **分極** 答

(3) **減極剤** 答

確認問題 41 7-3 に対応

ダニエル電池について，次の各問いに答えよ。

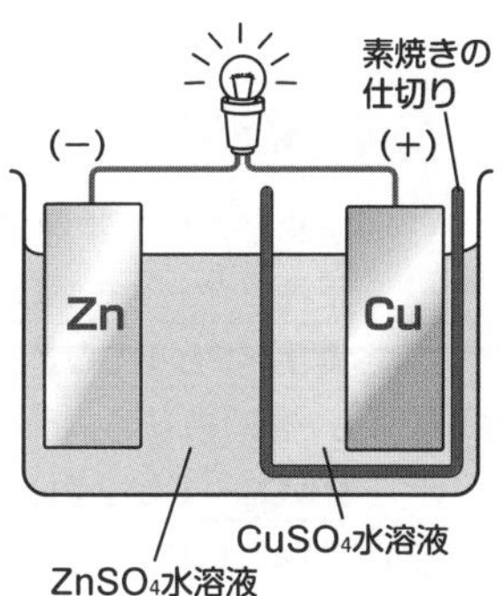

(1) 正極・負極で起こる反応を，それぞれ半反応式で書け。また，それが酸化反応か還元反応かも答えよ。

(2) Znが0.0200mol反応したとき，Cuは何g析出したか。ただし，Cuの原子量を63.5とする。

(1) **正極（銅板）ではCu^{2+}が$2e^-$を受け取って還元され，Cuとして析出します。**
負極（亜鉛板）ではZnが酸化されてZn^{2+}となり，e^-を放出します。
正極：$Cu^{2+} + 2e^- \longrightarrow Cu$ （還元反応）
負極：$Zn \longrightarrow Zn^{2+} + 2e^-$（酸化反応） 答

(2) 正極と負極での半反応式より，Znが1mol反応すると2molのe^-が流れ，1molのCuが析出します。
つまり，Znが0.0200mol反応すると，Cuも0.0200molだけ析出します。
つまり，$63.5 \times 0.0200 =$ **1.27g** 答

確認問題 42 7-4，7-5 に対応

鉛蓄電池について，次の各問いに答えよ。

(1) 放電の際，正極・負極で起こる反応をそれぞれ半反応式で書け。
また，それが酸化反応か還元反応かも答えよ。

(2) 放電の際，正極・負極で起こる反応を，1つにまとめた化学反応式を書け。

(3) 放電の際，希硫酸の濃度はどのように変化するか。

(4) 放電の際，両極の質量はそれぞれどのように変化するか。

(5) 充電の際，外部電源の負極に接続するのは，鉛蓄電池の正極と負極のどちらか。

(−) (+) Pb PbO_2 希硫酸

解説

(1) 求めかたは，本冊のp.194～197に戻って復習しましょう。

正極：$PbO_2 + SO_4^{2-} + 4H^+ + 2e^- \longrightarrow PbSO_4 + 2H_2O$ （還元反応）

負極：$Pb + SO_4^{2-} \longrightarrow PbSO_4 + 2e^-$ （酸化反応） 答 

(2) e^-を消去するように式を足し合わせます。

$PbO_2 + Pb + 2H_2SO_4 \longrightarrow 2PbSO_4 + 2H_2O$ 答

(3) 正極・負極ともにSO_4^{2-}と反応しています。
つまり硫酸が消費されているのですから，
濃度は減少します。 答
（逆に，充電する際には，硫酸の濃度は増えます）

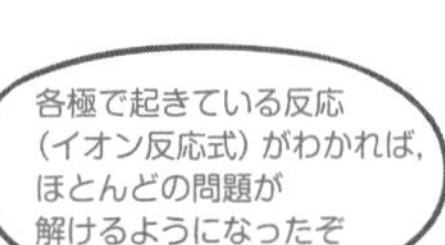

各極で起きている反応
（イオン反応式）がわかれば，
ほとんどの問題が
解けるようになったぞ

(4) 正極では$PbO_2 \rightarrow PbSO_4$，
負極では$Pb \rightarrow PbSO_4$と変化しているので，
両極とも質量が増えます。 答

(5) 充電の際，放電とは逆の反応が起きています。
例えば，負極では

$$PbSO_4 + 2e^- \longrightarrow Pb + SO_4^{2-}$$

という反応が起きているのだから，外部電源の負極と接続してe^-を受け取っているのだとわかります。
よって，外部電源の負極に鉛蓄電池の負極を接続します。

負極 答

確認問題 43 7-6 に対応

燃料電池について次の各問いに答えよ。ただし，H＝1.0，O＝16とする。

(1) 放電の際，正極・負極で起こる反応を，それぞれ半反応式で書け。また，それが酸化反応か還元反応かも答えよ。

(2) 1molの酸素が反応したとき，生成する水は何gか。

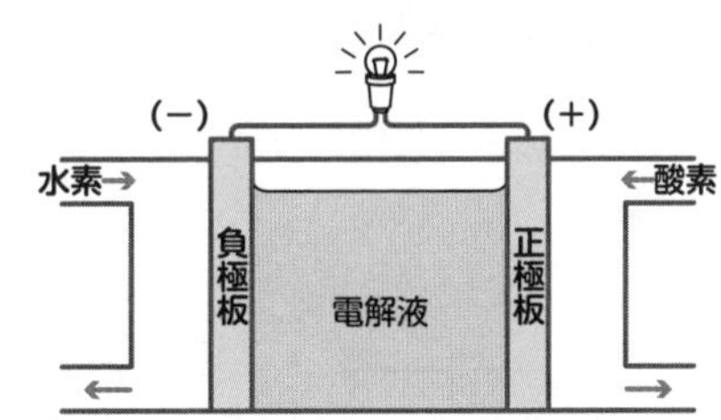
(−)
(+)
水素→
←酸素
負極板
電解液
正極板

解 説

(1) 求めかたは，本冊のp.198に戻って復習しましょう。

正極：$O_2 + 4H^+ + 4e^- \longrightarrow 2H_2O$ （還元反応）

負極：$H_2 \longrightarrow 2H^+ + 2e^-$ （酸化反応） 答

(2) 両極で起こる反応を，1つの式にまとめてみましょう。

e^-を消去するために，e^-の数をそろえてから式を足し合わせると

$$2H_2 + O_2 \longrightarrow 2H_2O$$

となります。

この式より，1molの酸素O_2が反応すると，2molの水H_2Oが生成することがわかりますね。

水H_2Oは1molで18gだから，2molで **36g** 答

電解液に H_3PO_4 を
使った燃料電池を
リン酸型燃料電池と
いうぞい

電気分解

確認問題 44　8-1，8-2，8-3 に対応

次の図のように電気分解を行った。(1)～(3) の各極で起こる反応を半反応式で書け。

(1)

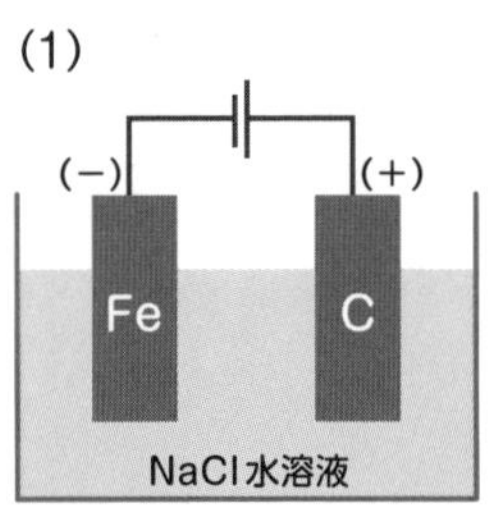

(2)

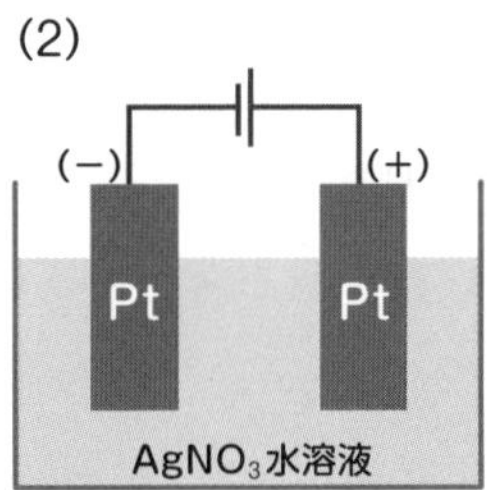

(3)

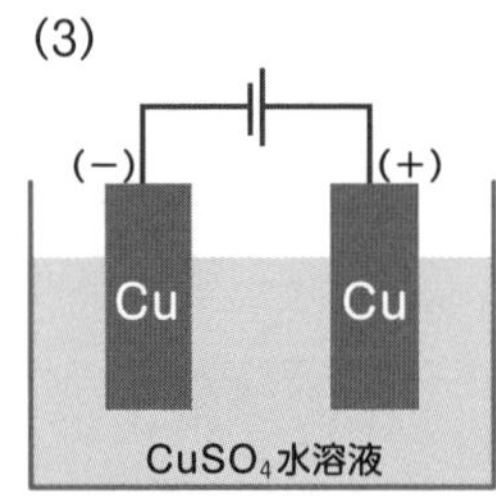

陰極では考えるステップが2つ，陽極ではステップが3つあります。

(1)

陰極：

ステップ①：水溶液にCu^{2+}，Ag^+が含まれているか？

含まれていないので，ステップ②へ。

ステップ②：水が反応する。

中性なので，次のような反応が起きます。

$$2H_2O + 2e^- \longrightarrow H_2 + 2OH^-$$ 答

(導きかたは本冊の p.206 を復習しましょう)

陽極：

ステップ①：電極に銅 Cu，銀 Ag は使われているか？

使われていないのでステップ②へ。

ステップ②：水溶液に塩化物イオンCl^-が含まれているか？

含まれているので，次のような反応が起きます。

$$2Cl^- \longrightarrow Cl_2 + 2e^-$$ 答

(2)

陰極：

ステップ①：水溶液にCu^{2+}，Ag^+が含まれているか？

Ag^+が含まれているので，次のような反応が起きます。

$Ag^+ + e^- \longrightarrow Ag$ 答

陽極：

ステップ①：電極に銅Cu，銀Agは使われているか？

ステップ②：水溶液に塩化物イオンCl^-が含まれているか？

それぞれ該当しないので，ステップ③へ。

ステップ③：水が反応する。

中性なので，次のような反応が起きます。

$2H_2O \longrightarrow O_2 + 4e^- + 4H^+$ 答

(導きかたは本冊のp.208を復習しましょう)

(3)

陰極：

ステップ①：水溶液にCu^{2+}，Ag^+が含まれているか？

Cu^{2+}が含まれているので，次のような反応が起きます。

$Cu^{2+} + 2e^- \longrightarrow Cu$ 答

陽極：

ステップ①：電極に銅Cu，銀Agは使われているか？

電極に銅が使われているので，次のような反応が起きます。

$Cu \longrightarrow Cu^{2+} + 2e^-$ 答

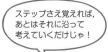

ステップさえ覚えれば，
あとはそれに沿って
考えていくだけじゃ！

確認問題 45 8-2，8-3，8-4，8-5 に対応

炭素電極を用いて，塩化銅(Ⅱ)$CuCl_2$水溶液に0.50Aの電流を1時間4分20秒流して電気分解を行った。このとき，陰極の質量は何g増加するか。また，陽極から発生する気体は標準状態で何Lか。それぞれ有効数字2桁で答えよ。ただし，原子量はCu＝63.5，ファラデー定数は96500C/molとする。

まずは，各極で起こる反応を知る必要があります。

陰極：

ステップ①：水溶液にCu^{2+}，Ag^{+}が含まれているか？

Cu^{2+}が含まれているので，次のような反応が起きます。

$$Cu^{2+} + 2e^{-} \longrightarrow Cu$$

陽極：

ステップ①：電極に銅は使われているか？

使われていないのでステップ②へ。

ステップ②：水溶液に塩化物イオンCl^{-}が含まれているか？

含まれているので，次のような反応が起きます。

$$2Cl^{-} \longrightarrow Cl_2 + 2e^{-}$$

次に，各極でどれだけ析出・発生したかについてですが，これは本冊のp.214でやったように，2ステップで解いていくのでしたね。

ステップ①：電流〔A〕×時間〔秒〕÷96500を計算する。

流れた電子e^{-}の物質量〔mol〕がわかります。

$$0.50 \times \underbrace{3860}_{1時間4分20秒=3860秒} \div 96500 = 0.020〔mol〕$$

ステップ②：析出する物質の物質量〔mol〕を出す。

陰極で析出するのは銅Cuで

$$Cu^{2+} + 2e^{-} \longrightarrow Cu$$

という反応式となっています。

つまり，e^{-}が2mol流れるとCuが1mol析出するということですから，e^{-}が0.020mol流れると，Cuが0.010mol析出するのです。

よって，析出するCuは

63.5〔g/mol〕×0.010〔mol〕＝0.635〔g〕≒ **0.64〔g〕** 答

陽極で発生するのは塩素Cl_2で

$$2Cl^- \longrightarrow Cl_2 + 2e^-$$

という反応式となっています。

つまり，e^-が2mol流れるとCl_2が1mol発生するということですから，

e^-が0.020mol流れると，Cl_2が0.010mol発生するのです。

よって，発生するCl_2は

22.4〔L/mol〕× 0.010〔mol〕＝ 0.224〔L〕≒ **0.22〔L〕** 

化学反応と熱

確認問題 46　9-1，9-2に対応

次の(1)，(2)のエンタルピー変化を表す式を，例にならってエネルギー図にせよ。

例：C（黒鉛）＋ $2H_2$（気）⟶ CH_4（気）　$\Delta H = -74.7$kJ

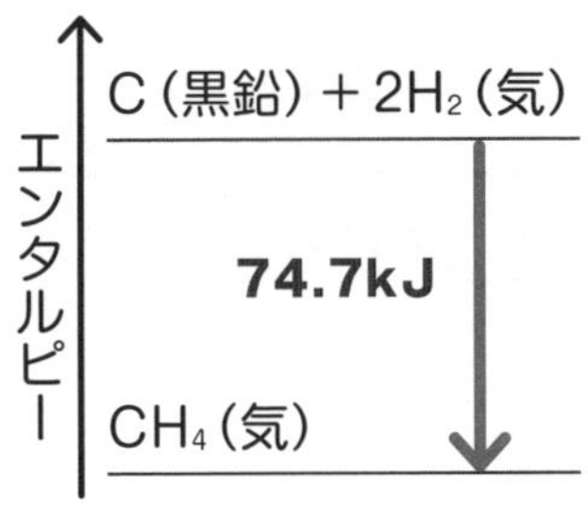

(1)　H_2（気）＋$\frac{1}{2}O_2$（気）⟶ H_2O（液）　$\Delta H = -286$kJ

(2)　2C（黒鉛）＋ H_2（気）⟶ C_2H_2（気）　$\Delta H = 227$kJ

(1)　この反応式が表しているのは，「H_2（気）と$\frac{1}{2}O_2$（気）が反応するとH_2O（液）になり，286kJのエネルギーを放出する」ということなので，もともとの状態（反応物）のH_2（気）＋$\frac{1}{2}O_2$（気）のほうがエンタルピーが高く，

変化後（生成物）のH_2O（液）のほうがエンタルピーが低い，ということです。
よって，次のようなエネルギー図になります。

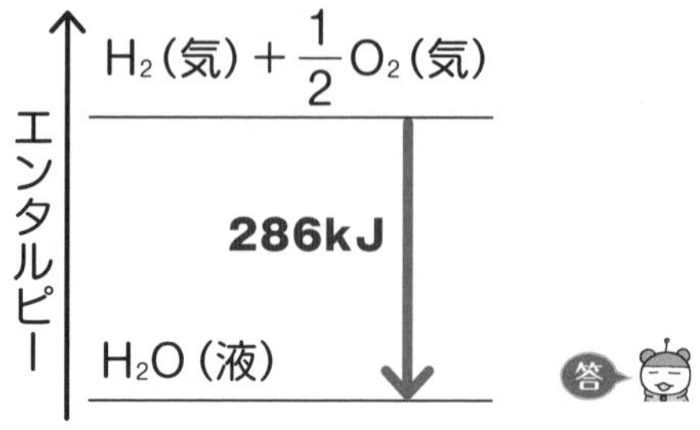

(2) この反応式が表しているものは，「2C（気）とH_2（気）が反応すると，C_2H_2（気）になり，227kJのエネルギーを受け取る」ということなので，もともとの状態（反応物）の2C（黒鉛）＋H_2（気）のほうがエンタルピーが低く，変化後（生成物）のC_2H_2（気）のほうがエンタルピーが高いということです。
よって，次のようなエネルギー図となります。

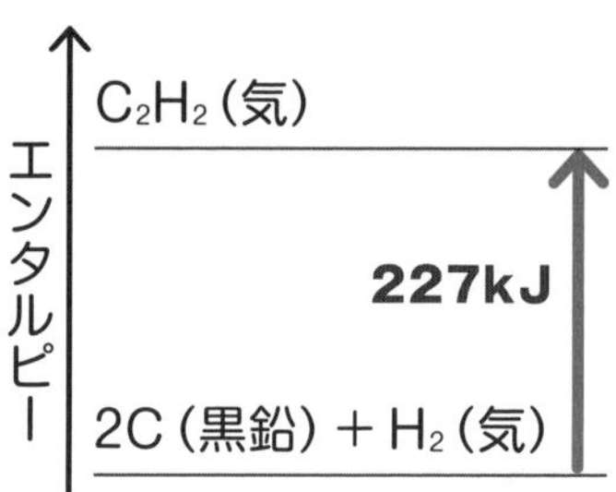

反応式が表している
エンタルピーの大小関係を
読み解くんじゃぞ

確認問題 47 9-3に対応

次の（1）～（4）のエンタルピー変化を表す式の反応エンタルピーの種類をそれぞれ答えよ。

（1） NaOH（固）＋ aq ⟶ NaOHaq　$\Delta H = -44.5\text{kJ}$

（2） $\frac{1}{2}N_2$（気）＋ $\frac{1}{2}O_2$（気）⟶ NO（気）　$\Delta H = 90\text{kJ}$

（3） HClaq ＋ NaOHaq ⟶ NaClaq ＋ H_2O（液）　$\Delta H = -56.5\text{kJ}$

（4） CH_4（気）＋ $2O_2$（気）⟶ CO_2（気）＋ $2H_2O$（液）　$\Delta H = -891\text{kJ}$

それぞれの反応エンタルピーの特徴と，どの物質の係数を1とするのかを復習しましょう。

（1）**溶解エンタルピー**　（2）**生成エンタルピー**　（3）**中和エンタルピー**
（4）**燃焼エンタルピー** 答

確認問題 48 9-4に対応

プロパン C_3H_8（気）の生成エンタルピーは－105kJである。これをエンタルピー変化を表す式で表せ。

3ステップでエンタルピー変化を表す式を作ります。

ステップ①：与えられている反応エンタルピーはどれか？

プロパン C_3H_8 の生成エンタルピーですね。
生成物であるプロパン C_3H_8（気）の係数を1とします。

ステップ②：化学反応式を書く。

生成エンタルピーは，構成元素の安定な単体から生成されるときの熱量なので，左辺はC（黒鉛）とH_2（気），右辺はC_3H_8（気）です。

係数をつけ，左辺と右辺の原子の数がそろうようにします。

$$3C + 4H_2 \longrightarrow C_3H_8$$

ステップ③：発熱，吸熱からエンタルピー変化（ΔH）の符号を決める。

生成エンタルピーは問題文より－105kJですね。あとは，物質の状態を付記します。今回は，同素体をもつCがあるので，物質名（黒鉛）も付記します。

$3C$（黒鉛）$+ 4H_2$（気）$\longrightarrow C_3H_8$（気）　$\Delta H = -105$kJ 答

確認問題 49　9-5 に対応

(a)～(c)のエンタルピー変化を表す式を用いて，反応式（＊）の反応エンタルピーQ〔kJ〕の値を求めよ。

CH_4（気）$+ H_2O$（液）$\longrightarrow CO$（気）$+ 3H_2$（気）　$\Delta H = Q$〔kJ〕　……（＊）

H_2（気）$+ \frac{1}{2}O_2$（気）$\longrightarrow H_2O$（液）　$\Delta H = -286$kJ　……(a)

CO（気）$+ \frac{1}{2}O_2$（気）$\longrightarrow CO_2$（気）　$\Delta H = -283$kJ　……(b)

CH_4（気）$+ 2O_2$（気）$\longrightarrow CO_2$（気）$+ 2H_2O$（液）　$\Delta H = -891$kJ　……(c)

解説

まずは，与えられた式を「エンタルピーの関係式」に直します。
「エンタルピー変化（ΔH）＝（生成物のエンタルピー）－（反応物のエンタルピー）」でした。

CO（気）$+ 3H_2$（気）$- CH_4$（気）$- H_2O$（液）$= Q$kJ　……（＊）

H_2O（液）$- H_2$（気）$- \frac{1}{2}O_2$（気）$= -286$kJ　……(a)

CO_2（気）$- CO$（気）$- \frac{1}{2}O_2$（気）$= -283$kJ　……(b)

CO_2（気）$+ 2H_2O$（液）$- CH_4$（気）$- 2O_2$（気）$= -891$kJ　……(c)

これを連立方程式の要領で解いていきます。

$$CO\,(\text{気}) + 3H_2\,(\text{気}) = CH_4\,(\text{気}) + H_2O\,(\text{気}) + Q\text{kJ} \quad \cdots\cdots(*)$$

$$-)\quad 3H_2\,(\text{気}) + \frac{3}{2}O_2\,(\text{気}) = 3H_2O\,(\text{液}) + 858\text{kJ} \quad \cdots\cdots \text{(a)×3をして式を整理}$$

$$-)\quad CO\,(\text{気}) + \frac{1}{2}O_2\,(\text{気}) = CO_2\,(\text{気}) + 283\text{kJ} \quad \cdots\cdots\text{(b)}$$

$$+)\quad CH_4\,(\text{気}) + 2O_2\,(\text{気}) = CO_2\,(\text{気}) + 2H_2O\,(\text{液}) + 891\text{kJ} \quad \cdots\cdots\text{(c)}$$

$$Q - 858\text{kJ} - 283\text{kJ} + 891\text{kJ} = 0$$

$Q = 250$kJ 答

確認問題 50　9-6 に対応

結合エンタルピーが次のように与えられているとき，次の各問いに答えよ。

> **結合エンタルピー**
> C−H：415kJ/mol，O=O：498kJ/mol，C=O：803kJ/mol，
> O−H：463kJ/mol

(1) メタン$CH_4$1molの結合をすべて断ち切って原子にするときに必要なエネルギーは何kJか。

(2) 二酸化炭素1molの結合をすべて断ち切って原子にするときに必要なエネルギーは何kJか。

(3) 次のエンタルピー変化を表す反応式の反応エンタルピーQ〔kJ〕の値を求めよ。

$$CH_4\,(\text{気}) + 2O_2\,(\text{気}) \longrightarrow CO_2\,(\text{気}) + 2H_2O\,(\text{気}) \quad \Delta H = Q\,[\text{kJ}]$$

(1) メタンの構造式は
```
    H
    |
H − C − H
    |
    H
```
で，C−H結合は4箇所あります。

結合にエネルギーを加えることで原子をバラバラにするので，
C-Hの結合エンタルピーが415kJ/molより

$$\mathrm{H{-}\underset{\underset{\displaystyle H}{|}}{\overset{\overset{\displaystyle H}{|}}{C}}{-}H}\,(気) \longrightarrow \mathrm{C}\,(気) + 4\mathrm{H}\,(気) \quad \Delta H = 4 \times 415$$

$= \underline{\mathbf{1660kJ}}$ 答

(2) 二酸化炭素の構造式はO=C=Oで，この中にC=O結合は2箇所あります。
結合にエネルギーを加えることで原子をバラバラにするので，
C=Oの結合エンタルピーが803kJ/molより

$$\mathrm{O{=}C{=}O}\,(気) \longrightarrow \mathrm{C}\,(気) + 2\mathrm{O}\,(気) \quad \Delta H = 2 \times 803$$

$= \underline{\mathbf{1606kJ}}$ 答

(3) 本冊のp.230，232と同じステップを踏んで解いていきましょう。

ステップ①：求めたいエンタルピー変化を表す式を書く。

これはすでに与えられていますね。

$$\mathrm{CH_4}\,(気) + 2\mathrm{O_2}\,(気) \longrightarrow \mathrm{CO_2}\,(気) + 2\mathrm{H_2O}\,(気) \quad \Delta H = Q\,[\mathrm{kJ}]$$

これをさらに

$$\mathrm{H{-}\underset{\underset{\displaystyle H}{|}}{\overset{\overset{\displaystyle H}{|}}{C}}{-}H}\,(気) + 2\mathrm{O{=}O}\,(気) \longrightarrow \mathrm{O{=}C{=}O}\,(気) + 2\mathrm{H{-}O{-}H}\,(気) \quad \Delta H = Q\,[\mathrm{kJ}]$$

まで変形しておきましょう。

ステップ②：すべて「エンタルピーの関係式」に直す。

もう大丈夫ですね。

$$\mathrm{C}\,(気) + \mathrm{H}\,(気) - \mathrm{C{-}H} = 415\mathrm{kJ}$$

$$2\mathrm{O}\,(気) - \mathrm{O{=}O} = 498\mathrm{kJ}$$

$$\mathrm{C}\,(気) + \mathrm{O}\,(気) - \mathrm{C{=}O} = 803\mathrm{kJ}$$

$$\mathrm{O}\,(気) + \mathrm{H}\,(気) - \mathrm{O{-}H} = 463\mathrm{kJ}$$

求めたい熱化学方程式にはCH_4，O_2，CO_2，H_2Oが含まれているので，
(1)，(2) で求めたように

$$C(気) + 4H(気) - \begin{matrix} & H & \\ & | & \\ H- & C & -H \\ & | & \\ & H & \end{matrix} = 4 \times 415\text{kJ} \quad \cdots\cdots (a)$$

$$2O(気) - O{=}O = 498\text{kJ} \quad \cdots\cdots (b)$$

$$C(気) + 2O(気) - O{=}C{=}O(気) = 2 \times 803\text{kJ} \quad \cdots\cdots (c)$$

$$O(気) + 2H(気) - H{-}O{-}H(気) = 2 \times 463\text{kJ} \quad \cdots\cdots (d)$$

まで変形しておきましょう。

ステップ③：連立方程式の要領で解く。

あとは，(a)～(d) から

$$CH_4(気) + 2O_2(気) = CO_2(気) + 2H_2O(気) - Q\,[\text{kJ}]$$

の形にしていきます

$$\begin{matrix} & H & \\ & | & \\ H- & C & -H \\ & | & \\ & H & \end{matrix}(気) + 2O{=}O(気) = O{=}C{=}O(気) + 2H{-}O{-}H(気) - Q\,[\text{kJ}]$$

$$+)\ C(気) + 4H(気) = \begin{matrix} & H & \\ & | & \\ H- & C & -H \\ & | & \\ & H & \end{matrix}(気) + 4 \times 415\text{kJ} \quad \cdots\cdots (a)$$

$$+)\ 4O(気) = 2O{=}O(気) + 2 \times 498\text{kJ} \quad \cdots\cdots (b) \times 2$$

$$-)\ C(気) + 2O(気) = O{=}C{=}O(気) + 2 \times 803\text{kJ} \quad \cdots\cdots (c)$$

$$-)\ 2O(気) + 4H(気) = 2H{-}O{-}H(気) + 2 \times 2 \times 463\text{kJ} \quad \cdots\cdots (d) \times 2$$

$$(4 \times 415) + (2 \times 498) - (2 \times 803) - (2 \times 2 \times 463) - Q = 0$$

$$Q = 1660 + 996 - 1606 - 1852$$

$$= \underline{\mathbf{-802kJ}}$$ 答

理解するまで
何度も問題を
解いてみるんじゃ！
長かったけど，
よくわかったよ！

結晶格子

確認問題 51　10-2 に対応

金属である鉄の結晶は体心立方格子をつくっている。鉄の単位格子の一辺の長さを2.9×10^{-8}cm, 鉄の原子量を56として，次の各問いに答えよ。ただし，アボガドロ定数は6.0×10^{23}/mol, $\sqrt{2} = 1.41$, $\sqrt{3} = 1.73$, $\pi = 3.14$とする。

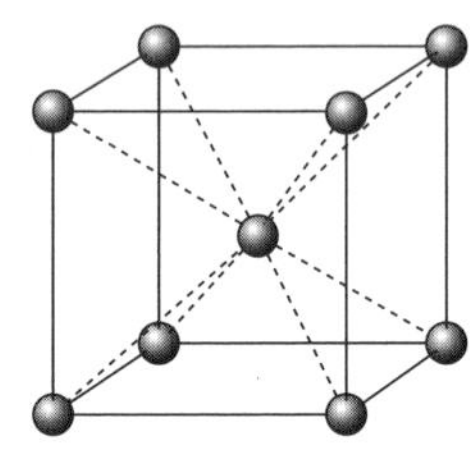

(1) 単位格子中に含まれる原子の数と，配位数を答えよ。

(2) 鉄原子の半径を有効数字２桁で求めよ。

(3) 単位格子の体積に占める，原子の体積の割合は何パーセントか有効数字２桁で答えよ。

(4) 1cm^3中に含まれる鉄原子の数を有効数字２桁で答えよ。

(5) 鉄の密度〔g/cm^3〕を有効数字２桁で答えよ。

(1) **原子の数：2個**　**配位数：8** 答

(2)

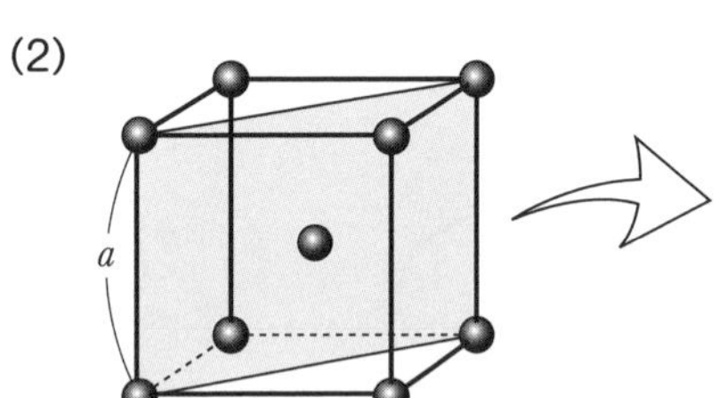

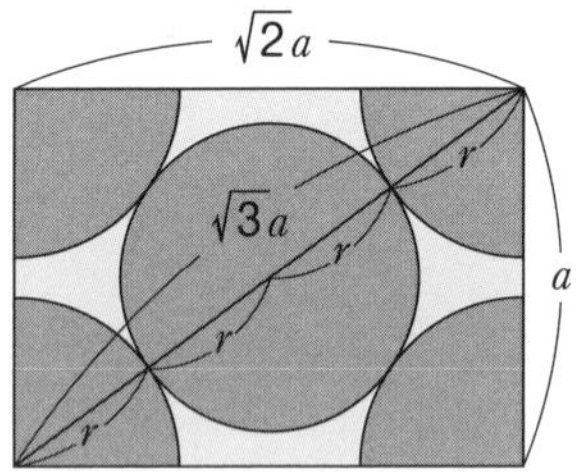

$\sqrt{3}a = 4r$でしたね。$a = 2.9 \times 10^{-8}$cmを代入して考えましょう。

$$r = \frac{\sqrt{3}}{4}a = \frac{1.73 \times 2.9 \times 10^{-8}}{4} = 1.25 \times 10^{-8}\text{〔cm〕}$$

1.3×10^{-8}cm 答

(3) 充塡率を求める問題です。体心立方格子なので68%と覚えていてもかまいませんが，ここではちゃんと計算をしてみましょう。

単位格子の体積はa^3，原子（球）の体積は$\frac{4}{3}\pi r^3$で，単位格子に含まれる原子の数は2個ですから

$$\frac{2\times\frac{4}{3}\pi r^3}{a^3}\times 100=\frac{2\times 4\pi r^3}{3a^3}\times 100=\frac{2\times 4\pi\left(\frac{\sqrt{3}}{4}a\right)^3}{3a^3}\times 100$$

$$=\frac{2\times 4\pi\times 3\sqrt{3}\times a^3}{3\times a^3\times 4^{3}}\times 100$$

$$=\frac{2\times 3.14\times 1.73}{16}\times 100$$

$$=67.9\ 〔\%〕$$

68% 答

(4)，(5) は，「単位格子」，「1cm^{3}あたり」，「1molあたり」の体積・質量・原子の数の表を作り，求めたいものをx, yとして書き込むと以下のようになります。

	単位格子	1cm^{3}あたり	1molあたり
体積	$(2.9\times 10^{-8})^3$cm^3	1cm^3	?
質量	?	y〔g〕(＝密度)	56g
原子の数	2個	x個	6.0×10^{23}個

(4)「単位格子」と「1cm^{3}あたり」を比べて，比の計算をします。

外側×外側

$(2.9\times 10^{-8})^3$〔cm^3〕：1〔cm^3〕＝2〔個〕：x〔個〕

内側×内側

$$(2.9\times 10^{-8})^3 x=2$$

$$x=\frac{2}{(2.9\times 10^{-8})^3}=8.20\times 10^{22}$$

8.2×10^{22}個 答

(5)「1cm^{3}あたり」と「1molあたり」を比べて，比の計算をします。

外側×外側

y〔g〕：56〔g〕＝x〔個〕：6.0×10^{23}〔個〕

内側×内側

$$6.0\times 10^{23}y=56\underset{8.20\times 10^{22}}{x}$$

$$y=\frac{56\times 8.20\times 10^{22}}{6.0\times 10^{23}}=7.65\,[\text{g}]$$

yは1cm^{3}あたりの質量のため，密度そのものだから

7.7g/cm^3 答

確認問題 52 10-3 に対応

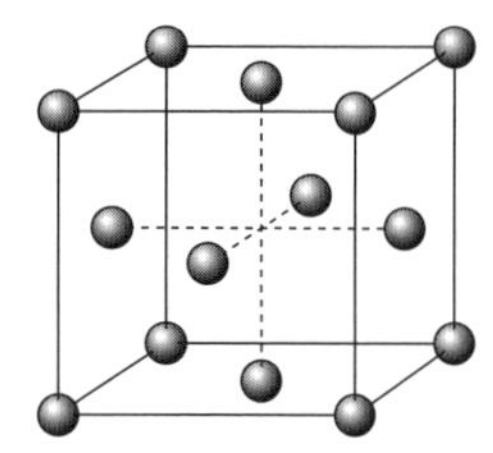

銅Cuは面心立方格子構造をとる。次の(1)～(7)に答えよ。ただし銅の密度は8.95g/cm^{3}であり，原子量は63.6である。また，アボガドロ定数6.0×10^{23}/mol，$\sqrt{2}=1.41$，$3.62^3=47.4$，$\pi=3.14$を使ってよい。

(1) 面心立方格子構造の単位格子中に存在する銅の原子の数と，配位数を求めよ。
(2) 単位格子中に存在する原子の質量を有効数字3桁で求めよ。
(3) 単位格子の体積を有効数字3桁で求めよ。
(4) この立方体の体積から，単位格子の一辺の長さ（a）を有効数字3桁で求めよ。
(5) 銅原子の半径をrとすると，一辺の長さaと半径rの関係はどのような式で表されるか。
(6) 結果として求められる，原子半径rの値を有効数字3桁で求めよ。
(7) 単位格子の体積に占める，原子の体積の割合は何パーセントか有効数字2桁で答えよ。

解説

単位格子の一辺の長さなどが与えられていません。何が与えられていて，何を求めるのかを明確にするためにも，まずは「単位格子」，「1cm^{3}あたり」，「1molあたり」の体積・質量・原子の数の表を作ってしまいましょう。

	単位格子	1cm^{3}あたり	1molあたり
体積	a^3 [cm^3] (=(3))	1cm^3	?
質量	x [g] (=(2))	8.95g (=密度)	63.6g
原子の数	4個 (=(1))	?	6.0×10^{23}個

(1) **原子の数：4個**　**配位数：12個** 答

(2) 表を使って求めましょう。「単位格子」と「1molあたり」で比の計算をします。

$$4\text{〔個〕}:6.0\times10^{23}\text{〔個〕}=x\text{〔g〕}:63.6\text{〔g〕}$$
$$6.0\times10^{23}x=4\times63.6$$
$$x=\frac{4\times63.6}{6.0\times10^{23}}$$
$$=4.24\times10^{-22}$$

4.24×10^{-22}g 答

(3) 表を使って求めましょう。「単位格子」と「1cm³あたり」の比で計算します。

$$a^3\text{〔cm}^3\text{〕}:1\text{〔cm}^3\text{〕}=x\text{〔g〕}:8.95\text{〔g〕}$$
$$8.95\times a^3=x$$
$$a^3=\frac{4.24\times10^{-22}}{8.95}$$
$$=4.737\times10^{-23}$$

4.74×10^{-23}cm³ 答

(4) (3)がわかればこの問題は簡単です。

$$a^3=47.4\times10^{-24}\text{cm}^3$$
$$a=\sqrt[3]{47.4\times10^{-24}}=\sqrt[3]{47.4}\times10^{-8}=\sqrt[3]{3.62^3}\times10^{-8}$$
$$=3.62\times10^{-8}$$

3.62×10^{-8}cm 答

(5) 面心立方格子ですから右図より

$\sqrt{2}\,a=4r$ 答

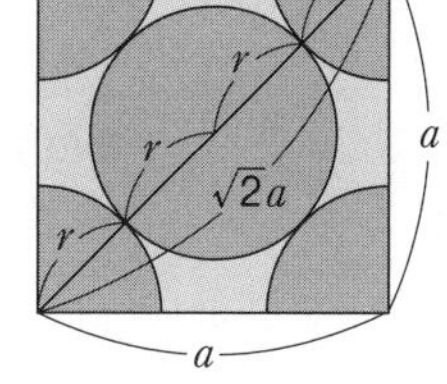

(6) (4)，(5)より

$$r=\frac{\sqrt{2}}{4}a=\frac{1.41\times3.62\times10^{-8}}{4}$$
$$=1.276\times10^{-8}$$

1.28×10^{-8}cm 答

(7) 充填率を求める問題です。面心立方格子なので最密の74%と覚えていてもかまいませんが，ここではちゃんと計算をしてみましょう。

単位格子の体積はa^3，原子（球）の体積は$\frac{4}{3}\pi r^3$で，単位格子に含まれる原子の数は4個ですから

$$\frac{4\times\frac{4}{3}\pi r^3}{a^3}\times 100=\frac{4\times 4\pi\times\left(\frac{\sqrt{2}}{4}a\right)^3}{a^3\times 3}\times 100$$

$$=\frac{4\times 4\times 3.14\times 2\sqrt{2}\times a^3}{a^3\times 3\times 4^3}\times 100$$

$$=\frac{3.14\times 1.41}{3\times 2}\times 100=73.7\,〔\%〕$$

74% 答

確認問題 53 10-4 に対応

マグネシウムの結晶は，右図のような六方最密構造をとっている。次の各問いに答えよ。ただし$a=0.32$nm，$c=0.52$nmであるとし，$1\text{nm}=1\times10^{-9}$m，$\sqrt{2}=1.41$，$\sqrt{3}=1.73$であるとする。またMgの原子量は24.3で，アボガドロ定数は6.0×10^{23}/molであることも用いてよい。

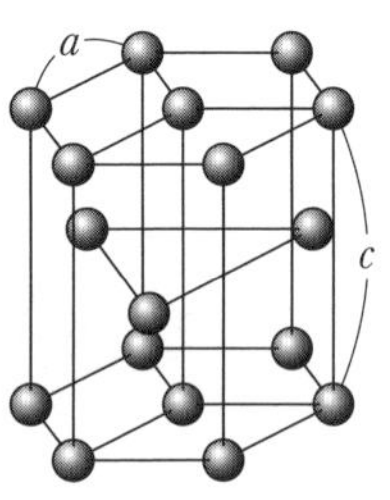

(1) 図に示した六角柱の結晶単位に含まれるマグネシウム原子の数を答えよ。

(2) マグネシウム原子の配位数を答えよ。

(3) マグネシウム原子の半径rを，図中のaまたはcを使って表せ。

(4) 図のマグネシウムの結晶は，正六角柱であるとする。この結晶単位の体積〔cm^3〕を有効数字3桁で答えよ。

(5) マグネシウムの結晶の密度は何g/cm^3か。有効数字3桁で答えよ。

(6) 六方最密構造は密に詰まった1層目の3つの原子(球)に接するように，2層目の原子(球)が配置している。原子(球)が3層になっていると考えると，層間の距離は$\frac{c}{2}$で表される。

【原子の重なりを上から見た図】　【原子の中心を結んだ図】

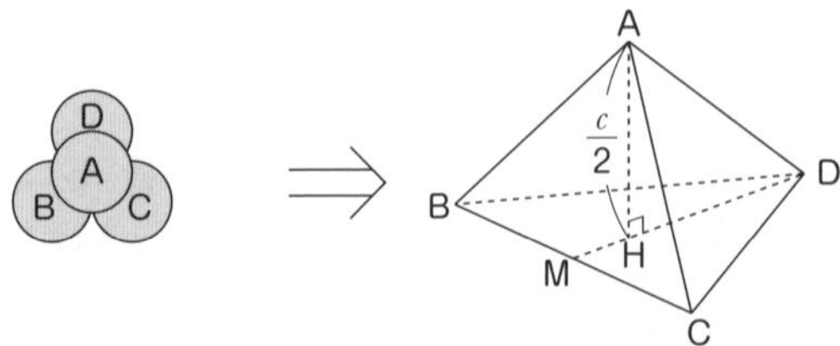

図のように同じ大きさの原子(球)が密に詰まって原子(球)の中心を結ぶと正四面体ができると考えるとき，cをrを用いて表せ。

(7) この結晶格子の体積に占める，原子の体積は何パーセントか。有効数字2桁で答えよ。

(1) $\frac{1}{6}$が各頂点(12個)にあり，$\frac{1}{2}$が上下面(2枚)にあり，内部に3つ分があるので，原子の数は

$$\frac{1}{6}\times 12+\frac{1}{2}\times 2+3=\underline{\textbf{6個}}$$ 答

(2) 六方最密構造も面心立方格子と充塡率が同じで，どちらもぎっしり詰まっているのでした。同じだけぎっしり詰まっているので，配位数も面心立方格子と同じです。**12個** 答

(3) 上の面に注目してください。そして，六角形を右のように6つの三角形に分けると，$2r=a$という関係が一目でわかります。式変形して

$$\underline{r=\frac{a}{2}}$$ 答

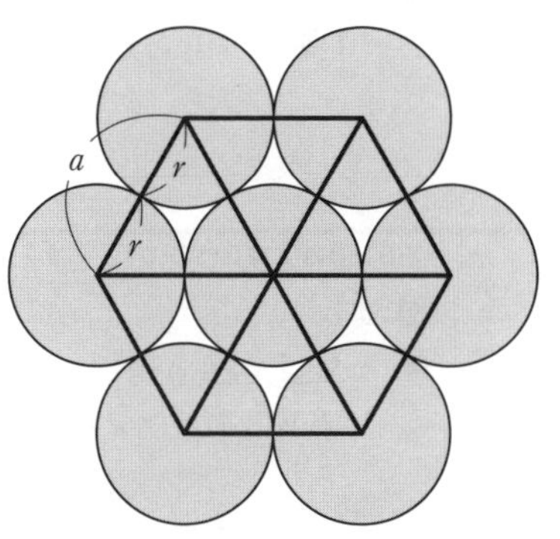

(4) 「体積＝底面積×高さ」ですので，①底面積を出し，②高さを出す，という手順で進めましょう。

①底面積についてですが，六角形を次のように6つの三角形に分けます。すると，1つの三角形は，底辺がa，高さが$\frac{\sqrt{3}}{2}a$であることがわかります。

よって，六角形の面積は

$$\underbrace{a\times\frac{\sqrt{3}}{2}a\times\frac{1}{2}}_{\text{三角形の面積}}\times 6=\frac{3\sqrt{3}}{2}a^2$$

となります。

1×10^{-2}〔m〕＝1〔cm〕より　1〔nm〕＝1×10^{-9}〔m〕＝1×10^{-7}〔cm〕

ゆえに　$a = 0.32\,〔\mathrm{nm}〕= 0.32 \times 10^{-9}\,〔\mathrm{m}〕= 0.32 \times 10^{-7}\,〔\mathrm{cm}〕$

$c = 0.52\,〔\mathrm{nm}〕= 0.52 \times 10^{-9}\,〔\mathrm{m}〕= 0.52 \times 10^{-7}\,〔\mathrm{cm}〕$

よって，体積は

$$\frac{3\sqrt{3}}{2}a^2 \cdot c = \frac{3 \times 1.73}{2} \cdot (0.32 \times 10^{-7}\,〔\mathrm{cm}〕)^2 \cdot 0.52 \times 10^{-7}\,〔\mathrm{cm}〕$$

$$= 0.138 \times 10^{-21}\,〔\mathrm{cm^3}〕 \fallingdotseq \mathbf{1.38 \times 10^{-22}\,〔cm^3〕}$$ 答

(5) 表を使って求めましょう。

	1つの六角柱あたり	1cm³あたり	1molあたり
体積	$1.38 \times 10^{-22}\mathrm{cm^3}$	$1\mathrm{cm^3}$	?
質量	?	d（＝密度）	24.3g
原子の数	6個	x個	6.0×10^{23}個

上の表の密度d〔g/cm³〕を求めたいのですが，ここまでで求めたものでは比の計算で求められません。まずは1cm³あたりの原子の数x個を求めてみましょう。

$$1.38 \times 10^{-22}\,〔\mathrm{cm^3}〕 : 1\,〔\mathrm{cm^3}〕 = 6\,〔個〕 : x\,〔個〕$$

$$1.38 \times 10^{-22}x = 6$$

$$x = \frac{6}{1.38 \times 10^{-22}}$$

xの値がわかったので，「1cm³あたり」と「1molあたり」で比の計算をします。

$$d\,〔\mathrm{g}〕 : 24.3\,〔\mathrm{g}〕 = x\,〔個〕 : 6.0 \times 10^{23}\,〔個〕$$

$$6.0 \times 10^{23} \times d = 24.3 \times x$$

$$d = \frac{24.3}{6.0 \times 10^{23}} \times \frac{6}{1.38 \times 10^{-22}}$$

$$= 1.760\cdots\cdots$$

1.76g/cm³ 答

(6)

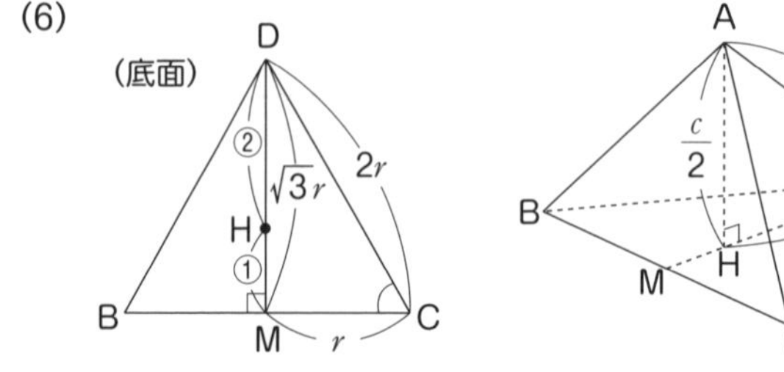

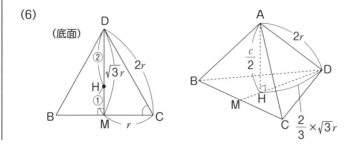

数学の空間図形的な問題でもあるので，難しく感じるかもしれません。
一辺が$2r$の正四面体ができると考えましょう。
正四面体の頂点から底面に垂線を下ろすと，底面の重心と交わります。

正四面体の高さは$\dfrac{c}{2}$なので，前ページの右の図より

$$\left(\frac{c}{2}\right)^2+\left(\frac{2}{3}\sqrt{3}\,r\right)^2=(2r)^2$$

$$\frac{c^2}{4}+\frac{12}{9}r^2=4r^2$$

$$c^2=4\times\frac{36-12}{9}r^2$$

$$=\frac{96}{9}r^2$$

$$\underline{c=\frac{4\sqrt{6}}{3}r}$$ 答

(7) 充塡率を求める問題です。六方最密構造なので最密の74%と覚えていてもかまいませんが，ここではちゃんと計算をしてみましょう。
結晶単位の体積は (4) より$\dfrac{3\sqrt{3}}{2}a^2\cdot c$，原子 (球) の体積は$\dfrac{4}{3}\pi r^3$で，結晶格子に含まれる原子の数は6個ですから

$$\frac{6\times\frac{4}{3}\pi r^3}{\frac{3\sqrt{3}}{2}a^2\cdot c}\times 100=\frac{6\times\frac{4}{3}\pi r^3}{\frac{3\sqrt{3}}{2}\times(2r)^2\times\frac{4\sqrt{6}}{3}r}\times 100$$

$$=\frac{2\times 4\pi r^3}{\sqrt{3}\times 4\times 2\sqrt{6}\times r^3}\times 100$$

$$=\frac{3.14}{\sqrt{3}\times\sqrt{6}}\times 100 \quad (\sqrt{6}=\sqrt{3}\times\sqrt{2})$$

$$=\frac{3.14}{3\sqrt{2}}\times 100$$

$$=74.2\,〔\%〕$$

74% 答

(6)と(7)についてはハイレベルな内容だってさ
導出のしかたを一応
知っておくといいよ

確認問題 54　10-7 に対応

図に示された塩化セシウムCsCl単位格子中において，Cs^+およびCl^-は，イオン半径がそれぞれ，1.89×10^{-8}cmと1.67×10^{-8}cmの剛体球であるとする。次の各問いに答えよ。ただし，アボガドロ定数は6.0×10^{23}/mol，$\sqrt{3}=1.73$とし，CsClの式量は168.5であるとする。

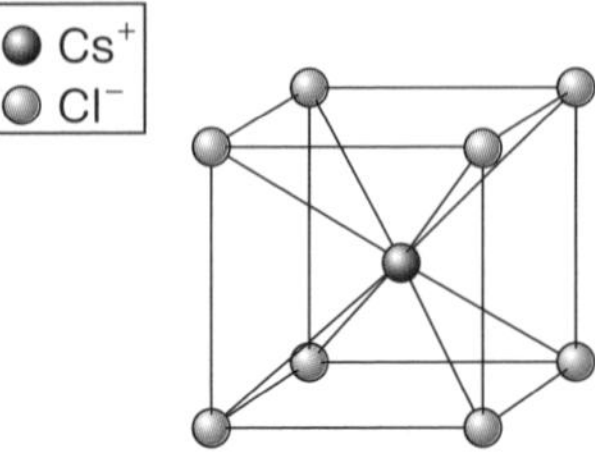

(1) CsCl単位格子の一辺の長さは何cmとなるか。有効数字2桁で答えよ。
(2) この単位格子中に，Cs^+とCl^-はそれぞれ何個ずつ存在するか答えよ。
(3) この単位格子の体積中で，Cs^+とCl^-が占める体積の割合（充塡率）は何%か。有効数字2桁で答えよ。ただし，Cs^+とCl^-の体積は，それぞれ$2.83\times10^{-23}cm^3$，$1.95\times10^{-23}cm^3$であるとし，$4.11^3=69.4$とする。
(4) $1cm^3$の体積をもつCsCl結晶中には，Cs^+とCl^-は，それぞれ何個ずつ存在するか。有効数字2桁で答えよ。
(5) CsCl結晶の密度は，何g/cm^3であるか。有効数字2桁で答えよ。

解説

(1)

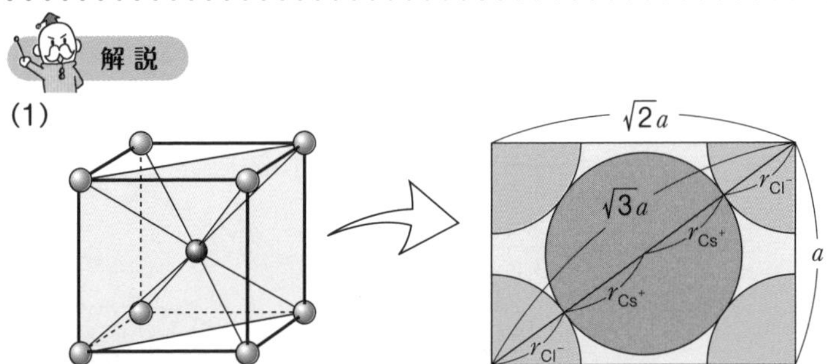

対角線で切ると上図のようになるので，一辺の長さaと，Cs^+の半径r_{Cs^+}，Cl^-の半径r_{Cl^-}の関係は

$$\sqrt{3}a=2r_{Cs^+}+2r_{Cl^-}$$

$$a=\frac{2r_{Cs^+}+2r_{Cl^-}}{\sqrt{3}}=\frac{2\times(1.89\times10^{-8}\,[\mathrm{cm}]+1.67\times10^{-8}\,[\mathrm{cm}])}{1.73}$$

$$=4.11\times10^{-8}\,[\mathrm{cm}]$$

4.1×10^{-8}cm 答

(2)　これはもう大丈夫ですよね。1個ずつです。

Cs^+：1個，Cl^-：1個 答

(3)　単位格子あたりにCs^+もCl^-も1個ずつなので，CsClが占める体積は

$$2.83\times10^{-23}\,[\mathrm{cm^3}]+1.95\times10^{-23}\,[\mathrm{cm^3}]=4.78\times10^{-23}\,[\mathrm{cm^3}]$$

であり，単位格子の体積も

$$(4.11\times10^{-8}\,[\mathrm{cm}])^3=6.94\times10^{-23}\,[\mathrm{cm^3}]$$

とすぐに求められますので，これを用いて，充塡率〔%〕は

$$\frac{4.78\times10^{-23}\,[\mathrm{cm^3}]}{6.94\times10^{-23}\,[\mathrm{cm^3}]}\times100=68.8\,[\%]$$

69% 答

(4)，(5)は，表を使って，比の計算で求めましょう。

	単位格子	1cm³あたり	1molあたり
体積	6.94×10^{-23}cm³	1cm³	?
質量	?	d〔g〕(＝密度〔g/cm³〕)	168.5g
Cs^+(Cl^-)の数	1個	x個	6.0×10^{23}個

(4)　単位格子の体積$a^3=(4.11\times10^{-8}\,[\mathrm{cm}])^3=6.94\times10^{-23}\,[\mathrm{cm^3}]$中には，$Cs^+$も$Cl^-$も1個ずつ含まれているので，1cm³中にはどれだけ含まれているかというと，「単位格子」と「1cm³あたり」で，比べれば求められますね。

$$6.94\times10^{-23}\,[\mathrm{cm^3}]:1\,[\mathrm{cm^3}]=1\,[個]:x\,[個]$$

$$6.94\times10^{-23}\times x=1$$

$$x=\frac{1}{6.94\times10^{-23}}=1.44\times10^{22}$$

1.4×10^{22}個 答

(5)　密度をd〔g/cm³〕とおいて，「1cm³あたり」と「1molあたり」を比べます。表より

$$d\,[\mathrm{g}]:168.5\,[\mathrm{g}]=x\,[個]:6.0\times10^{23}\,[個]$$

$$6.0\times10^{23}\times d=168.5\times x$$

$$d=\frac{168.5\times1.44\times10^{22}}{6.0\times10^{23}}=4.04$$

4.0g/cm³ 答

確認問題 55　10-8 に対応

NaClの結晶の単位格子の一辺は0.56nmである。次の各問いに答えよ。ただし，アボガドロ定数は6.0×10^{23}/mol，1.0nm＝1.0×10^{-9}m，Na＝23.0，Cl＝35.5とする。

(1) 単位格子中のNa^{+}，Cl^{-}の数はそれぞれいくつか。
(2) 単位格子中のNaClの質量は何gか。
(3) 単位格子の体積は何cm^3か。ただし5.6^3＝180とする。
(4) NaClの結晶の密度は何g/cm^3か。

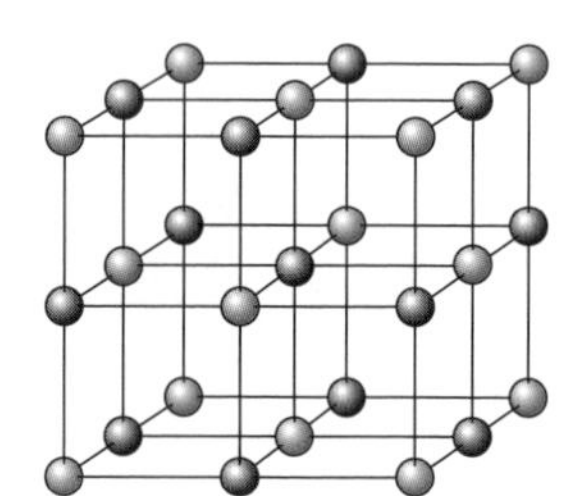

(1) Cl^{-}の面心立方格子がベースなので，それぞれ4個ずつですね。

Na^{+}：4個，Cl^{-}：4個 答

(2)，(3)，(4) は表を使って，比の計算で求めましょう。
単位がそろっていないと比の計算が求めにくいので，nmをcmにします。
1×10^{-2}m＝1cmより，1nm＝1×10^{-9}m＝1×10^{-7}cmとなります。

	単位格子	1cm^3あたり	1molあたり
体積	$(0.56 \times 10^{-7})^3$$cm^3$	1cm^3	?
質量	m〔g〕	d〔g〕(＝密度〔g/cm^3〕)	58.5g
Na^{+}(Cl^{-})の数	4個	?	6.0×10^{23}個

また，問題文よりNa＝23.0，Cl＝35.5なので，NaClのモル質量は58.5g/molです。

(2) 「単位格子」と「1molあたり」を比べて，比の計算から単位格子あたりのNaClの質量を求めます。

m〔g〕：58.5〔g〕＝4〔個〕：6.0×10^{23}〔個〕

$6.0 \times 10^{23} \times m = 58.5 \times 4$

$$m = \frac{234}{6.0 \times 10^{23}} = 3.9 \times 10^{-22}$$

3.9×10^{-22}g 答

(3) 一辺の長さが0.56nm＝0.56×10^{-7}cm＝5.6×10^{-8}cmなので，単位格子の体積は$(5.6 \times 10^{-8})^3 = 180 \times 10^{-24}$〔cm^3〕

1.8×10^{-22}cm^3 答

(4) (2)，(3)の結果を用いて，表から比の計算で求めましょう。
「単位格子」と「1cm^{3}あたり」で比べると

$$1.8 \times 10^{-22}\,[\text{cm}^3] : 1\,[\text{cm}^3] = 3.9 \times 10^{-22}\,[\text{g}] : d\,[\text{g}]$$

$$1.8 \times 10^{-22} \times d = 3.9 \times 10^{-22}$$

$$d = \frac{3.9 \times 10^{-22}}{1.8 \times 10^{-22}} = 2.16$$

2.2g/cm^3 答

確認問題 56　10-9 に対応

ダイヤモンドの単位格子は一辺の長さが3.6×10^{-8}cmの立方体である。炭素原子はこの単位格子の各頂点および各面の中心を占め，さらに各辺を二等分してできる8つの小立方体の中心を1つおきに占めている。次の各問いに答えよ。ただし，Cの原子量を12とし，アボガドロ定数は6.0×10^{23}/mol，$\sqrt{3} = 1.73$とする。

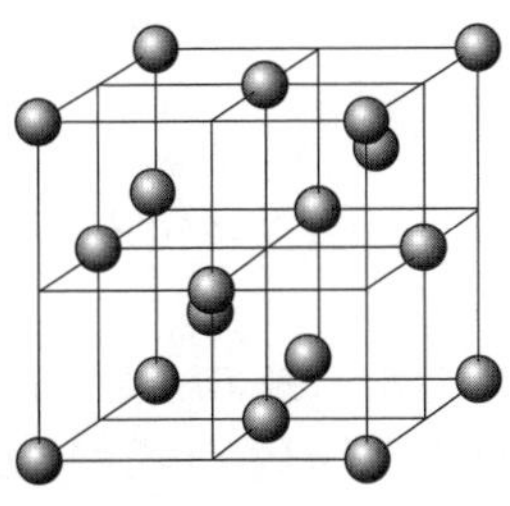

(1) 単位格子中に含まれる炭素原子はいくつか。

(2) ダイヤモンド1.0cm^{3}の中に含まれる炭素原子の数を有効数字2桁で求めよ。

(3) ダイヤモンドの密度は何g/cm^{3}か。有効数字2桁で求めよ。

(4) C原子間の結合距離（原子の中心間の距離）は何cmか。有効数字2桁で求めよ。

本冊ではZnS型として説明しましたが，ここではダイヤモンドCの結晶構造として扱われています。Zn^{2+}とS^{2-}の2種類だったものを炭素原子Cの1種類として考えましょう。

(1) ZnSでは単位格子中にZn^{2+}，S^{2-}のそれぞれが4個ずつでした。それが炭素原子に置き換わるので**8個**

(2)と(3)は表を作って，比から求めましょう。

	単位格子	1cm^{3}あたり	1molあたり
体積	$(3.6\times10^{-8})^3$cm^3	1cm^3	?
質量	?	d〔g〕(＝密度〔g/cm^3〕)	12g
Cの数	8個	x個	6.0×10^{23}個

(2) 「単位格子」と「1cm^{3}あたり」で比べると，1cm^{3}あたりのCの数x個がわかります。

$$(3.6\times10^{-8})^3\,〔\mathrm{cm}^3〕:1\,〔\mathrm{cm}^3〕=8\,〔個〕:x\,〔個〕$$

$$(3.6\times10^{-8})^3\times x=8$$

$$x=\frac{8}{(3.6\times10^{-8})^3}$$

$$=1.71\times10^{23}$$

1.7×10^{23}個

(3) (2)の結果から，「1cm^{3}あたり」と「1molあたり」を比べれば，密度d〔g/cm^3〕がわかります。

$$d\,〔\mathrm{g}〕:12\,〔\mathrm{g}〕=x\,〔個〕:6.0\times10^{23}\,〔個〕$$

$$6.0\times10^{23}\times d=12\times x$$

$$d=\frac{12\times1.71\times10^{23}}{6.0\times10^{23}}$$

$$=3.42$$

3.4g/cm^3

(4) 本冊p.265より，単位格子の一辺の長さをaとすると，原子の中心間の距離は$\frac{\sqrt{3}}{4}a$で表されるのでしたね。

よって　$\dfrac{\sqrt{3}}{4}a=\dfrac{1.73\times3.6\times10^{-8}}{4}=1.55\times10^{-8}$

1.6×10^{-8}cm 答

気体

確認問題 57　11-1に対応

気体の性質について，次の文章の①～⑦に適切な語を入れよ。

気体には，次のような性質がある。

i)　仕切りで区切られた2つの気体は，仕切りを取り去ると，気体に流れがないのに分子が自然に広がる。この現象を気体の（①）という。

ii)　気体を容器に入れておくと熱運動によって気体が壁に衝突し，壁面を外側に押す力が発生する。単位面積あたりのこの力を気体の（②）という。

iii)　気体の水分子の温度を下げていくと，ある温度を境に液体となり，さらには固体になる。このような変化を（③）という。

iv)　液体中の水分子が空気中に飛び出す（蒸発する）数と，空気中を飛び回っている水分子が液体中に戻る（凝縮する）数が等しい状態を（④）という。
この状態の圧力は，温度によって1つに決まる。その圧力を（⑤）という。すなわち，容器内に液体が存在して（④）に達しているとき，気体の圧力は（⑥）によって決まり，容器内に液体が存在していないときは，気体の圧力は気体の状態方程式によって決まる。

v)　液体状態の水の温度を上げていくと，100℃を境に液体内部から気泡が発生し始める。この現象を（⑦）という。

本冊のp.270 ～ 275の復習です。

① **拡散**　② **圧力**　③ **状態変化**　④ **気液平衡**　⑤ **飽和蒸気圧（蒸気圧）**
⑥ **温度**　⑦ **沸騰** 答

確認問題 58 11-2 に対応

次の各問いに答えよ。ただし，気体定数は$R=8.3\times10^3$Pa·L/(K·mol)とする。

(1) 27℃，1.5×10^5Paの気体が33.2Lの容器に入っている。この容器内の気体の物質量は何molか。

(2) 2.0molの気体が1.66×10^5Paで，2.0Lの容器に入っている。この容器内の気体の温度は何Kか。

(3) 1.0molで77℃の気体が5.0Lの容器に入っている。この容器内の気体の圧力は何Paか。

気体の状態方程式$PV=nRT$に値を代入することで答えが求まります。

(1) $T=300$K，$P=1.5\times10^5$Pa，$V=33.2$Lを代入して

$$1.5\times10^5\times33.2=n\times8.3\times10^3\times300$$

(2) $n=2.0$mol，$P=1.66\times10^5$Pa，$V=2.0$Lを代入して

$$1.66\times10^5\times2.0=2.0\times8.3\times10^3\times T$$

(3) $n=1.0$mol，$T=350$K，$V=5.0$Lを代入して

$$P\times5.0=1.0\times8.3\times10^3\times350$$

確認問題 59　11-3 に対応

右の図は水H_2Oの状態図である。次の各問いに答えよ。

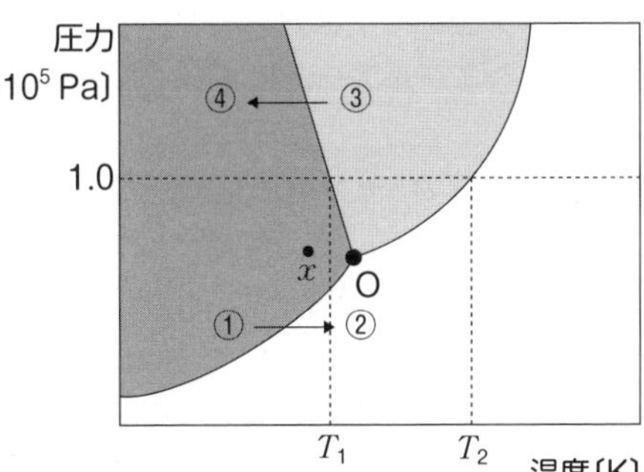

(1) T_1，T_2の名称を答えよ。

(2) 点Oの名称を答えよ。

(3) ①→②，③→④の状態変化を何というか。

(4) xの状態の水（氷）を，温度をそのままにして圧力を加えるとやがてどうなるか。

解説

(1) T_1：**融点**，T_2：**沸点** 答

(2) **三重点** 答

(3) ①→②：**昇華**，③→④：**凝固** 答

(4) **氷が融けて液体の水になる。** 答

確認問題 60　11-1，11-4 に対応

右の図はジエチルエーテル，エタノール，水の蒸気圧曲線を示したものである。次の各問いに答えよ。

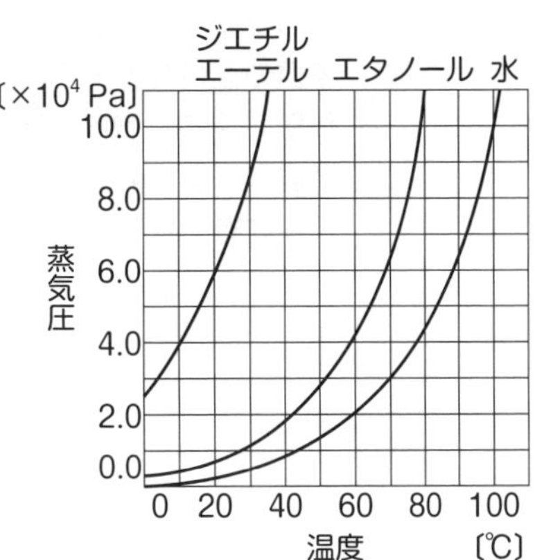

(1) 20℃において，蒸気圧が最も大きいのはどの物質か。

(2) 大気圧が3.0×10^4Paのときの，水の沸点はおよそ何℃か。

(3) 分子間力が最も強いと考えられるのはどの物質か。

(1) 横軸の20℃の点から縦へと見ていくと，ジエチルエーテルの蒸気圧が最も大きいですね。

ジエチルエーテル 答

(2) 縦軸の3.0×10^4Paの点から横へ見ていくと，水の蒸気圧曲線と交わるのは70℃のところです。大気圧＝蒸気圧のときに沸騰するのでしたね。

70℃ 答

(3) 分子間力が強いというのは，分子間の結合の力が強いということです。分子間力が強いほど液体の状態から気体にするのに大きなエネルギーが必要なので，沸点が高くなります。同じ圧力下において，3つの物質で最も沸点が高いのは水です。

水 

確認問題 61　11-4 に対応

体積を変えられる密閉容器中に，気体の状態の純物質を0.10mol封入した。次の各問いに答えよ。ただし，容器中の温度は常に27℃に保たれるものとし，この物質の27℃での蒸気圧を3.0×10^4Paとする。また，気体定数$R = 8.3 \times 10^3$Pa·L/(K·mol)とする。

(1) 容器の体積が10Lのときの気体の圧力P_1を有効数字2桁で求めよ。
(2) 容器の体積を小さくしていくと，容器内に液体が生じた。このときの体積V_2を有効数字2桁で求めよ。
(3) 容器の体積を4.0Lとしたときの，容器内にある液体の状態の物質の物質量を有効数字2桁で求めよ。ただし，物質は気体か液体のどちらかでしか存在しないものとする。

(1) $PV = nRT$を使って求めましょう。

$$P_1 \times 10 = 0.10 \times 8.3 \times 10^3 \times 300$$

$$P_1 = \frac{0.10 \times 8.3 \times 10^3 \times 300}{10} = 2.49 \times 10^4$$

P_1の値は蒸気圧3.0×10^4Paより小さいので，10Lではすべて気体であるとわかります。

$P_1 = 2.5 \times 10^4$Pa 答

(2) 温度が一定のまま体積を小さくしていくと，気体の圧力が大きくなっていきます。そして蒸気圧の値と等しくなったときに，液体が発生します。
つまり，このとき気体の圧力は蒸気圧3.0×10^4Paと等しくなります。これを気体の状態方程式$PV = nRT$にあてはめてV_2を求めましょう。

$$3.0 \times 10^4 \times V_2 = 0.10 \times 8.3 \times 10^3 \times 300$$

$$V_2 = \frac{0.10 \times 8.3 \times 10^3 \times 300}{3.0 \times 10^4} = 8.3$$

$V_2 = 8.3$L 答

(3) 液体が存在する場合はその量に限らず，常に気体の圧力は蒸気圧の値をとります。このときの気体として存在する物質の物質量をn'〔mol〕として気体の状態方程式を使いましょう。

$$3.0 \times 10^4 \times 4.0 = n' \times 8.3 \times 10^3 \times 300$$

$$n' = \frac{3.0 \times 10^4 \times 4.0}{8.3 \times 10^3 \times 300} = 0.0481$$

もともと0.10molだったので，液体になった物質の物質量は

$$0.10 - 0.0481 = 0.0519 〔\text{mol}〕$$

5.2×10^{-2}mol 答

確認問題 62 11-5に対応

気体定数$R = 8.3 \times 10^3$Pa・L/(K・mol)とするとき，次の気体の分子量を答えよ。

(1) 27℃，1.5×10^5Pa，8.3Lで20gの気体

(2) 7℃，8.3×10^4Paにおいて，密度が2.0g/Lの気体

本冊p.282で学んだ2式をさらに“$M=$”の形に変形します。

(1) $PV=nRT=\underset{n}{\underbrace{\frac{w}{M}}}RT$ ……①

よって $M=\frac{wRT}{PV}$

これに代入して

$$M=\frac{20\times8.3\times10^3\times300}{1.5\times10^5\times8.3}=\underline{\mathbf{40}}$$ 答

(2) ①式より

$$P=\underset{\text{密度}d}{\underbrace{\frac{w}{V}}}\cdot\frac{RT}{M}=\frac{dRT}{M} \quad \cdots\cdots②$$

よって $M=\frac{dRT}{P}$

これに代入して

$$M=\frac{2.0\times8.3\times10^3\times280}{8.3\times10^4}=\underline{\mathbf{56}}$$ 答

確認問題 63 11-6 に対応

次の各問いに答えよ。

(1) -23℃，1.0×10^5Paの気体を同一容器内で127℃にすると圧力は何Paになるか。

(2) 1.5×10^5Pa，6.0Lの気体は，同一温度で4.5×10^5Paのとき何Lか。

(3) 177℃，5.0×10^5Paで9.0Lの気体は，77℃，5.0Lで何Paか。

解説

変化の前後で気体の物質量〔mol〕が変わっていないので，

ボイル・シャルルの法則 $\dfrac{P_1V_1}{T_1}=\dfrac{P_2V_2}{T_2}$

に値を代入して計算するのですね。

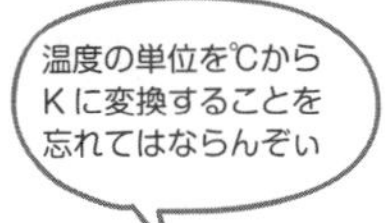
温度の単位を℃から
Kに変換することを
忘れてはならんぞい

(1) $\dfrac{1.0\times10^5\times V}{250}=\dfrac{PV}{400}$

$P=1.6\times10^5$Pa 答

(2) $\dfrac{1.5\times10^5\times6.0}{T}=\dfrac{4.5\times10^5\times V}{T}$

$V=2.0$L 答

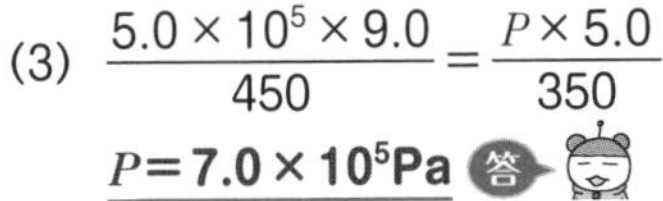

(3) $\dfrac{5.0\times10^5\times9.0}{450}=\dfrac{P\times5.0}{350}$

$P=7.0\times10^5$Pa 答

確認問題 64　11-7 に対応

酸素2.0molと窒素3.0molを体積16.6Lの容器に入れ，温度を47℃に保った。混合気体の全圧と各気体の分圧はそれぞれ何Paか。ただし，気体定数は$R=8.3\times10^3$Pa·L/(K·mol)とする。

解説

分圧が出てくる問題の多くは，次のようにして求めることができます。

① まず全圧を求める

② 物質量の比が分圧の比と等しくなることを用いる（$P_A : P_B = n_A : n_B$）

今回の問題では，まずは酸素と窒素をひとまとまりに考え，全圧を出します。

気体の状態方程式$PV=nRT$に，$V=16.6$L，$n=5.0$mol，$T=320$Kを代入して

$P\times16.6=5.0\times8.3\times10^3\times320$　　$P=8.0\times10^5$Pa

酸素と窒素の分圧をそれぞれP_{O_2}，P_{N_2}とすると

$$P_{O_2} : P_{N_2} = 2.0 : 3.0$$

$$P_{O_2} + P_{N_2} = 8.0 \times 10^5 \text{Pa}$$

となるので

$$P_{O_2} = \frac{8.0 \times 10^5 \text{[Pa]} \times 2.0}{2.0 + 3.0} = 3.2 \times 10^5 \text{Pa}$$

$$P_{N_2} = \frac{8.0 \times 10^5 \text{[Pa]} \times 3.0}{2.0 + 3.0} = 4.8 \times 10^5 \text{Pa}$$

酸素，窒素それぞれについて
PV = nRT に値を代入しても，
同じ値が求まるぞぃ

全圧：8.0×10^5Pa，酸素の分圧：3.2×10^5Pa，窒素の分圧：4.8×10^5Pa 答

確認問題 65 11-7 に対応

ある気体を発生させて図のように水上置換で捕集し，容器内の水位と水槽の水位を一致させて体積を測定したところ830mLであった。温度は27℃で容器内の気体の圧力は9.96×10^4Pa，27℃での水の飽和蒸気圧は3.6×10^3Paであるとする。また，気体定数$R = 8.3 \times 10^3$Paであるとして，次の各問いに答えよ。

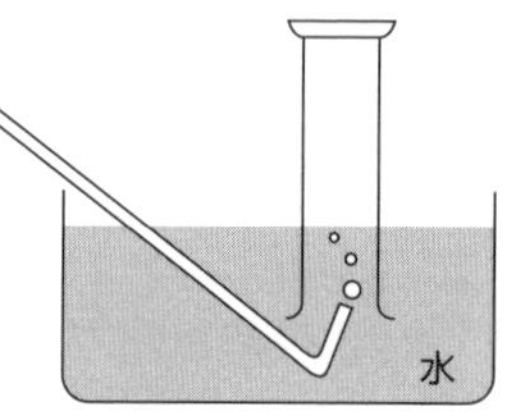

(1) 発生した気体の分圧は何Paか。
(2) 発生した気体の物質量は何molか。

解いたことがないとちょっと驚いてしまうタイプの問題ですが，難しくはありません。容器内に水H_2Oが存在する状態であると考えましょう。

(1) 求める気体の分圧を$P_{気体}$とします。容器内には水が存在するので，容器内には蒸気圧と等しい$P_{水} = 3.6 \times 10^3$Paも分圧として存在します。
その2つの分圧の和が大気圧とつり合っていると考えます。

$$P_{気体} + \underset{0.36 \times 10^4}{\underline{3.6 \times 10^3}} = 9.96 \times 10^4 \text{Pa}$$

$P_{気体} = \mathbf{9.6 \times 10^4 Pa}$ 答

(2) 気体の状態方程式より n〔mol〕を求めます。

$$9.6 \times 10^4 \times 0.83 = n \times 8.3 \times 10^3 \times 300$$

$$n = \frac{9.6 \times 10^4 \times 0.83}{8.3 \times 10^3 \times 300} = 3.2 \times 10^{-2}$$

3.2×10^{-2}mol 答

確認問題 66 11-8 に対応

次の文章の①～⑤に適切な語を入れよ。

気体の状態方程式に厳密にしたがう仮想の気体を（①）といい，「分子自身の体積がない」，「（②）がない」という性質をもつ。一方，実際に存在する気体を（③）という。
十分に温度が（④），圧力が（⑤）状態においては，実在気体も分子の大きさや（②）の影響が少なく，（①）とみなしてもよい。

理想気体と実在気体の違いについて，しっかり頭に入れておきましょう。

① **理想気体**　② **分子間力**　③ **実在気体**　④ **高く**　⑤ **低い** 答 

確認問題 67 11-9 に対応

気体の圧力を P〔Pa〕，体積を V〔L〕，温度を T〔K〕，物質量を1molとする。右図は，300Kにおける3種類の実在の気体(ア)，(イ)，(ウ)について，$Z = \frac{PV}{RT}$ の値と P の関係を示したものである。次の各問いに答えよ。

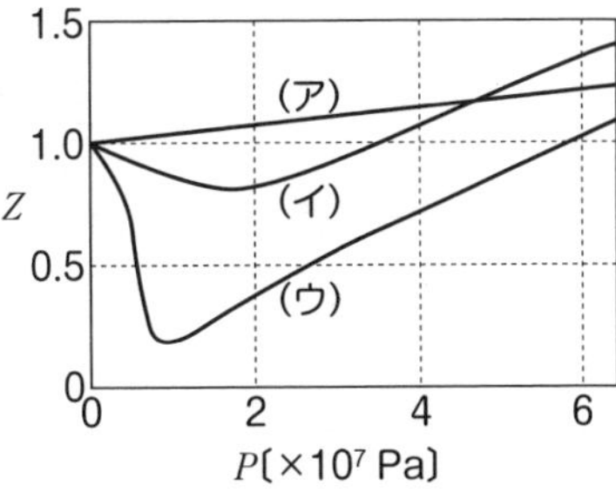

(1) メタンCH_4，水素H_2，二酸化炭素CO_2に該当するものを(ア)，(イ)，(ウ)からそれぞれ選べ。

(2) 気体(ウ)について，圧力が小さい場合にグラフが$Z=1$より小さくなる理由を答えよ。

(3) 気体(ウ)について，圧力が大きい場合にグラフが$Z=1$より大きくなる理由を答えよ。

(4) 実在気体の振る舞いを理想気体に近づけるためには，温度，圧力をそれぞれどのようにすればよいか答えよ。

前提として，縦軸に$\frac{PV}{RT}$を，横軸にPをとったグラフというのは，縦軸がVを意味していると考えていいです。これを踏まえて解いていきましょう。

(1) グラフが$Z=1$より下に凹んでいるのは，分子間力の影響で理想気体よりも体積が小さくなっているからです。よって，分子間力が強い気体ほど$Z=1$から大きく離れていきます。
メタンCH_4も水素H_2も二酸化炭素CO_2も，どれも無極性分子なので分子量が大きい分子ほど分子間力が強くなります。
分子量の大きさは$CO_2 > CH_4 > H_2$なので，以下のようになります。
メタン：(イ)，**水素：(ア)**，**二酸化炭素：(ウ)** 答

(2)，(3) 1molの理想気体では$Z=1$になるが，実在気体が$Z=1$にならない理由を答える問題ですね。本冊p.290～293をよく読んで答えられるようにしましょう。

(2) **圧力Pが小さくなると体積Vが大きくなるが，実在気体では分子どうしが分子間力によって引っ張り合うため，理想気体よりも体積Vが小さくなるから。**

(3) **圧力Pが大きくなると体積Vが小さくなるが，実在気体では気体分子自身の体積が影響するため，理想気体よりも体積Vが大きくなるから。** 答

(4) 「実在気体を理想気体に近づける」ということは，「分子間力と体積の影響を減らす」ことだといえます。
温度を上げると分子がより激しく運動するようになり，分子間力を振り切るようになります。よって，温度は上げたほうがよいのです。

一方，体積の影響を減らすには，気体の体積Vを増やせばよいです。圧力を下げれば，体積は増えます。よって，圧力を下げたらよいのです。

温度を上げ，圧力を小さくする。 

確認問題 68 11-10 に対応

一端を閉じたガラス管に水銀を満たし，これを水銀の入った容器の中で倒立させたら，右図のように高さ760mmの水銀柱ができた。

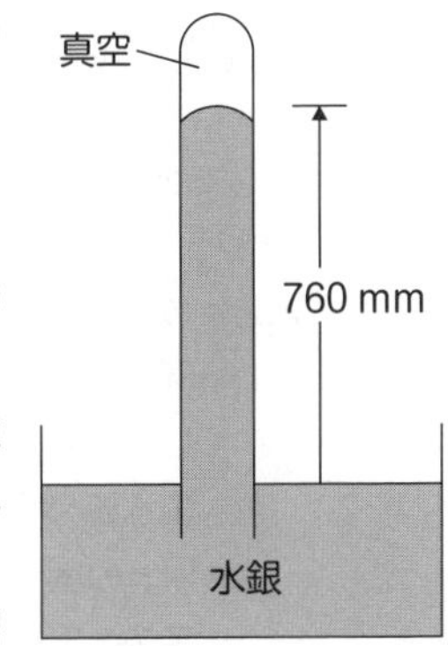

(1) ガラス管の半径を2倍にしたとき，水銀柱の高さは何mmになるか。

(2) 揮発性の気体を真空部分に入れると，水銀柱の高さが510mmとなった。このとき，入れた気体の圧力は何mmHgか。

(3) 実験中の温度において，水銀の密度は水の密度の13.6倍であったとする。このとき，水銀の代わりに水を用いると何mの水柱となるか。有効数字2桁で答えよ。

(1) 半径を変えても水銀柱の高さは変わりません。**760mm** 

(2) 水銀柱760mmの重さというのは，大気圧の大きさを表しています。ですから，気体の圧力は水銀柱の高さ（単位：mmHg）で表すことができます。今回，気体を入れることによって高さが510mmに下がったということは，もとの高さとの差分

760mm − 510mm = 250mm

に相当する圧力をもった気体が入ったということです。

250mmHg 答

(3) すなわち，水は水銀より13.6倍軽いということです。大気圧が水銀を押し上げて760mmになったので，より軽い水を押し上げれば，水柱はより高くなることは容易に想像がつきます。

よって

760mm × 13.6 = 10336mm = 10.336m ≒ 10m

溶解度

確認問題 69　12-1，12-2 に対応

ある固体の水100gに対する溶解度は，右図のような曲線となる。
このとき，次の各問いに答えよ。

(1) 50℃の水100gにこの固体を溶かし，飽和水溶液を作った。この飽和水溶液を10℃に冷やしたとき，何gの固体が析出するか。有効数字2桁で答えよ。

(2) 50℃の飽和水溶液250gには，この固体は何g溶けているか。有効数字3桁で答えよ。

(3) 10℃の飽和水溶液100gを沸騰させて，溶液が80gまで減ったものを再び10℃に冷やしたとき，何gの固体が析出するか。有効数字2桁で答えよ。

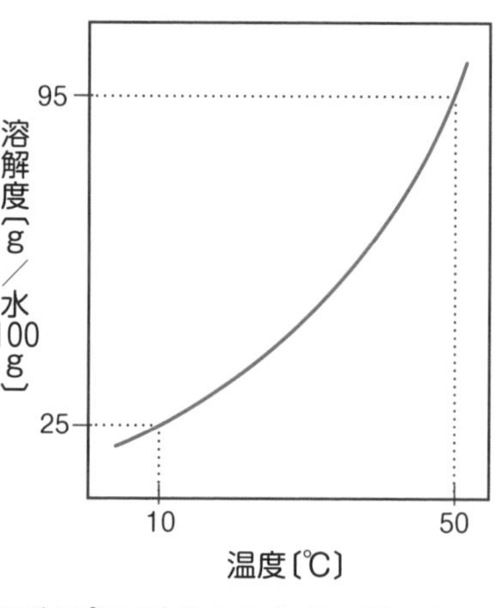

(1) たとえるなら，50℃のプール100kgに入れるだけの人が入っていたときに水温を10℃まで下げたら，何人の人がプールから出ますか，ということ。
溶解度曲線より，50℃では95g溶け，10℃では25g溶けるので

95 − 25 = **70g** 答

(2) 今度は，50℃のプールに入れるだけ人が入っていて，プールの水の重さと入っている人の体重をあわせた重さがわかっているとき，そこには人が何人入っていますか，という問題。これは，比を使うとすぐに求まります。
50℃の水100gに溶質が95g溶けるということは，**195gの飽和水溶液中**

には95gの溶質が溶けている，という比が一定であることをいっています。では，飽和水溶液250g中にはどれだけの溶質が溶けているのでしょうか。これは，比を使った関係式で求まりますね。溶けている溶質の質量をx〔g〕とすると

195〔g〕：95〔g〕＝250〔g〕：x〔g〕

x＝121.7……≒**122g** 答

(3) 沸騰することで蒸発してなくなるのは水だけです。ですので，この問題は，「途中でプールの水が減る」と考えればよいのです。
「ある量の水が入った10℃のプールに人が入れるだけ入っていたけれど，そこから水を少し抜いたら，入れる人数が減りますね。では，何人プールからあがったでしょう？」という問題です。
10℃の飽和水溶液，ということなので，まずは水と溶質がそれぞれどれだけなのかを求めなくてはなりません。
10℃の飽和水溶液100gに含まれる溶質の質量をx〔g〕とすると

125〔g〕：25〔g〕＝100〔g〕：x〔g〕

x＝20g

つまり，水は100－20＝80gある，ということです。
溶質20g，水80gで100gの飽和水溶液を沸騰させると，蒸発によって20g減り，80gになりました。
このとき，減った20gはすべて水と考えられるので，溶質20g，水60gの水溶液と考えられます。
これを再び10℃まで冷やすのです。
つまり水60gには，溶質はどれだけ溶けるかがわかれば，溶けきらずに析出する量が求められます。
10℃で60gの水に溶ける溶質の質量をy〔g〕とすると
溶解度曲線より，10℃では100gの水に対して
25g溶けるので

100〔g〕：25〔g〕＝60〔g〕：y〔g〕

y＝15g

よって，析出するのは

20－15＝**5g** 答

プールをイメージすることで
わかりやすくなったじゃろ

［別解］
蒸発した水は100－80＝20gであり，この20gの水に溶かすことのできる溶質の質量が，

析出してくる固体の質量です。

析出する質量をx〔g〕とすると，10℃の飽和水溶液なので

$$100\,〔g〕 : 25\,〔g〕 = 20\,〔g〕 : x\,〔g〕$$

$$x = \underline{\mathbf{5g}}$$ 答

確認問題 70 12-3 に対応

次の各問いに答えよ。ただし，原子量はH＝1.0，O＝16，S＝32，Cu＝64とする。

(1) 60℃の水150gに，$CuSO_4 \cdot 5H_2O$は何g溶けるか。有効数字3桁で答えよ。ただし硫酸銅(Ⅱ)は，60℃の水100gに対して40g溶けるとする。

(2) 60℃で$CuSO_4 \cdot 5H_2O$ 20gを溶かして飽和水溶液を作るには，何gの水が必要か。有効数字3桁で答えよ。ただし硫酸銅(Ⅱ)は，60℃の水100gに対して40g溶けるとする。

水筒をもった人がプールに入るイメージでしたね。

(1) 「$CuSO_4 \cdot 5H_2O$は何g溶けるか？」と聞かれているので，これをx〔g〕とおきます。

$CuSO_4 \cdot 5H_2O$は，プールに入る人の部分($CuSO_4$)と，水筒の水の部分($5H_2O$)に切り離して考えるのでしたね。$CuSO_4$の式量は160，H_2Oの分子量は18なので，

$CuSO_4$は$\dfrac{160}{250}x$〔g〕，$5H_2O$は$\dfrac{18 \times 5}{250}x$〔g〕が溶けることになります。

水筒の水の分は，プールの水に含めるので，

「60℃の水$150 + \dfrac{90}{250}x$〔g〕に，$CuSO_4$が$\dfrac{160}{250}x$〔g〕溶けるだけ溶けている」

と考えて

$$100\,〔g〕 : 40\,〔g〕 = 150 + \frac{90}{250}x\,〔g〕 : \frac{160}{250}x\,〔g〕$$

$x \fallingdotseq$ **121g** 答

(2) 先ほどと同様の考えで解くことができます。
まずは$CuSO_4 \cdot 5H_2O$を，プールに入る人の部分（$CuSO_4$）と水筒の水の部分（$5H_2O$）に切り離します。つまり，$CuSO_4$は$\frac{160}{250} \times 20$〔g〕，$5H_2O$は$\frac{90}{250} \times 20$〔g〕　ということですね。
あとは，「何gの水が必要か」とありますので，それをx〔g〕とおき，比を計算するだけです。

$$100〔g〕 : 40〔g〕 = x〔g〕 + \frac{90}{250} \times 20〔g〕 : \frac{160}{250} \times 20〔g〕$$

$x =$ **24.8g** 答

確認問題 71　12-4 に対応

気体の溶解度について，次の各問いに答えよ。ただし，1.0×10^5Paにおいて水1.0Lに対し，酸素は0℃で0.049L溶けるものとし，Oの原子量を16とする。

(1) 0℃，2.0×10^5Paの状態の酸素は，1.0Lの水に何g溶けるか。
(2) 0℃，2.0×10^5Paの状態の酸素は，3.0Lの水に何g溶けるか。
(3) 0℃，2.0×10^5Paの状態の酸素は，1.0Lの水に，何L溶けるか。
(4) 酸素と窒素の物質量比が1:1の混合気体がある。この混合気体が，0℃で全圧が1.0×10^5Paで水1.0Lに接しているとき，この水1.0Lに溶けている酸素は何gか。

ヘンリーの法則
『溶ける飛行機の数（溶ける気体の物質量〔mol〕）は圧力と水の量に比例する』
を用いて考えていきます。

0℃，1.0×10^5Pa，1.0Lの水に対して，酸素は0.049L溶けるという状態を基準に考えていくのですが，**この時点で0.049L→$\frac{0.049}{22.4}$molと，体積〔L〕を物質量〔mol〕に変換しておきましょう。**

(1)　基準の状態に対し，圧力が2倍になっているので，溶ける物質量は2倍になります。

$$\frac{0.049}{22.4} \times 2 \times 32 = \underline{\mathbf{0.14g}}$$ 答

(2)　基準の状態に対し，圧力が2倍，水の体積が3倍になっているので，溶ける物質量は6倍になります。

$$\frac{0.049}{22.4} \times 2 \times 3 \times 32 \fallingdotseq \underline{\mathbf{0.42g}}$$ 答

(3)　0℃，1.0×10^5Paのときと比べると，圧力が2倍になっているので，溶ける物質量は2倍になります。しかし，圧力が2倍になっているぶん，気体の体積は圧縮されるので，溶ける物質の体積は基準の状態と変わりません。よって，<u>**0.049L**</u> 答

(4)　酸素と窒素の物質量比が1：1なので，分圧比も1：1。よって，全圧は1.0×10^5Paですが，酸素の分圧に注目すると0.5×10^5Paです。つまり，基準の状態に対して$\frac{1}{2}$倍となっています。水の量は同じなので

$$\frac{0.049}{22.4} \times \frac{1}{2} \times 32 = \underline{\mathbf{0.035g}}$$ 答

(3) のように
『溶ける体積』を問われたら
注意じゃ！

溶ける量は増えても，
圧力で押さえられているから
体積は増えないんだね

確認問題 72　12-5，12-6 に対応

右の図の実線は水の蒸気圧曲線である。水に不揮発性の物質を溶かした溶液の蒸気圧曲線は破線（ア），（イ）のどちらのグラフか答えよ。

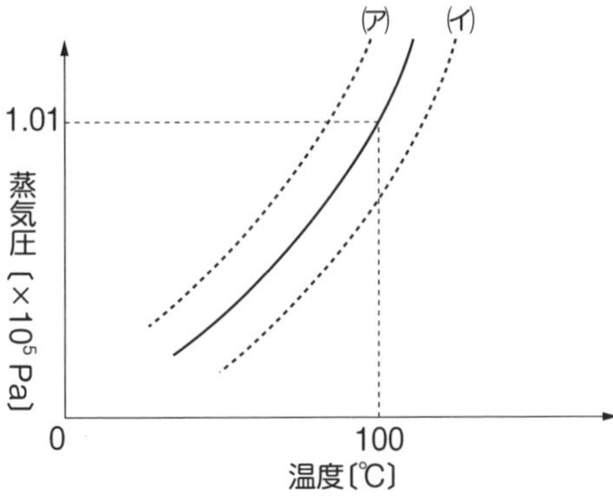

水の蒸気圧曲線と比べて，同じ温度で見ると(イ)では蒸気圧降下が起こっているのがわかります。同じ圧力でみると，沸点上昇が起こっているのがわかります。

右のΔPが蒸気圧降下度，ΔTが沸点上昇度を表しています。

(イ)

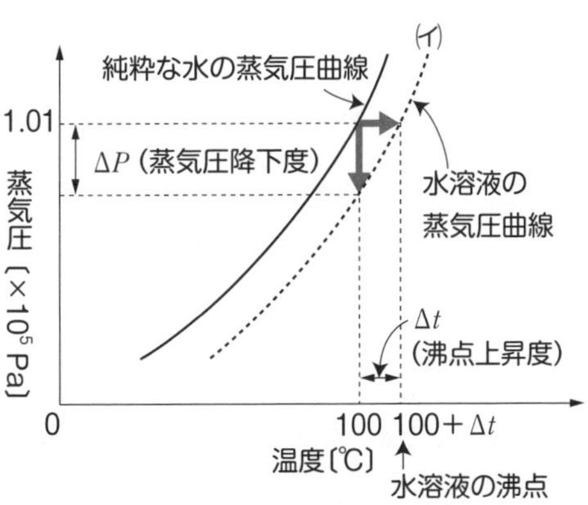

確認問題 73　12-5，12-6 に対応

9.0gのグルコース$C_6H_{12}O_6$を水250gに溶かした水溶液の沸点は何℃か。小数第2位まで求めよ。また，これと同じ沸点の水溶液を得るためには，水250gに塩化ナトリウムNaClを何g加えたらよいか。有効数字3桁で答えよ。ただし，$C_6H_{12}O_6$＝180，NaCl＝58.5，水のモル沸点上昇K_bは0.52K･kg/molとし，塩化ナトリウムはすべて電離するものとする。

解説

質量モル濃度〔mol/kg〕を使います。質量モル濃度〔mol/kg〕とは，**溶媒1kg中に溶けている溶質の物質量**のことです。

よって，0.25kgの水にグルコースが$\frac{9.0}{180}$mol含まれているので，この水溶液の質量モル濃度〔mol/kg〕は

$$\frac{9.0}{180} \times \frac{1}{0.25} = 0.20\text{mol/kg}$$

となります。水のモル沸点上昇は，1mol/kgあたり0.52K上昇する，ということを表しているので

$$0.52〔\text{K·kg/mol}〕\times 0.20〔\text{mol/kg}〕= 0.104〔\text{K}〕$$

ゆえに，沸点は$100 + 0.104 \fallingdotseq$ **100.10℃** 答

さて，次にNaClについてですが，NaClのように水に溶けてイオン化する物質を溶かす場合，凝固点降下や沸点上昇を考えるには注意が必要です。

$NaCl \longrightarrow Na^+ + Cl^-$というように水溶液中で電離するので，溶けている溶質の物質量は2倍になってしまいます。

グルコースを溶かした水溶液と同じ沸点にするには，水250g中に溶ける粒子の数（物質量）が同じになればよいので，$NaCl \longrightarrow Na^+ + Cl^-$となることに注意すると，

NaClが$\frac{9.0}{180} \times \frac{1}{2}$molあればよいということになります。よって

$\frac{9.0}{180} \times \frac{1}{2} \times 58.5 \fallingdotseq$ **1.46g** 答

イオン化する物質の
沸点上昇や凝固点降下は
要注意じゃ
質量モル濃度忘れてた！
復習しなきゃ

確認問題 74 12-7 に対応

曲線Aは純ベンゼン100g，曲線Bはベンゼン100gに非電解質Xを2.00g溶かした溶液をそれぞれ冷却したときの温度変化を表す。

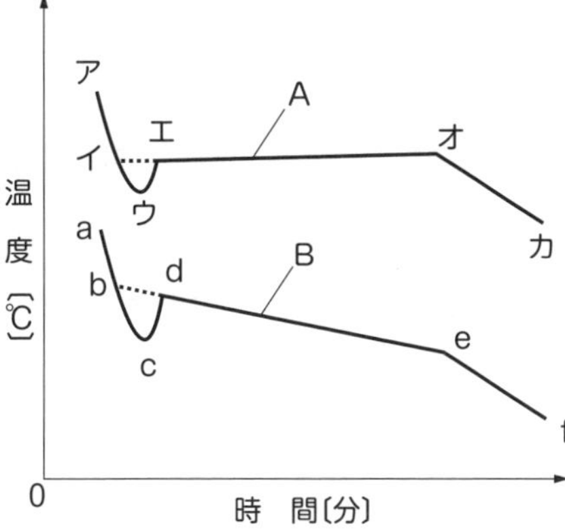

(1) ウ，cのように，凝固点より温度が下がっても液体の状態を保っていることを何というか。

(2) 曲線Bの凝固点は図中a～fのどの点の温度か。

(3) 結晶が析出し始めるのはア～カ，a～fのどの点の温度か。それぞれ１つずつ選べ。

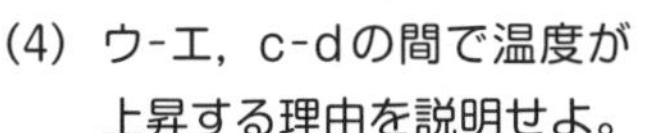

(4) ウ-エ，c-dの間で温度が上昇する理由を説明せよ。

(5) 曲線Bのd-eの部分は水平にならず，右下がりになる。その理由を書け。

(6) 純ベンゼンの凝固点は5.460℃，ベンゼン溶液の凝固点は4.670℃であった。非電解質Xの分子量を整数で答えよ。ベンゼンのモル凝固点降下は，5.07K･kg/molである。

(1) **過冷却** 答

(2) 凝固点は，過冷却が起こらなかった場合を考えます。よって，直線deを左に延長した先の点bが凝固点となります。

b 答

(3) 過冷却が終了した直後に結晶が析出しはじめます。　**ウ，c** 答

(4) 結晶が析出しはじめるということは，エネルギーの高い液体の状態から，エネルギーの低い固体の状態になったということです。

そのエネルギーの差が凝固熱として発生するため，温度が上昇します。

凝固熱が発生するため 答

(5) 溶媒だけが凝固するので，残った溶液の濃度が高くなっていきます。その結果，凝固点降下によって凝固点がどんどん下がっていきます。

溶媒だけが凝固することで，溶液の濃度が高くなり，凝固点降下が起こるため 答

(6) この手の問題は

❶ どれだけ凝固点が下がったか（Δt）を求めること

❷ 凝固点降下度（Δt）は，質量モル濃度（＝溶媒1kgあたりに溶ける，溶質の物質量〔mol〕）に比例するということ

がわかっていると解けます。

❶については，純ベンゼンとベンゼン溶液の凝固点の差分なので

$$5.460\,[\mathrm{K}] - 4.670\,[\mathrm{K}] = 0.790\,[\mathrm{K}]$$

❷については，今回，溶質2.00gを加えて作られましたから，ここに含まれる非電解質Xの物質量〔mol〕は，分子量をMとすると，$\frac{2.00}{M}$〔mol〕です。

溶媒は100g＝0.100kgなので，ここから，質量モル濃度を算出すると

$$\frac{2.00}{M}\,[\mathrm{mol}] \div 0.100\,[\mathrm{kg}] = \frac{20.0}{M}\,[\mathrm{mol/kg}]$$

となります。

凝固点降下度の式$\Delta t = K_f \cdot m$より

$$0.790 = 5.07 \times \frac{20.0}{M}$$

$$M = \frac{5.07 \times 20.0}{0.790} = 128.3\cdots\cdots$$

よって　**Xの分子量は128**　答

確認問題 75　12-8 に対応

27℃の水に尿素$CO(NH_2)_2$ 6.0gを加え，1.0Lとした。この水溶液の浸透圧を求めよ。

ただし，分子量は$CO(NH_2)_2 = 60$，比例定数$R = 8.3 \times 10^3 \mathrm{Pa \cdot L/(K \cdot mol)}$とする。

解説

浸透圧の方程式は，気体の状態方程式と似ているのでしたね。

$\Pi V = nRT$に，$V = 1.0\mathrm{L}$，$n = \frac{6.0}{60} = 0.10\mathrm{mol}$，$T = 300\mathrm{K}$を代入して

$$\Pi \times 1.0 = 0.10 \times 8.3 \times 10^3 \times 300$$

$$\Pi = 2.49 \times 10^5$$

$$\fallingdotseq \mathbf{2.5 \times 10^5 Pa}$$

答

確認問題 76 12-9 に対応

次の文章の①～⑦に適切な語を入れよ。

コロイドの性質

(①)・・・コロイド粒子が光を散乱することで，光の経路が光って見える現象。

(②)・・・熱運動する溶媒分子と衝突することで，コロイド粒子が不規則な運動をすること。

(③)・・・コロイド溶液を半透膜の袋に入れておくと，コロイドは半透膜を透過しないが，小さなイオンは透過するということを利用して，イオンを取り除く操作。

(④)・・・コロイドは帯電しているため，直流電圧をかけるとどちらかの電極に向かって移動する現象。

コロイドの分類

少量の電解質を加えると沈殿するコロイドを（⑤）といい，この現象を凝析といいます。一方，少量の電解質を加えるだけでは沈殿しないが，多量の電解質を加えることで沈殿するコロイドを親水コロイドといい，この現象を（⑥）といいます。

（⑤）の溶液に親水コロイドの溶液を加えると，（⑤）が親水コロイドに囲まれて凝析しにくくなります。このような作用のある親水コロイドを（⑦）といいます。

本冊のp.328からの抜粋です。

① **チンダル現象**　② **ブラウン運動**　③ **透析**
④ **電気泳動**　⑤ **疎水コロイド**　⑥ **塩析**
⑦ **保護コロイド** 

反応速度

確認問題 77 13-2 に対応

A＋B ⟶ C で表される反応がある。AとBの濃度を変えてCの反応速度を求め，次表のような結果を得た。次の各問いに答えよ。

実験	[A]〔mol/L〕	[B]〔mol/L〕	v〔mol/(L･s)〕
1	0.60	0.80	1.2×10^{-2}
2	0.60	0.40	3.0×10^{-3}
3	1.20	0.40	6.0×10^{-3}

(1) この反応式の反応速度式を，次の(a)～(f)から選べ。

(a) $v=k[A]$ (b) $v=k[B]$ (c) $v=k[A][B]$

(d) $v=k[A]^2[B]$ (e) $v=k[A][B]^2$ (f) $v=k[A]^2[B]^2$

(2) 反応速度定数kの値を求めよ。

(3) [A]＝0.16mol/L，[B]＝0.20mol/Lのとき，Cの反応速度を求めよ。

反応速度についての計算問題です。

A＋B ⟶ C という反応における反応速度vは$v=k[A]^a[B]^b$と表されますが，a，bは実際に実験をしてみないとどんな値になるかはわかりません。

そこで，物質の濃度を2倍にしたときに反応速度がどのように変化するかで，a，bの値を決めることができます。

(1) 実験1と実験2を比較した場合，Aの濃度[A]は一定なので，条件としてはBの濃度[B]が変わっています。実験1の[B]は実験2の[B]の2倍になっており，実験1の反応速度vは実験2の反応速度vの4倍になっている（[B]を0.40から0.80にしたとき，反応速度は3.0×10^{-3}から1.2×10^{-2}になっている）ので，$b=2$であることがわかります。

同様に，実験2と実験3を比較した場合，Bの濃度[B]は一定で，Aの濃度[A]を変えていますが，[A]が2倍になると反応速度vも2倍になっていますので，$a = 1$であることがわかります。

ゆえに，反応速度式は (e) $v = k[A][B]^2$となります。

(e) 答

(2) 式の形が決まったので，適当に値を代入してkの値を求めます。実験1～3のどれを選んでもいいのですが，ここでは実験1の値を代入してみましょう。

こうやって考えるんじゃ

$$1.2 \times 10^{-2}\,[\text{mol/(L·s)}]$$
$$= k \times 0.60\,[\text{mol/L}] \times (0.80)^2\,[(\text{mol/L})^2]$$
$$k = \frac{1}{32} \fallingdotseq \mathbf{0.031\,[L^2/(mol^2·s)]}$$ 答

(3) kの値が決まったので，反応速度式$v = \frac{1}{32} \times [A][B]^2$に値を代入します。

$$v = \frac{1}{32}\,[\text{L}^2/(\text{mol}^2·\text{s})] \times 0.16\,[\text{mol/L}] \times (0.20)^2\,[(\text{mol/L})^2]$$
$$= \mathbf{2.0 \times 10^{-4}\,[mol/(L·s)]}$$ 答

確認問題 78　13-2 に対応

過酸化水素H_2O_2を，触媒を用いて分解すると$2H_2O_2 \longrightarrow 2H_2O + O_2$の反応が起こる。酸化マンガン(Ⅳ) MnO_2を1.000mol/Lの過酸化水素水H_2O_2 10.0mLに加えた実験の結果を，表にまとめた。次の各問いに答えよ。ただし有効数字は3桁とする。

時間t[s]	濃度$[H_2O_2]$[mol/L]
0	1.000
30	0.813
60	0.660
90	0.538
120	0.436
150	0.354

(1) 時間0～30秒，30～60秒，60～90秒，90～120秒，120～150秒でのH_2O_2の平均の分解速度はそれぞれ何mol/(L·s)か。

(2) 時間0～30秒，30～60秒，60～90秒，90～120秒，120～150秒でのH_2O_2の平均の濃度はそれぞれ何mol/Lか。

(3) このデータを用いて，H_2O_2の分解は1次反応，2次反応，3次反応のどれであると考えられるか答えよ。

(4) この反応の速度定数kの値として最も適するものを以下の(ア)～(ウ)から選べ。

（ア） 1.35×10^{-3}〔1/s〕　　（イ） 6.89×10^{-3}〔1/s〕
（ウ） 3.45×10^{-3}〔1/s〕

このように，時間経過とそのときの濃度が与えられ，反応の速度について問われる問題では，次の4つのステップを踏みます。

ステップ①「平均の反応速度」を求める
ステップ②「平均のモル濃度」を求める
ステップ③「平均のモル濃度」が何倍かになったとき，「平均の反応速度」は何倍になったかを調べる（指数を決める）
ステップ④「平均の反応速度」と「平均のモル濃度」を代入して反応速度定数 k を決める

上記を念頭に置いて，問題を解いていきましょう。

(1) 最初にやることは，**ステップ①「平均の反応速度」を求める**ことです。
まずは，最初の30秒間に注目してみましょう。この30秒間で濃度は1.000mol/Lから0.813mol/Lに減っています（＝0.187mol/L減少）。よって，この30秒間における平均の反応速度は

$$0.187\,[\text{mol/L}] \div 30\,[\text{s}] = 6.23 \times 10^{-3}\,[\text{mol/(L·s)}]$$

となります。ただし，この反応速度は，あくまで最初の30秒間における速度です。最初は濃いので反応速度は速いのですが，反応が進むにつれて濃度が下がり，反応も遅くなっていきます。
次の30～60秒後について調べてみましょう。すると，0.813mol/Lから0.660mol/Lに変化（＝0.153mol/L減少）しており，この30秒間の平均の反応速度を計算すると 5.10×10^{-3}〔mol/(L·s)〕となります。反応速度が小さくなっていることがわかりますね。
残りについても同様に調べてまとめると，次のようになります。

$$0 \sim 30\text{秒}：\frac{1.000-0.813}{30} = \mathbf{6.23 \times 10^{-3}\,[mol/(L·s)]}$$

$$30 \sim 60\text{秒}：\frac{0.813-0.660}{30} = \mathbf{5.10 \times 10^{-3}\,[mol/(L·s)]}$$

$$60 \sim 90\text{秒}：\frac{0.660-0.538}{30} = \mathbf{4.07 \times 10^{-3}\,[mol/(L·s)]}$$

$$90 \sim 120\text{秒}：\frac{0.538-0.436}{30} = \mathbf{3.40 \times 10^{-3}\,[mol/(L·s)]}$$

$$120 \sim 150\text{秒}：\frac{0.436-0.354}{30} = \mathbf{2.73 \times 10^{-3}\,[mol/(L·s)]}$$ 答

反応を開始してからより時間がたったほうが，平均の反応速度が小さくなっていることがわかりますね。

(2)「平均の反応速度」が求められたら，次にやることは，**ステップ②「平均のモル濃度」を求める**ことです。
思い出していただきたいのですが，反応速度というのは，反応物のモル濃度に依存します。では，(1)で求めた「平均の反応速度」というのは，どんな濃度のときの「平均の反応速度」だったのでしょう？
例えば，0～30秒における平均の反応速度は6.23×10^{-3}〔mol/(L·s)〕でしたが，それは反応物の濃度が1.000mol/Lから0.813mol/Lに変化したときのものでした。ということは，1.000mol/Lと0.813mol/Lの平均，つまり，0.907mol/Lだったときの反応速度だと考えるのが妥当でしょう。
このように，ステップ①で求められた「平均の反応速度」に，それとセットになる「平均のモル濃度」を対応させていくのです。他の時間についてもまとめると，次のようにして「平均のモル濃度」が求められます。

0～30秒：$\dfrac{1.000+0.813}{2}=$ **0.907〔mol/L〕**

30～60秒：$\dfrac{0.813+0.660}{2}=$ **0.737〔mol/L〕**

60～90秒：$\dfrac{0.660+0.538}{2}=$ **0.599〔mol/L〕**

90～120秒：$\dfrac{0.538+0.436}{2}=$ **0.487〔mol/L〕**

120～150秒：$\dfrac{0.436+0.354}{2}=$ **0.395〔mol/L〕** 答

(3) $2H_2O_2 \longrightarrow 2H_2O + O_2$という反応における反応速度$v$の式は
$v=k[H_2O_2]^a$と表されますが，aは実際に実験をしてみないと決められません。問われている「1次反応，2次反応，3次反応のどれか？」というのは「反応速度vとH_2O_2のモル濃度$[H_2O_2]$の関係性が

$v=k[H_2O_2]$　(1次反応)
$v=k[H_2O_2]^2$　(2次反応)
$v=k[H_2O_2]^3$　(3次反応)

のどれになるか？」ということを表しています。このように反応速度vが反応物のモル濃度の何次式に比例しているかを表すのが，●次反応というものです。
そこで，**ステップ③「平均のモル濃度」が何倍かになったとき，「平均の反応速度」は何倍になったかを調べ(指数を決め)ます。**

反応速度vが$v=k[H_2O_2]$で表されるのであれば，右辺のモル濃度［H_2O_2］が2倍になったら，左辺の反応速度vも2倍になります。同じ割合で変化したら1次反応であるといえるのですね。
右辺のモル濃度［H_2O_2］が2倍になったときに，左辺の反応速度vが4倍になったら，モル濃度の2乗に比例しているので2次反応，右辺のモル濃度［H_2O_2］が2倍になったときに，左辺の反応速度vが8倍になったら，モル濃度の3乗に比例しているので3次反応といえます。
では，調べていきましょう。例えば，60～90秒の間と，90～120秒の間の「平均のモル濃度」は

$$60\sim90\text{秒}：\frac{0.660+0.538}{2}=0.599\,[\text{mol/L}]$$

$$90\sim120\text{秒}：\frac{0.538+0.436}{2}=0.487\,[\text{mol/L}]$$

なので，この間に「平均のモル濃度」は$\frac{0.487}{0.599}\fallingdotseq 0.8130$倍に変化しています。
一方，このとき「平均の反応速度」の変化は

$$60\sim90\text{秒}：\frac{0.660-0.538}{30}=4.07\times10^{-3}\,[\text{mol/(L·s)}]$$

$$90\sim120\text{秒}：\frac{0.538-0.436}{30}=3.40\times10^{-3}\,[\text{mol/(L·s)}]$$

なので，この間に「平均の反応速度」は，$\frac{3.40\times10^{-3}}{4.07\times10^{-3}}=0.8353$倍となっており，ほぼ同じ割合で変化しています。
ゆえに反応速度は1次反応であることがわかります。
1次反応 答

(4) **ステップ④ いずれかの「平均の反応速度」と「平均のモル濃度」を代入して反応速度定数kを求めます。**
(3)より反応速度が1次反応であることがわかったので，反応速度の式は$v=k[H_2O_2]$と表されます。つまり，求めたいkは，式変形をすると，$k=\frac{v}{[H_2O_2]}$と表されますので，(1)，(2)で求めた値を用いて計算します。

0～30秒：6.23×10^{-3}〔mol/(L・s)〕÷0.907〔mol/L〕
≒6.87×10^{-3}〔1/s〕
30～60秒：5.10×10^{-3}〔mol/(L・s)〕÷0.737〔mol/L〕
≒6.92×10^{-3}〔1/s〕
60～90秒：4.07×10^{-3}〔mol/(L・s)〕÷0.599〔mol/L〕
≒6.79×10^{-3}〔1/s〕
90～120秒：3.40×10^{-3}〔mol/(L・s)〕÷0.487〔mol/L〕
≒6.98×10^{-3}〔1/s〕
120～150秒：2.73×10^{-3}〔mol/(L・s)〕÷0.395〔mol/L〕
≒6.91×10^{-3}〔1/s〕

上記から，各時間における反応速度定数が求まりましたが，反応全体の反応速度定数はこれの相加平均として計算して考えます。よって

$$\frac{6.87 \times 10^{-3} + 6.92 \times 10^{-3} + 6.79 \times 10^{-3} + 6.98 \times 10^{-3} + 6.91 \times 10^{-3}}{5}$$

≒6.89×10^{-3}〔1/s〕

(イ) 答

確認問題 79　13-1，13-3 に対応

次の文章の①～⑧に適切な語を入れよ。

反応速度は，単位時間あたりの反応物の減少量または生成物の増加量で表す。
次のような反応を用いて反応速度について考えてみよう。

$$2SO_2 + O_2 \longrightarrow 2SO_3$$

この反応では，2molのSO_2と1molのO_2が反応して，2molのSO_3が生成している。
よって，SO_2の反応速度v_{SO_2}を2とした場合，他の反応速度は次のような関係にある。

$v_{SO_2} : v_{O_2} : v_{SO_3} = 2 :$ (①) : (②)

つまり，各物質の反応速度は，反応式の係数に (③) する。
次に，反応速度を変える条件について考えていこう。
そのために，反応が進むメカニズムについて考える必要がある。

反応が起こるためには，SO_2 と O_2 が衝突しなければならない。
すなわち，衝突回数が増えることによって反応速度は速くなる。
よって，温度が一定のときは分圧や，反応物の (④) を上げることによって，反応速度を上げることができる。
しかし，衝突すれば必ずしも反応物になるとは限らない。
反応物になるためには，エネルギーの高い中間状態を経る必要がある。この状態を超えるのに必要な最小のエネルギーを (⑤) という。例えば (⑥) を上げて (⑤) を超えるエネルギーをもつ粒子の数を増やすことで，反応速度を上げることができる。
また，(⑤) 自体を下げることで反応速度を上げることもできる。そのために用いられるのが (⑦) である。(⑦) には，反応によって自身は変化せず，反応速度を速めるという性質がある。ただし，(⑦) には (⑤) を下げる作用はあるが，反応前後の物質のエネルギー差である (⑧) は変えられない。
他にも，光エネルギーによって反応速度が速まったり，固体の表面積が増えることで反応速度が速くなることもある。

反応速度は反応式の係数に比例し，濃度・温度・触媒の有無によって大きく変化します。

① **1**　② **2**　③ **比例**　④ **濃度**　⑤ **活性化エネルギー**　⑥ **温度**
⑦ **触媒**　⑧ **反応エンタルピー**　答

化学平衡

確認問題 80　14-1，14-2，14-3 に対応

化学平衡について，次の文章の①〜⑧に適切な語または式を入れよ。
また，問い (1)，(2) に答えよ。

平衡状態とは，正反応と逆反応の速度が等しくなった状態をいう。
水素 H_2 とヨウ素 I_2 の反応を例にとって，平衡について考えてみよう。

この反応の正反応の反応式は

(　　①　　)

である。すなわち，水素H_2とヨウ素I_2が反応して，ヨウ化水素HIが生成する反応である。このときの反応速度は，H_2とI_2の濃度を用いて次のように表すことができるとわかっている。

$$v_{正反応} = k_{正反応}[H_2][I_2] \quad \cdots\cdots (\text{i})$$

一方，HIの生成と同時に，次のようなHIの分解反応，つまり逆反応も始まる。

(　　②　　)

このときの反応速度は，次のように表すことができるとわかっている。

$$v_{逆反応} = k_{逆反応}[HI]^2 \quad \cdots\cdots (\text{ii})$$

はじめはH_2やI_2の濃度が高いため，$v_{正反応}$のほうが大きいが，次第にHIの濃度も増えてくることにより，正反応と逆反応の反応速度が等しくなる時点がある。これを式で表すと

(　　③　　)

という関係になる。この式に(i)，(ii)式を代入すると

$$k_{正反応}[H_2][I_2] = k_{逆反応}[HI]^2 \Longleftrightarrow \frac{[HI]^2}{[H_2][I_2]} = \frac{k_{正反応}}{k_{逆反応}} = K(一定)$$

という式が導かれる。このKを(④)という。

すなわち，ある温度で平衡状態が成り立っているとき，H_2，I_2，HIの濃度は

$$\frac{[HI]^2}{[H_2][I_2]} = K(一定) \quad \cdots\cdots (\text{iii})$$

という関係を満たしている，ということになる。

一般に，可逆反応$a\text{A} + b\text{B} \rightleftarrows c\text{C} + d\text{D}$　が成り立っているとき，次のような式が成り立つ。

(　　⑤　　)

可逆反応　$H_2 + I_2 \rightleftarrows 2HI$　が成り立っているとき，すなわち(iii)式が成り

立っているとき，HIを新たに加えると，分数の分子の値が（⑥）なるが，右辺のKが一定なので，[HI]が小さくなり，$[H_2]$と$[I_2]$が（⑦）方向に反応が進む。
④は，触媒の有無によって値は変化しない。
ただし温度によっては変化する。発熱反応の場合，温度が上がると④は（⑧）なる。

(1) 3.0molの水素H_2と3.0molのヨウ素I_2を12.0Lの容器に入れて，ある温度に保ったところ平衡に達し，1.2molのヨウ化水素HIが生成した。この温度における平衡定数を求めよ。

(2) (1)のような平衡状態に達した状態に，0.40molのHIを追加した。(1)と同じ温度下で新しく達した平衡状態では，H_2は何mol存在しているか。

解説

⑧について。発熱反応の場合，$aA + bB \rightleftarrows cC + dD$（$\Delta H = Q$〔kJ〕（$Q < 0$））となるので，温度を上げると，平衡は左に偏ります（逆反応が進みます）。すると，平衡定数の分母が大きくなり，分子が小さくなるので，平衡定数Kは小さくなるのです。

① **$H_2 + I_2 \longrightarrow 2HI$**　② **$2HI \longrightarrow H_2 + I_2$**　③ **$v_{正反応} = v_{逆反応}$**

④ **平衡定数**　⑤ **$\dfrac{[C]^c[D]^d}{[A]^a[B]^b} = K$（定数）**　⑥ **大きく**

⑦ **増える（大きくなる）**　⑧ **小さく**　答

(1) 本冊のp.352で解説したように3ステップでバランスシートを書き，反応後にどのような状態になっているかを求めましょう。

	H_2	+	I_2	$\rightleftarrows$	$2HI$
反応前	3.0		3.0		0〔mol〕
変化	−0.60		−0.60		1.2〔mol〕
反応後	2.4		2.4		1.2〔mol〕
➡	$\frac{2.4}{12}$		$\frac{2.4}{12}$		$\frac{1.2}{12}$〔mol/L〕

1.2molのヨウ化水素HIが生成したとき，水素H_2とヨウ素I_2はそれぞれどれだけ減るかのぅ？

よって　$K = \dfrac{[HI]^2}{[H_2][I_2]} = \dfrac{\left(\frac{1.2}{12}\right)^2}{\left(\frac{2.4}{12}\right) \times \left(\frac{2.4}{12}\right)} = \dfrac{1}{4}$

$= \mathbf{0.25}$　答

(2) (1) で使ったバランスシートの「反応後」のHIに0.40molを加えたものを「反応前」とします。

この後の反応は，HIが減り，H_2とI_2が増える方向に反応が進むので，HIの減少分を$-2x$とし，H_2とI_2の増加分をxとして，次のようなバランスシートが書けます。

反応後の各々の物質の濃度を平衡定数の式に代入をして計算をすると，xの値が求まります。

	H_2	+	I_2	$\rightleftarrows$	2HI
反応前	2.4		2.4		1.2＋0.40〔mol〕
変化	$+x$		$+x$		$-2x$〔mol〕
反応後	$2.4+x$		$2.4+x$		$1.6-2x$〔mol〕
➡	$\dfrac{2.4+x}{12}$		$\dfrac{2.4+x}{12}$		$\dfrac{1.6-2x}{12}$〔mol/L〕

$\dfrac{[HI]^2}{[H_2][I_2]}=\dfrac{1}{4}$に代入して

$$\frac{\left(\dfrac{1.6-2x}{12}\right)^2}{\left(\dfrac{2.4+x}{12}\right)\times\left(\dfrac{2.4+x}{12}\right)}=\frac{1}{4}$$

$$\Longleftrightarrow \quad \frac{(1.6-2x)^2}{(2.4+x)^2}=\frac{1}{4}$$

$$\Longleftrightarrow \quad 4(1.6-2x)^2=(2.4+x)^2$$

$$\Longleftrightarrow \quad (2.4+x)^2-4(1.6-2x)^2=0$$

$a^2-b^2=(a+b)(a-b)$

$$\Longleftrightarrow \quad \{(2.4+x)-2(1.6-2x)\}\{(2.4+x)+2(1.6-2x)\}=0$$

$2.4+x=2(1.6-2x)$とすると　$x=0.16$

$2.4+x=-2(1.6-2x)$とすると　$x\fallingdotseq 1.87$

ここで，$0<x<0.8$なので，$x=1.87$は不適。

よって　$x=0.16$

ゆえに，反応後のH_2は

　$2.4+0.16\fallingdotseq$ **2.6mol** 答

この解法の
流れがわかれば，
あとは計算だね

確認問題 81 14-4 に対応

二酸化窒素が常温・常圧で次式のような平衡状態にある。次の各問いに答えよ。

N_2O_4(気) ⇄ $2NO_2$(気)

(1) ある温度で，NO_2の分圧が0.40×10^5Pa，N_2O_4の分圧が0.080×10^5Paであったとき，この温度での圧平衡定数K_pを求めよ。

(2) (1)の温度で全圧を7.5×10^5Paとしたとき，NO_2とN_2O_4の分圧をそれぞれ求めよ。

圧平衡定数の式 $\dfrac{{P_{NO_2}}^2}{P_{N_2O_4}} = K_p$ (一定) が成り立っていることに気づいたら，しめたもの。あとは，ここに値を代入していくだけです。

(1) $P_{NO_2} = 0.40 \times 10^5$〔Pa〕，$P_{N_2O_4} = 0.080 \times 10^5$〔Pa〕をそれぞれ圧平衡定数の式に代入して

$$K_p = \frac{(0.40 \times 10^5)^2}{0.080 \times 10^5} = \mathbf{2.0 \times 10^5 Pa}$$ 答

(2) 温度は(1)と同じなので，圧平衡定数K_pの値も2.0×10^5Paのままです。
NO_2の分圧をx〔Pa〕とおくと，N_2O_4の分圧は$(7.5 \times 10^5 - x)$〔Pa〕なので，平衡定数の式に代入して

$$\frac{x^2}{(7.5 \times 10^5 - x)} = 2.0 \times 10^5$$

$$\iff x^2 = (7.5 \times 10^5 - x)(2.0 \times 10^5)$$

$$\iff x^2 + (2.0 \times 10^5)x - (15 \times 10^{10}) = 0$$

$$\iff (x - 3.0 \times 10^5)(x + 5.0 \times 10^5) = 0$$

$x > 0$より

$$x = 3.0 \times 10^5 \text{Pa}$$

ゆえに　NO_2の分圧は **3.0×10^5Pa**

N_2O_4の分圧は $7.5 \times 10^5 - 3.0 \times 10^5 =$ **4.5×10^5Pa** 答

確認問題 82 14-4 に対応

0.90molのN_2O_4を8.0Lの容器に入れて27℃に保ったところ，NO_2が生じて，次のような平衡状態になった。

N_2O_4(気) ⇄ $2NO_2$(気)

このとき，気体の総物質量は1.0molであった。次の各問いに答えよ。ただし気体定数を$R = 8.3 \times 10^3$Pa・L/(K・mol)とする。

(1) この反応の平衡定数を有効数字2桁で求めよ。

(2) この反応の圧平衡定数を有効数字2桁で求めよ。

(1) なにはともあれ，問題文の通りにバランスシートを書きましょう。

	N_2O_4(気)	⇄	$2NO_2$(気)	
反応前	0.90		0	〔mol〕
変化	$-x$		$+2x$	〔mol〕
反応後	$0.90 - x$		$2x$	〔mol〕

反応後の気体の総物質量が1.0molということなので

$$0.90 - x + 2x = 1.0$$
$$x = 0.10$$

よって

	N_2O_4(気)	⇄	$2NO_2$(気)	
反応前	0.90		0	〔mol〕
変化	-0.10		$+0.20$	〔mol〕
反応後	0.80		0.20	〔mol〕

ということになります。

平衡定数は$K = \dfrac{[NO_2]^2}{[N_2O_4]}$ですので，それぞれ平衡状態（反応後）のモル濃度$[N_2O_4]$と$[NO_2]$を求めなければいけません。体積が8.0Lとあるので

$$K = \frac{\left(\dfrac{0.20}{8.0}\right)^2}{\dfrac{0.80}{8.0}} = \frac{\left(\dfrac{1}{40}\right)^2}{\dfrac{1}{10}} = \frac{1}{160} = 6.25 \times 10^{-3}$$

6.3×10^{-3} 答

(2) 続いて圧平衡定数を求めたいのですが，圧平衡定数の定義は

$$K_p = \frac{{P_{NO_2}}^2}{P_{N_2O_4}}$$

ですので，N_2O_4，NO_2の分圧を求めなくてはなりません。

気体の全圧を求めてから，物質量の比より，分圧を求めましょう。

全圧については「温度27℃」という数字（273＋27＝300Kと計算しやすい数字）であることや，総物質量1.0mol，体積8.0Lなどがそろっていることから気体の状態方程式$PV=nRT$を用いて

$$P_{全}V = n_{全}RT$$

$$P_{全} \times 8.0 = 1.0 \times R \times 300$$

$$P_{全} = \frac{300R}{8.0}\ \text{〔Pa〕}$$

反応後のN_2O_4の物質量は0.80mol，NO_2の物質量は0.20molなので，それぞれの分圧は

$$P_{N_2O_4} = P_{全} \times \frac{0.80}{0.80+0.20} = \frac{300R}{8.0} \times \frac{8}{10} = 30R\ \text{〔Pa〕}$$

$$P_{NO_2} = P_{全} \times \frac{0.20}{0.80+0.20} = \frac{300R}{8.0} \times \frac{2}{10} = \frac{15}{2}R\ \text{〔Pa〕}$$

となります。よって，圧平衡定数K_pは

$$K_p = \frac{{P_{NO_2}}^2}{P_{N_2O_4}} = \frac{\left(\frac{15}{2}R\right)^2}{30R} = \frac{\overset{1}{\cancel{15}} \times 15}{\underset{2}{\cancel{30}} \times 2 \times 2}R = \frac{15}{8}R\ \text{〔Pa〕}$$

$R = 8.3 \times 10^3$より　$\underline{\mathbf{K_p = 1.6 \times 10^4}}$ 答

確認問題 83　14-4 に対応

ピストン付きの容器に気体である四酸化二窒素N_2O_4を0.92g入れて容器内の温度を67℃に保った。容器の体積を1.0Lとしたところ，混合気体の圧力は0.46×10^5Paであった。

このとき，N_2O_4(気) $\rightleftarrows$ $2NO_2$(気) の平衡が成立しているものとして次の各問いに答えよ。ただし，気体定数$R = 8.3 \times 10^3$Pa・L/(K・mol)とし，N＝14，O＝16とする。

(1) このときの四酸化二窒素N_2O_4の解離度αはいくらか。

(2) この平衡の圧平衡定数はいくらか。

(1) まずはバランスシートを書きましょう。単位をmolで考えるために，N_2O_4を物質量に直します。N_2O_4の分子量は92なので0.92gは0.010molにあたります。解離度αとは，「どれくらいの割合で分解されたか」を表すので，バランスシートは次のようになります。

	N_2O_4(気)	$\rightleftarrows$	$2NO_2$(気)	
反応前	0.010		0	〔mol〕
変化	-0.010α		$+0.020\alpha$	〔mol〕
反応後	$0.010(1-\alpha)$		0.020α	〔mol〕

これで容器内の気体の物質量〔mol〕がわかったので，平衡状態の気体に対して，気体の状態方程式$PV=nRT$を立てましょう。

平衡状態における総物質量〔mol〕は，

$0.010(1-\alpha)+0.020\alpha=0.010(1+\alpha)$ですので

$$PV=nRT$$

$$0.46\times10^5\times1.0=0.010(1+\alpha)\times8.3\times10^3\times\underbrace{(67+273)}_{340}$$

$$1+\alpha=\frac{0.46\times10^5}{83\times340}$$

$$\alpha=\frac{0.46\times10^5}{83\times340}-1=1.63-1=\underline{\mathbf{0.63}}$$ 答

(2) $K_p=\dfrac{P_{NO_2}{}^2}{P_{N_2O_4}}$となるので，$N_2O_4$と$NO_2$の分圧を求めなくてはいけません。今，全圧は$0.46\times10^5$Paと与えられているので，あとは物質量の比を考えましょう。バランスシートの「反応後」の値と，$\alpha=0.63$から

(N_2O_4の物質量)$=0.010(1-\alpha)=0.010\times0.37=3.7\times10^{-3}$〔mol〕

(NO_2の物質量)$=0.020\alpha=0.020\times0.63=12.6\times10^{-3}$〔mol〕

であることがわかったので，全気体の割合を1としたときの，それぞれの割合は

$N_2O_4:\dfrac{37}{163}$　　$NO_2:\dfrac{126}{163}$

よって

$$K_p=\frac{P_{NO_2}{}^2}{P_{N_2O_4}}=\frac{\left(0.46\times10^5\times\frac{126}{163}\right)^2}{0.46\times10^5\times\frac{37}{163}}=\frac{0.46\times10^5\times126^2}{37\times163}$$

$$=1.210\cdots\times10^5$$

$$\fallingdotseq\underline{\mathbf{1.2\times10^5}}$$ 答

確認問題 84 14-5 に対応

次の反応が平衡状態にあるとき，次の (1) ～ (7) の変化をそれぞれ与えると，平衡はどちらに移動するか。右方向の場合はA，左方向の場合はB，どちらにも移動しない場合はCを記せ。

$$2SO_2(気) + O_2 = 2SO_3(気) \quad \Delta t = -190kJ$$

(1) O_2を加える　(2) SO_3を加える　(3) 触媒を加える
(4) 温度を下げる　(5) 加圧する　(6) 全圧を一定に保ち，Arを加える
(7) 体積を一定に保ち，Arを加える

(1) 左辺の物質が増えるので，左辺の物質が減る方向，つまり右に平衡は移動します。

(2) 右辺の物質が増えるので，右辺の物質が減る方向，つまり左に平衡は移動します。

(3) 触媒を加えることで，反応速度は速くなりますが，平衡は移動しません。

(4) 与えられた反応は発熱反応なので，温度を下げると，温度の上がる方向，つまり右に平衡が移動します。

(5) 圧力を上げると，圧力が下がる方向，つまり右に平衡が移動します（左辺は3分子，右辺は2分子なので）。

(6) 全圧を一定に保ったままArを加えるということは，その分体積を増やすということを意味しています。すると，SO_2やO_2，SO_3にとっては，物質量は変わらないのに体積が増えるので，圧力（分圧）が減ります。よって，圧力(分圧)の増える方向，つまり左に平衡が移動します。

(7) 体積を一定に保ったままArを加えるということは，Arを加えた分，全体の圧力は上がりますが，SO_2やO_2，SO_3にとっては物質量も変化せず体積も変化しないので分圧は変化していません。つまり，変化がないので平衡は移動しません。

納得できた！
Arのところは注意だな

(1) **A**　(2) **B**　(3) **C**　(4) **A**
(5) **A**　(6) **B**　(7) **C**

確認問題 85 14-6 に対応

次の各問いに答えよ。ただし，酢酸の電離定数は$K_a = 2.8 \times 10^{-5}$mol/L，$\sqrt{2.8} = 1.7$，$\log_{10}1.7 = 0.23$とする。

(1) 0.10mol/Lの酢酸水溶液の電離度を求めよ。
(2) 0.10mol/Lの酢酸水溶液のpHを求めよ。

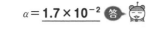

解説

(1) 酢酸の電離に関するバランスシートを書いてみましょう。
反応前の酢酸の濃度をc〔mol/L〕，電離度をαとすると

	CH_3COOH	$\rightleftarrows$	CH_3COO^- +	H^+	
反応前	c		0	0	〔mol/L〕
変化	$-c\alpha$		$+c\alpha$	$+c\alpha$	〔mol/L〕
反応後	$c(1-\alpha)$		$c\alpha$	$c\alpha$	〔mol/L〕

となりますね。これが平衡状態になっているので，電離定数の式に代入して

$$K_a = \frac{[CH_3COO^-][H^+]}{[CH_3COOH]} = \frac{c\alpha \times c\alpha}{c(1-\alpha)} \fallingdotseq \frac{(c\alpha)^2}{c} = c\alpha^2$$

ここに，$c = 0.10$mol/L，$K_a = 2.8 \times 10^{-5}$mol/Lを代入して

$$2.8 \times 10^{-5} = 0.10 \times \alpha^2$$

$\alpha =$ **1.7×10^{-2}** 答

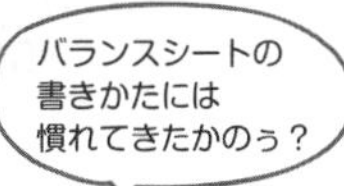
バランスシートの
書きかたには
慣れてきたかのぅ？

(2) pHを求めるためには$[H^+]$を求める必要がありますが，
それはバランスシートより$[H^+] = c\alpha$なので，
ここに値を代入して

$$[H^+] = 0.10 \times 1.7 \times 10^{-2} = 1.7 \times 10^{-3} \text{〔mol/L〕}$$

よって

$$pH = -\log_{10}(1.7 \times 10^{-3}) = 3 - 0.23 = 2.77$$

$\fallingdotseq$ **2.8** 答

確認問題 86 14-7 に対応

アンモニアと塩化アンモニウムの混合水溶液があり，濃度はアンモニア，塩化アンモニウムともに0.20mol/Lである。この混合水溶液のpHを，有効数字2桁で求めよ。ただし，アンモニアの電離定数は$K_b = 1.8 \times 10^{-5}$mol/L，$\log_{10}1.8 = 0.26$とする。

アンモニアの電離平衡の式を書きます。

$$NH_3 + H_2O \rightleftarrows NH_4^+ + OH^-$$

ほとんど電離しないNH_3の濃度は0.20mol/L，塩化アンモニウムは，
$NH_4Cl \longrightarrow NH_4^+ + Cl^-$の反応でほぼ電離するため$NH_4^+$の濃度は0.20mol/L，
この溶液ではNH_3もNH_4^+も大量にあるためにほとんど平衡が動きません。よって，反応後においても，
$[NH_3] \fallingdotseq 0.20$mol/L，$[NH_4^+] \fallingdotseq 0.20$mol/Lとしてよいので，これを電離平衡の式に代入します。すると

$$\frac{[NH_4^+][OH^-]}{[NH_3]} = K_b$$

$$\frac{0.20 \times [OH^-]}{0.20} = 1.8 \times 10^{-5}$$

$$[OH^-] = 1.8 \times 10^{-5} \text{(mol/L)}$$

となります。

すなわち，$[H^+][OH^-] = 1.0 \times 10^{-14}\,(\text{mol/L})^2$より

$$pH = -\log_{10}[H^+] = -\log_{10}\frac{1.0 \times 10^{-14}}{1.8 \times 10^{-5}}$$

$$= -\log_{10}\left(\frac{1.0 \times 10^{-9}}{1.8}\right) = 9 + \log_{10}1.8$$

$$= 9.26$$

$$\fallingdotseq \mathbf{9.3}$$ 答

NH₃は近似計算によると
1.8 × 10⁻⁵mol/Lだけ減少して
NH₄⁺とOH⁻に
なっていたんじゃな

確認問題 87　14-8 に対応

酪酸 C_3H_7COOH は電離定数 $K_a = 1.6 \times 10^{-5}$mol/L の弱酸である。0.16mol/L の酪酸水溶液50mL に0.25mol/L の水酸化ナトリウム水溶液を滴下する。滴下量が16mL のとき，溶液の pH はいくらか。小数第1位まで求めよ。ただし $\log_{10}2 = 0.30$ とする。

完全に中和させるには，水酸化ナトリウム水溶液をどれくらい滴下しなければならないかを考えます。酪酸は1価の酸，水酸化ナトリウムは1価の塩基なので

$$1 \times 0.16\,[\text{mol/L}] \times \frac{50}{1000}\,[\text{L}] = 1 \times 0.25\,[\text{mol/L}] \times x\,[\text{L}]$$

$$x = \frac{32}{1000}$$

よって完全に中和させるには32mL の水酸化ナトリウム水溶液を滴下させる必要があるので，16mL を滴下した時点では，〝中途半端な中和反応〟を行っているということになります。
そこで，まずは中和反応についてのバランスシートを書き，この時点でどのような状態になっているかを把握します。
酪酸の物質量は

$$0.16\,[\text{mol/L}] \times \frac{50}{1000}\,[\text{L}] = 8.0 \times 10^{-3}\,[\text{mol}]$$

滴下した水酸化ナトリウムの物質量は

$$0.25\,[\text{mol/L}] \times \frac{16}{1000} = 4.0 \times 10^{-3}\,[\text{mol}]$$

なので

	C_3H_7COOH	+ $NaOH$	$\rightleftarrows$ C_3H_7COONa	+ H_2O	
反応前	8.0×10^{-3}	4.0×10^{-3}	0	—	[mol]
変化	-4.0×10^{-3}	-4.0×10^{-3}	$+4.0 \times 10^{-3}$	—	[mol]
反応後	4.0×10^{-3}	0	4.0×10^{-3}	—	[mol]

本冊 p.366で説明しましたが，C_3H_7COONa は $C_3H_7COO^-$ と Na^+ に電離するので，この時点で溶液は C_3H_7COOH と $C_3H_7COO^-$ が 4.0×10^{-3}mol ずつ存在していることがわかりました。これが平衡になっているということなので，平

衡のバランスシートを書くと次のようになります。

	C_3H_7COOH	$\rightleftarrows$	$C_3H_7COO^-$	+	H^+	
反応前	4.0×10^{-3}		4.0×10^{-3}		0	〔mol〕
変化	$-x$		$+x$		$+x$	〔mol〕
反応後	$4.0\times10^{-3}-x$		$4.0\times10^{-3}+x$		x	〔mol〕

ここでC_3H_7COOHはほぼ電離しないので，$-x$と$+x$を無視できます。50mLの酪酸水溶液に16mLの水酸化ナトリウム水溶液を加えたので，0.066Lとなりますから，モル濃度に直すと，次のようになります。

	C_3H_7COOH	$\rightleftarrows$	$C_3H_7COO^-$	+	H^+	
反応後	$\dfrac{4.0\times10^{-3}}{0.066}$		$\dfrac{4.0\times10^{-3}}{0.066}$		$\dfrac{x}{0.066}$	〔mol/L〕

これを電離定数の式に代入すると

$$\frac{[C_3H_7COO^-][H^+]}{[C_3H_7COOH]}=\frac{\dfrac{4.0\times10^{-3}}{0.066}\times\dfrac{x}{0.066}}{\dfrac{4.0\times10^{-3}}{0.066}}=\underbrace{1.6\times10^{-5}}_{K_a}$$

ゆえに　$\dfrac{x}{0.066}=1.6\times10^{-5}$

$[H^+]=\dfrac{x}{0.066}=1.6\times10^{-5}$なので

$$\begin{aligned}pH=-\log_{10}[H^+]=-\log_{10}1.6\times10^{-5}&=-\log_{10}16\times10^{-6}\\&=6-\log_{10}16\\&=6-\log_{10}2^4\\&=6-4\log_{10}2\\&=\underline{\mathbf{4.8}}\end{aligned}$$

答

確認問題 88　14-9 に対応

酢酸CH_3COOHの電離定数を$K_a = 2.8 \times 10^{-5}$mol/Lとして，0.070mol/Lの酢酸ナトリウムCH_3COONa水溶液のpHを小数第1位まで求めよ。ただし，$\log_{10}2 = 0.30$とする。

解説

塩のpHを問う問題ですので，本冊p.376～381で説明した通り，次の4ステップに沿って解いていきます。

ステップ①　中和反応のバランスシートを書く。

ステップ②　CH_3COO^-（塩）とH_2Oの反応式の平衡のバランスシートを書く。

ステップ③　平衡のバランスシートの単位をモル濃度に直す。

ステップ④　この平衡の平衡定数（＝加水分解定数K_h）を，酸の電離定数K_aと水のイオン積$[H^+][OH^-] = 1.0 \times 10^{-14}$を用いて求める。

ステップ①　中和反応のバランスシートを書く。

これについては，問題文で塩がすでに生成しているのでスキップすることができます。

ステップ②　CH_3COO^-（塩）とH_2Oの反応式の平衡のバランスシートを書く。

問題文中では「0.070mol/Lの酢酸ナトリウムCH_3COONa水溶液」について問われていますが，酢酸ナトリウムCH_3COONaはすべて酢酸イオンCH_3COO^-になっていると考えられます。

$$CH_3COO^- + H_2O \rightleftarrows CH_3COOH + OH^-$$

という反応式が平衡になっているとき，CH_3COO^-がx〔mol/L〕だけCH_3COOHになっているとして，バランスシートを書くと次のようになります。

	CH_3COO^-	+ H_2O	$\rightleftarrows$ CH_3COOH	+ OH^-	
反応前	0.070	－	0	0	〔mol/L〕
変化	$-x$	－	$+x$	$+x$	〔mol/L〕
反応後	$0.070-x$ ≒0.070	－	x	x	〔mol/L〕

xはとても小さな値なので，$0.070 - x = 0.070$と近似します。

ステップ③　平衡のバランスシートの単位をモル濃度に直す。

今回はモル濃度が最初から与えられていますので，このステップはスキップできます。

ステップ④　この平衡の平衡定数（＝加水分解定数K_h）を，酸の電離定数K_aと水のイオン積$[H^+][OH^-] = 1.0 \times 10^{-14}$を用いて求める。

まずは，今回の平衡の平衡定数（加水分解定数）K_hの式を出しましょう。

$$CH_3COO^- + H_2O \rightleftarrows CH_3COOH + OH^-$$

なので

$$K_h = \frac{[CH_3COOH][OH^-]}{[CH_3COO^-]} = \frac{x^2}{0.070} \quad \cdots\cdots ①$$

xの値がわかれば$[OH^-]$がわかるので$[H^+]$も求められるのですが，K_hが与えられていないので求めることができません。

そこで，問題文で与えられた酢酸の電離定数K_aと，

水のイオン積$[H^+][OH^-] = 1.0 \times 10^{-14}$を用います。

酢酸の電離は　$CH_3COOH \rightleftarrows CH_3COO^- + H^+$　で表されますから酢酸の電離定数K_aは

$$K_a = \frac{[CH_3COO^-][H^+]}{[CH_3COOH]}$$

ゆえに

$$\frac{1}{K_a} = \frac{[CH_3COOH]}{[CH_3COO^-][H^+]}$$

これに$[H^+][OH^-]$を掛けると

$$\frac{1}{K_a} \times [H^+][OH^-] = \frac{[CH_3COOH]}{[CH_3COO^-][H^+]} \times [H^+][OH^-]$$

$$= \frac{[CH_3COOH][OH^-]}{[CH_3COO^-]}$$

$$= K_h$$

$K_a = 2.8 \times 10^{-5}$，$[H^+][OH^-] = 1.0 \times 10^{-14}$を代入すると

$$K_h = \frac{1}{K_a} \times [H^+][OH^-] = \frac{1.0 \times 10^{-14}}{2.8 \times 10^{-5}} \quad \cdots\cdots ②$$

これによりK_hの値がわかったので，①，②より

$$\frac{x^2}{0.070} = \frac{1.0 \times 10^{-14}}{2.8 \times 10^{-5}}$$

$$x^2 = \frac{1.0 \times 10^{-14} \times 0.070}{2.8 \times 10^{-5}} = 2.5 \times 10^{-11}\ (= 25 \times 10^{-12})$$

$$x = 5.0 \times 10^{-6}$$

よって，$[OH^-] = 5.0 \times 10^{-6}$mol/Lなので

$$\begin{aligned} pOH = -\log_{10}[OH^-] &= -\log_{10}(5.0 \times 10^{-6}) \\ &= -\log_{10}5.0 - \log_{10}10^{-6} \\ &= 6 - \log_{10}5.0 \\ &= 6 - \log_{10}\frac{10}{2} \\ &= 6 - 1 + \log_{10}2 \\ &= 5.3 \end{aligned}$$

pH を水素イオン指数
というのに対し
pOH は水酸化物イオン指数
というぞい

$[H^+][OH^-] = 1.0 \times 10^{-14}$より

$$-\log_{10}[H^+][OH^-] = -\log_{10}[H^+] - \log_{10}[OH^-] = pH + pOH = 14$$

ゆえに$pH = 14 - pOH =$ **8.7** 答

確認問題 89　14-10，14-11 に対応

pH＝1の水溶液が2つあり，一方にはCu^{2+}，他方にはMn^{2+}が，それぞれ0.10mol/L含まれている。これらに硫化水素を通じたとき，沈殿は生じるか。ただし，硫化水素は強酸性下において次のような関係にある。

$$H_2S \rightleftarrows 2H^+ + S^{2-}$$

$$[H^+]^2[S^{2-}] = 1.0 \times 10^{-23}\ (mol/L)^3$$

また，硫化物の溶解度積$(mol/L)^2$は，CuS：6.5×10^{-30}，MnS：1.6×10^{-16}とする。

沈殿が生じているか生じていないかは，濃度を掛け合わせた値が溶解度積よりも大きいか小さいかで判断することができます。

濃度を掛け合わせた値が溶解度積よりも大きい……沈殿が生じている。

濃度を掛け合わせた値が溶解度積よりも小さい……沈殿は生じていない。

濃度を掛け合わせるためには，S^{2-}の濃度$[S^{2-}]$を知る必要があります。

$[S^{2-}]$は　$[H^+]^2[S^{2-}] = 1.0 \times 10^{-23}\,(mol/L)^3$

から求めることができます。pH＝1ということは，$[H^+] = 0.10 mol/L$ということなので，これを代入することで

$(0.10)^2 \times [S^{2-}] = 1.0 \times 10^{-23}$　　$[S^{2-}] = 1.0 \times 10^{-21} mol/L$

さて，この値を用いて，Cu^{2+}，Mn^{2+}のそれぞれについて考えていきましょう。

・Cu^{2+}に関して，濃度を掛け合わせた値は

$[Cu^{2+}][S^{2-}] = 0.10 \times 1.0 \times 10^{-21} = 1.0 \times 10^{-22}\,(mol/L)^2$

となり，値が溶解度積$6.5 \times 10^{-30}\,(mol/L)^2$よりも大きくなりました。よって，沈殿が生じます。

・Mn^{2+}に関して，濃度を掛け合わせた値は

$[Mn^{2+}][S^{2-}] = 0.10 \times 1.0 \times 10^{-21} = 1.0 \times 10^{-22}\,(mol/L)^2$

となり，値が溶解度積$1.6 \times 10^{-16}\,(mol/L)^2$よりも小さくなりました。よって，沈殿は生じません。

Cu^{2+}の水溶液では沈殿が生じるが，Mn^{2+}の水溶液では沈殿は生じない。

The Most Intelligible Guide
of Chemistry in the Universe:
Theoretical Chemistry
for High School Students